职业教育教学改革规划教材

机械 CAD/CAM 技术——Mastercam X4 项目教程

主　编　唐　霞　蒋洪平
副主编　张银峰（企业）
参　编　孙飞虎　杨进民　谢利民

机　械　工　业　出　版　社

本书主要采用项目教学法，全面介绍了 Mastercam X4 的造型与自动加工技术。

全书共分两篇，第一篇是二维零件造型与铣削加工，包括零件的钻孔加工与外形铣削加工、零件的挖槽加工与钻孔加工、零件的岛屿挖槽与全圆铣削加工、零件的面铣与刀具路径的转换等四个项目；第二篇是三维零件造型与铣削加工，包括零件的挖槽粗加工与浅平面精加工、零件的残料粗加工与熔接精加工、零件的放射状加工与流线加工、平行粗加工和投影粗加工、零件的外形粗加工与残料精加工、燃油滤清座的设计与加工等六个项目。本书通过典型案例分析，遵循“知识目标→任务分析→活动思路→活动过程→项目自测”等步骤展开项目训练，使学生快速、全面地掌握 Mastercam X4 的应用技术。

本书可以作为职业院校数控技术、模具设计与制造、CAD/CAM、机电一体化、数控设备应用与维护等相关专业的教材，也可以作为工程技术人员的参考用书。

图书在版编目（CIP）数据

机械 CAD/CAM 技术：Mastercam X4 项目教程/唐霞，蒋洪平主编 . —北京：机械工业出版社，2011.12（2018.1 重印）
职业教育教学改革规划教材
ISBN 978-7-111-36761-1

Ⅰ. ①机…　Ⅱ. ①唐…　②蒋…　Ⅲ. ①机械设计：计算机辅助设计—应用软件，MasterCAM X—职业教育—教材　②机械制造：计算机辅助制造—应用软件，MasterCAM X—职业教育—教材　Ⅳ. ①TH122　②TH164

中国版本图书馆 CIP 数据核字（2011）第 257249 号

机械工业出版社（北京市百万庄大街 22 号　邮政编码 100037）
策划编辑：齐志刚　责任编辑：齐志刚
版式设计：霍永明　责任校对：姜　婷
封面设计：鞠　扬　责任印制：乔　宇
北京瑞德印刷有限公司印刷（三河市胜利装订厂装订）
2018 年 1 月第 1 版第 2 次印刷
184mm×260mm · 16 印张 · 396 千字
3001—4000
标准书号：ISBN 978-7-111-36761-1
定价：39.00 元

凡购本书，如有缺页、倒页、脱页，由本社发行部调换

电话服务
服务咨询热线：010-88379833
读者购书热线：010-88379649

网络服务
机 工 官 网：www.cmpbook.com
机 工 官 博：weibo.com/cmp1952
教育服务网：www.cmpedu.com
金 书 网：www.golden-book.com

前　言

本书借鉴国内外职业教育的先进教学理念，围绕职业院校数控技术、模具设计与制造、CAD/CAM、机电一体化、数控设备应用与维护等专业教育人才培养目标及规格要求，并结合岗位实际和职业技能考核标准编写而成。

本书以最新版本的 Mastercam X4 为平台，围绕典型项目案例，详细分析与介绍了零件的构图思路、刀具路径的规划和加工方法，然后进行实体加工模拟和后处理生成数控加工程序。项目案例操作过程中，对二维铣床加工系统、三维铣床加工系统中的关键参数设置的原则与技巧、Mastercam X4 软件与其他软件（如 Pro/E）之间的数据转换过程也进行了详细说明。

本书的主要特点是：

1）选用案例来源于企业生产实际，基于项目教学法，以典型工作任务的方式来驱动教学。项目案例由简单到复杂，任务实施时各工艺参数的选取紧密结合企业实践，能使学生快速、全面地掌握 Mastercam X4 的造型与自动加工技术，从而达到在走上工作岗位后能解决实际应用问题的学习目标。

2）以职业能力培养为重点，按照职业岗位（群）的任职要求，与企业合作进行基于工作过程的课程设计。结合与实践技能相关的必备专业知识，突出理论知识的“必需、够用”。

3）项目案例遵循“知识目标→任务分析→活动思路→活动过程→项目自测”等步骤展开训练。学生可以根据提示完成零件的整个过程，达到边学边练，即学即用，突出了工学结合的教学思想。

4）突出双语教学。本书基于 Mastercam X4 软件的英文版本，各菜单命令中英文对照，通过完成项目案例操作，既满足企业工作岗位技能要求，也使学生在训练过程中提高专业英语的应用水平。

本书由长期从事数控技术研究并具有丰富实践教学经验的唐霞、蒋洪平担任主编，企业工程人员张银峰担任副主编。参加编写的有蒋洪平（项目一、项目六），唐霞（项目三、项目四、项目七、项目八），张银峰（项目二、项目五），孙飞虎（项目九、项目十），谢利民（项目一至项目四的自测题），杨进民（项目五至项目九的自测题）。丁赛等对本书的实例进行了验证。

本书在编写过程中得到了无锡科技职业学院领导和老师们的支持和帮助，也得到了洛阳海科机械有限公司、无锡威孚高科技股份有限公司、江阴市圣马科技有限公司等企业的大力协助，在此表示衷心感谢。

由于编者水平有限，本书中难免存在不妥之处，敬请您提出宝贵意见和建议。作者 E-mail：tangtangxia@126.com 或 jhpjhpjhp@163.com。

编　者

目 录

第一篇

二维零件造型与铣削加工

【知识目标】

本学习情境介绍二维图形的编辑与修改操作，使读者掌握二维图形的基本绘制方法；同时介绍二维铣床数控加工的基本操作，包括外形铣削加工、挖槽铣削加工、平面铣削加工、钻孔加工和雕刻加工等操作，让读者熟悉并全面掌握 Mastercam X4 的二维铣床数控加工操作思路，为进一步学习三维铣削加工打下基础。

【能力目标】

能根据图样或实物完成造型设计。

能对零件进行工艺分析、刀具路径编制并生成数控程序。

【情感目标】

激发学生探究数控加工自动编程学习的兴趣。

培养学生小组合作的团队意识。

形成严格遵守安全操作规程的职业意识。

项目一　零件的钻孔加工与外形铣削加工

【知识目标】

1. 掌握矩形、圆、平行线的画法，以及极坐标画线方法。
2. 掌握倒圆角、倒角、修剪等编辑命令。
3. 掌握镜像指令。
4. 掌握钻孔加工、外形铣削加工路径。

【任务分析】

绘制如图 1-1 所示的二维图形，并使用钻孔加工、外形铣削加工路径完成其数控加工。

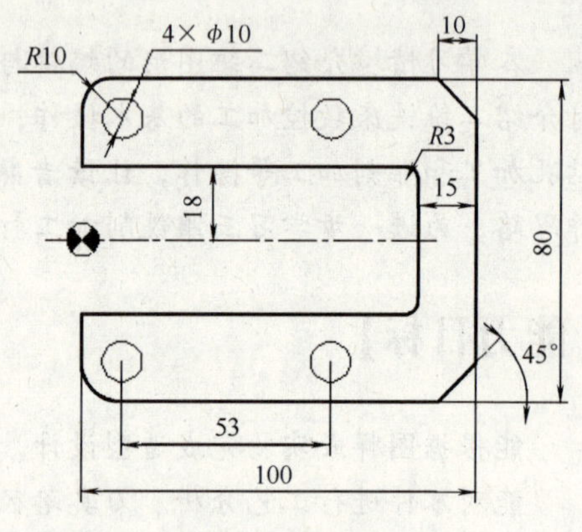

图 1-1　任务图

【活动思路】

确定长方形左侧中心为坐标原点，构建 100 × 40 矩形→绘制矩形内部几何图形→绘制矩形外部几何图形。

确定刀具路径：设置工件毛坯→钻 4 × ϕ10 中心孔→钻 4 × ϕ10 通孔→外形铣削加工→刀具管理相关参数设置→修改外形铣削加工参数。

【活动过程】

创建二维图形前，使用 Settings（设置）→Toolbar States（工具栏设置），如图 1-2 所示，在操作界面上显示 2D 工具栏快捷菜单栏。同时，启用 Screen（屏幕）→Screen Grid Settings（栅格参数），将栅格显示于工作界面中，如图 1-3 所示。

> 在绘制几何图形时，设置栅格的显示及捕捉方式可以提高绘图的速度和精度。
>
> Spacing（间距）：X 文本框用于指定栅格在 X 方向的间距，Y 文本框用于指定栅格在 Y 方向的间距；
>
> Origin（原点）：指定栅格的原点坐标；
>
> Size（尺寸）：设置栅格显示区域的大小。在栅格不显示的区域也可以捕捉到栅格点。

活动 1：构建 100 × 40 矩形

已知矩形的长度 100mm、宽度 40mm 和原点，绘制图形。

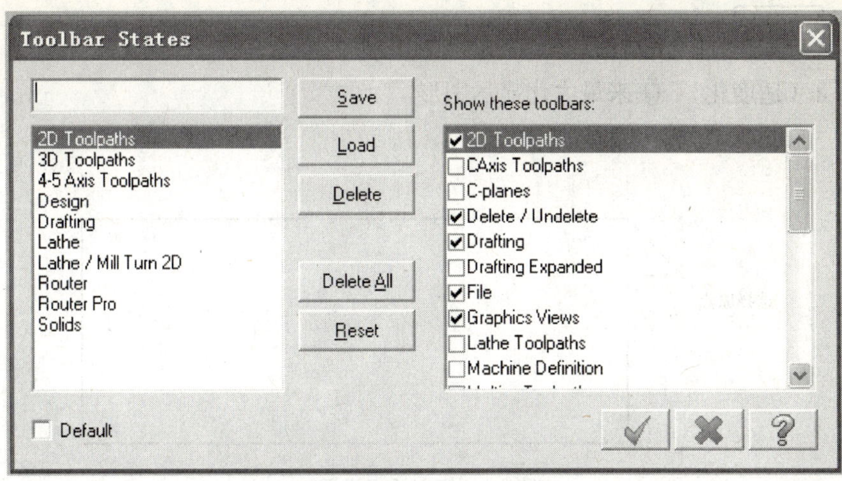

图 1-2　2D 工具栏设定窗口

Create（构图）→Rectangular Shapes（矩形形状设置）

➢ 如图 1-4 所示输入矩形的长度和宽度。

➢［Select position for the base point］（选取基准点位置）：选择栅格中心作为原点，如图 1-5 所示。

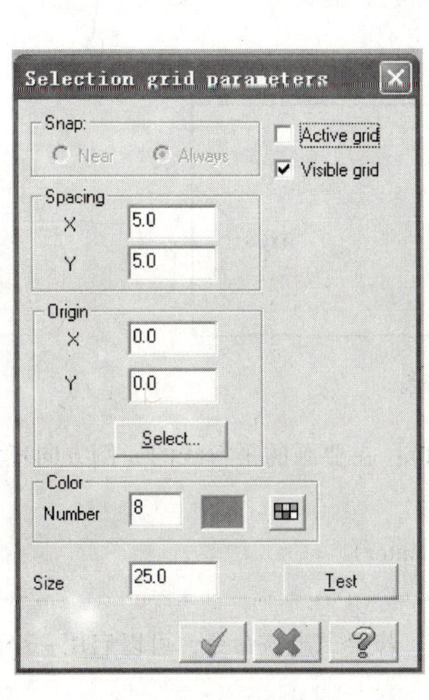

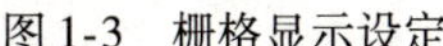
图 1-3　栅格显示设定

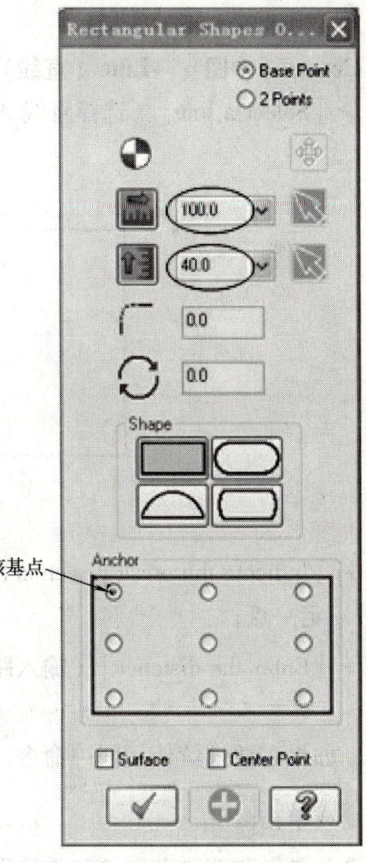

图 1-4　矩形参数设置

➢ 单击 ，退出“矩形形状设置”对话框。

➢ 用 Fit（适度化） 来最大化显示图形。

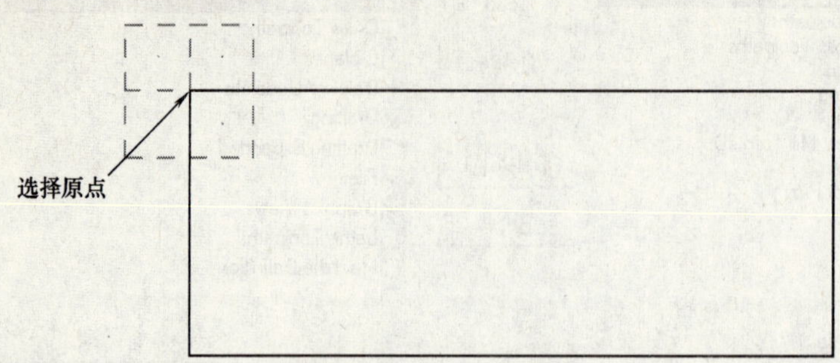

图 1-5　矩形原点设置

在创建几何图形时，如果画错了，可以用 Undo（复原）或 图标撤消上步操作；若误执行了“Undo（复原）”，可由 Redo（重做） 来撤消。

活动 2：绘制矩形内部几何图形

2.1 创建平行线

Create（构图）→Line（直线）→Create Line Parallel（创建平行线）

➢ [Select a line]（选择直线 A），如图 1-6 所示；

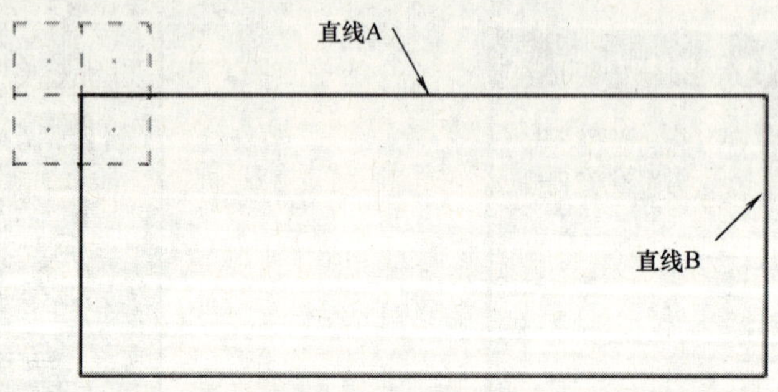

图 1-6　绘制平行线

➢ [Indicate the offset direction]（指定补正方向）：在要画的平行线的一侧方向任意指定一点；

➢ [Enter the distance]（输入距离） ：18（Enter）。

如果需要继续使用同一命令，选择 Apply 。若要退出该命令，可以启用一个新命令或单击 。

➢ 选用 Apply 按钮继续；
➢ [Select a line]（选择直线 B），如图 1-6 所示；
➢ [Indicate the offset direction]：在直线 B 的左侧任意指定一点；
➢ [Enter the distance]（输入距离）：15（Enter）；
➢ 矩形效果如图 1-7 所示。

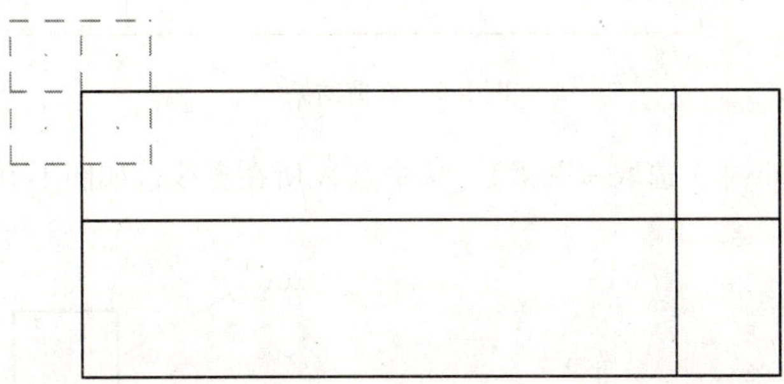

图 1-7　矩形

2. 2 Trimming 1 entity（修剪 1 图素）

Edit（编辑）→Trim/Break（修剪/打断）→Trim/Break/Extend（修剪/打断/延伸）

➢ [Select Trim 1 Entity]（修剪 1 图素）：
➢ [Select the entity to trim/extend]（选取要修剪/延伸的图素）：选中点 A 所在直线，如图 1-8 所示；

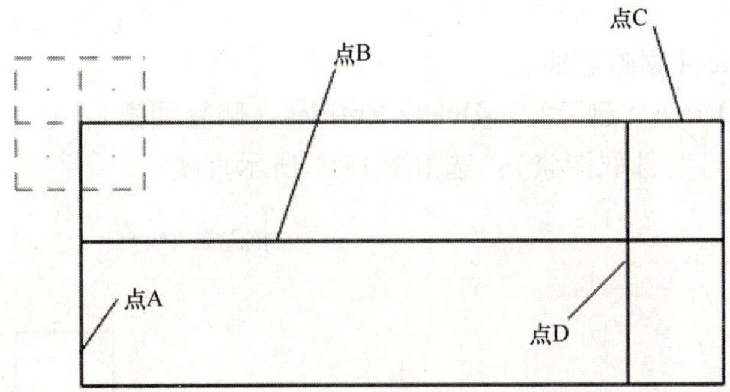

图 1-8　修剪直线

➢ [Select the entity to trim/extend to]（选取修剪/延伸到的图素）：选中点 B 所在直线；
➢ [Select the entity to trim/extend]（选取要修剪/延伸的图素）：选中点 C 所在直线；
➢ [Select the entity to trim/extend to]（选取修剪/延伸到的图素）：选中点 D 所在直线；
➢ 单击，修剪结果如图 1-9 所示。

2. 3 Create fillet（倒圆角）

Create（构图）→Fillet（倒圆角）→Entities（倒圆角）

➢ [Enter the fillet Radius]（输入图角半径）：3（Enter）；

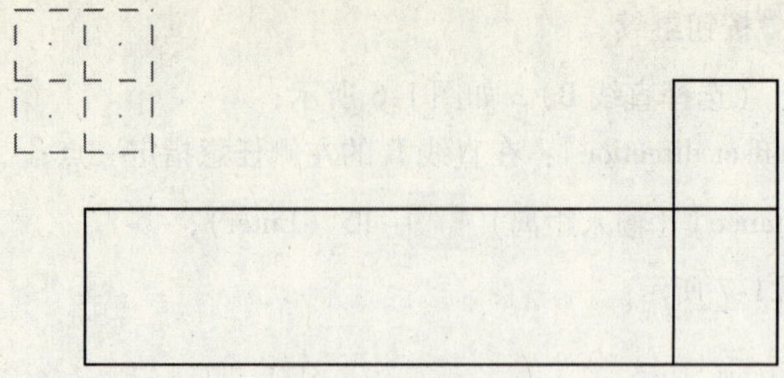

图 1-9 修剪结果

➢ [Select an entity]（选取一图素）：选中点 A 所在直线，如图 1-10 所示；

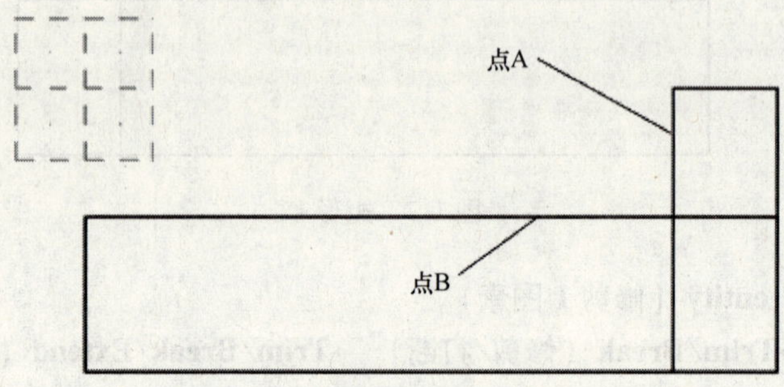

图 1-10 倒 $R3$ 圆角

➢ [Select another entity]（选取另一图素）：选中点 B 所在直线；

➢ 单击✔。

2. 4 Deleting a line（删除直线）

Edit（编辑）→Delete（删除）→Delete Entities（删除图素）

➢ [Select Entities]（选取图素）：选中图 1-11 所示直线；

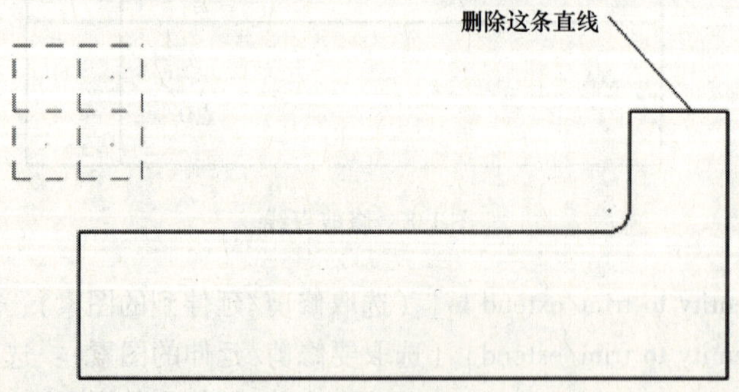

图 1-11 删除直线

➢ 选择结束图标●。

活动 3：绘制矩形外部几何图形。

3. 1 Create the 45 degree chamfer（构建 45°倒角）

Create（构图）→Chamfer（倒角）→Entities（倒角）

➢ 输入单一距离：10（Enter）；

➢ 确保选择单一距离 1 Distance 和修剪图标；

➢［Select line or arc］（选取直线或圆弧）：选择图素 A；

➢［Select line or arc］（选取直线或圆弧）：选择图素 B，如图 1-12 所示。

➢ 单击。

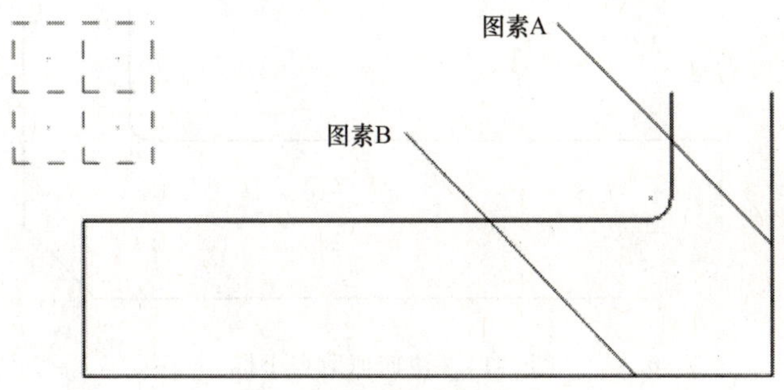

图 1-12　构建 45°倒角

1 Distance（单一距离）：用相等的距离对图素进行倒角；

2 Distances（两个距离）：用不同的距离对图素进行倒角；

Distancs/Angle（距离/角度）：用距离和角度对图素进行倒角；

Lidth（线宽）：用相同的距离对图素进行倒角，而新产生的直线长度由单一距离指定。

3.2 Create fillet（倒圆角）

Create（构图）→Fillet（倒圆角）→Entities（倒圆角）

➢［Enter the fillet Radius］（输入圆角半径）：10（Enter）；

➢［Select an entity］（选取一图素）：移动光标，在想要倒圆角的拐角区域单击鼠标左键，如图 1-13 所示；

➢ 单击。

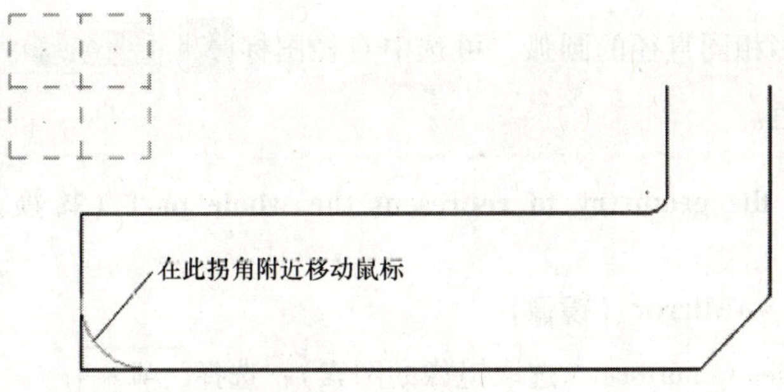

图 1-13　捕捉圆心点

3. 3 Create the arcs knowing the center point and the radius/diameter（已知圆心和半径/直径画圆弧）

Create（构图）→Arc（圆弧）→Circle Center Pointer（圆心点）

➢ [Enter the **Diameter**]（输入直径）: 10（Enter）;

➢ [Enter the center point]（选取中心点）：在 *R*10 圆角的圆心点附近捕捉，移动光标直到出现小矩形和圆形图标时单击左键确定圆心位置，如图 1-14 所示；

图 1-14 快速抓取点坐标

➢ [Enter the center point]（选取中心点）：选择快速抓点图标 Fast Point ;

➢ 输入坐标值：（63，-30）（Enter）；

➢ 单击，如图 1-15 所示。

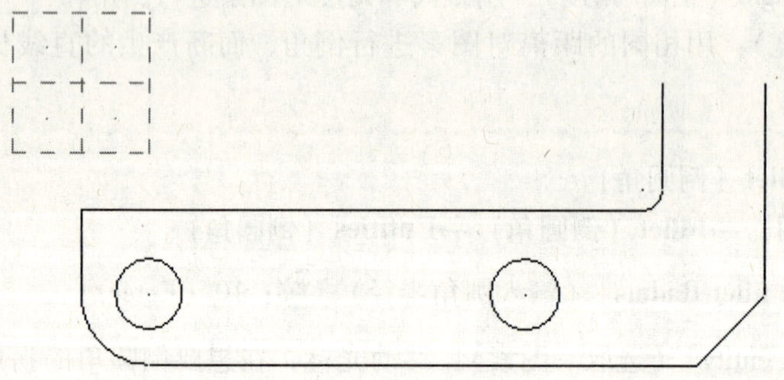

图 1-15 绘制 ϕ10 圆弧

> 若要构建更多相同直径的圆弧，可选中直径图标 10.0，此时的直径和半径值将变成红色。

3. 4 Transform the geometry to represent the whole part（转换几何图形以形成整体图形）

Xform（转换）→Mirror（镜像）

➢ [Select entities to mirror]（选取镜像的图素）：选择 All... ;

➢ 在“All Entities”对话框中单击；

➢ 选择 End Selection 按钮；

➢ 在“Mirror”对话框中设置相关参数：Copy、以水平线为对称轴，几何图形适度化 Fit，如图 1-16 所示；

➢ 单击以退出镜像参数设置。

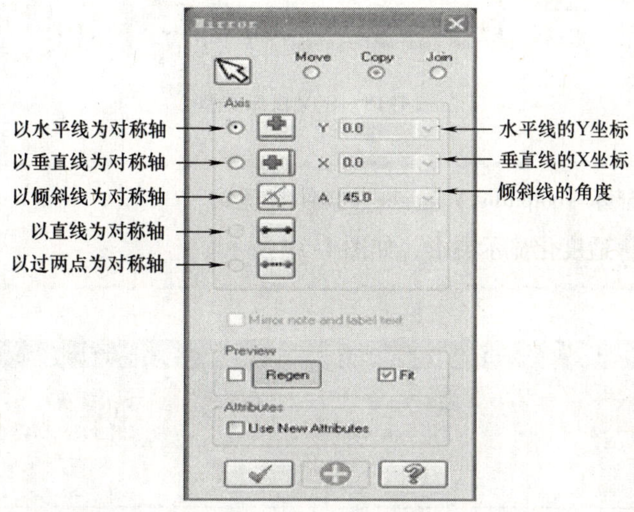

图 1-16　镜像参数设置

3. 5 Screen（图像清理）

Screen（屏幕）→Clear colors（清理颜色）

完成几何图形如图 1-17 所示。

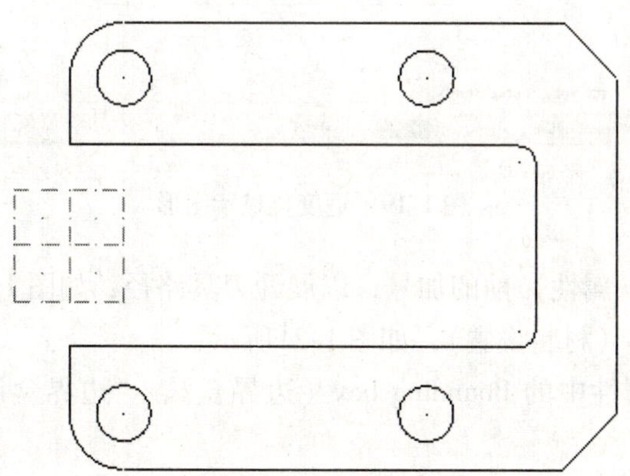

图 1-17　清理后的图像

活动 4：保存文件。

File（文件）→Save as（另存为）

➢ File name（文件名）：“项目 1”；

➢ 单击💾。

TOOLPATH CREATION

活动5：设置工件毛坯

Machine Type（机床类型）→Mill（铣床）→Default（自定义），如图1-18 所示。

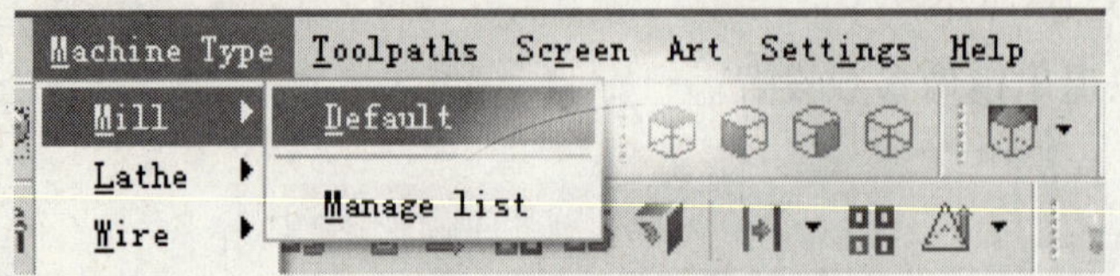

图1-18　定义机床类型

按 Alt + O，显示 Toolpaths Manager（操作管理）；

用 Fit 图标适度化显示图形，如图 1-19 所示。

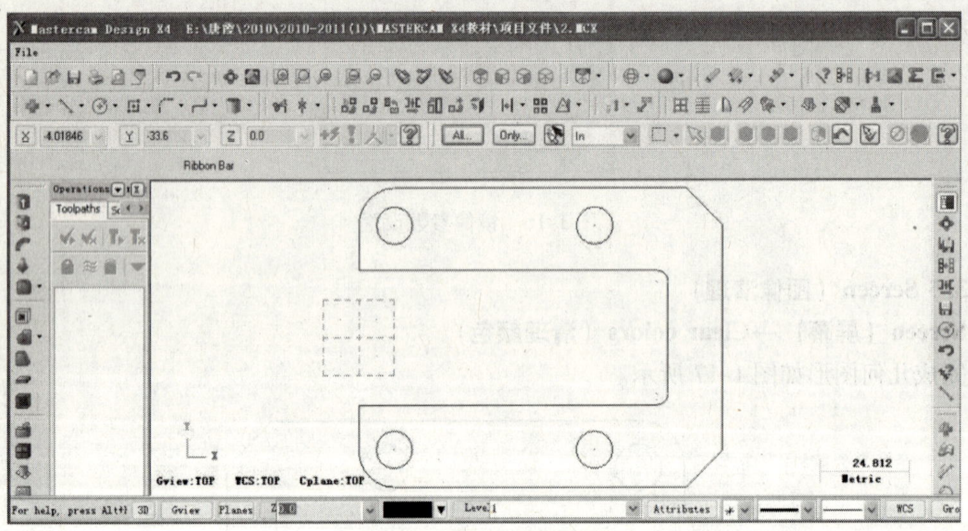

图1-19　适度化显示图形

➢ 选择 Properties（属性）前的加号，以展开刀具路径，如图 1-20 所示；

➢ 选择 Stock setup（材料设置），如图 1-21所示；

➢ 单击机器群组属性中的 Bounding box（边界盒），“边界盒设置”对话框如图 1-22 所示；

➢ 单击图 1-22 中✅；

➢ 系统自动抓取毛坯材料的长、宽和高，如图 1-23 所示；

➢ 选择 Tool Settings 设置刀具相关参数，如图 1-24 所示；

➢ 单击✅，退出刀具管理器；

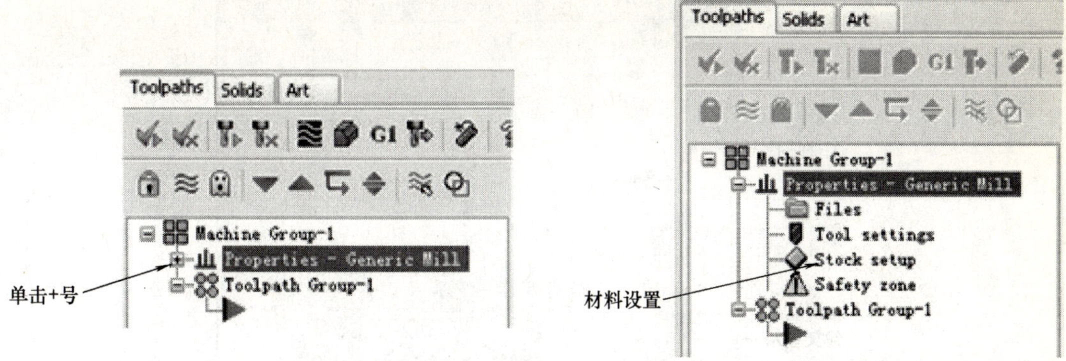

图 1-20　展开刀具路径　　　　图 1-21　材料设置

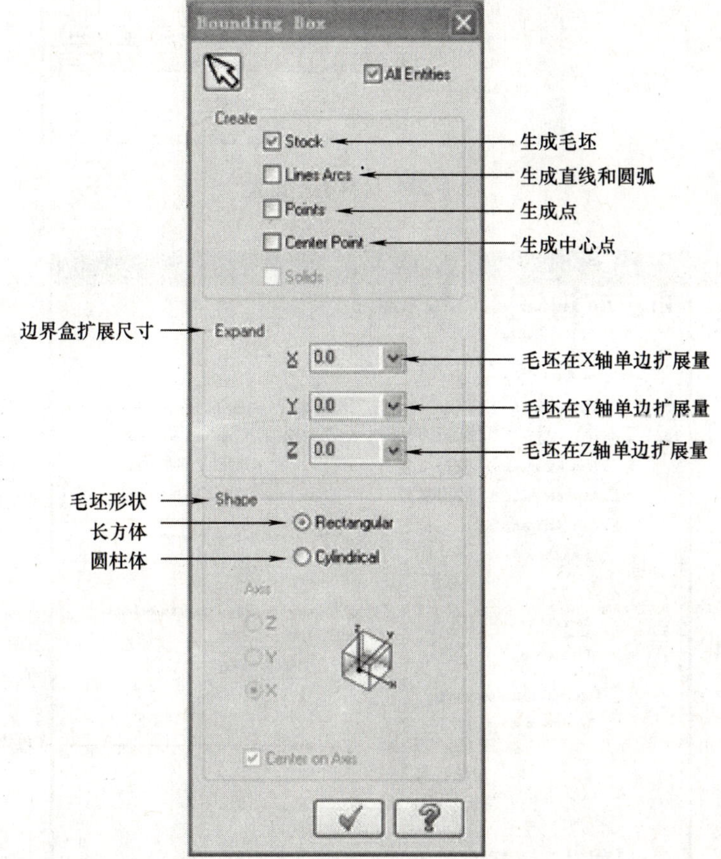

图 1-22　“边界盒设置”对话框

➢ 选中立体图观察该零件；

➢ 从工具栏中选中俯视图观察。

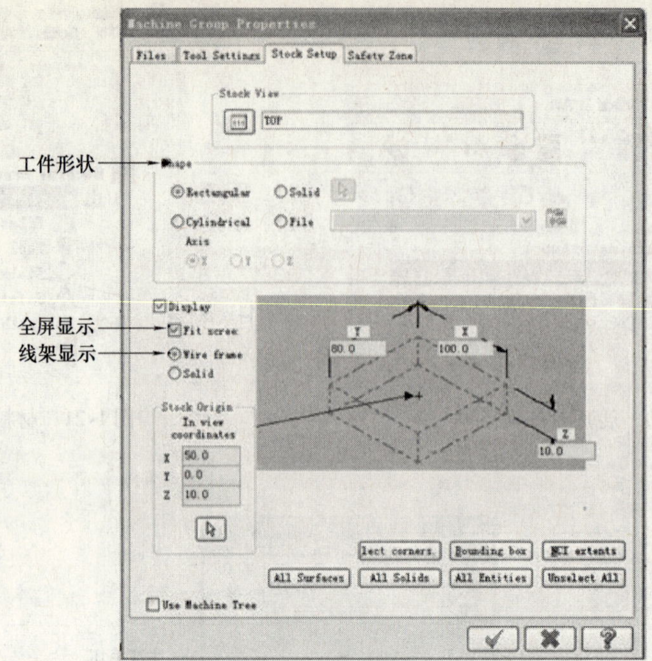

图 1-23 材料毛坯设置

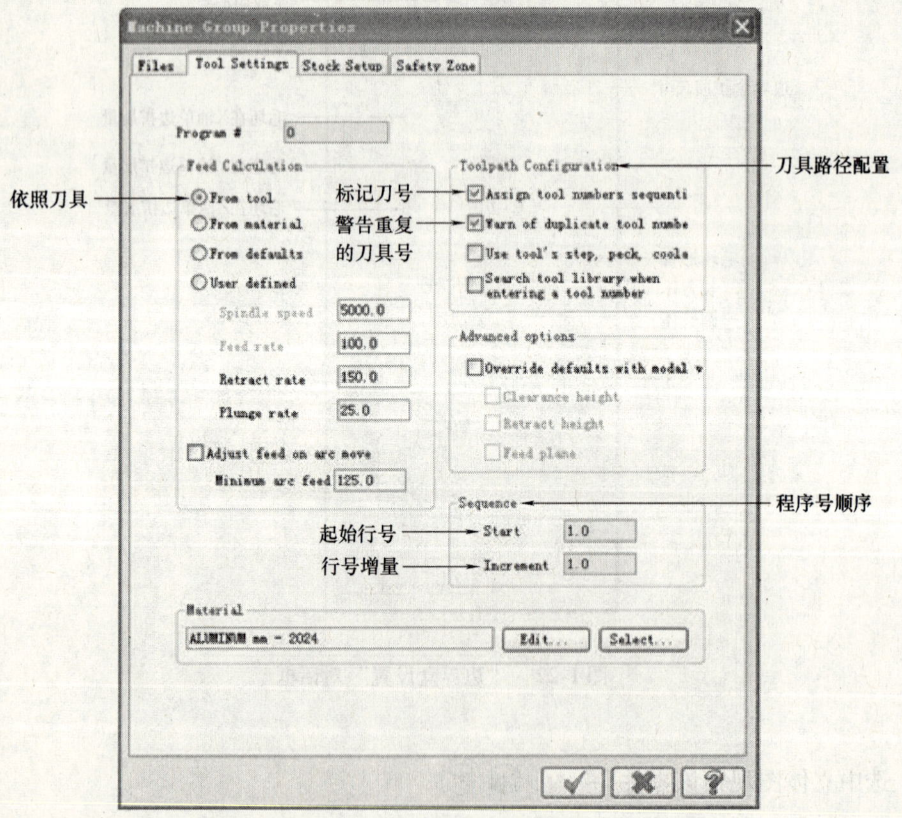

图 1-24 “刀具设置”对话框

Stock Origin（工件原点）：其设置有三种方法，一是直接输入坐标值；二是单击[图标]，在屏幕上选择一点作为工件原点；三是移动工件原点指向箭头，选择长方体的特殊点作为工件原点。

Feed Calculation（进给速度计算）：根据操作人员确定的材料自动计算进给速度：
（1）from tool（依照刀具） 以刀具中设置的进给速度作为加工的进给速度；
（2）from material（依照材料） 以材料中设置的进给速度作为加工的进给速度。

活动 6：钻 4 × ϕ10 中心孔。

Toolpaths（刀具路径）→Drill（钻孔）

➢ 如图 1-25 所示，使用“Mask on Arc”（固定圆心）；
➢ 移动光标选择 4 个 ϕ10 的圆心点，作为钻孔中心点，如图 1-26 所示；

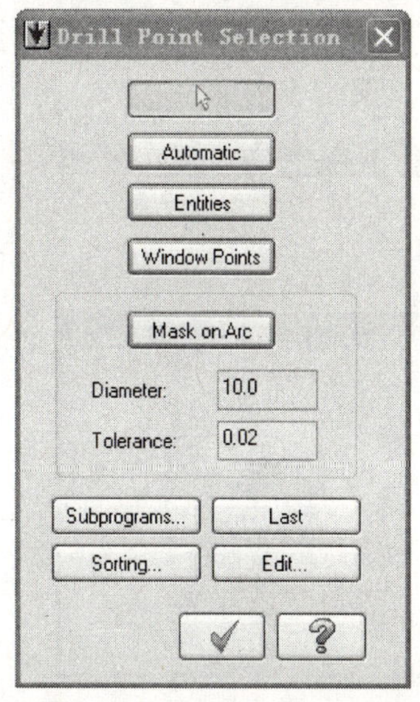

图 1-25 “钻孔点选择”对话框

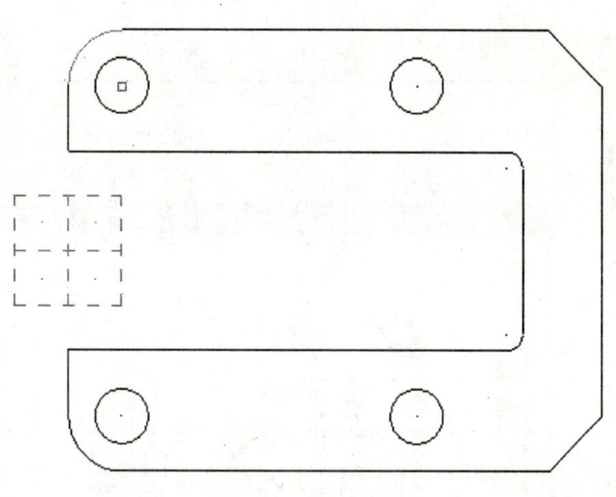
图 1-26 选择钻孔中心点

➢ 单击“钻孔点选择”对话框的[✓]；
➢ 选择 Select library tool（选择库中的刀具），如图 1-27 所示；
➢ 选择 ϕ10 中心钻，单击[✓]，如图 1-28 所示；
➢ 单击图 1-27 所示的[✓]，进入 Cut Parameters（切削参数）设定界面，如图 1-29 所示；
➢ 设置 Linking Parameters（共同参数），单击[✓]，单击[●]结束选择，如图 1-30 所示；

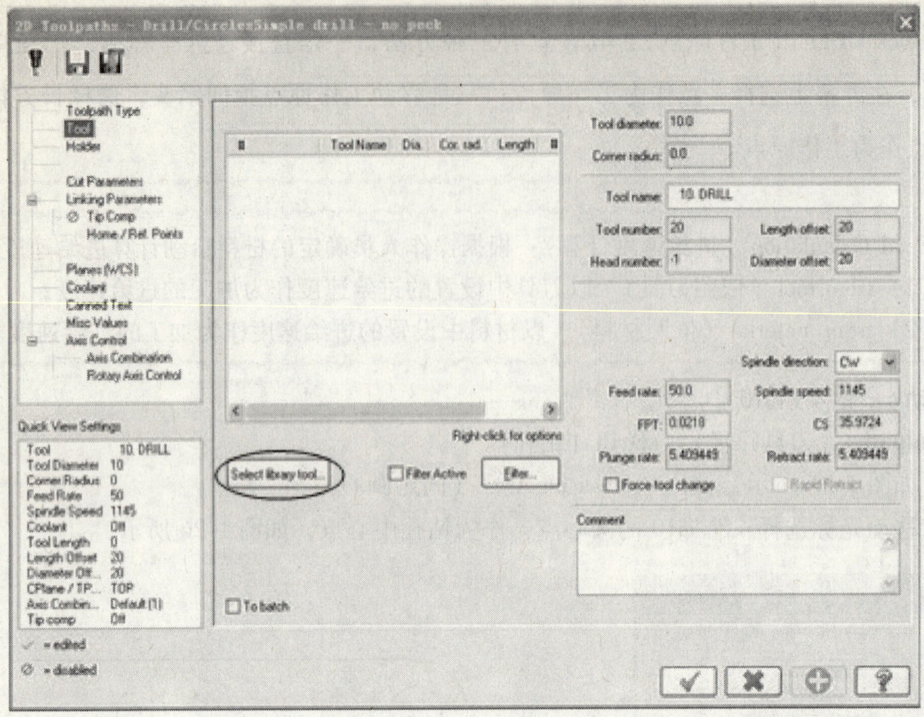

图 1-27 “工具”对话框

Tool Selection - C:\mcamx\MILL\TOOLS\MILL_MM.tools

Mill_MM.TOOLS

#	Tool Name	Dia.	Cor. rad.	Length	# Flutes	Type	Rad. Type
1	5. CEN...	5.0	0.0	50.0	2	Ce...	None
2	10. CE...	10.0	0.0	50.0	2	Ce...	None
3	15. CE...	15.0	0.0	50.0	2	Ce...	None
4	20. CE...	20.0	0.0	50.0	2	Ce...	None
5	25. CE...	25.0	0.0	50.0	2	Ce...	None
6	5. SPO...	5.0	0.0	50.0	2	Sp...	None
7	10. SP...	10.0	0.0	50.0	2	Sp...	None
8	15. SP...	15.0	0.0	50.0	2	Sp...	None
9	20. SP...	20.0	0.0	50.0	2	Sp...	None
10	25. SP...	25.0	0.0	50.0	2	Sp...	None

Filter...
Filter Active
60 of 326 tools

图 1-28 选择 $\phi 10$ 中心钻

➢ 钻孔中心点如图 1-31 所示；

Clearance（安全高度）：刀具在此高度以上可以随意运动而不会发生碰撞。加工时如果每次提刀都至安全高度，将浪费加工时间，所以可以仅在开始和结束时使用安全高度选项。

Retract（退刀高度）：一是为了保证提刀安全，不会发生碰撞；二是为了缩短加工时间，在保证安全的前提下提刀高度不应设置太高。

Top of stock（毛坯顶面高度）：指毛坯顶面在坐标系 Z 轴的坐标值。

Depth（加工深度）：指最终加工深度。

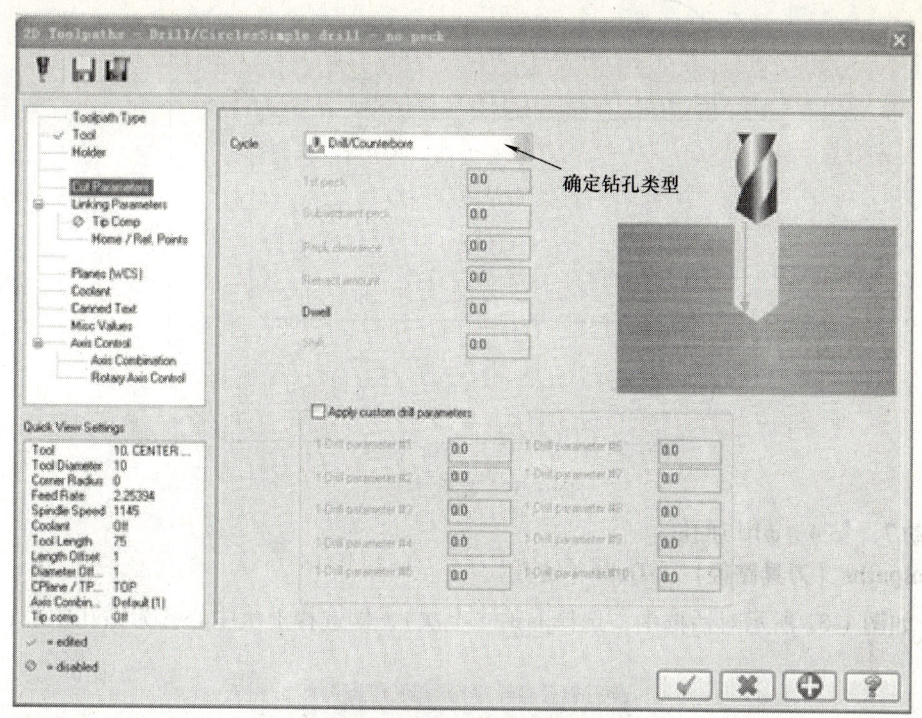

图 1-29　钻孔参数设置

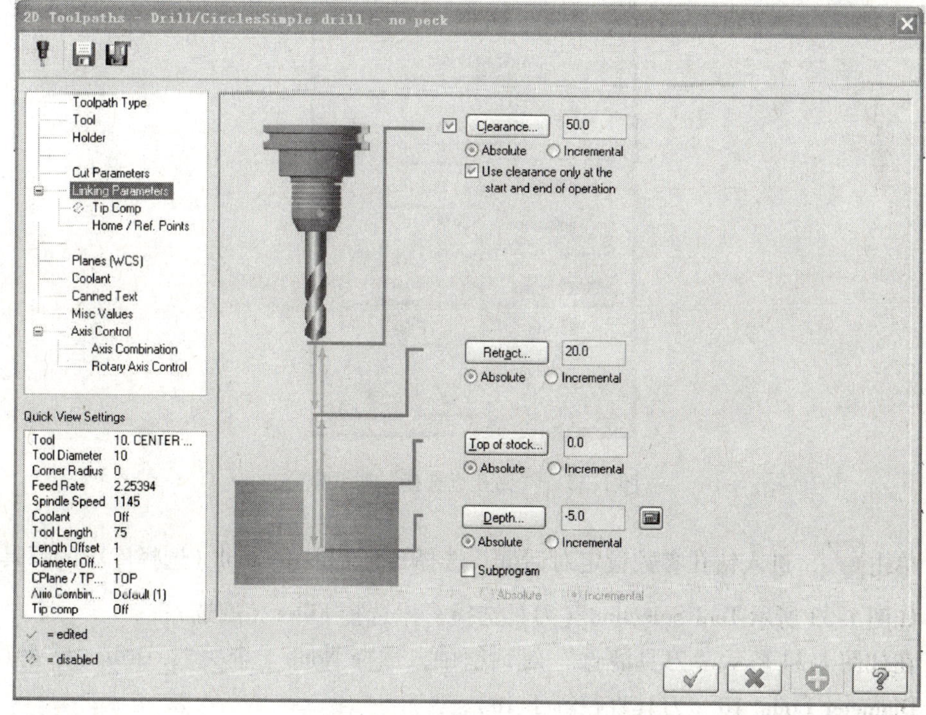

图 1-30　共同参数设置

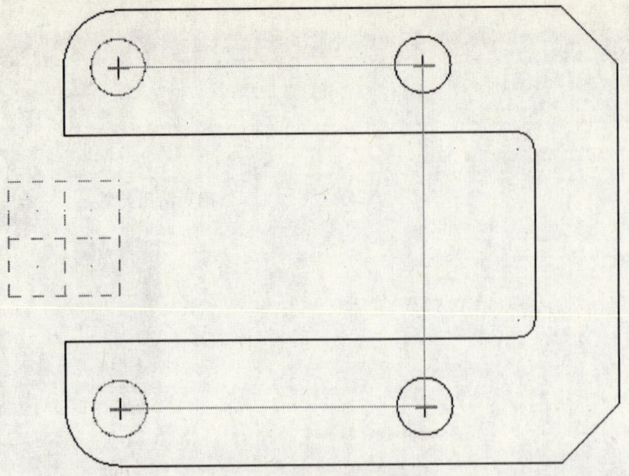

图 1-31 钻孔中心点

活动 7：钻 4×ϕ10 通孔。

Toolpaths（刀具路径）→Drill（钻孔）

➢ 如图 1-32 所示对话框中，选择 last （上次），即选择上次中心孔为钻孔中心；

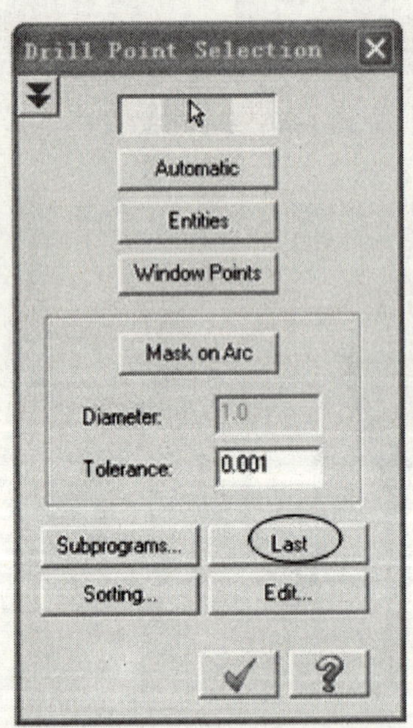

图 1-32 “钻孔点选择”对话框

➢ 单击✓，进入钻孔参数设定对话框，选择 Select library tool（选择库中的刀具），在如图 1-33 所示 Tool Selection（刀具选择）中选择 Filter（滤选）；

➢ 在如图 1-34 所示“刀具滤选”对话框中，选择 None（全关），Drill（钻头），Tool Diameter Equal 10（刀具直径等于 10）；

➢ 单击✓，确保选中 ϕ10 钻头，如图 1-35 所示。

➢ 单击✓，退出“刀具选择”对话框。

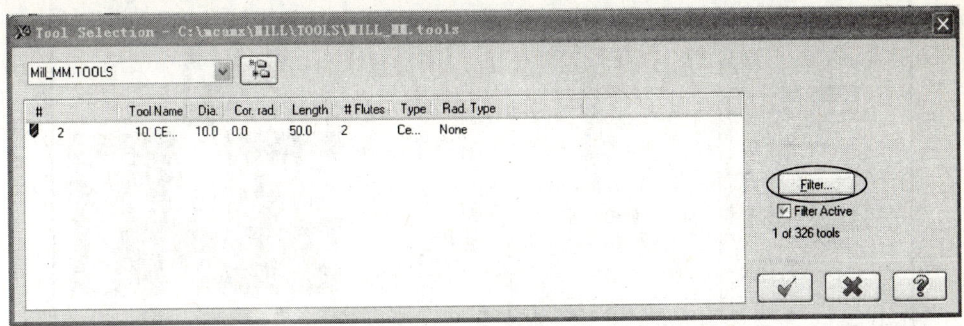

图 1-33　“刀具选择”对话框

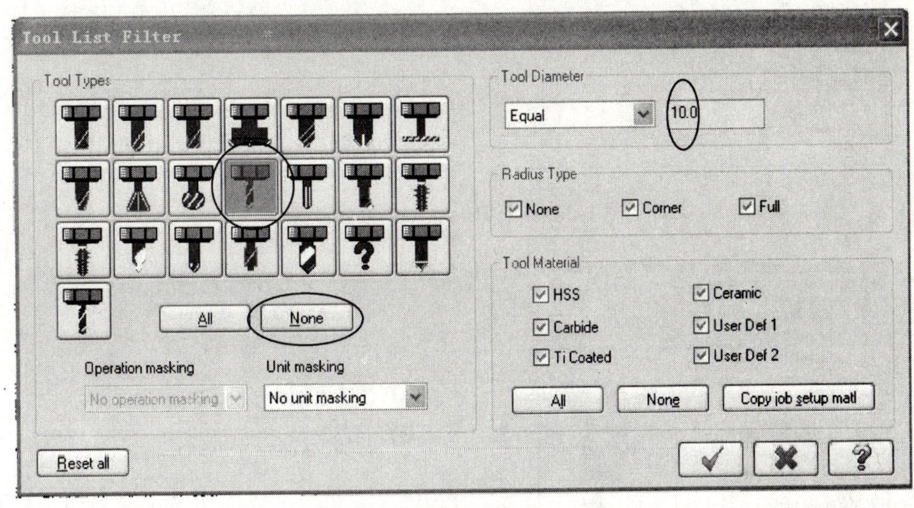

图 1-34　刀具“滤选”对话框

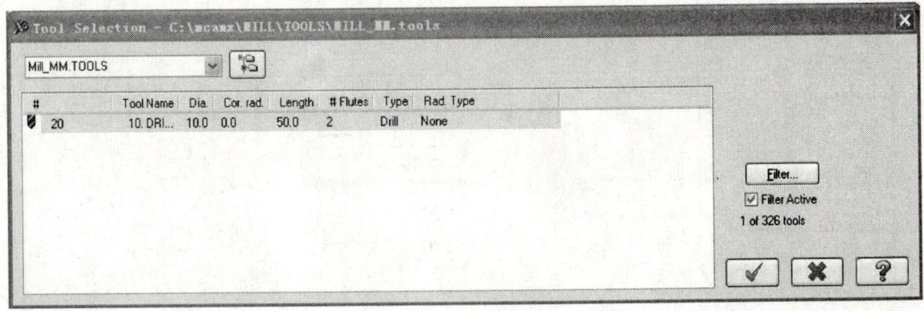

图 1-35　选中 ϕ10 钻头

➢ 如图 1-36 所示 Simple drill-no peck（深孔钻-无啄钻）对话框中，Cut Parameters 切削参数保持不变；

➢ Linking Parameters（共同参数）如图 1-37 所示；

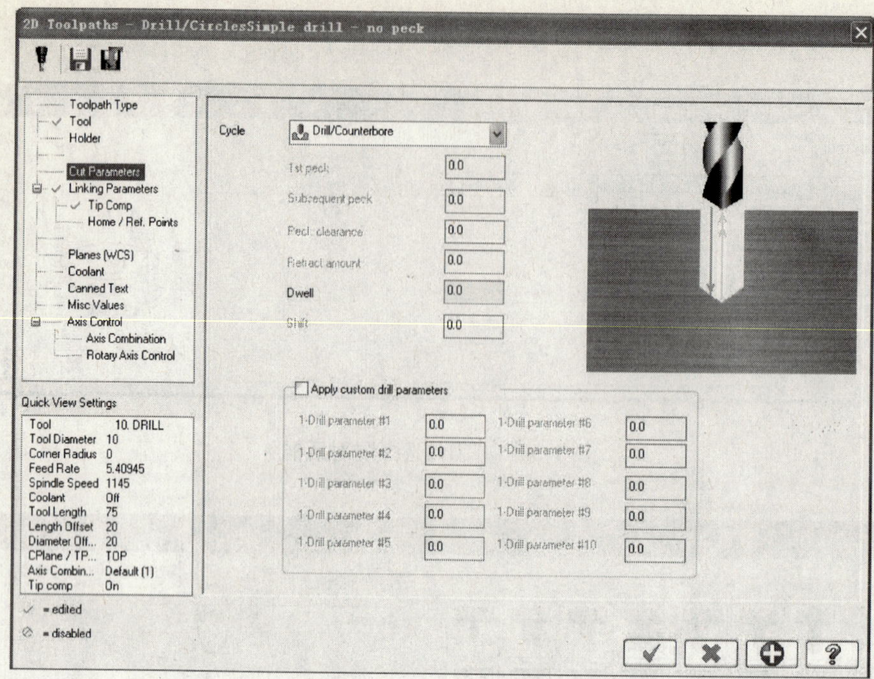

图 1-36　Cut Parameters 参数设置

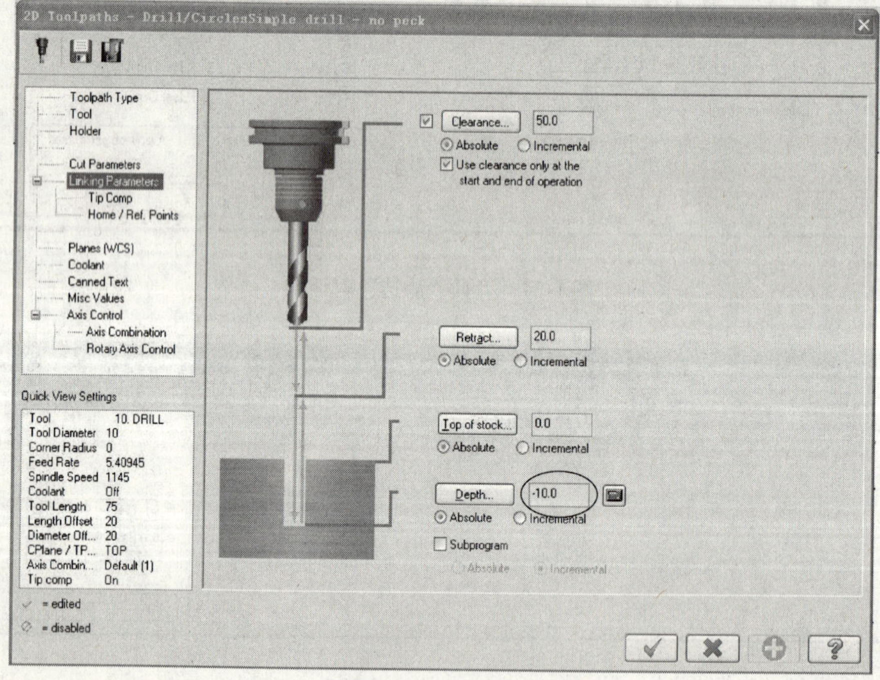

图 1-37　Linking Parameters 参数设置

➢ Tip Comp（刀尖补偿）参数如图 1-38 所示；

➢ 选择，单击，退出“钻孔参数设置”对话框。

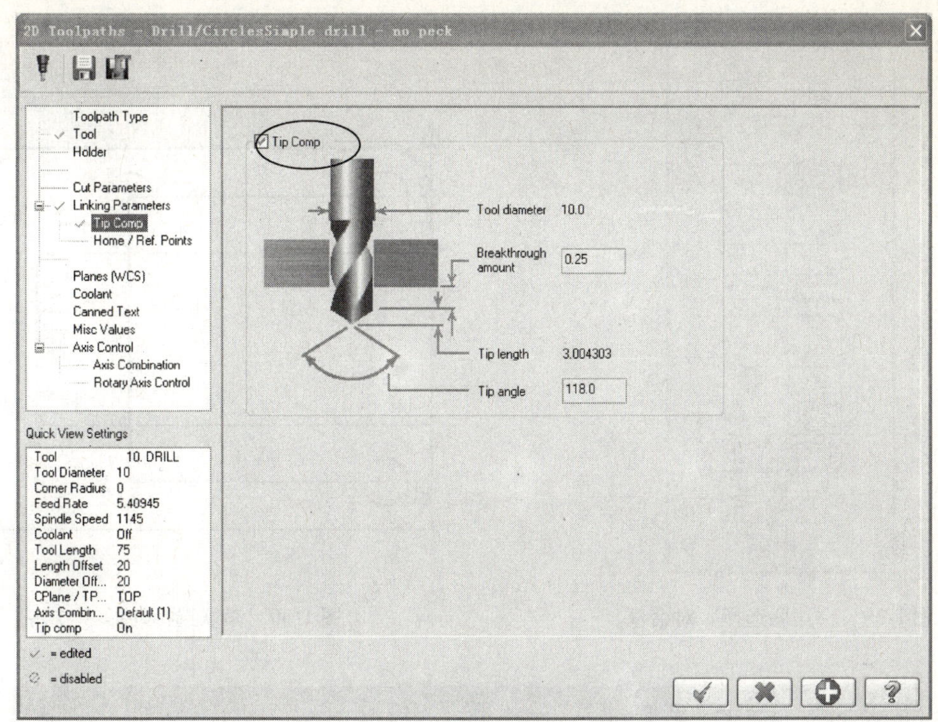

图 1-38　刀尖补偿参数设置

Break through amount（贯穿距离）：用于设置刀具贯穿工件的距离；
Tip lengh（刀尖长度）：指定刀具刀尖的距离；
Tip angle（刀尖角度）：设置刀具刀尖的角度。

活动 8：外形铣削加工

Toolpaths（刀具路径）→Contour Toolpath（外形铣削加工）

- ［Select the first entity in the contour］（选取外形串联 1）：如图 1-39 所示，选择串联方式；
- 如图 1-40 所示顺时针选择零件外轮廓，否则使用 Reverse（反向）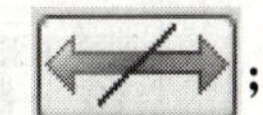；
- 单击，退出“串联选择”对话框；
- 选择 Select library tool（选择库中的刀具）→Filter（滤选），如图 1-41 所示；
- 在 Tool Types 中，选择 None（全关），Tool Diameter Equal 8，如图 1-42 所示；
- 单击，退出 Tool List Filter（刀具滤选）；
- 在如图 1-43 对话框中确定 ϕ8Endmill Flat（平底刀），单击，退出 Tool Selection；
- 设置 Cut Parameters（切削参数）→Lead In/Out（进退/刀参数），如图 1-44 所示；
- 设置 Linking Parameters（共同参数），如图 1-45 所示；
- 选择 Apply，单击，退出“Linking Parameters 参数设置”对话框。

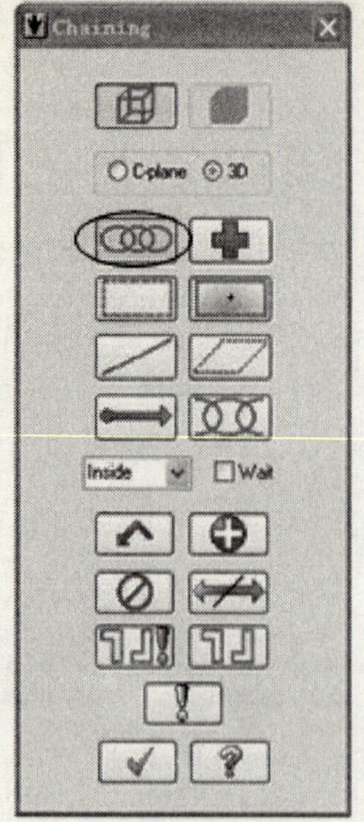

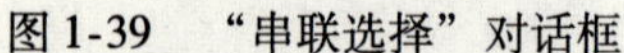
图 1-39　“串联选择”对话框

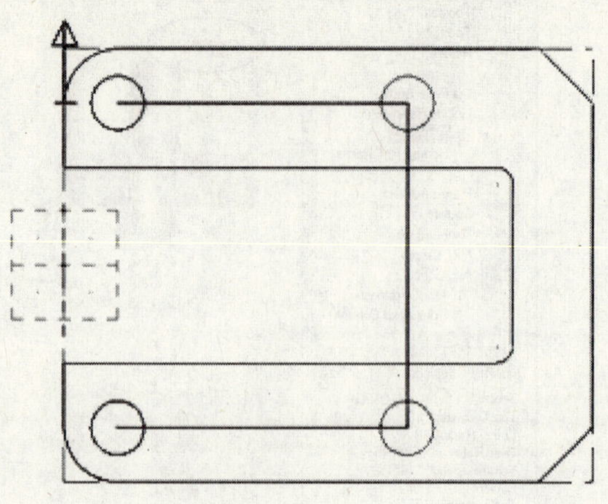
图 1-40　串联选择外形

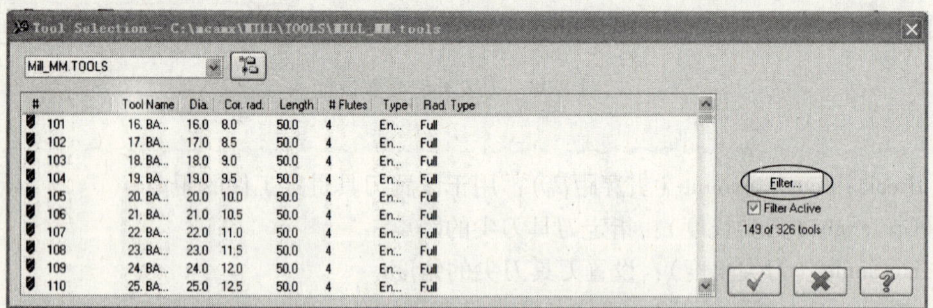

图 1-41　刀具滤选

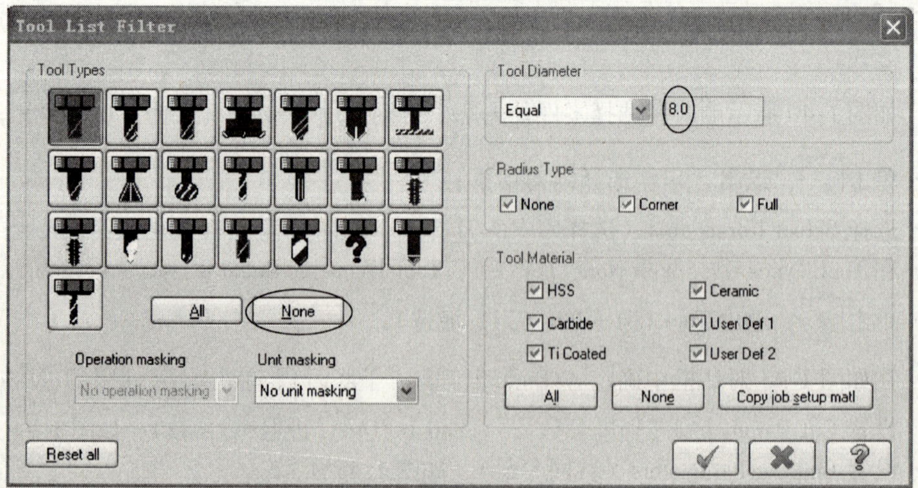

图 1-42　刀具参数设置

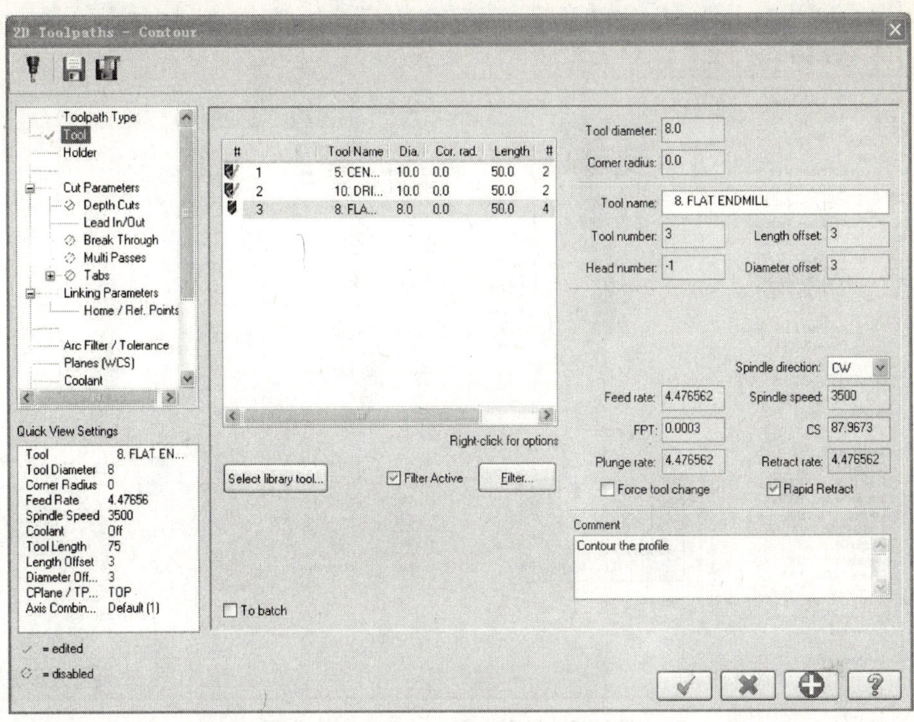

图 1-43　刀具参数设置

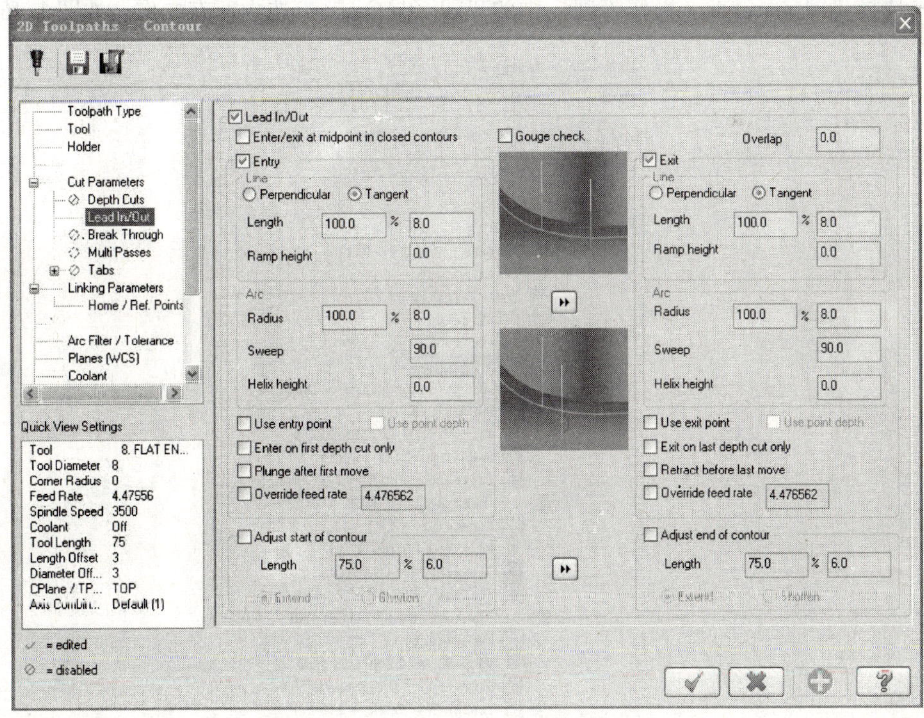

图 1-44　Lead In/Out 参数设置

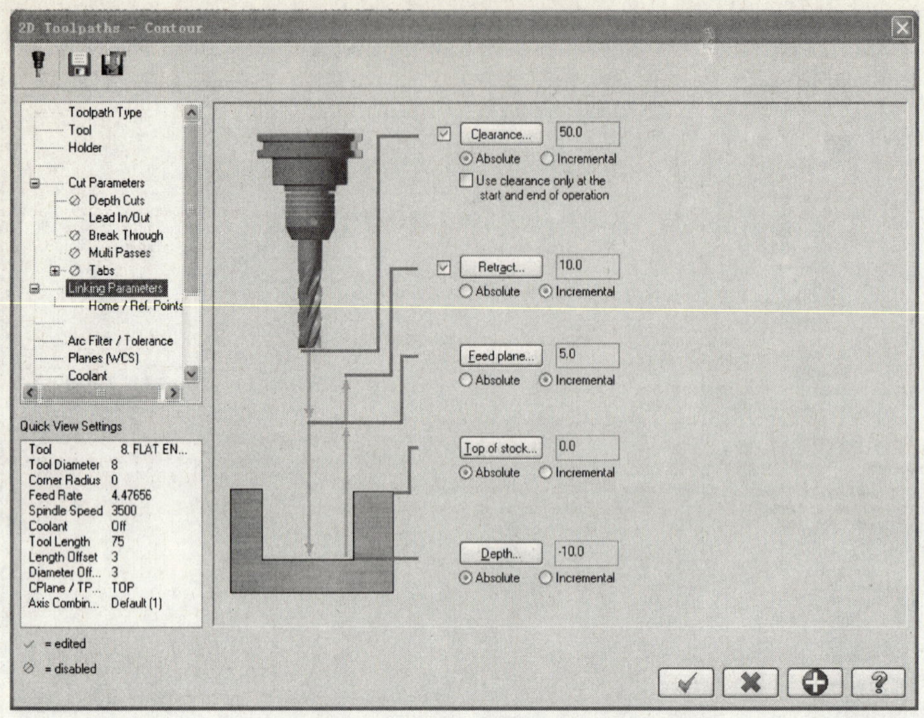

图1-45 Linking Parameters参数设置

活动9：刀具管理相关参数设置

➢ 选择Tool manager（操作管理）中的Toolpath Group，选中所有操作，如图1-46所示；

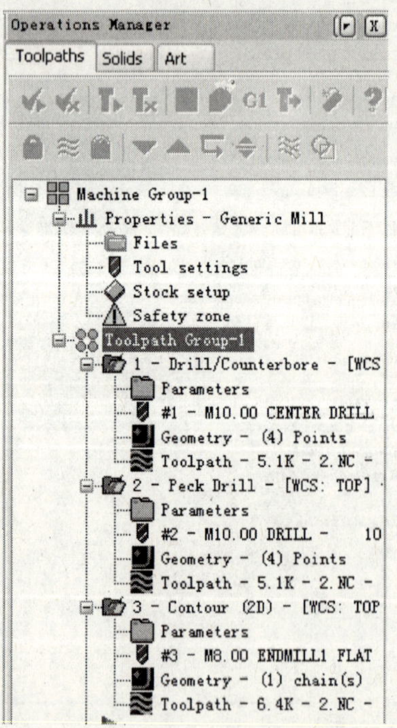

图1-46 选择Toolpath Group

➢ 如图 1-47 所示，选择 Backplot selected operations（模拟所选择的操作）；

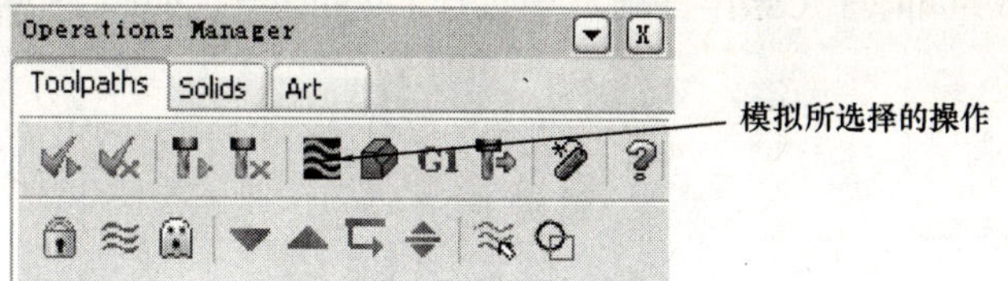

图 1-47　模拟操作

➢ 确认选中“Display tool（显示刀具）”和“Display rapid moves（显示快速位移）”，如图 1-48 所示；

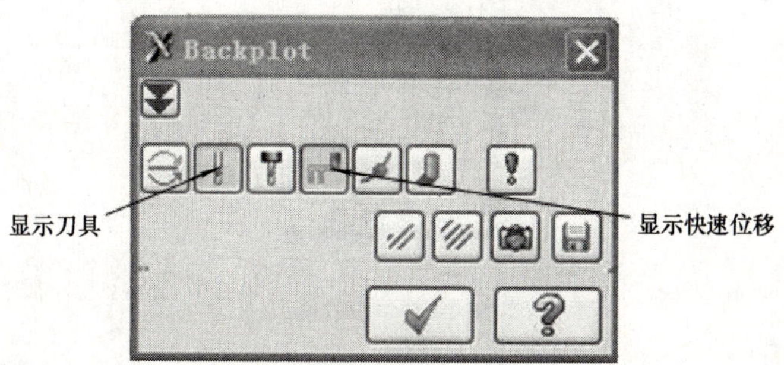

图 1-48　刀路模拟参数设置

➢ 选择 Isometric View 等角视图观察；

➢ 选择 Play，效果如图 1-49 所示；

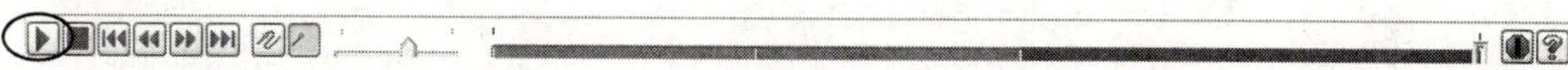

➢ 单击，退出 Backplot。

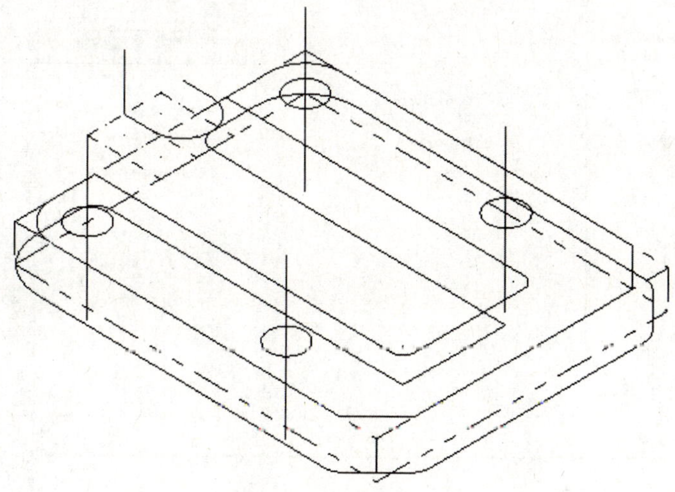

图 1-49　刀路模拟加工

活动 10：修改外形铣削加工参数

➢ 在 Toolpaths Manager（操作管理）中选择 Parameters，如图 1-50 所示；

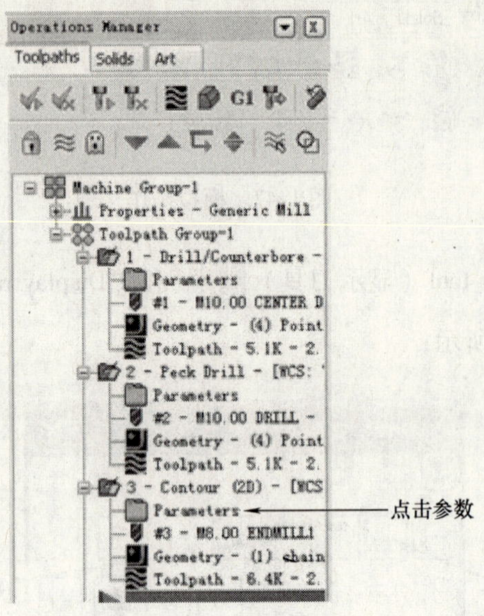

图 1-50 参数修改

➢ 进入 Cut Parameters（切削参数）→Depth cuts（深度切削）参数，如图 1-51 所示；

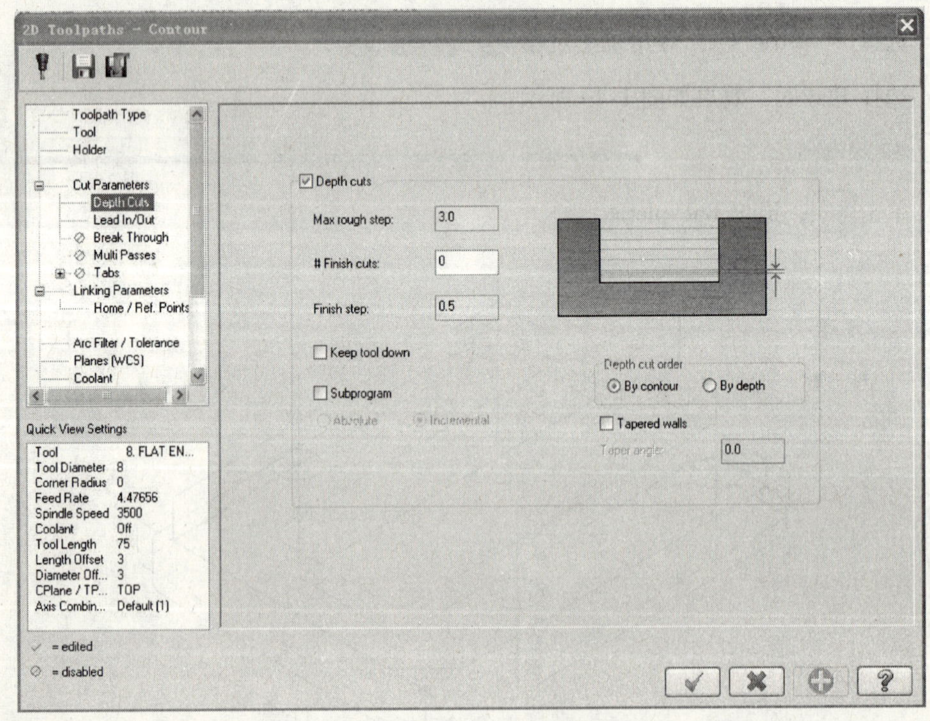

图 1-51 Depth cuts 参数设置

➢ 进入 Cut Parameters（切削参数）→Multi passes（分层切削）参数，如图 1-52 所示；

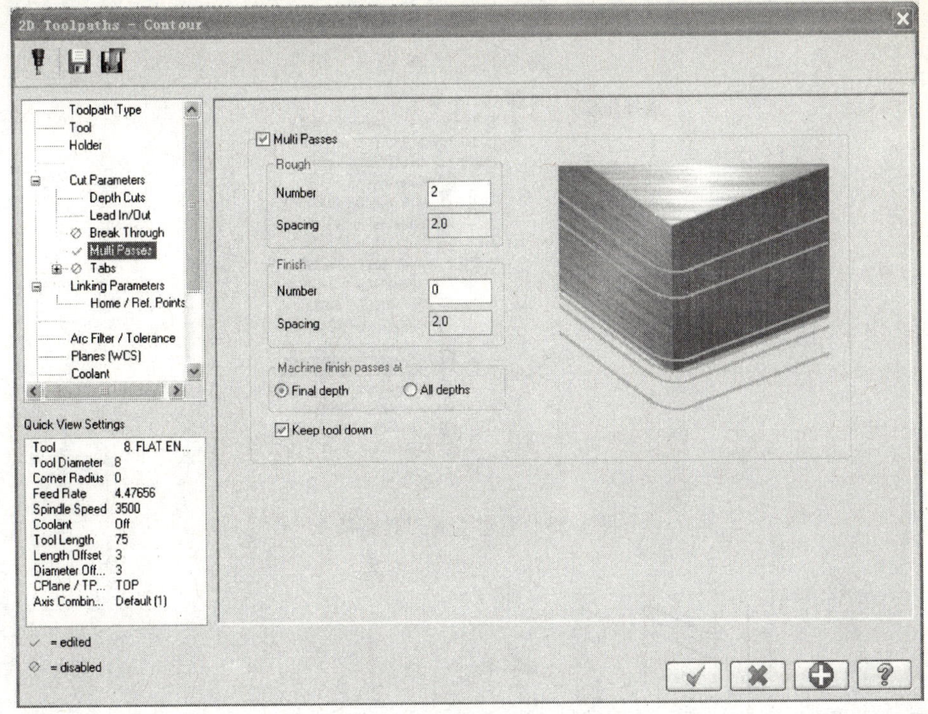

图 1-52　Multi passes 参数设置

➢ 选择 Apply ［图标］，单击 ［图标］，退出外形铣削加工对话框；

➢ 选择 Regenerate all dirty operations（重建生成刀具路径），如图 1-53 所示；

➢ 刀具路径模拟效果如图 1-54 所示。

当铣削的厚度较大时，为了得到较光滑的表面，需采用分层铣深。

Max rough step（最大粗切步进量）：用于输入在粗切削时的最大进刀量；

Finish step（精修次数）：用于输入精切削的次数；

Depth cut order（精修量）：用于输入在精切削时的最大进刀量；

Keep tool down（不提刀）：用来设置刀具在每一层切削后，是否回到下刀位置的高度。

当选中该复选框时，刀具从当前层深度直接移到下一层的切削深度；否则，刀具先回到下刀位置的高度，再移到下一层的切削深度。

By contour（按轮廓）：先在一个外形边界铣削到设定的铣削深度后，再进行下一个外形边界铣削。

By depth（按深度）：先在一个深度上铣削所有的外形边界，再进行下一个深度的铣削。

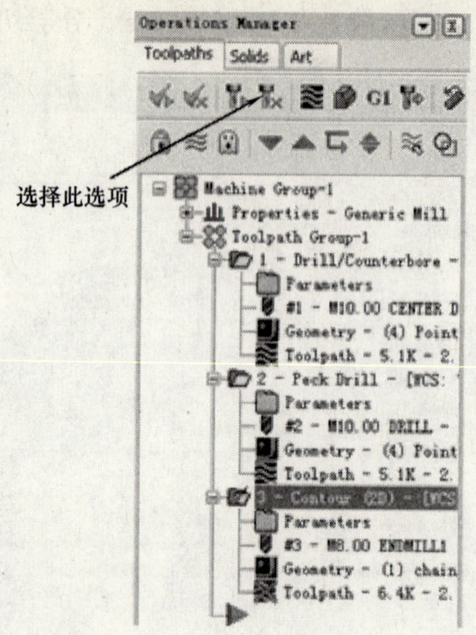

图 1-53　重建生成刀具路径

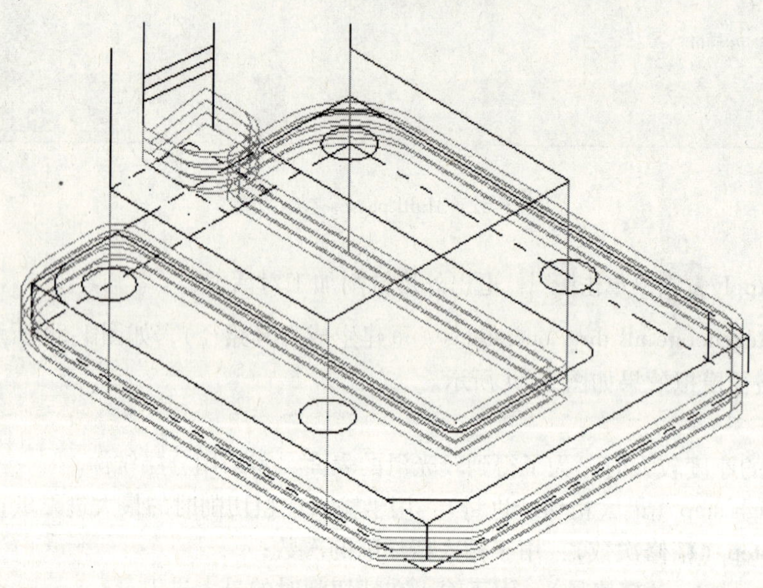

图 1-54　重新生成刀具路径效果图

活动 11：验证

➢ Select all operations（选择所有的操作），如图 1-55 所示；

图 1-55　选择所有的操作

➢ 选择 Verify selected operations（验证已选择的操作），如图 1-56 所示；

图 1-56　验证已选择的操作

➢ 选择 Options（实体模拟配置），如图 1-57 所示界面；

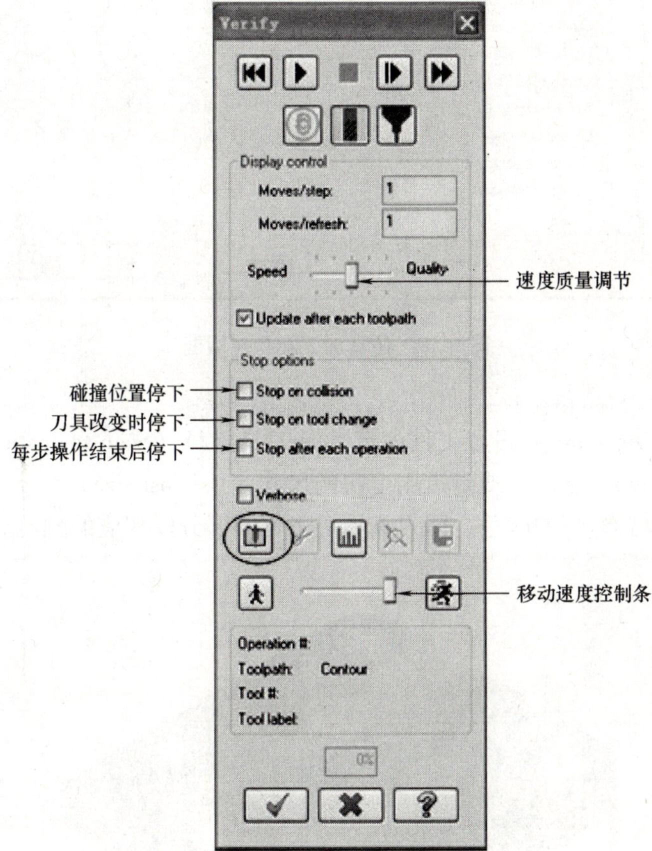

图 1-57　实体模拟对话框

➢ 如图 1-58 所示设置仿真加工相关参数；
➢ 通过移动速度控制条，设定 Verify speed（验证速度）；
➢ 如图 1-57 所示，选择 Play ▶；
➢ 单击 ✔，工件加工效果如图 1-59 所示。

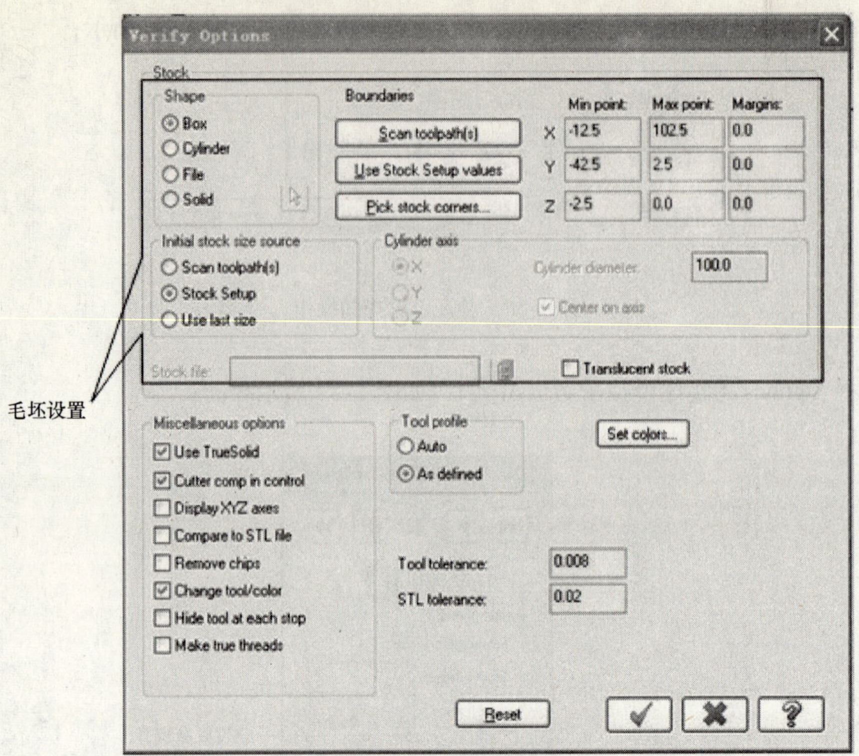

图 1-58 仿真加工配置对话框

Initial stock size source：设置工件的尺寸是刀具路径（Scan toolpath），或是由工件安装值（Stock Setup）决定，或者沿用上次的尺寸（Use last size）。

Set colors：设置过切的颜色，即刀具撞上工件的部分以相应的颜色显示。

图 1-59 工件加工效果

活动 12：保存文件

➢ 选择 Save 。

活动 13：生成 NC 文件

- 选中所有操作；
- 选择 Post selected operations（后处理已选择的操作），如图 1-60 所示；

图 1-60　后处理操作

- 如图 1-61 所示，单击继续操作；

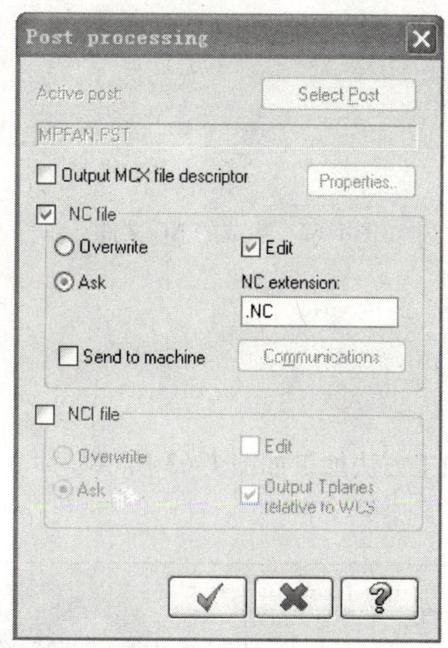

图 1-61　后处理设置

- 输入跟几何图形相同的文件名“项目 1”；
- 生成图 1-62 所示 NC 文件，选择；
- 选择右上角的，退出程序编辑对话框。

Post processing（后处理设置）主要用于设置运行后处理器的控制参数，即 NCI 和 NC 文件的存储、编辑等相关设置。

NC file（NC 文件）：设置是否保存 NC 文件。如果保存操作时，是覆盖同名 NC 文件（Overwrite），还是系统询问是否覆盖（Ask）。Edit 复选框控制是否编辑已生成 NC 文件。

```
Mastercam X Editor - [C:\DOCUMENTS AND SETTINGS\HP\桌面\2.NC*]
File Edit View NC Functions Bookmarks Project Compare Communications Tools Window Help
New
Mark All Tool Changes   Next Tool   Goto Previous Tool
Project Explorer

%
O0000 (2)
(DATE=DD-MM-YY - 06-12-10 TIME=HH:MM - 22:33)
(MCX FILE - E:\二.MCX)
(NC FILE - C:\DOCUMENTS AND SETTINGS\HP\桌面\2.NC)
(MATERIAL - ALUMINUM MM - 2024)
( T1 | 10. CENTER DRILL | H1 )
( T2 |   10. DRILL | H2 )
( T3 |   8. FLAT ENDMILL | H3 )
N1 G21
N2 G0 G17 G40 G49 G80 G90
N3 T1 M6
N4 G0 G90 G54 X10. Y30. A0. S1145 M3
N5 G43 H1 Z50.
N6 Z20.
N7 G99 G81 Z-5. R20. F2.3
N8 X65.
N9 Y-30.
N10 X10.
N11 G80
N12 Z50.
N13 M5
N14 G91 G28 Z0.
N15 A0.
N16 M01

Ready...   CAPS   Line: 4 Col: 15   File Size: 5 kb   2010-12-6   22:33
```

图 1-62　生成的 NC 文件

【项目自测】

1. 利用外形加工、钻孔加工方法加工如图 1-63 所示零件。

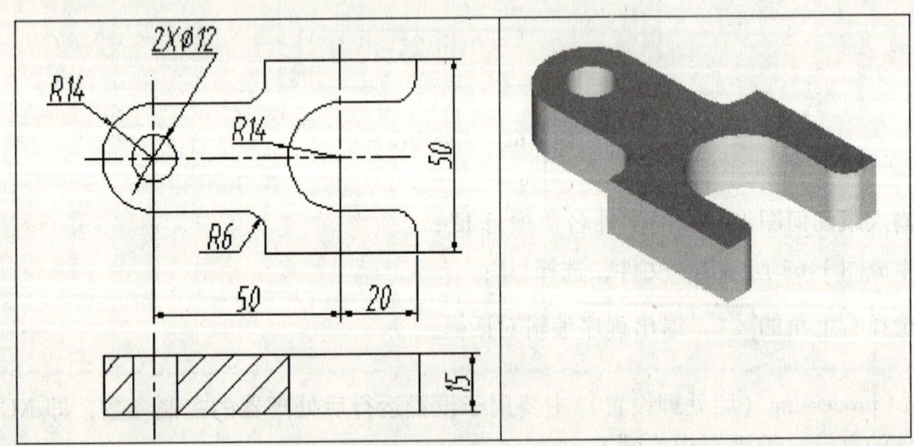

图 1-63　第 1 题

2. 利用外形加工、钻孔加工方法加工如图 1-64 所示零件。

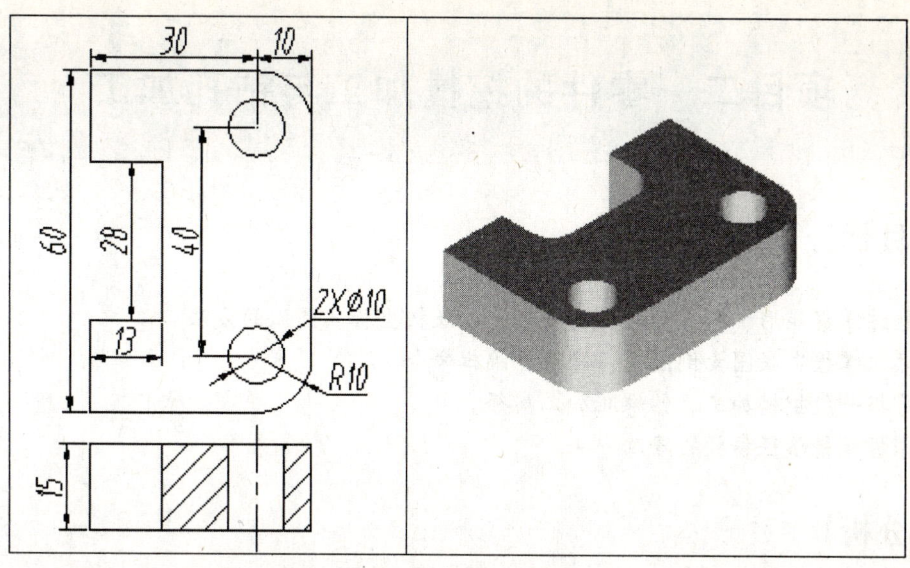

图 1-64　第 2 题

项目二　零件的挖槽加工与钻孔加工

【知识目标】

1. 熟练掌握矩形、圆、平行线的画法，以及极坐标画圆弧的方法。
2. 熟练掌握串联图素倒圆角、修剪等编辑命令。
3. 掌握一般挖槽加工、钻螺孔加工路径。
4. 掌握挖槽路径参数的修改方法。

【任务分析】

绘制图 2-1 所示的二维图形，并使用挖槽加工、钻孔加工完成其数控加工。

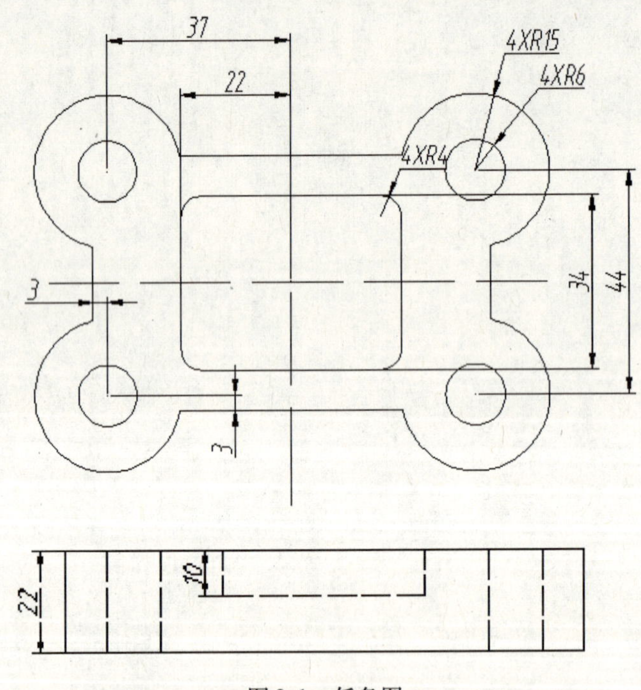

图 2-1　任务图

【活动思路】

确定长方形中心为坐标原点，构建 44 × 17 矩形→倒 *R*4 圆角→构建 80 × 25 矩形→分段修整→构建平行线→构建 *R*15 圆弧→构建 ϕ12 圆弧→删除辅助直线→修整图形→镜像→清除屏幕颜色→修整图形→删除直线→镜像→清除屏幕颜色→串联倒圆角 *R*2。

确定刀具路径：设置工件毛坯→钻螺孔（点钻 $\phi12\times4$ 中心点→钻孔 $\phi12\times4$→钻 $\phi12$ 螺孔）→外形铣削加工［外形加工刀具路径设置→外形铣削加工（残料加工）］→挖槽铣削加工。

【活动过程】

创建二维图形前，使用 Settings（设置）→Toolbar States（工具栏设置），如图 2-2 所示，在操作界面上显示 2D 工具栏快捷菜单栏。同时，启用 Screen（屏幕）→Screen Grid Settings（栅格参数），将栅格显示于工作界面中，如图 2-3 所示。

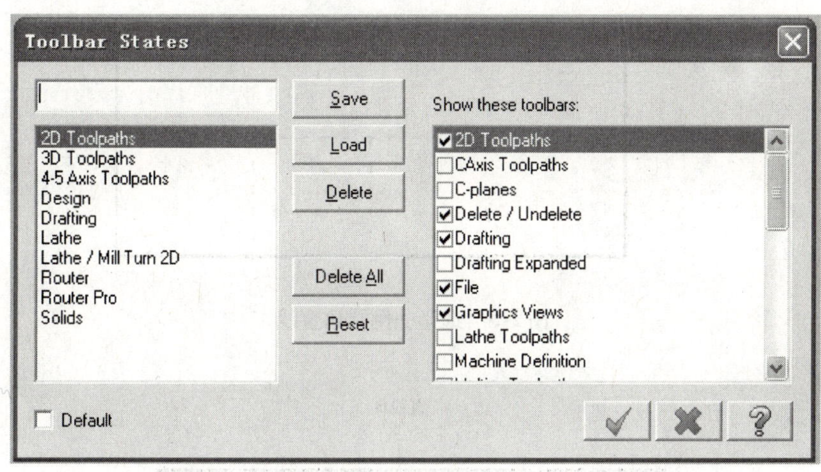

图 2-2　2D 工具栏设置窗口

活动 1：构建 44 ×17 矩形

Create（构图）→Rectangular Shapes（矩形形状设置）

➢ 输入 Width（宽度）：44（Tab）；

➢ 输入 Height（高度）：17（Enter）；

➢［Select position of base point］（选取基点的位置）：选取，输入坐标（－22，0），效果如图 2-4 所示；

➢ 单击。

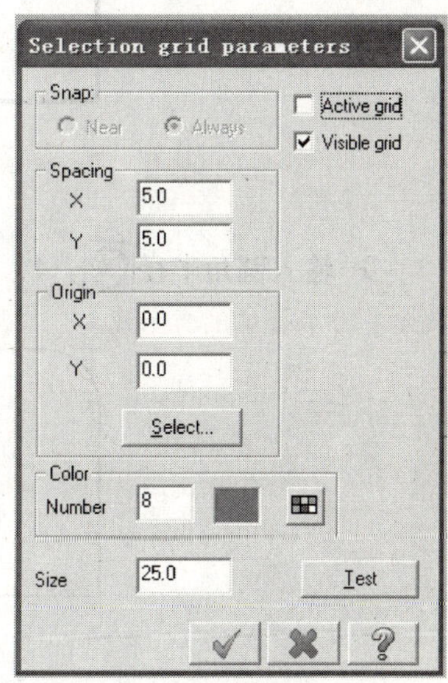

图 2-3　栅格显示设定

活动 2：倒 $R4$ 圆角

Creatc（构图）→Fillet（倒圆角）→Entites（图素）

➢［Select an entity］（选取一图素）：选中如图 2-5 所示直线 A；

➢［Select another entity］（选取另一图素）：选中如图 2-6所示直线 B；

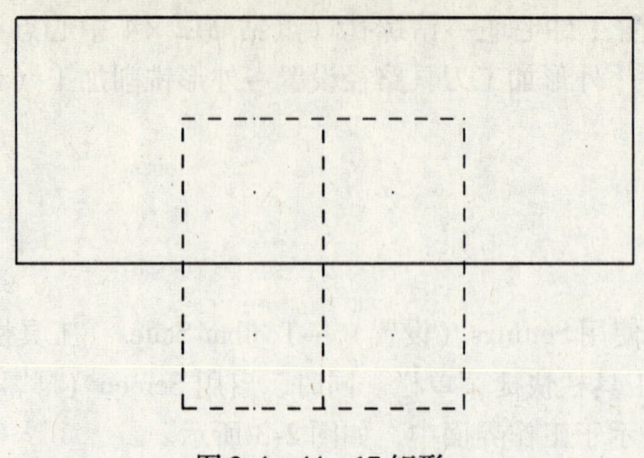

图 2-4　44×17 矩形

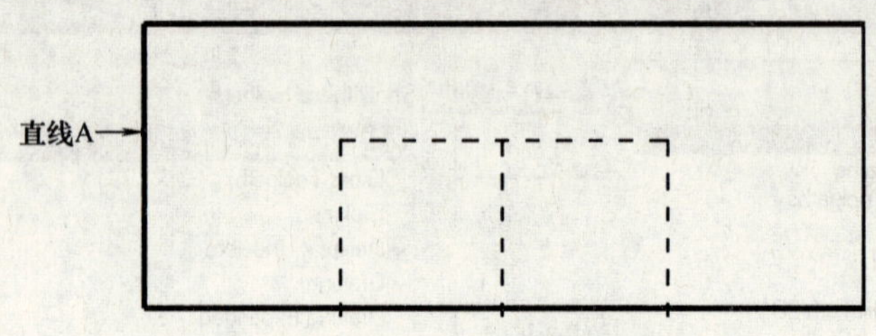

图 2-5　选择一倒圆角直线

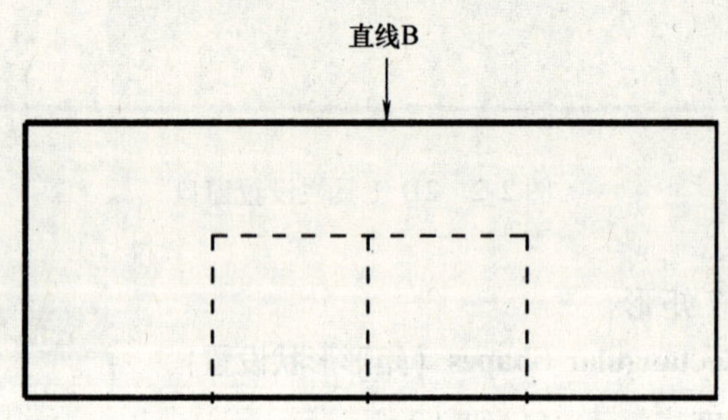

图 2-6　选择另一倒圆角直线

➢ 输入圆角半径：4，如图 2-7 所示；

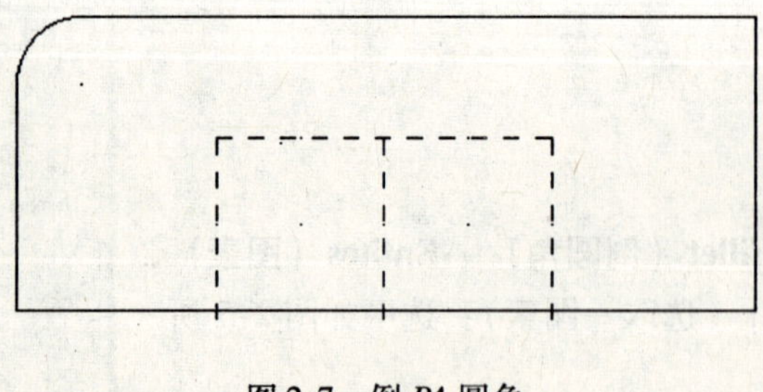

图 2-7　倒 $R4$ 圆角

➢ 选中如图 2-8 所示直线 C；

➢ 选中如图 2-8 所示直线 D；

➢ 单击☑。

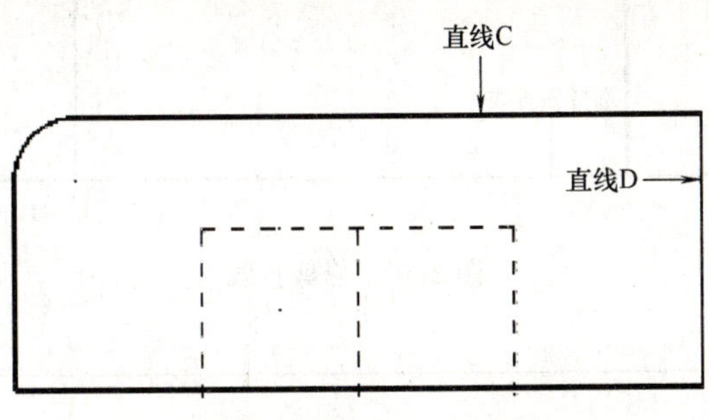

图 2-8　倒右侧 $R4$ 圆角

活动 3：构建 80×25 矩形

Create（构图）→Rectangular Shapes（矩形形状设置）

➢ 输入 Width（宽度）：80（Tab）；

➢ 输入 Height（高度）：25（Enter）；

➢ [Select position of base point]（选取基点的位置）：选取，输入坐标（-40，0），如图 2-9 所示；

➢ 单击→☑。

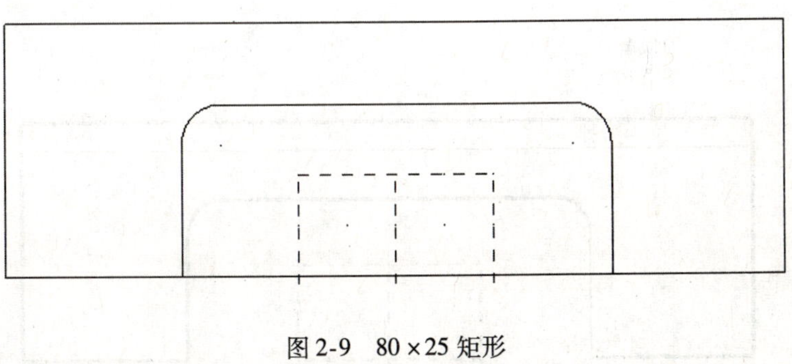

图 2-9　80×25 矩形

活动 4：分段修整

Edit（编辑）→Trim/Break（修整/打断）→Trim/Break/Extend（修整/打断/延伸）

➢ 选择左上角 Divide/Delete 图标；

➢ [Select an entity to trim/delete]（选取修剪/删除图素）：选中如图 2-10 所示直线；

➢ [Select the curve to divide/delete]（选取分割/删除曲线）：再次选中如图 2-10 所示直线；

➢ 单击右上角☑，效果如图 2-11 所示。

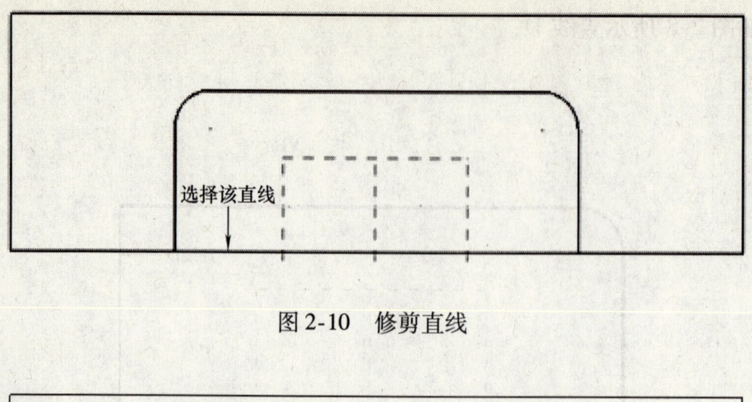

图 2-10　修剪直线

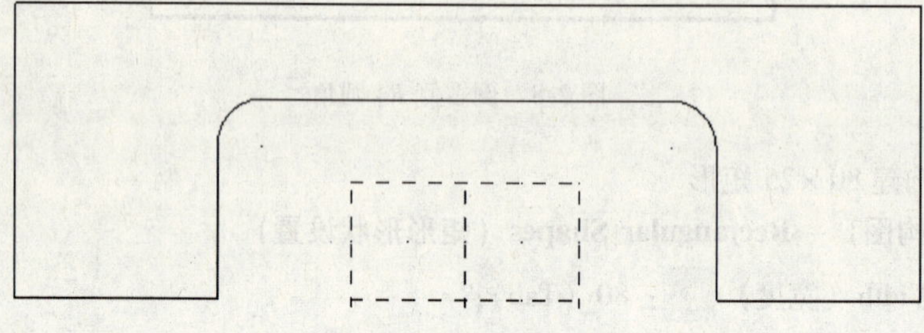

图 2-11　直线修剪效果

活动 5：构建平行线

Create（构图）→Line（直线）→Parallel（平行线）

➢［Select a line］（选择线）：选中如图 2-12 所示直线 A；

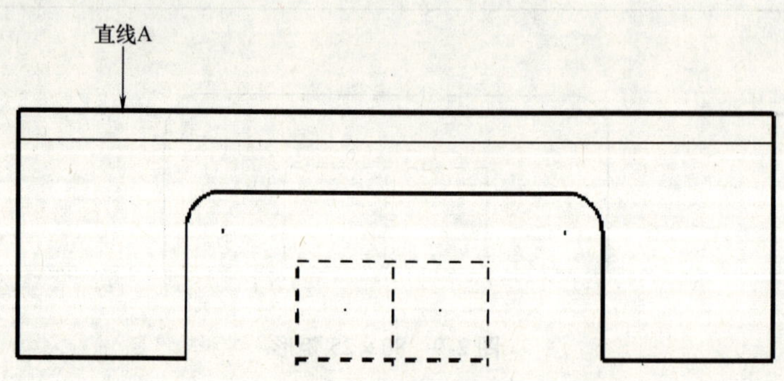

图 2-12　直线 A 平行线

➢［Select the point to place a parallel line through］（选择放置平行线的一点）：单击 distance ，变成红色，输入距离 3（Enter）；

➢［Indicate the offset direction］（指示偏移方向）：在直线 A 下方位置单击鼠标；

➢［Select a line］（选取直线）：选中直线 B，如图 2-13 所示；

➢［Indicate the offset direction］（指示偏移方向）：在直线 B 右侧位置单击鼠标；

➢ 单击→。

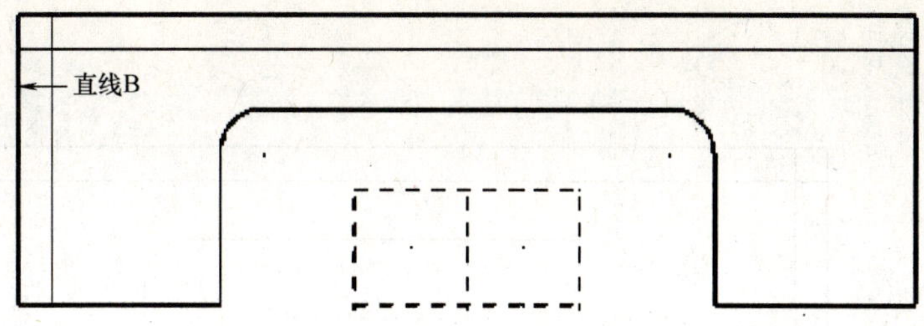

图 2-13　直线 B 平行线

活动 6：构建 *R*15 圆弧

Create（构建）→Arc（圆弧）→Arc Polar（极坐标）

➢［Enter the center point］（输入中心点）：选中如图 2-14 所示的直线交点作为圆弧圆心点；

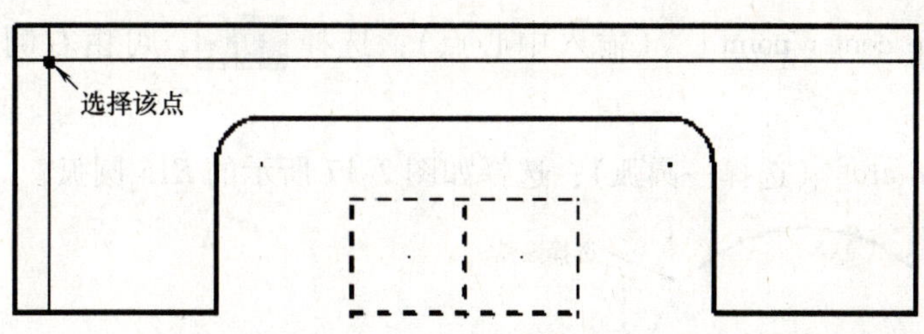

图 2-14　选择圆弧圆心点

➢ 输入半径：15（Tab）；

➢［Skech the initial angle］（输入起始角度），在处输入：0（Tab）；

➢［Skech the final angle］（输入终止角度），在处输入：270（Enter），如图 2-15 所示；

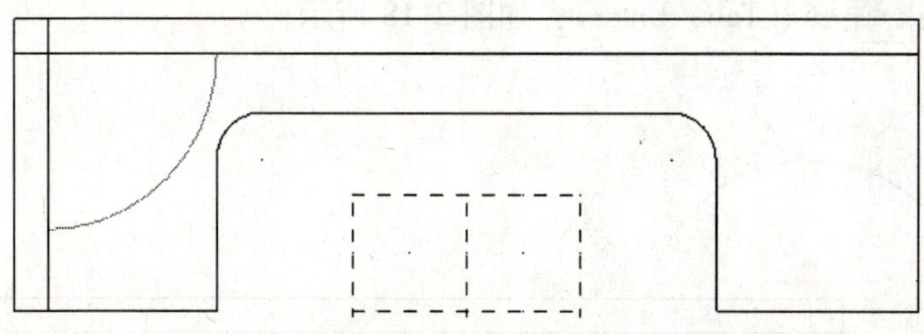

图 2-15　极坐标绘弧

➢ 单击工具栏中反向，如图 2-16 所示圆弧；

➢ 单击→。

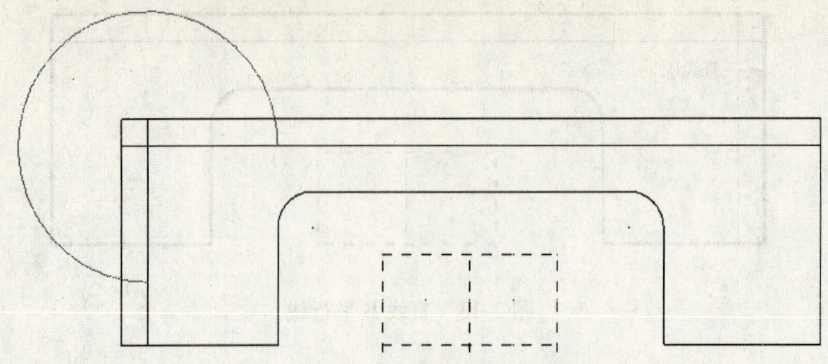

图 2-16　反向后的 $R15$ 圆弧

活动 7：构建 $\phi12$ 圆弧

➢ 单击工具栏中的快捷菜单 ；

➢［Enter the center point］（输入中心点）：选择 ，可由右侧向下箭头展开点选项；

➢［Select an arc］（选择一圆弧）：选择如图 2-17 所示的 $R15$ 圆弧；

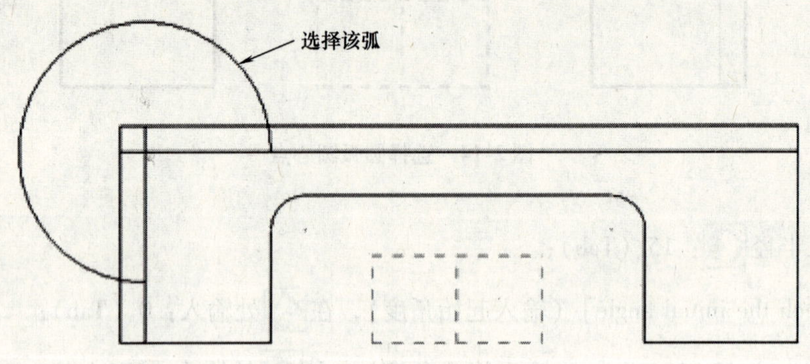

图 2-17　选中 $R15$ 圆弧

➢ 输入半径 ：6（Tab，Enter），如图 2-18 所示；

➢ 单击 。

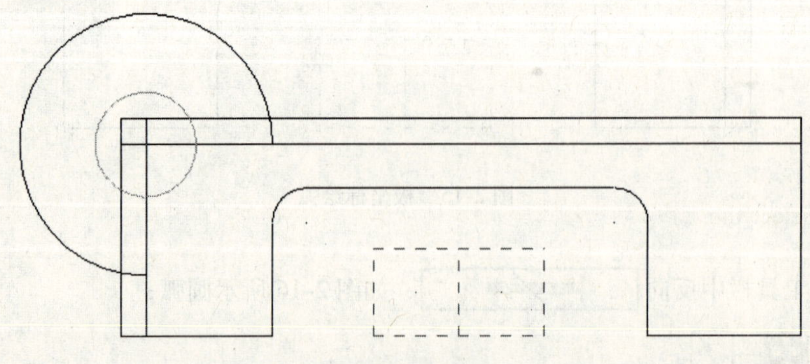

图 2-18　$R6$ 圆弧

活动8：删除辅助直线

➢ 选中如图2-19所示的A、B两条直线；

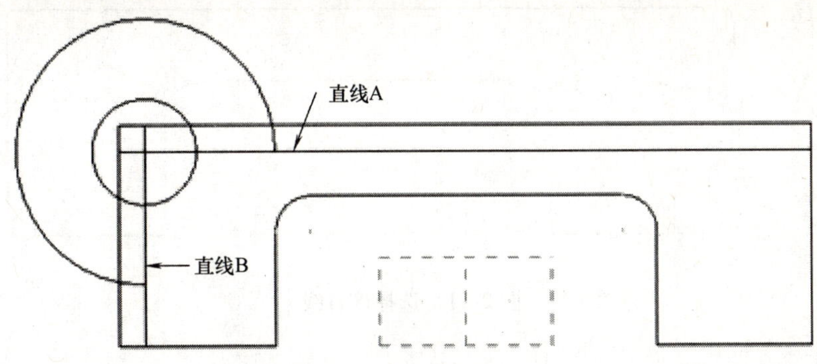

图2-19　删除直线A和B

➢ 单击Delete Entities删除，效果如图2-20所示。

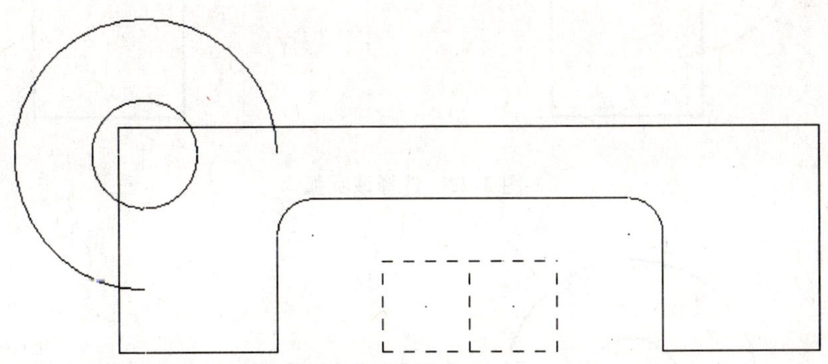

图2-20　删除直线A和B效果

活动9：修整图形

➢ 选择工具栏中的Trim/Delete/Extend（修整/删除/延伸）图标；

➢ 选择trim two entities图标；

➢ [Select the entity to trim/extend]（选择图素去修剪/延伸）：选中图2-21所示直线；

➢ [Select the entity to trim/extend to]（选择修剪/延伸到的图素）：选中图2-22所示圆弧；

➢ [Select the entity to trim/extend]（选择图素去修剪/延伸）：选中图2-23所示直线；

➢ [Select the entity to trim/extend to]（选择修剪/延伸到的图素）：选中图2-23所示圆弧；

➢ 单击。

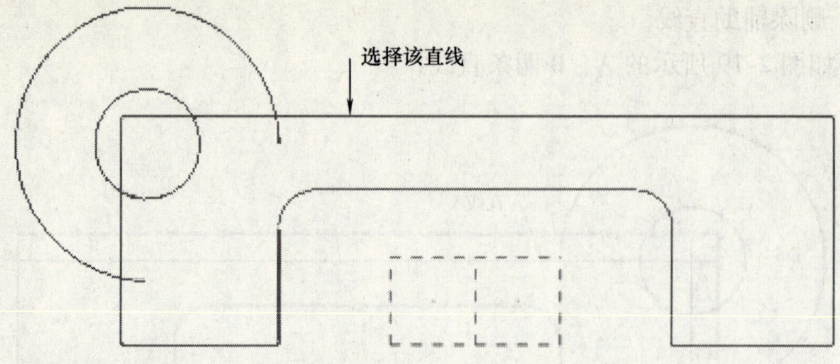

图 2-21　选择该直线

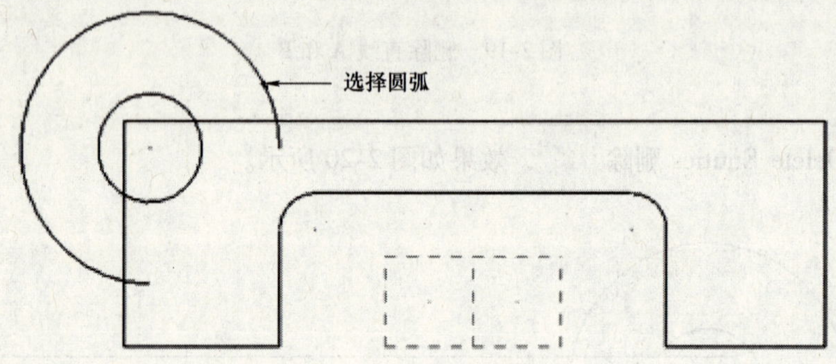

图 2-22　选择该圆弧

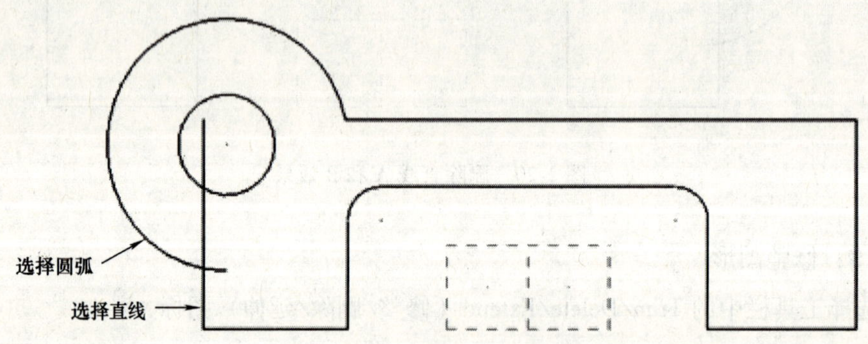

图 2-23　选择该直线圆弧

活动 10：镜像

Xform（转换）→Mirror（镜像）

➢［Select entities to mirror］（选择镜像图素）：选中如图 2-24 所示圆弧；

➢ 单击 End Selection ；

➢ 在如图 2-25 所示的 Mirror 对话框设置图示参数；

➢ 单击 ，退出镜像对话框。

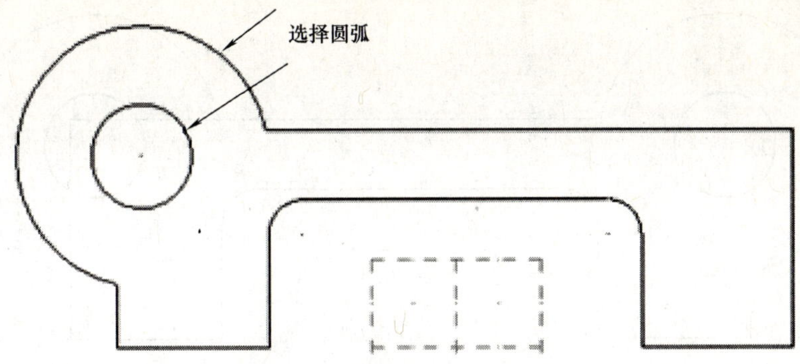

图 2-24　选择 $R15$ 和 $R6$ 圆弧镜像

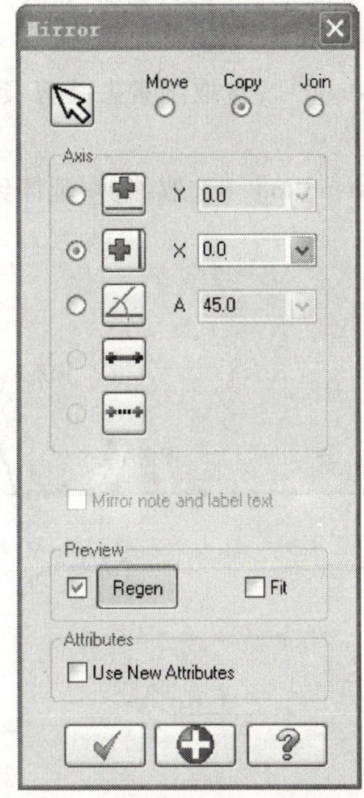

图 2-25　Mirror 对话框参数设置

活动 11：清除屏幕颜色

Screen（屏幕）→Clear Colors（清除颜色）

如图 2-26 所示。

活动 12：修整图形

➢ 选择工具栏中的 Trim/Delete/Extend（修整/删除/延伸）图标；

➢ 选择 trim two entities 图标；

➢ [Select the entity to trim/extend]（选取图素去修剪/延伸）：选中图 2-27 位置所示图素 A；

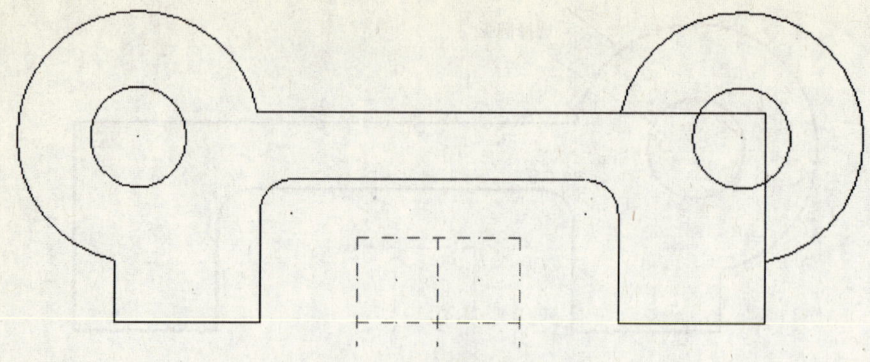

图 2-26　清除屏幕颜色

- ［Select the entity to trim/extend to］（选取修剪/延伸到的图素）：选中图 2-27 位置所示图素 B；
- ［Select the entity to trim/extend］（选取图素去修剪/延伸）：选中图 2-27 位置所示图素 C；
- ［Select the entity to trim/extend to］（选取修剪/延伸到的图素）：选中图 2-27 位置所示图素 D；
- 单击 。

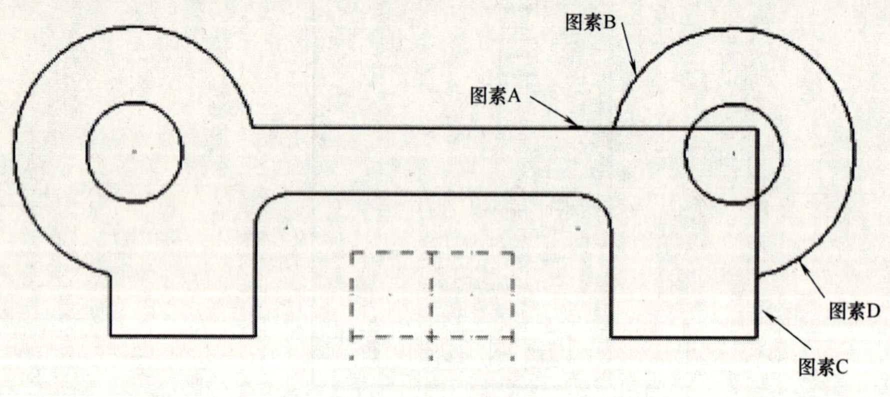

图 2-27　修剪图形

活动 13：删除直线

Edit（编辑）→Delete（删除）→Delete Entities（删除图素）

- 选中图 2-28 中的直线；
- 单击工具栏中的 结束选择。

活动 14：镜像

Xform（转换）→Mirror（镜像）

- ［Select entities to mirror］（选取镜像图素）：单击工具栏中的 All... ；
- 如图 2-29 所示在 Select All 对话框中单击 ；

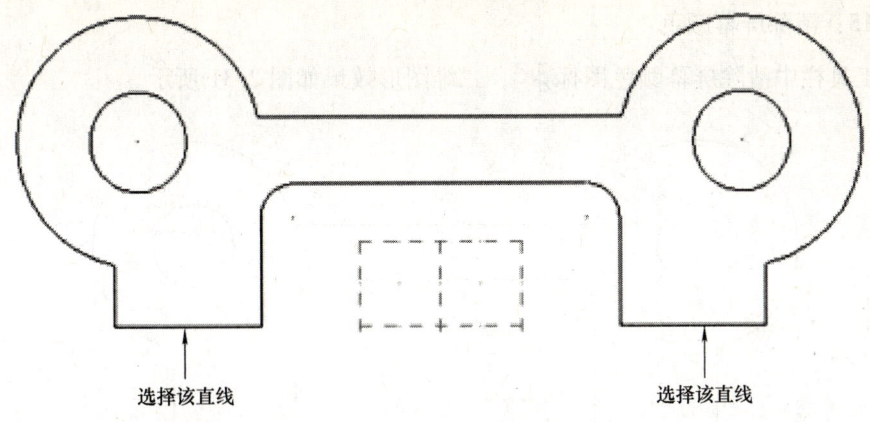

图 2-28　删除直线

- ➢ 单击[按钮]结束选择；
- ➢ 在如图 2-30 所示的 Mirror 对话框设置图示参数；
- ➢ 单击[按钮]，退出镜像对话框。

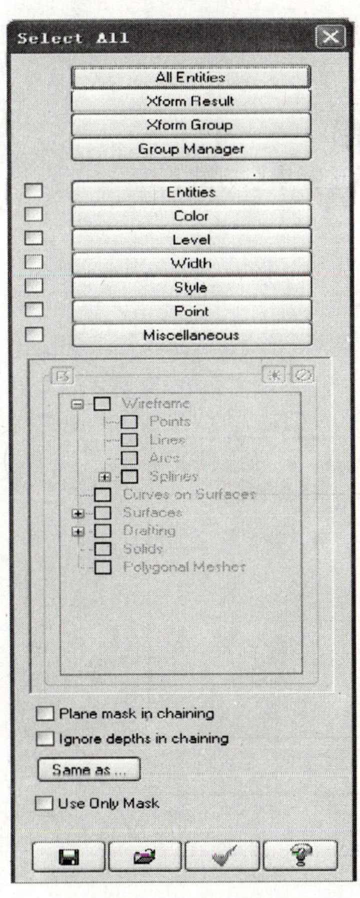

图 2-29　选取所有图素

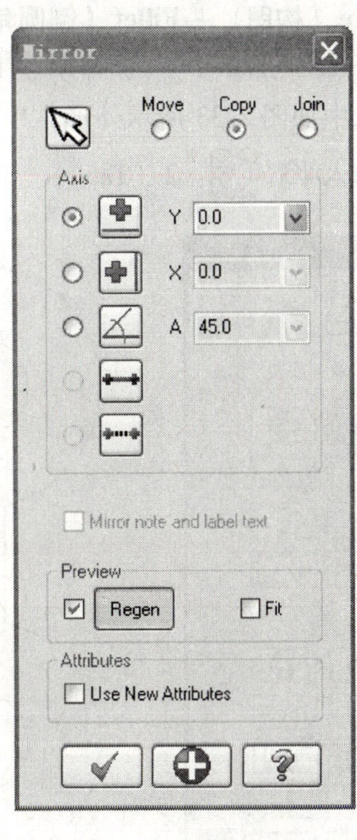

图 2-30　镜像参数设置

活动 15：清除屏幕颜色

单击工具栏中清除屏幕颜色图标，二维图形效果如图 2-31 所示。

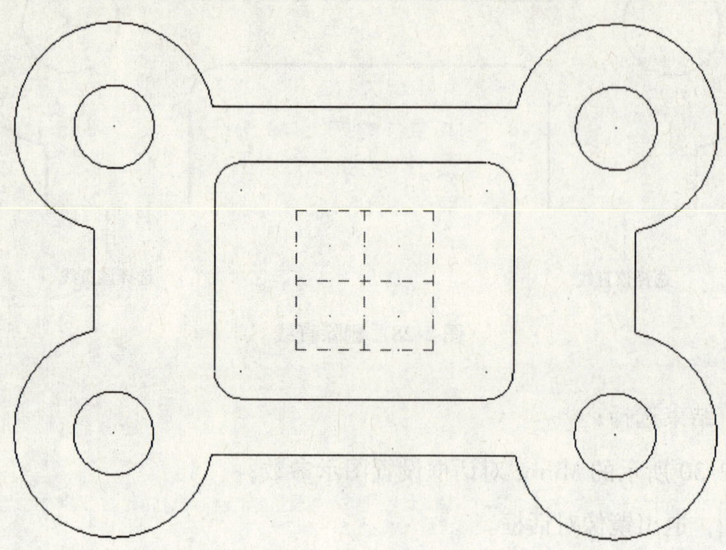

图 2-31 二维图形效果

活动 16：串联倒圆角 *R*2

Create（构图）→Fillet（倒圆角）→Chains（串联）

➢［Select chain 1］（选择串联 1）：如图 2-32 所示选择串联方式；

➢ 选中如图 2-33 所示外形，单击 OK；

➢ 输入半径：2（Tab）；

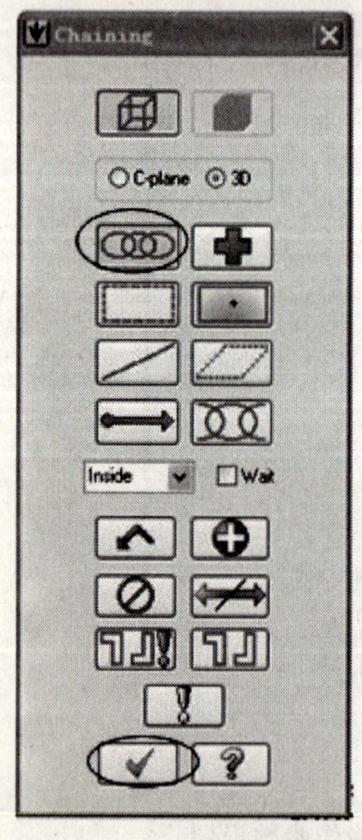

图 2-32 二维图形效果

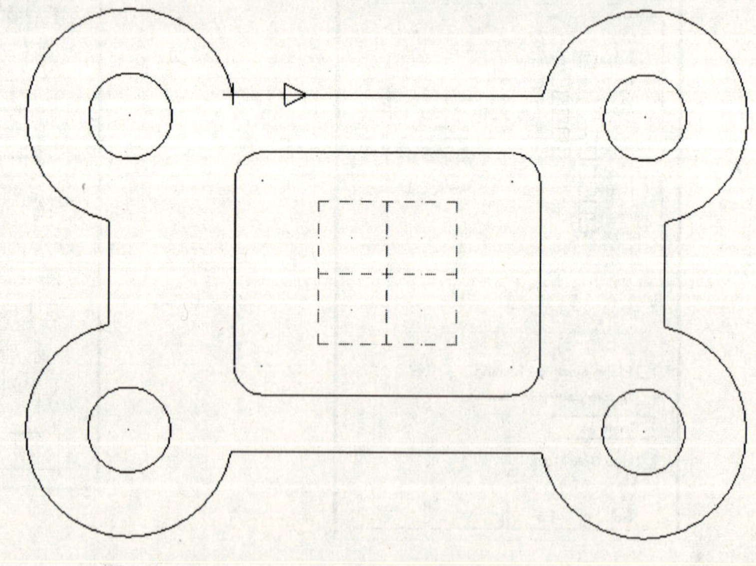

图 2-33 串联选取外形

➢ 单击[确认图标]。

活动 17：保存文件

File（文件）→Save as（另存为）

➢ File name："项目 2"。

TOOLPATH CREATION

活动 18：设置工件毛坯

Machine Type（机床类型）→Mill（铣床）→Default（自定义），如图 2-34 所示；

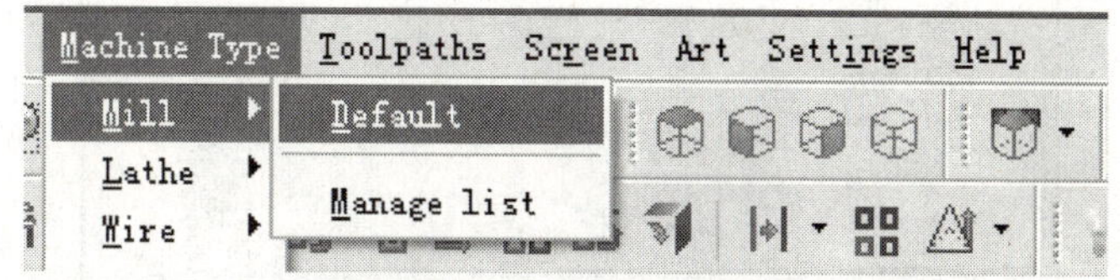

图 2-34　定义机床类型

按 Alt + O，显示 Toolpaths Manager（操作管理）；
用 Fit 图标可适度化显示屏幕图形[Fit 图标]。

➢ 选择 Properties（属性）前的 + 号，以展开刀具路径，如图 2-35 所示；

➢ 选中 Stock setup（材料设置），如图 2-36 所示；

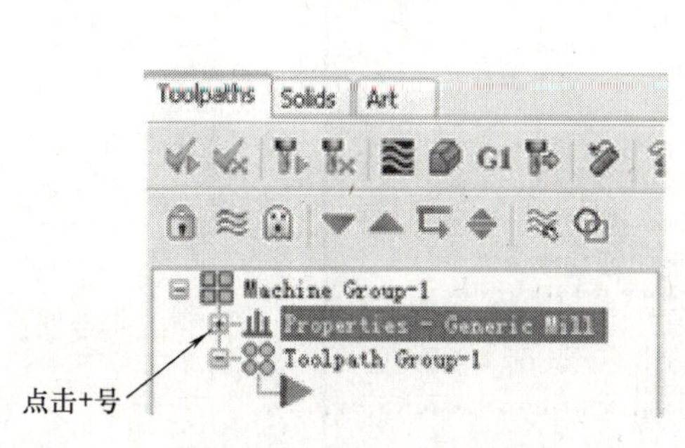

图 2-35　打开属性对话框

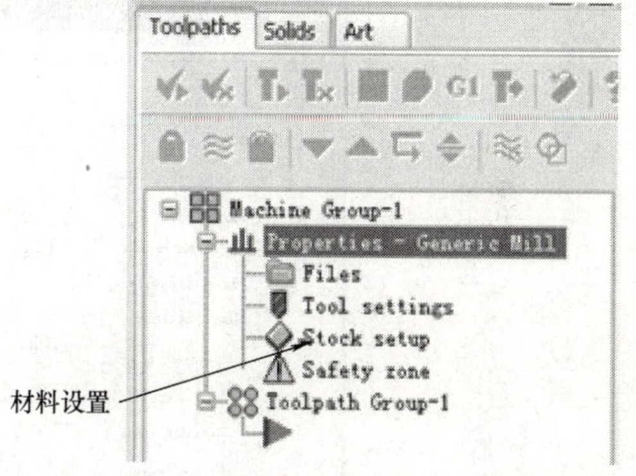

图 2-36　材料设置

➢ 单击机器群组属性中的 Bounding box（边界盒），系统则自动抓取毛坯材料的长、宽和高，如图 2-37 所示；

➢ 设置 Tool Setting 刀具相关参数，如图 2-38 所示；

➢ 单击[确认图标]，退出刀具管理器；

➢ 选中立体图观察该零件[视图图标]，如图 2-39 所示；

➢ 从工具栏中选择俯视图观察[视图图标]。

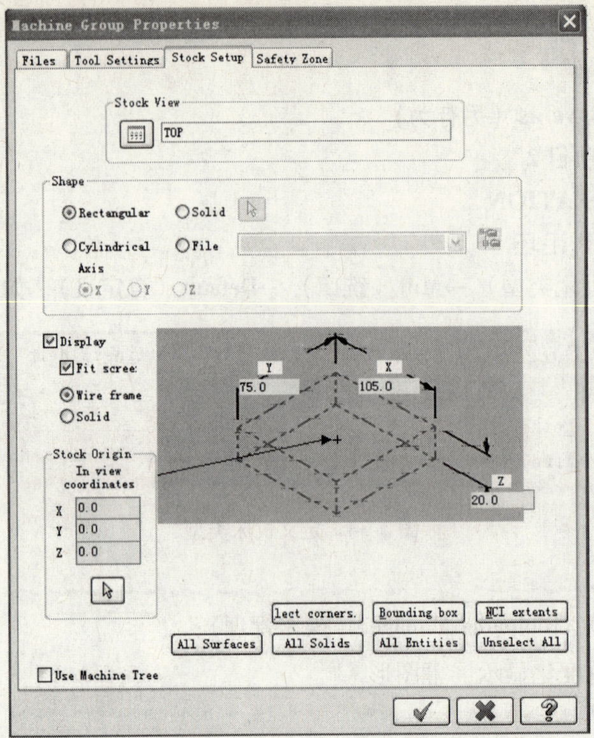

图 2-37　工件毛坯参数

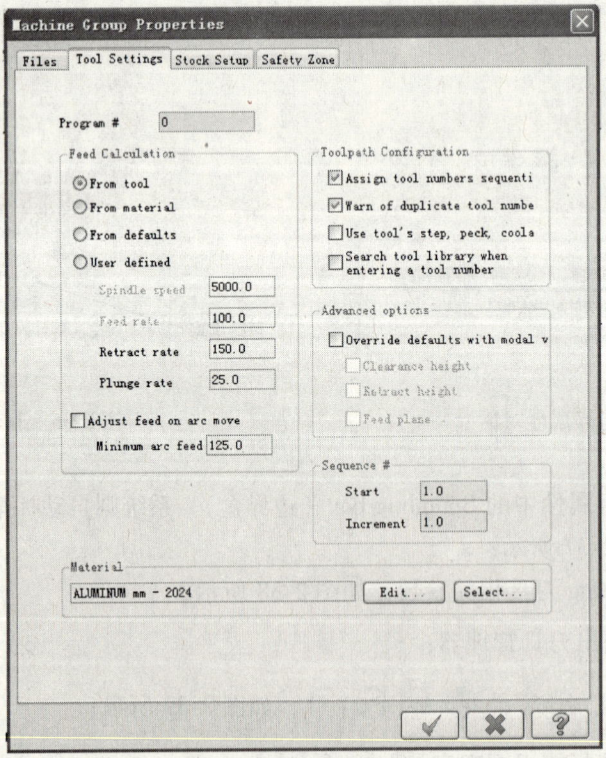

图 2-38　刀具参数设定

Toolpath Configuration（刀具路径设置）：

Assign tool numbers sequenti 按顺序指定刀具号码；

Warn of duplicate tool numbe 刀具号重复时，显示警告信息；

Use tool's step, peck, coola 使用刀具的步进量冷却液等数据；

Search tool library when entering a tool number 输入刀号后，自动从刀库取刀。

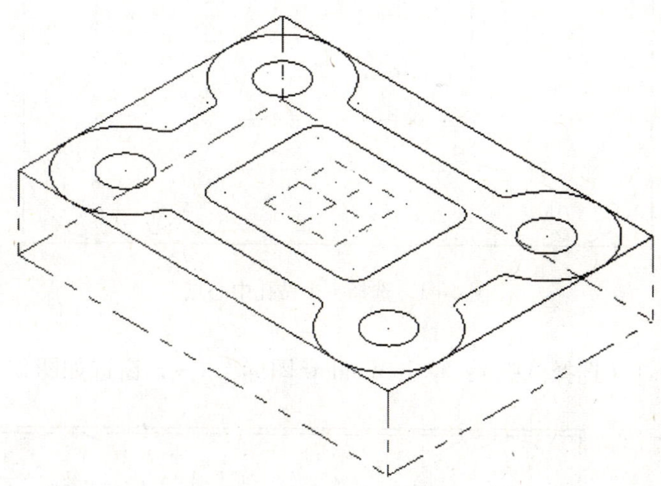

图 2-39 工件毛坯显示

活动 19：点钻 ϕ12 ×4 中心点

Toolpaths（刀具路径）→Drill（钻孔）

➢ 选择 Mask on Arc（固定在圆心），如图 2-40 所示；

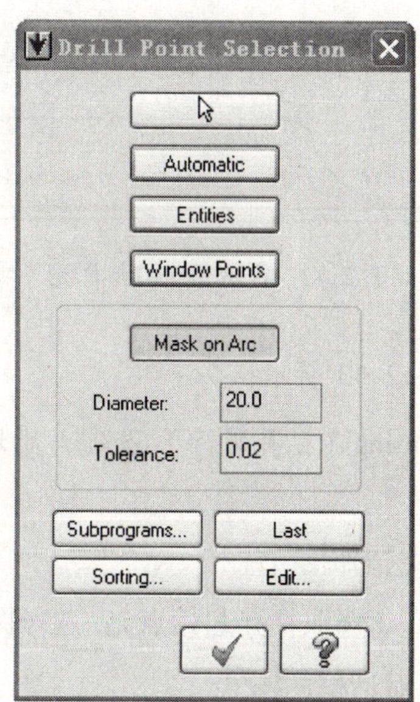

图 2-40 钻孔点对话框

➢ 移动光标选择 4 个 ϕ12 其中一个圆心点，作为钻孔中心点，如图 2-41 所示；

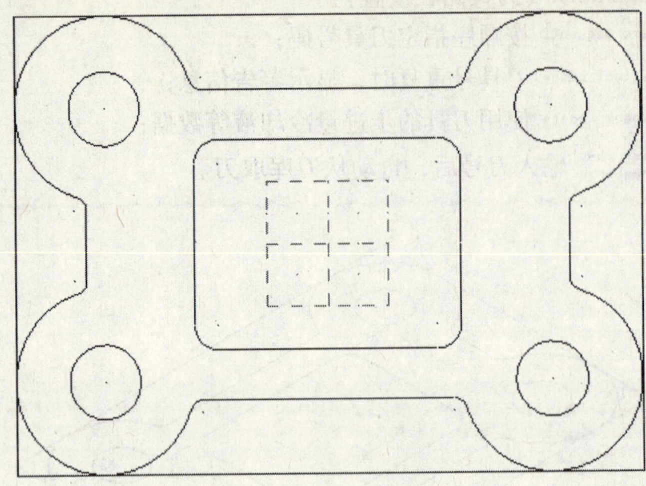

图 2-41　选择一个钻孔中心点

➢ [Select Arcs]（选择圆弧）：单击 Window 图标，窗选如图 2-42 所示图形；

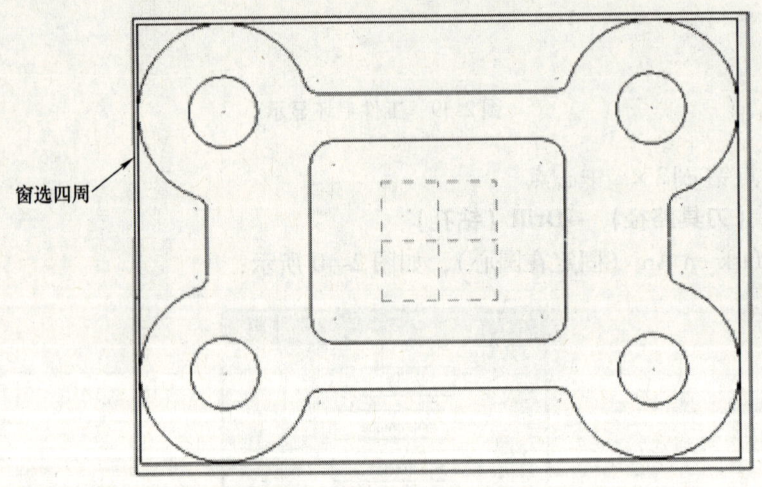

图 2-42　窗选整个二维图形

➢ 单击结束选择，如图 2-43 所示；

➢ 选择如图 2-44 所示的 Sorting（钻孔顺序）选项，出现如图 2-45 所示对话框，选择 point to point 方式；

➢ 单击 sorting 对话框的确定按钮；

➢ [Select sorting start point]（选取钻孔起始点）：选择图 2-46 中所示圆弧中心点；

➢ 单击 Drill point Selection 对话框的；

➢ 选择 Select library tool（选取库中的刀具），如图 2-47 所示；

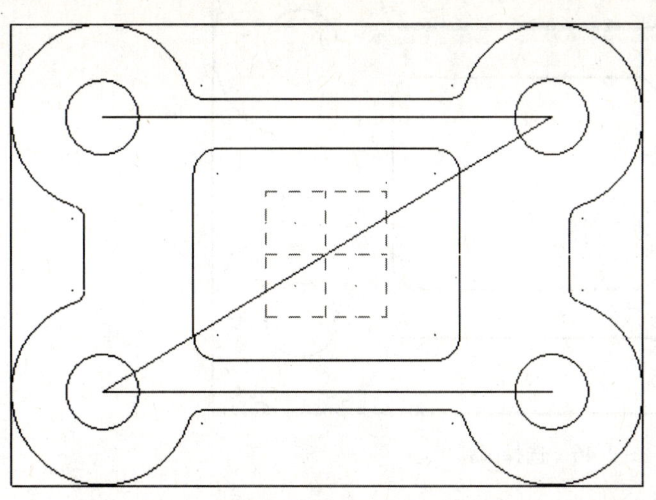

图 2-43　钻孔中心点

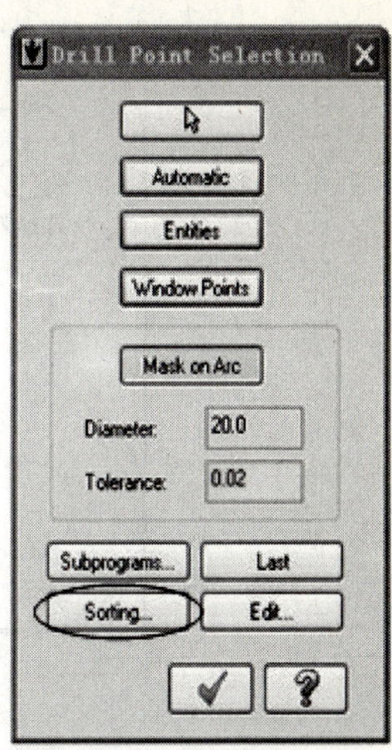

图 2-44　钻孔点选择对话框

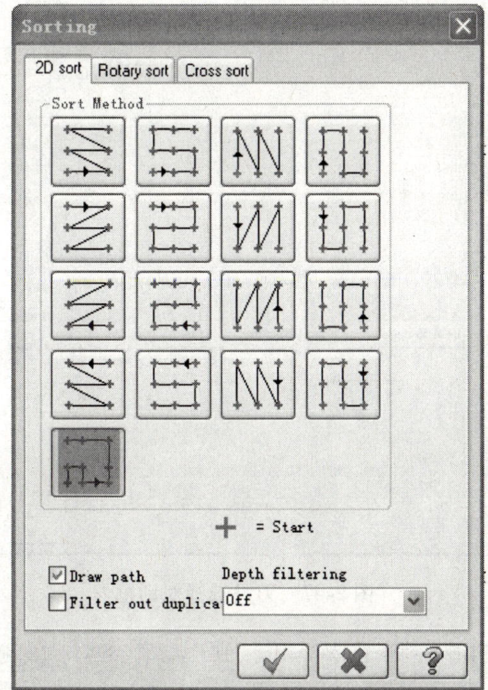

图 2-45　钻孔加工顺序对话框

- ➢ 在如图 2-48 所示 Tool Selection 中选择 Filter（过滤）;
- ➢ 如图 2-49 所示，选择 None（全关）→Spot Drill（点钻），Tool Diameter less than 10（刀具直径小于 10）;
- ➢ 单击后，确定选中 ϕ10 点钻，如图 2-50 所示。

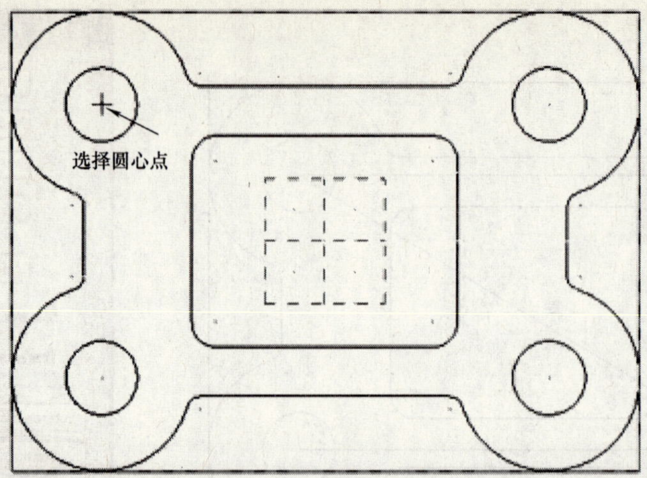

图 2-46　选择圆弧中心

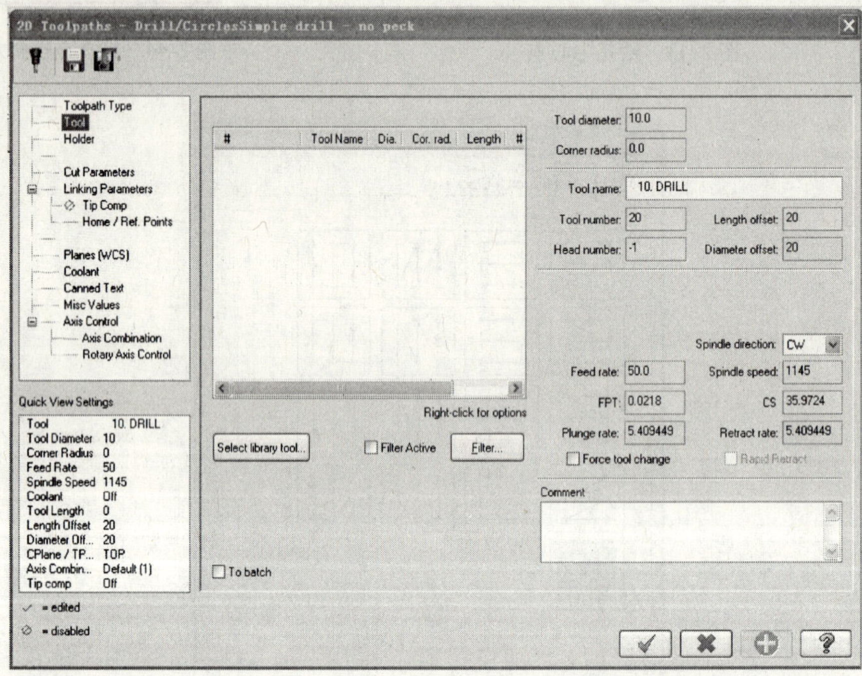

图 2-47　刀具选择对话框

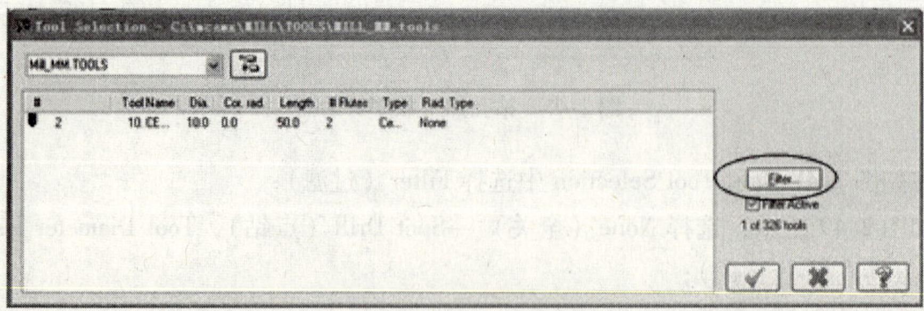

图 2-48　刀具过滤选择

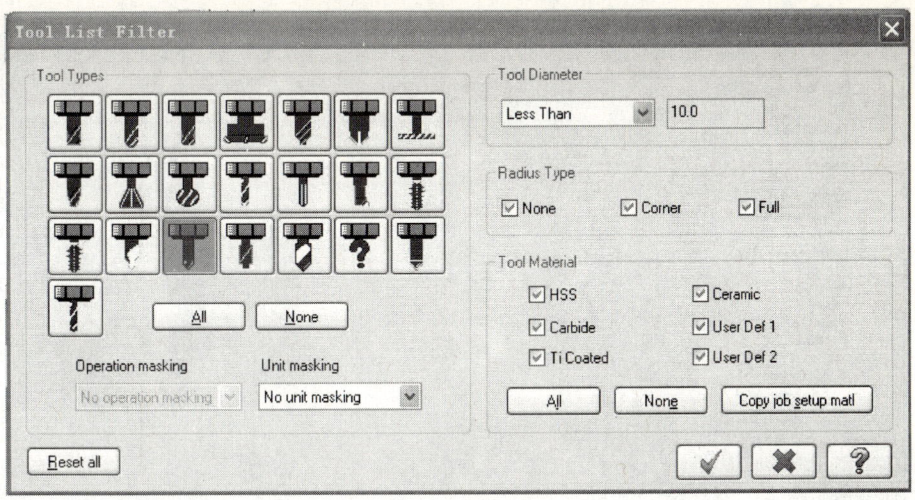

图 2-49　刀具参数设置

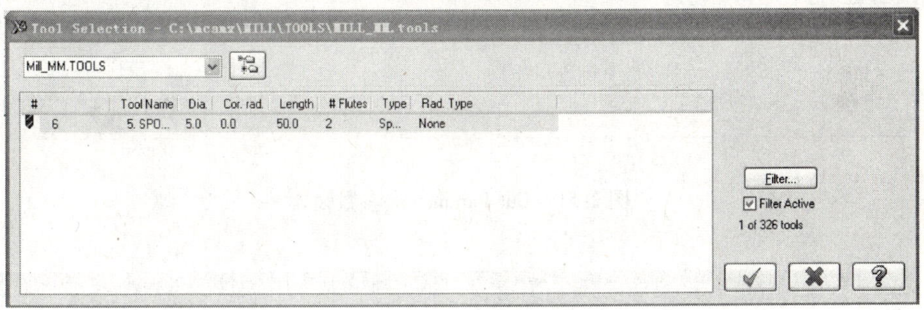

图 2-50　选中 ϕ10 点钻

- 单击，退出刀具选择对话框；
- 单击 OK。
- 如图 2-51 所示对话框中，Cut Parameters 切削参数保持不变；
- Linking Parameters（共同参数）如图 2-52 所示；
- 为了计算图 2-52 中的 Depth，使用；
- 如图 2-53 所示修改参数；
- 单击，单击，退出钻孔参数设定对话框。

定心钻孔与孔口倒角常常被合并为一道工序，定心钻钻入深度以符合倒角要求为准。

在设置高度参数时，每个高度参数设置下都有 Absolute（绝对坐标系）和 Inremental（相对坐标系）两项选择。绝对坐标系高度值是相对于工件坐标系而确定，相对坐标系高度值是相对于几何图素或加工表面而确定。

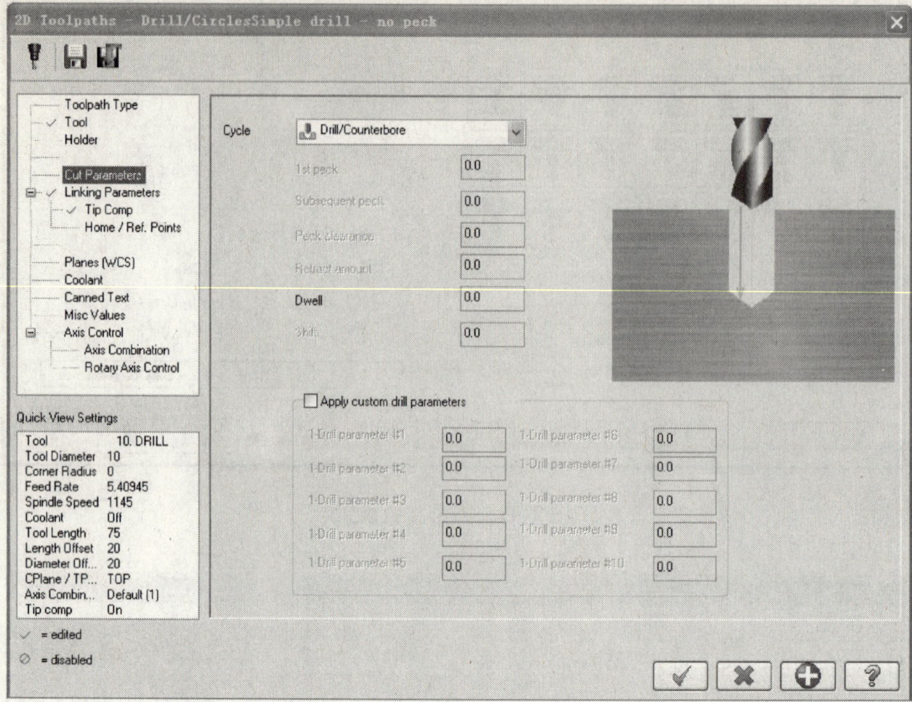

图 2-51　Cut Parameters 参数设置

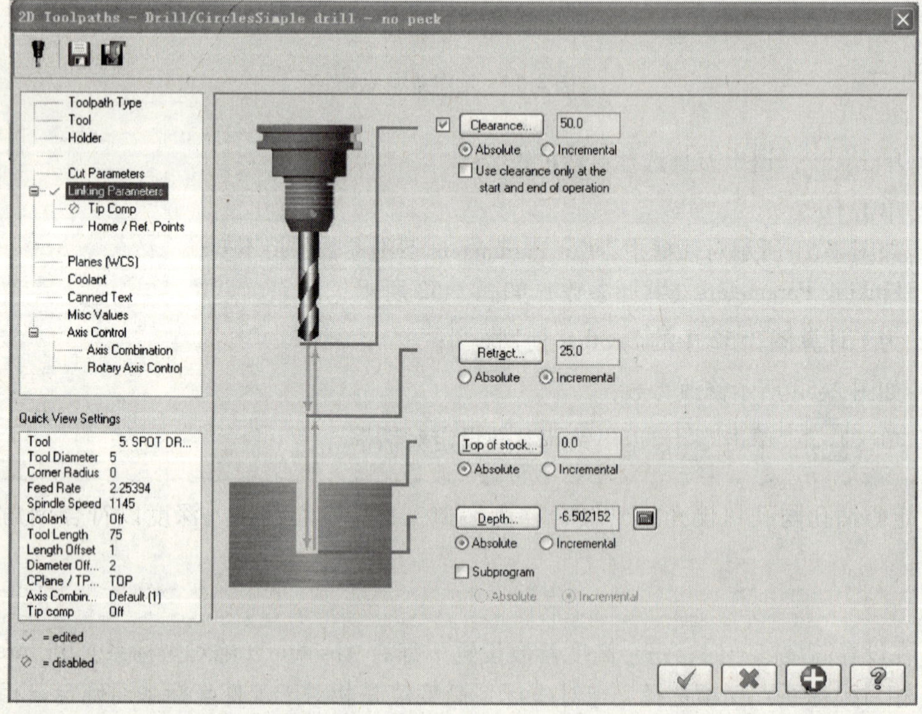

图 2-52　Linking Parameters 参数设置

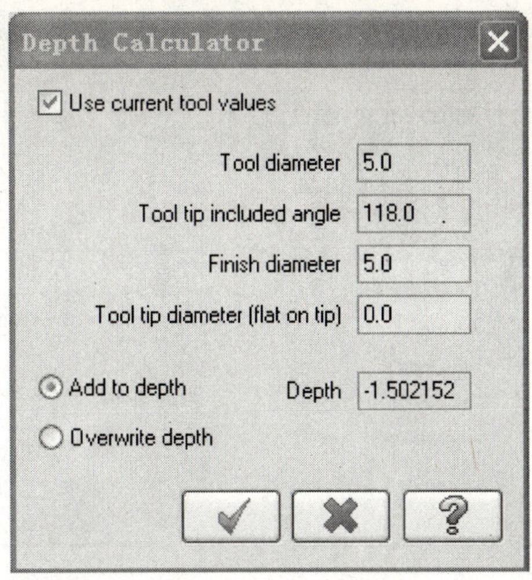

图 2-53　Depth 参数设置

活动 20：钻孔 $\phi 12 \times 4$

➢ 在刀具管理器中，右键选择 Copy（复制），如图 2-54 所示；

➢ 再次右键，选择 Paste（粘贴），如图 2-55 所示；

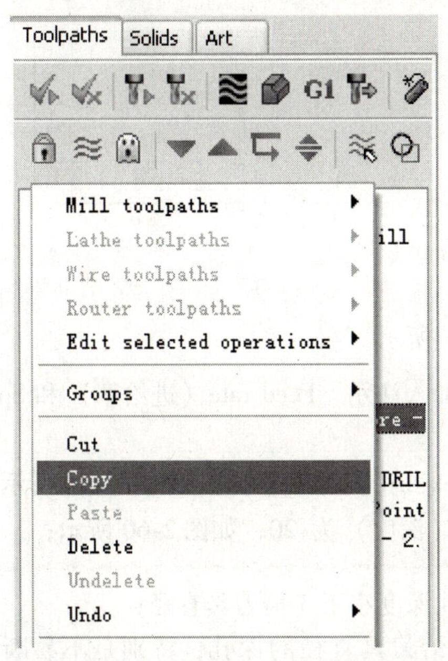

图 2-54　在刀具管理器中右击鼠标

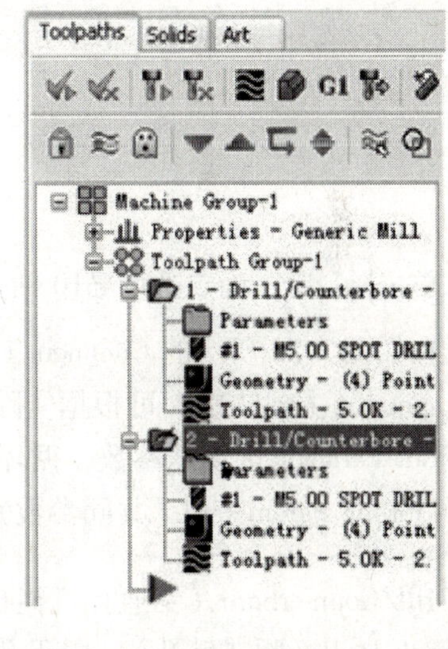

图 2-55　路径粘贴

➢ 选择如图 2-55 所示的 Parameters；

➢ 选择 Select library tool（选取库中的刀具）；

➢ Tool Selection 中选择 Filter（过滤）；

➢ 选择 None（全关）→Drill（钻头），Tool Diameter→ignore，如图 2-56 所示；

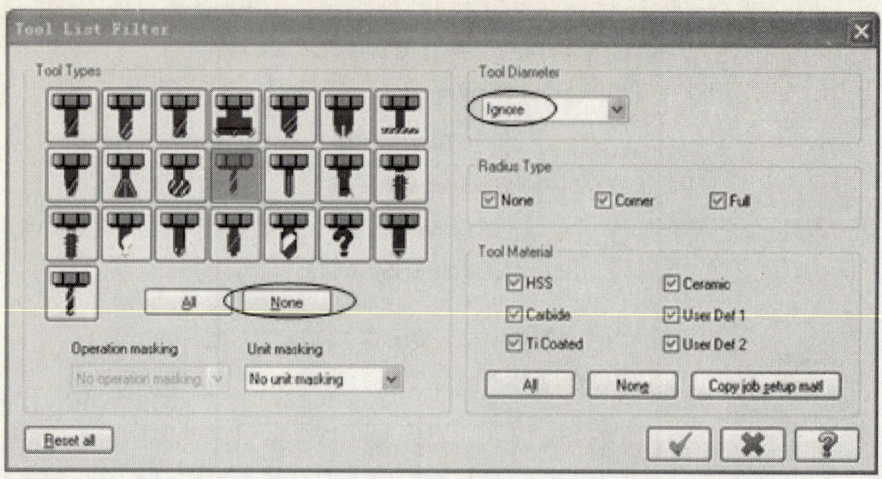

图 2-56 钻头选择

➢ 图 2-57 中选择 ϕ10 钻头；

Tool Selection - C:\mcamx\MILL\TOOLS\MILL_MM.tools

Mill_MM.TOOLS

#	Tool Name	Dia.	Cor. rad.	Length	# Flutes	Type	Rad. Type
14	4. DRILL	4.0	0.0	50.0	2	Drill	None
15	5. DRILL	5.0	0.0	50.0	2	Drill	None
16	6. DRILL	6.0	0.0	50.0	2	Drill	None
17	7. DRILL	7.0	0.0	50.0	2	Drill	None
18	8. DRILL	8.0	0.0	50.0	2	Drill	None
19	9. DRILL	9.0	0.0	50.0	2	Drill	None
20	10. DRI...	10.0	0.0	50.0	2	Drill	None
21	11. DRI...	11.0	0.0	50.0	2	Drill	None
22	12. DRI...	12.0	0.0	50.0	2	Drill	None
23	13. DRI...	13.0	0.0	50.0	2	Drill	None

Filter...
Filter Active
50 of 326 tools

图 2-57 选择 ϕ10 钻头

➢ 单击后，确定选中 ϕ10 钻头，如图 2-58 所示。

➢ 在如图 2-58 所示的 Comment（评论）中，加入注示，Feed rate（进给率）和 Spindle speed（主轴转速）可根据实际需要修改；

➢ Cut Parameters 切削参数，循环方式选择 Peck drill（啄式钻孔），如图 2-59 所示；

➢ Linking Parameters（共同参数）中的 Depth（深度）为-20，如图 2-60 所示；

Drill/Counterbore（钻通孔或镗孔）：常用于孔深度小于 3 倍刀具直径；

Peck Drill（啄式钻孔）：用于孔深度大于 3 倍刀具直径的深孔，特别是不易断屑的孔；

Tap（攻螺纹）：可以攻左旋或右旋螺纹，其主要取决于所选择的刀具和主轴旋向。

➢ 选择 Tip comp（刀尖补偿），设置如图 2-61 所示参数；

➢ 单击，单击，退出钻孔参数设定对话框；

➢ 选择 Regenerate all dirty operation（重新生成刀具路径），如图 2-62 所示。

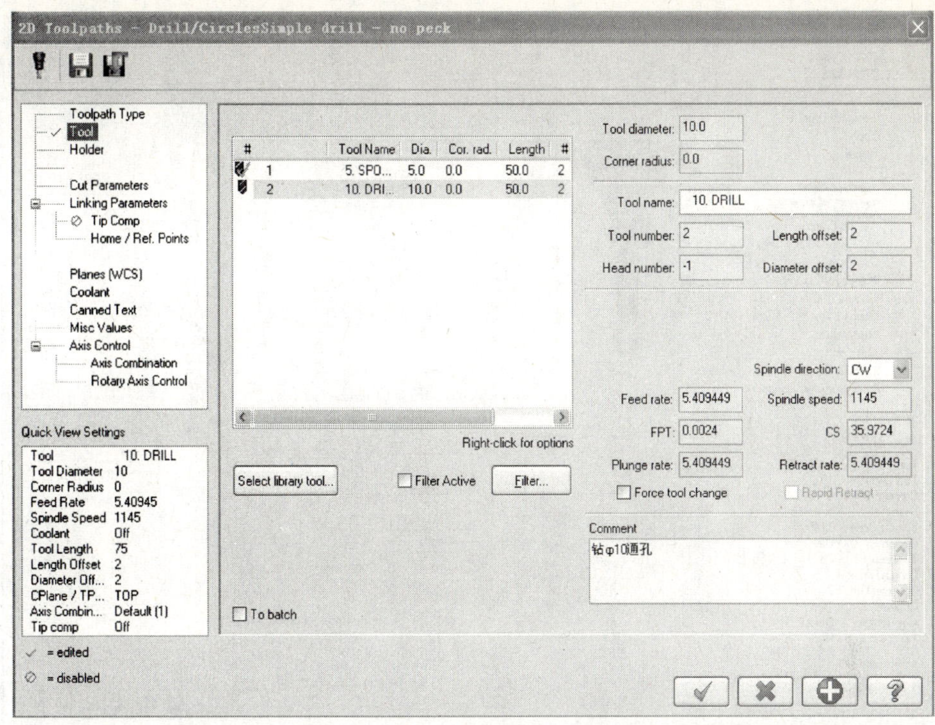

图 2-58　选中 $\phi10$ 钻头并文字说明

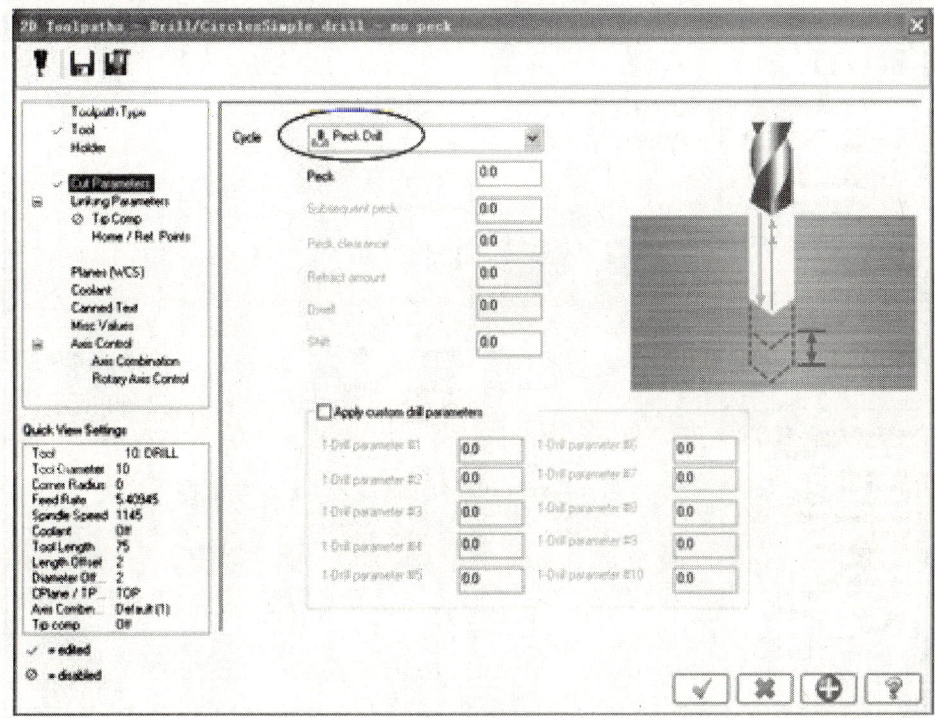

图 2-59　选择循环方式

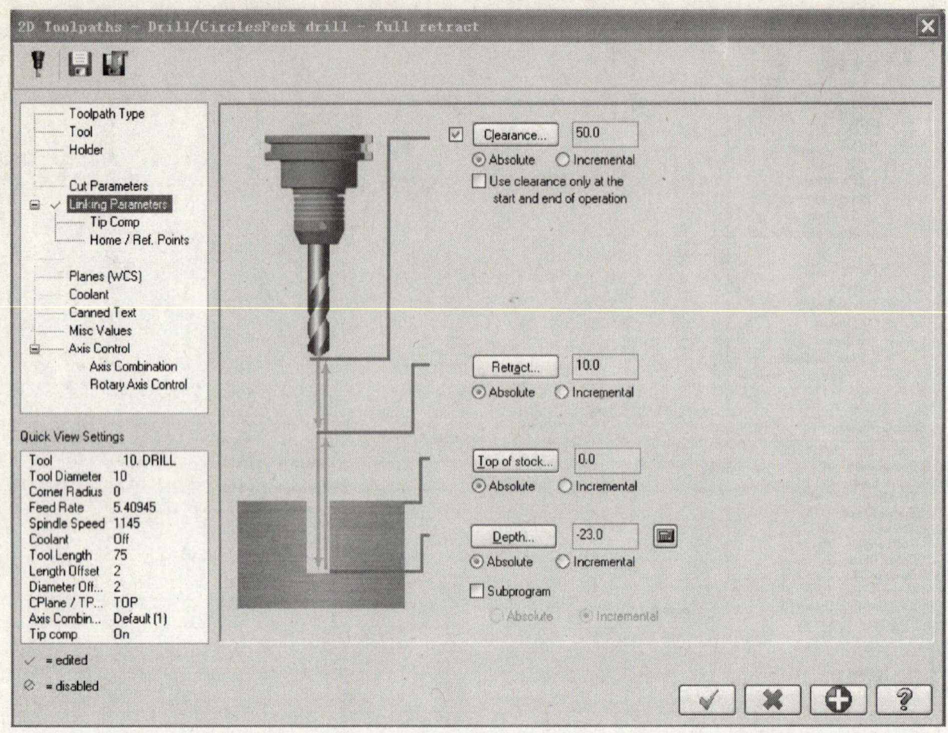

图 2-60　修改钻孔深度

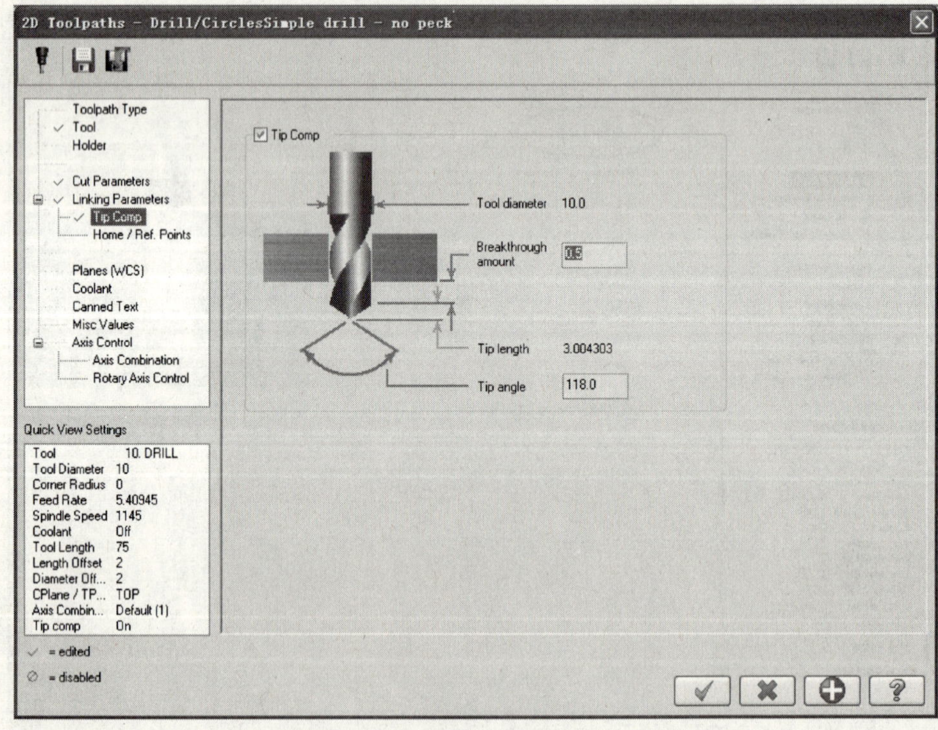

图 2-61　刀尖补偿参数设置

Tip Comp（刀尖补偿）：钻头和平铣刀不同，它有个刀尖，这部分的长度不能作为有效钻深，一般钻孔深度是有效钻深加上钻尖长度。

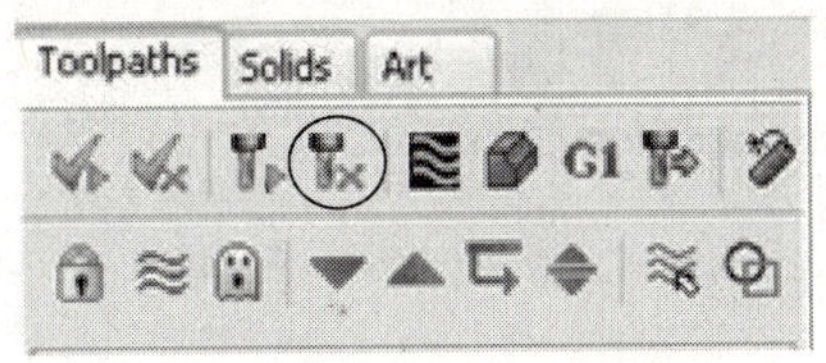

图 2-62　重新生成刀具路径

活动 21：钻 ϕ12 螺孔

- 在刀具管理器中，仅选择钻孔刀具路径，右键复制，如图 2-63 所示；
- 再次右键选择 Paste（粘贴）；
- 如图 2-64 所示选择 Parameters；

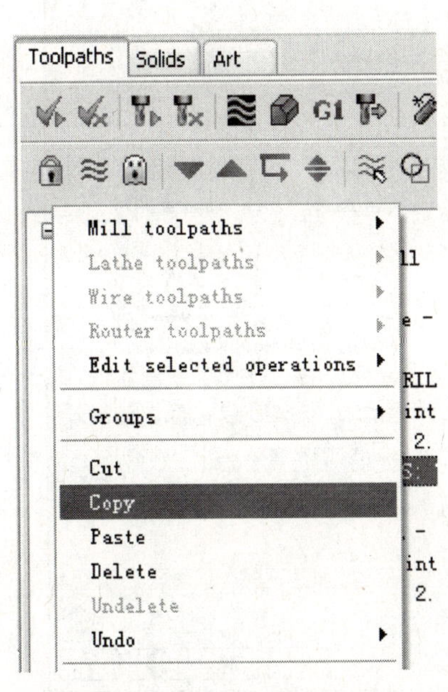

图 2-63　复制刀具路径

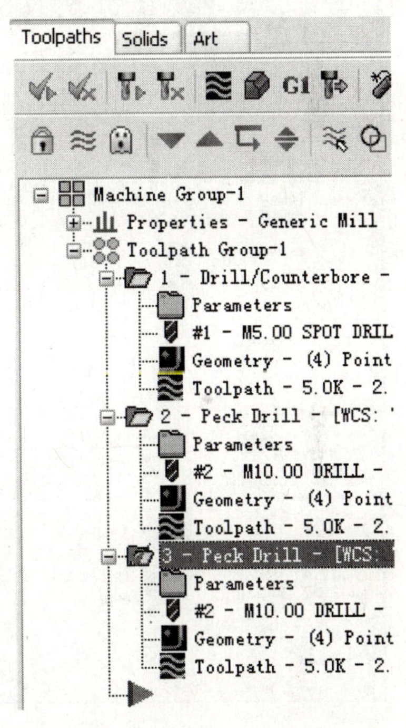

图 2-64　刀具路径中参数选项

- 选择 Select library tool（选择库中的刀具）；
- Tool Selection 中选择 Filter（过滤）；
- 选择 None（全关）→Tap（攻螺纹），Tool Diameter→Equal 12，如图 2-65 所示；
- 图 2-66 中选择 ϕ12 铰刀；
- 图 2-66 中的 Comment（注示）中，加入注示，Feed rate（进给率）和 Spindle speed（主轴转速）可根据实际需要修改；

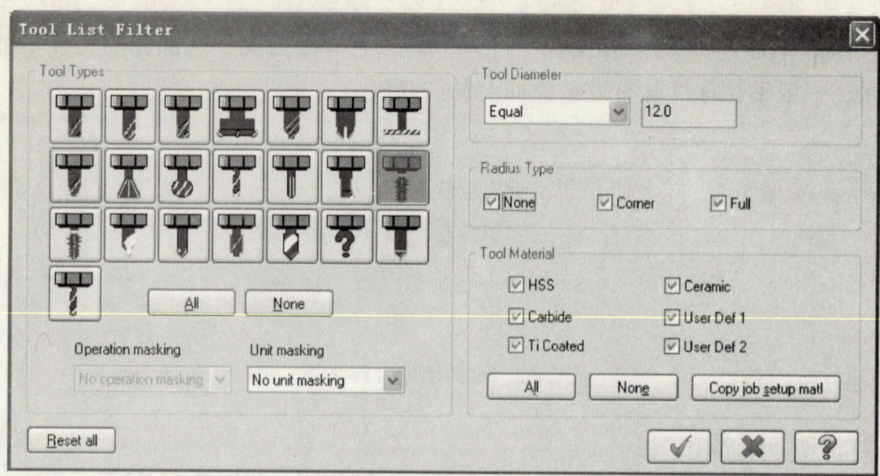

图 2-65 选择 $\phi12$ 铰刀

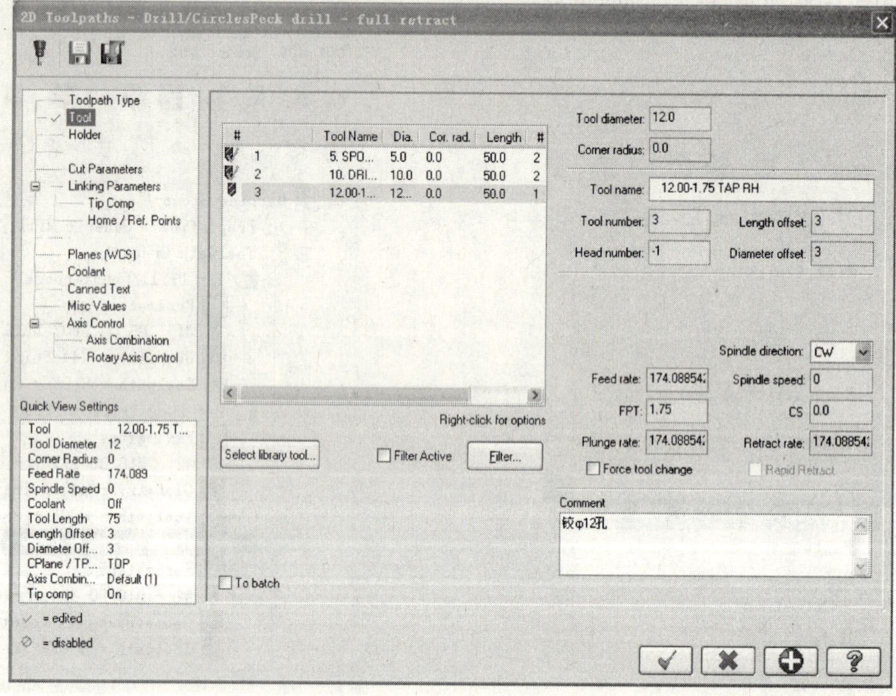

图 2-66 加入 Comment 注示

- Cut Parameters 切削参数，循环方式选择 Tap，如图 2-67 所示；
- Linking Parameters（共同参数）中的 Depth（深度）为 −20，如图 2-68 所示；
- 选择 Tip comp 设置参数；
- 单击，单击，退出铰孔参数设定对话框。
- 选择 Regenerate all dirty operation，如图 2-69 所示。
- 如图 2-70 所示，单击“下移”。

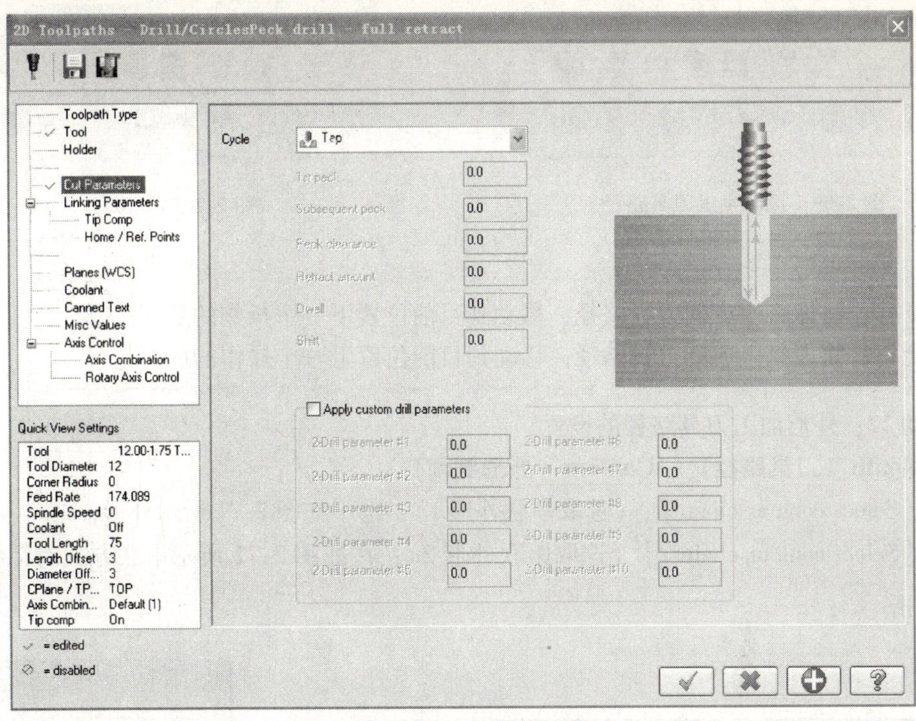

图 2-67　选择 Tap 循环方式

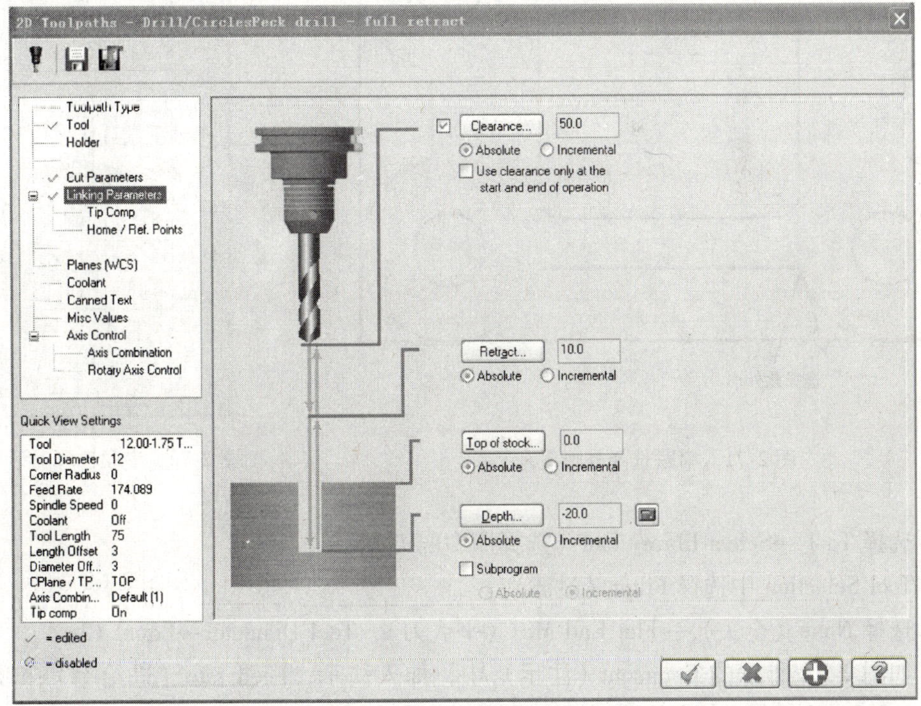

图 2-68　设置钻孔深度

图 2-69　重新生成刀具路径

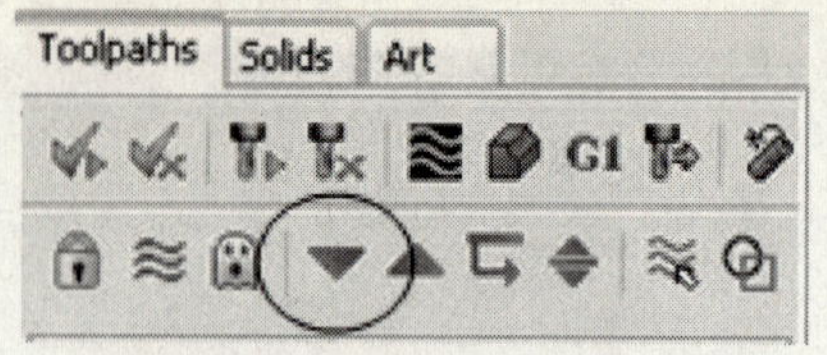

图 2-70　下移

> 下移：将即将生成的刀具路径，移动到目前位置下一个操作的后面；
> 上移：将即将生成的刀具路径，移动到目前位置上一个操作的前面。

活动 22：外形加工刀具路径的设置

Toolpath（刀具路径）→Contour（外形铣削）

➢［Select contour chain 1］（选取串联外形 1）：选中如图 2-71 所示外形；

➢［Select contour chain 2］（选取串联外形 2）：在如图 2-72 所示串联方式对话框中单击✓；

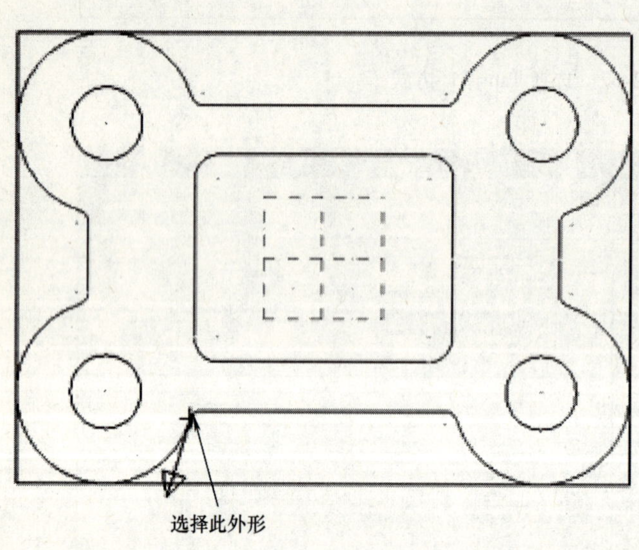

图 2-71　串联选择外形 1

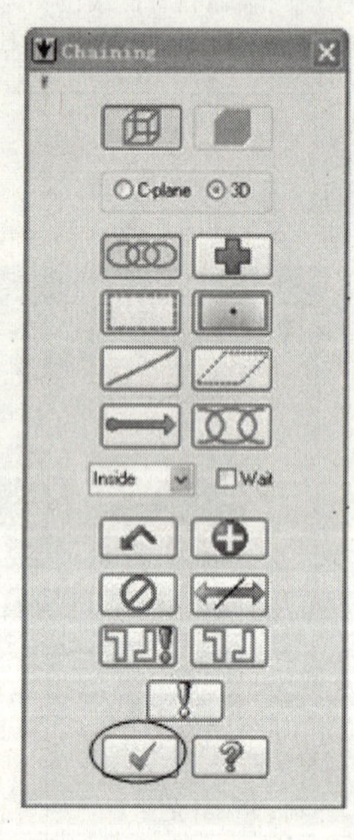

图 2-72　串联选择对话框

➢ 选择 Tool →Select library tool（选择库中的刀具）；

➢ Tool Selection 中选择 Filter（过滤）；

➢ 选择 None（全关）→Flat End Mill（平底刀），Tool Diameter→Equal 12；

➢ 如图 2-73 所示的 Comment（注示）中，加入注示，Feed rate（进给率）和 Spindle speed（主轴转速）可根据实际需要修改；

➢ 进入 Cut Parameters，参数如图 2-74 所示；

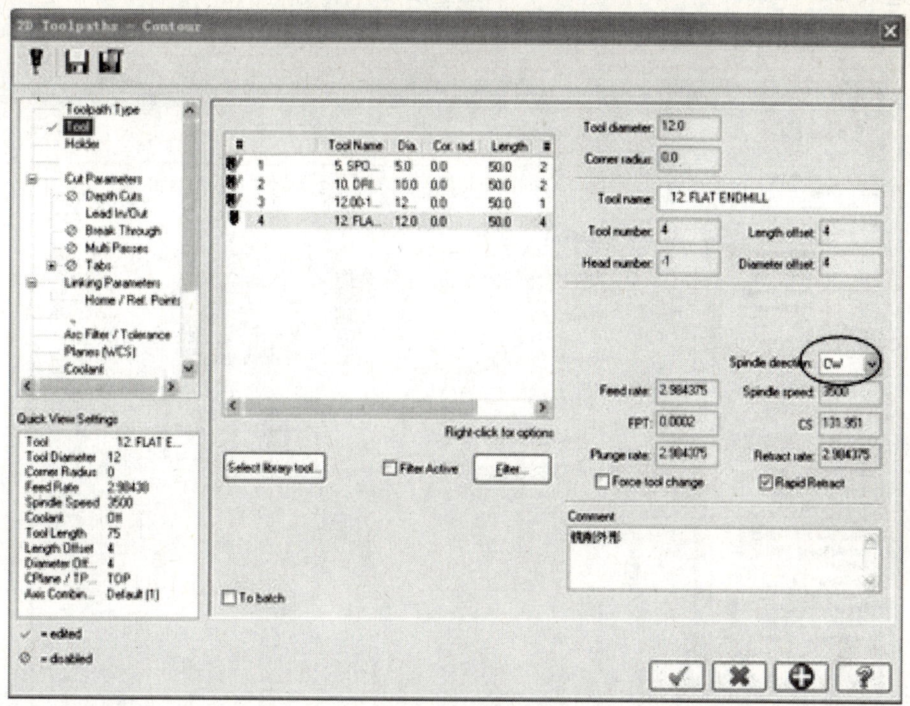

图 2-73　铣削外形

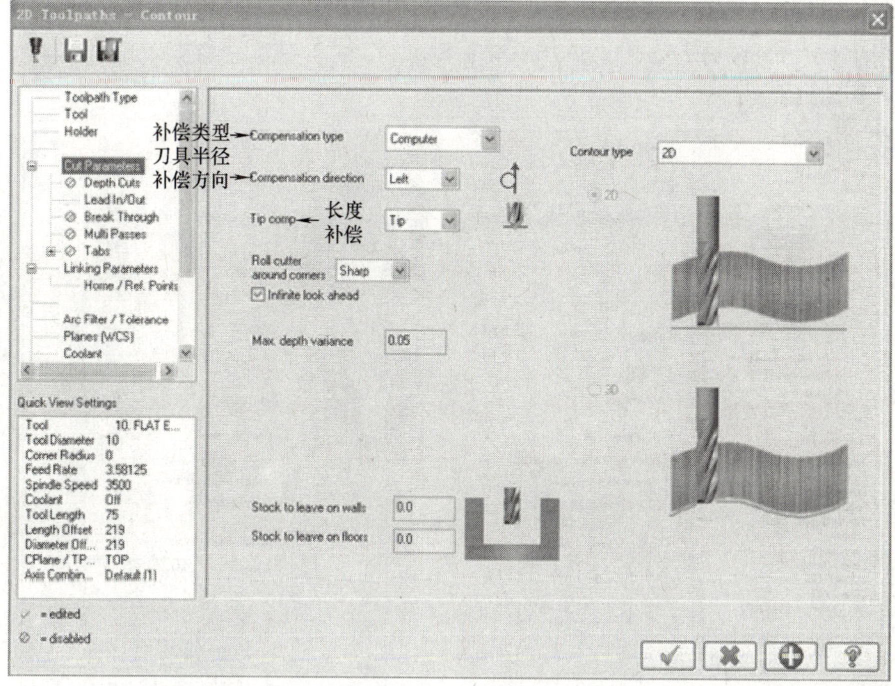

图 2-74　切削参数设置

➢ 进入 Cut Parameters→Depth Cuts，设置参数 Max rough step：4，Finish step：0.2，如图 2-75 所示；

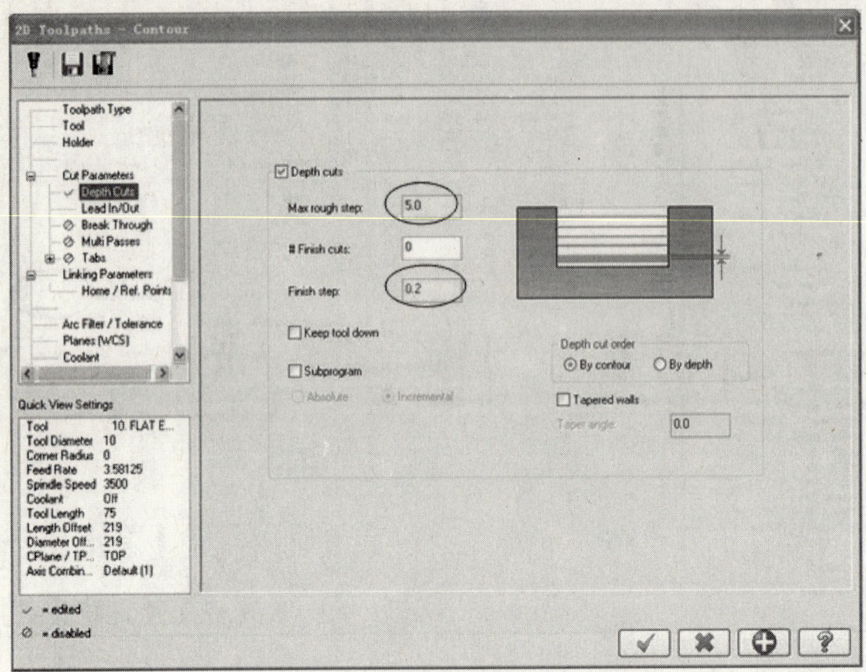

图 2-75 切削深度参数设置

➢ 进入 Cut Parameters→Lead in/out，如图 2-76 所示；

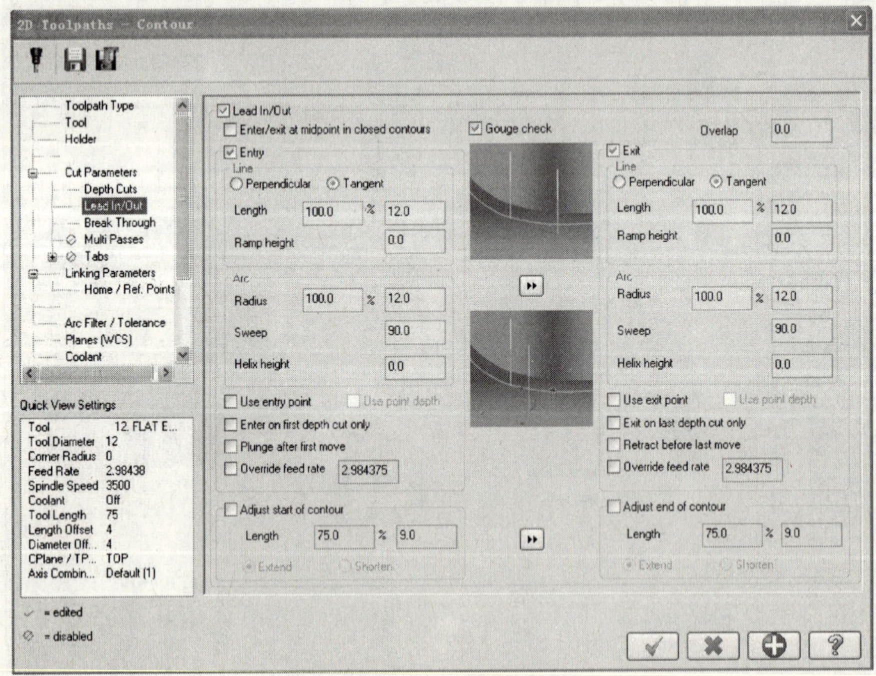

图 2-76 导入/导出参数设置

➢ 单击⊕；

➢ 进入 Cut Parameters→Break though，如图 2-77 所示；

➢ Linking Parameters（共同参数）中的 Depth（深度）为-20，如图 2-78 所示；

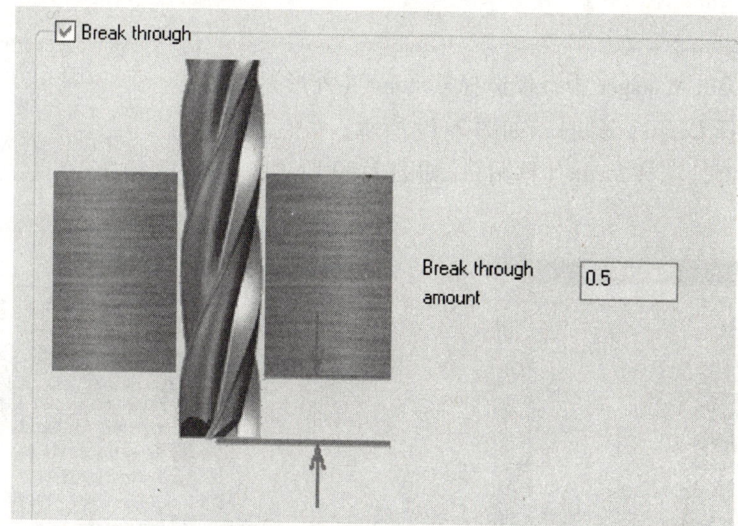

图 2-77　贯穿距离参数设置

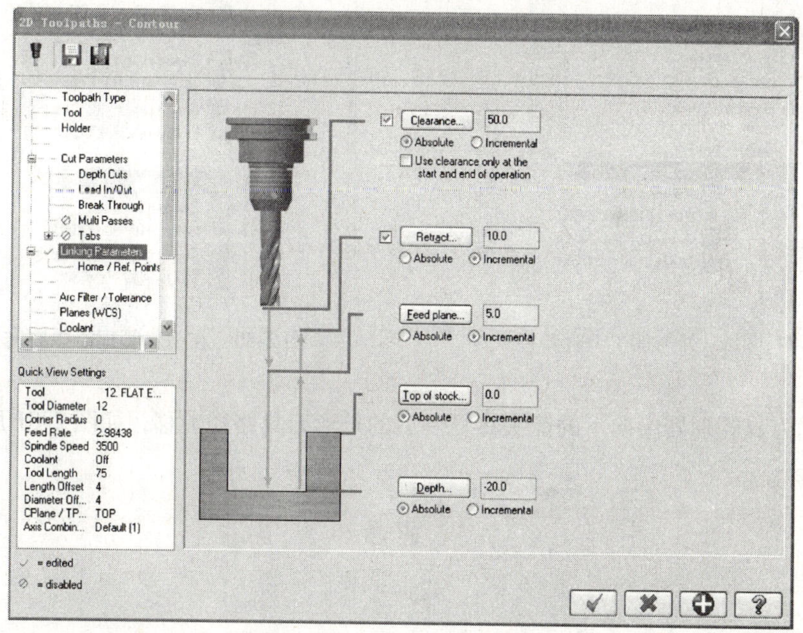

图 2-78　外形铣削参数设置

补偿类型有计算机补偿、控制器补偿、磨损补偿等。如果采用计算机补偿，在程序中不会出现左补偿、右补偿控制代码 G41/G42，计算机会把偏置后的路径计算出来；若采用控制器补偿则会在生成的程序中出现偏置代码。

活动 23：外形铣削加工（残料加工）

上述外形刀具路径采取的是 2D 形式，在 $R2$ 圆角过渡处，首先选用较大直径的刀具铣削加工出零件轮廓，然后选取较小直径的刀具残料加工出零件形状，进一步提高加工效率。

➢ 在 Toolpath Manager 中，仅选择 Contour（外形）加工；

➢ 右键选择 Copy（复制），如图 2-79 所示；

➢ 再次右键，选择 Paste（粘贴），如图 2-80 所示；

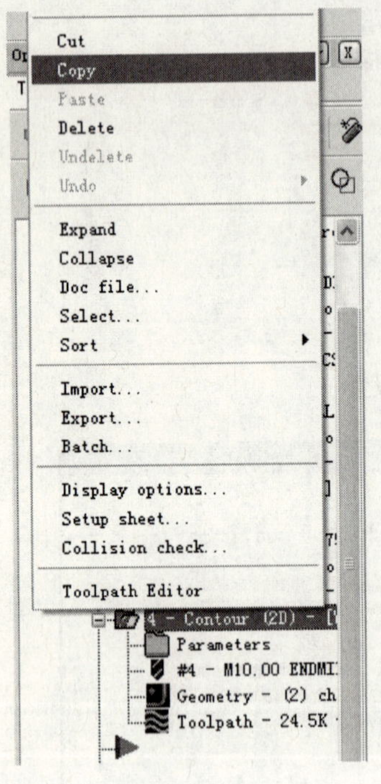

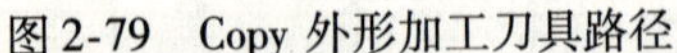

图 2-79　Copy 外形加工刀具路径

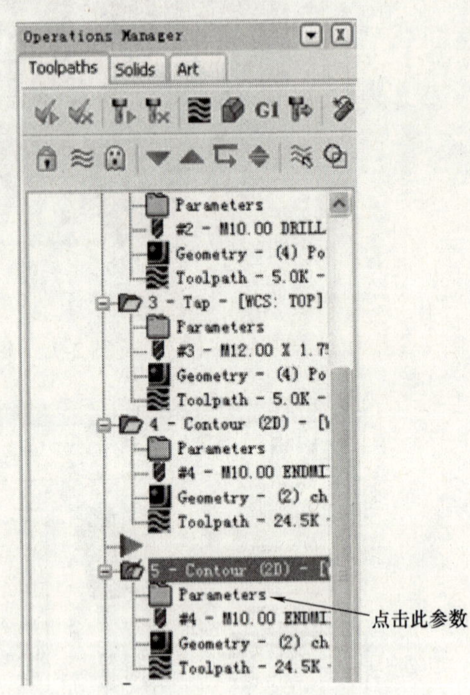

图 2-80　在刀具管理器中右击鼠标

➢ 移动刀具管理器中向下的箭头将复制后的外形刀具路径上移，如图 2-81 所示；

图 2-81　路径上移

➢ 在第二个外形铣削加工路径中选择 Parameters，如图 2-80 所示；

➢ 选择 Tool（刀具）；

➢ 单击 Select library tool（从刀具库中选）；

➢ 从刀具库中选择 $\phi3$ Flat Endmill（平底刀），进给率、主轴转速可保持不变，如

图 2-82所示；

➢ 进入 Cut Parameters，设置参数 Remachining（残料加工），如图 2-83 所示；

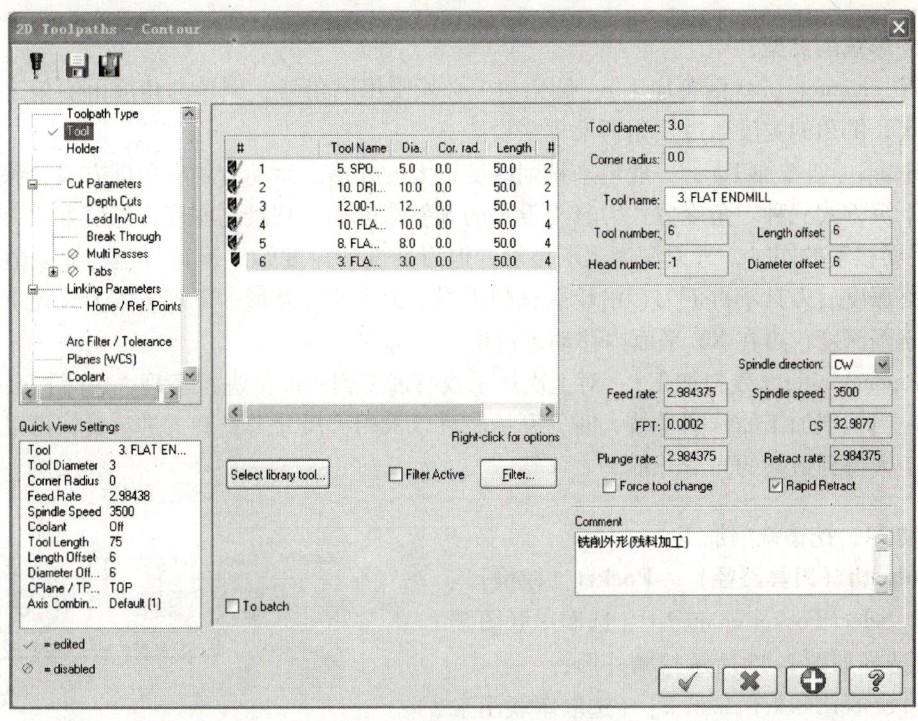

图 2-82　选择 $\phi 3$ 平底刀

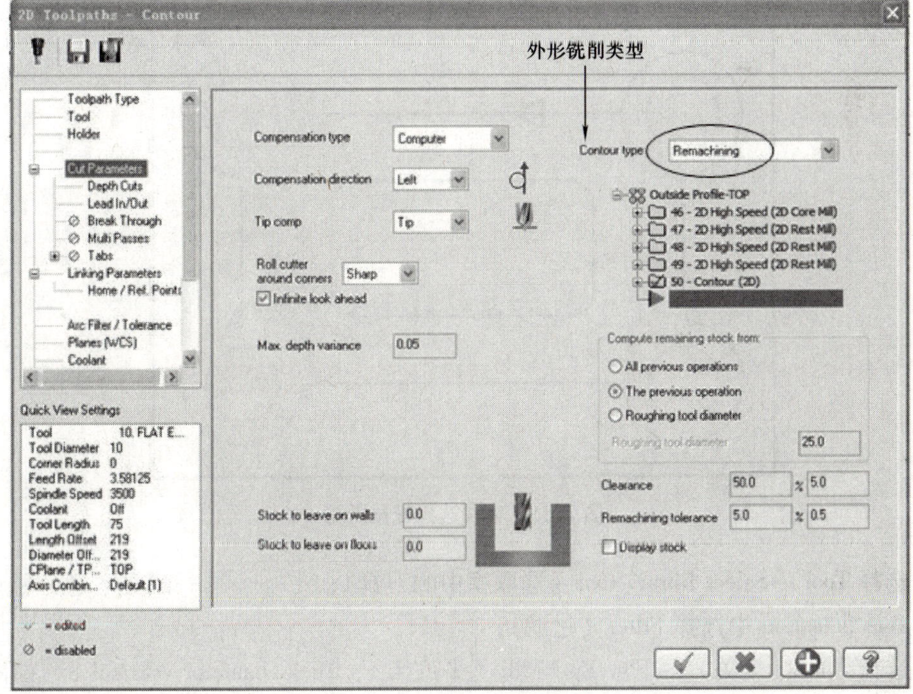

图 2-83　选择外形铣削类型

➢ 单击 → ，退出外形铣削加工参数设定对话框；

➢ 选择 Regenerate all dirty operations（重新生成刀具路径），如图 2-84 所示。

外形铣削类型：

2D chamfer（2D 倒角加工）：倒角加工必须使用倒角刀，倒角的角度由倒角刀的角度决定，倒角的宽度通过倒角对话框来设置；

Ramp（斜坡加工）：一般用来铣削深度较大的外形。运动方式有角度方式、深度方式和下沉方式三种。角度方式刀具沿设定的倾斜角度加工到最终深度；深度方式刀具在 XY 平面移动的同时，进刀深度逐渐增加，但刀具铣削深度始终保持设定的深度值，达到最终深度后刀具不再下刀，沿轮廓铣削一周加工出轮廓外形；下沉方式刀具先下刀设定的铣削深度，再在 XY 平面内移动进行切削；

Remachining（残料加工）：对上次加工没有加工到的部位进行清理，为了提高加工速度，当铣削加工的铣削量较大时，开始时可以采用大尺寸刀具和大进给量，再采用残料加工来得到最终的光滑外形。

活动 24：挖槽铣削加工

Toolpath（刀具路径）→Pocket（挖槽）

➢ ［Select Pocket chain 1］（选取串联图素 1）：选择如图 2-85 所示挖槽外形；

➢ ［Select Pocket chain 2］（选取串联图素 2）：串联对话框中单击 ；

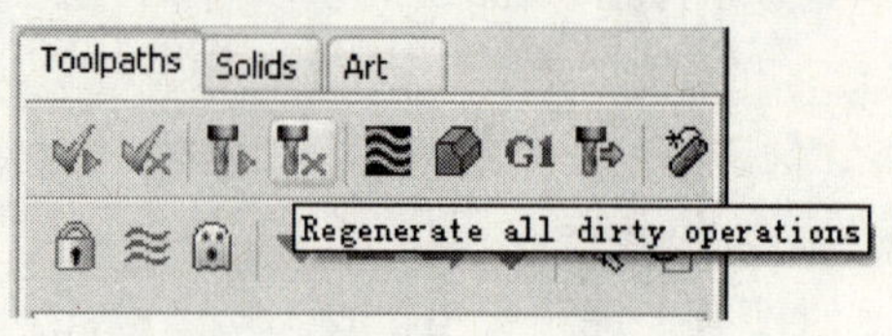

图 2-84 重新生成刀具路径

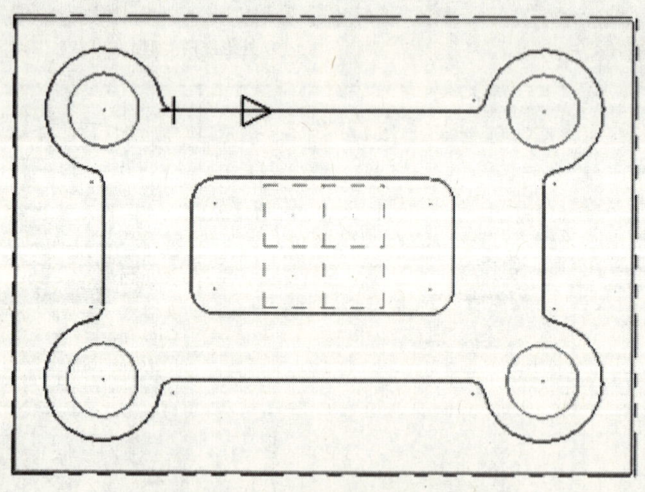

图 2-85 串联选择挖槽外形

➢ 选择 Tool →Select library tool（选取库中的刀具）；

➢ Tool Selection 中选择 Filter（过滤）；

➢ 选择 None（全关）→Flat End Mill（平底刀），Tool Diameter→Equal 8，如图 2-86 所示；

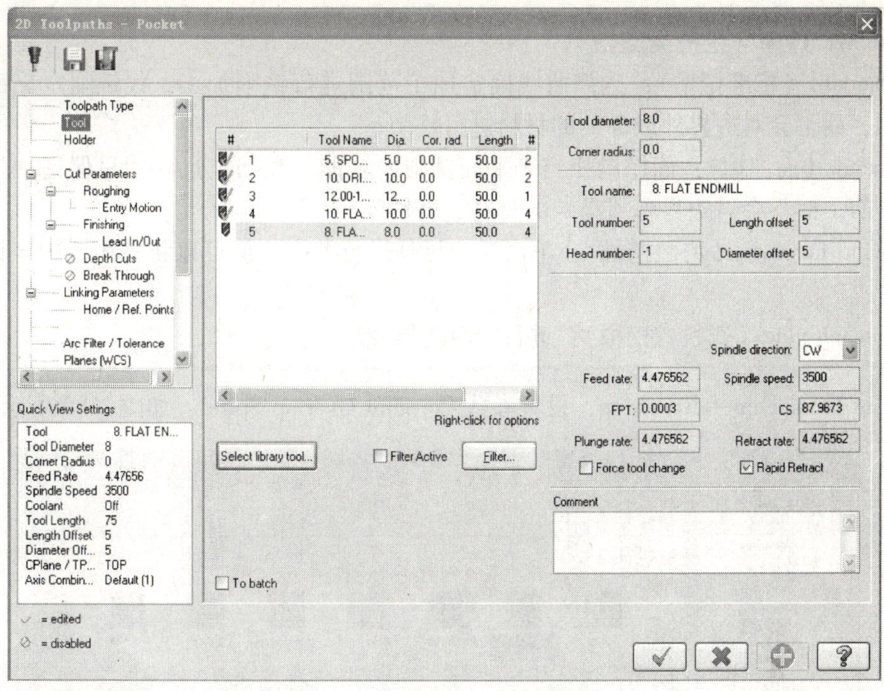

图 2-86　选择 $\phi8$ 平底刀具

➢ Comment（注示）中，加入注示，Feed rate（进给率）和 Spindle speed（主轴转速）可根据实际需要修改；

➢ 进入 Cut Parameters，设置参数 Standard（一般挖槽），如图 2-87 所示；

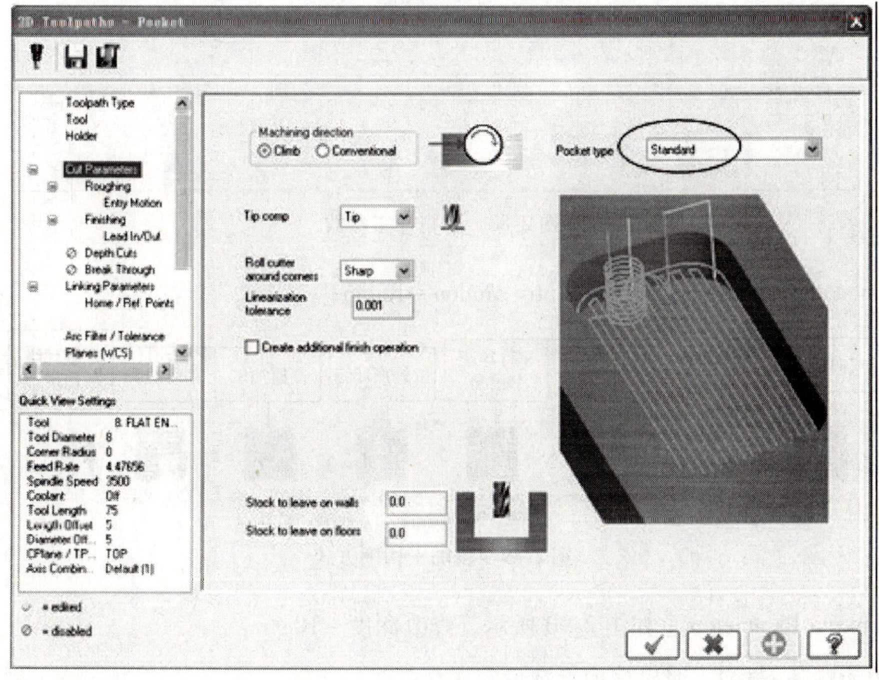

图 2-87　挖槽参数设置

Pocket Type（挖槽类型）：

Standard（标准挖槽）：选择曲线确定加工范围进行铣削加工，仅铣削定义凹槽内的材料，而不会对边界外或岛屿的材料进行铣削；

Facing（面挖槽）：面挖槽相当于平面铣削的功能，在加工过程中只保证加工出选择的平面，而不会对边界外或岛屿的材料进行铣削；

Island facing（岛屿面挖槽）：不会对边界外进行铣削，但可以将岛屿铣削至设置的深度；

Remachining（残料式挖槽）：进行残料挖槽加工。

➢ Cut Parameters→Roughing，设置参数 Constant Overlap Spiral，如图 2-88 所示；

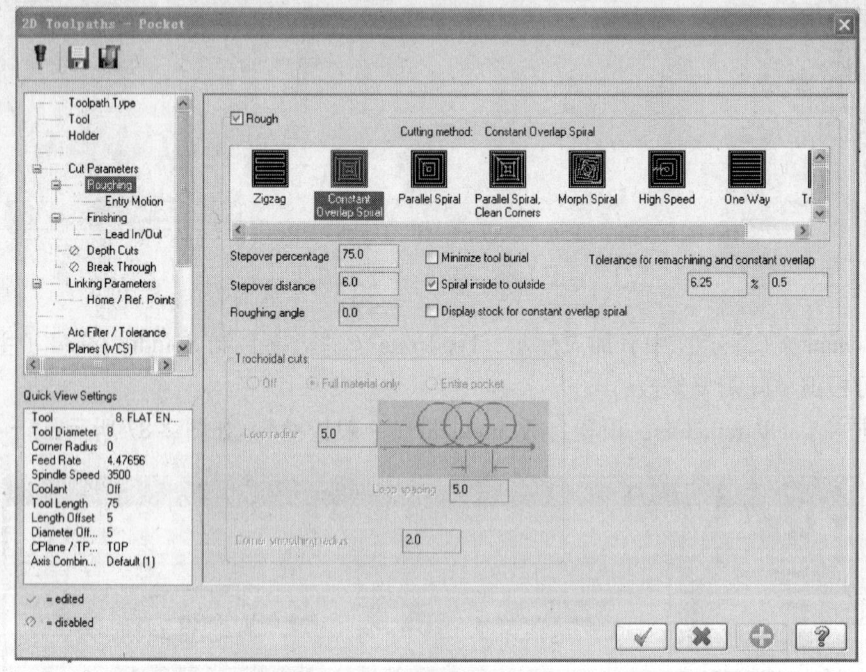

图 2-88 粗精加工参数

➢ Cut Parameters→Roughing→Entry Motion→Ramp；

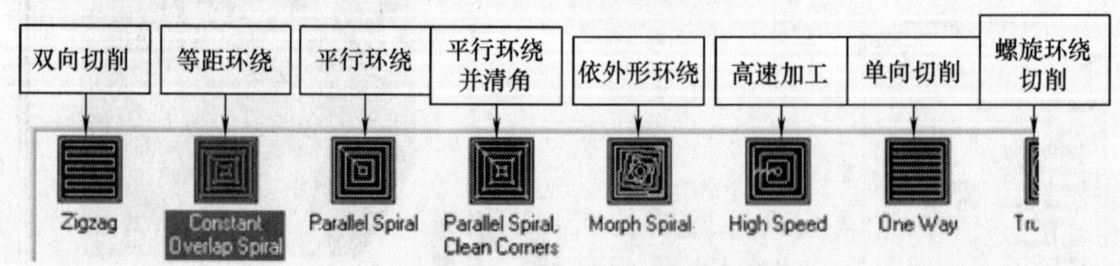

图 2-89 粗加工切削方式

➢ Linking Parameters，如图 2-90 所示，修改深度 -10；

➢ 单击⊕→✓，退出挖槽参数设定对话框。

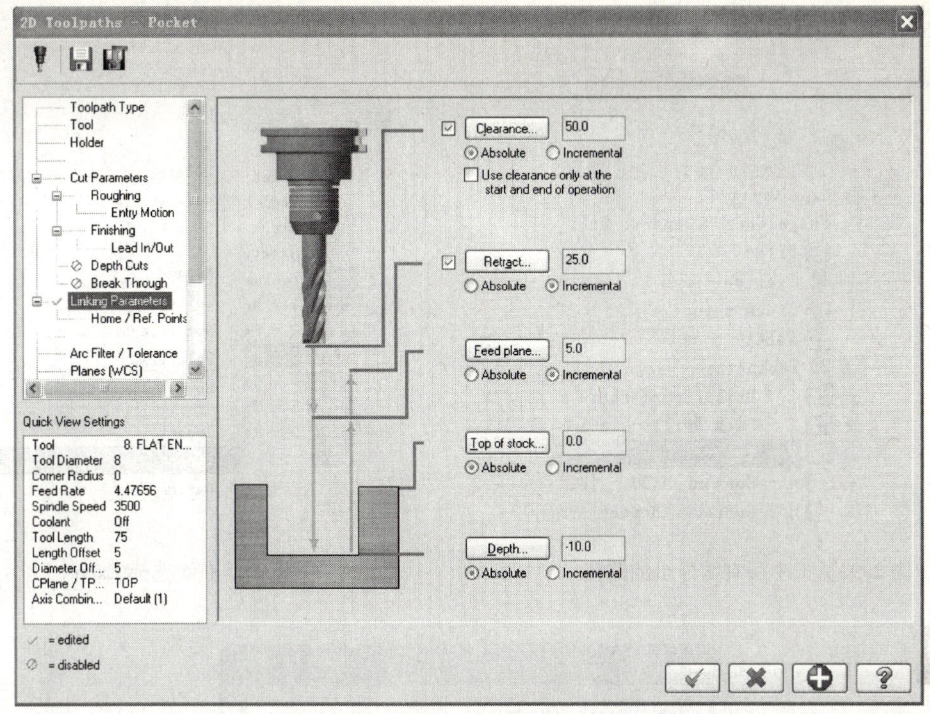

图 2-90　挖槽参数设置

活动 25：导出所有的钻孔路径

- 在刀具管理器中单击右键，如图 2-91 所示，选择 collapse；
- 选择 spot drilling，按住 Shift 选择 Tapping toolpath，如图 2-92 所示；
- 在刀具管理器窗口右键选择 Export（导出），如图 2-93 所示；
- 在弹出的如图 2-94 所示对话框中，File：任务 2. OPERATIONS，Group：Toolpath Group 1；
- 单击 OK，如图 2-95 所示单击确定。

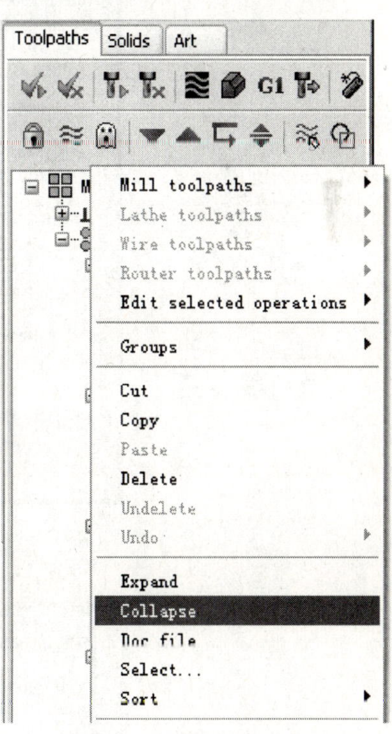

图 2-91　刀具管理选择 collapse

活动 26：刀具管理相关参数设置

- 选择 Tool manager（操作管理）中的 Toolpath Group，选中所有操作，如图 2-96 所示；
- 如图 2-97 所示，选择 Backplot selected operations（模拟所选择的操作）；
- 确认选中“Display tool（显示刀具）”和“Display rapid moves（显示快速位移）”，如图 2-98所示；
- 选择 Isometric View 等角视图观察 ；

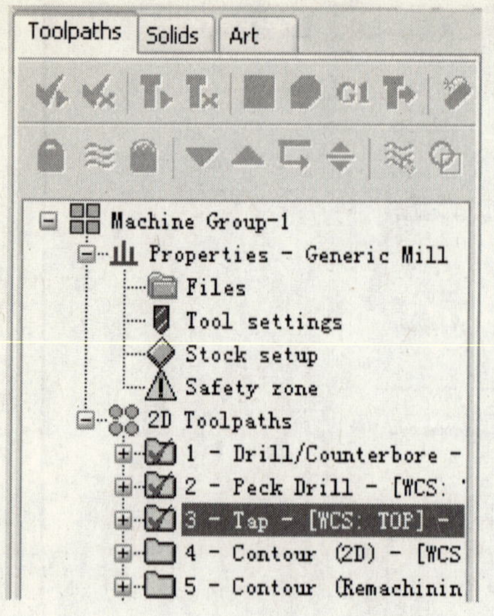

图 2-92　选中所有需导出的路径

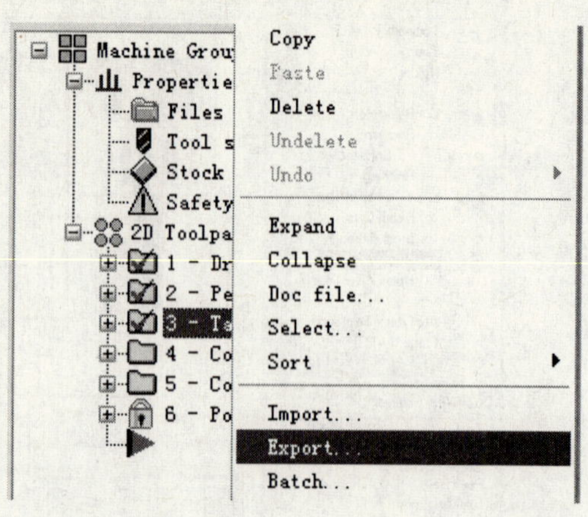

图 2-93　右键选择 Export

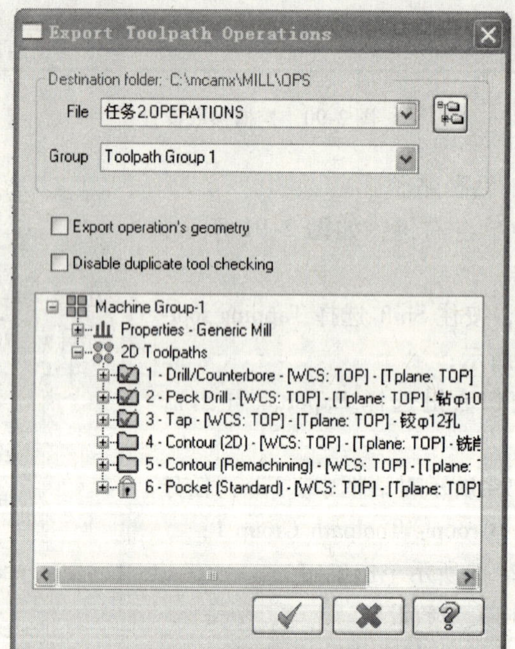

图 2-94　保存导出路径

图 2-95　路径导出成功

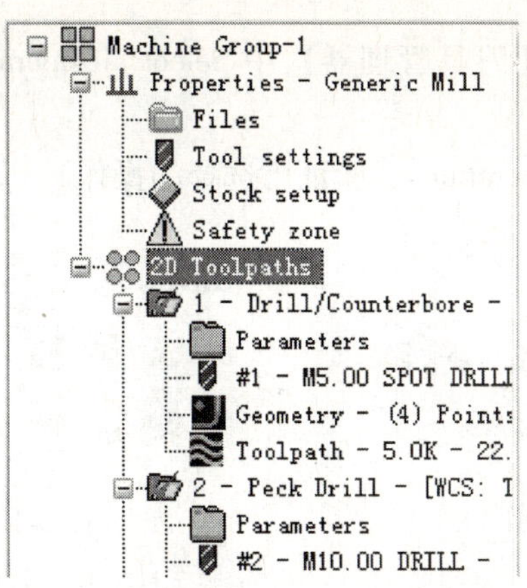

图 2-96 选中所有路径

图 2-97 选择刀具路径快速模拟

图 2-98 选中两选项

➢ 单击 Play，效果如图 2-99 所示；

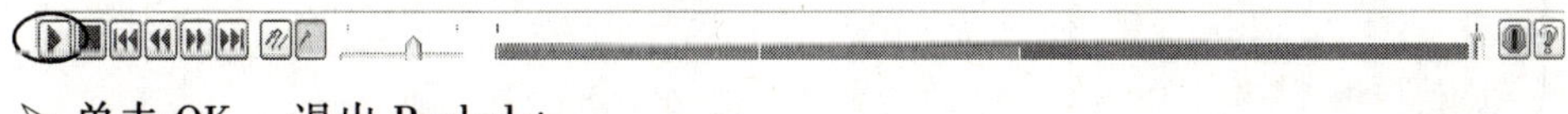

➢ 单击 OK ，退出 Backplot。

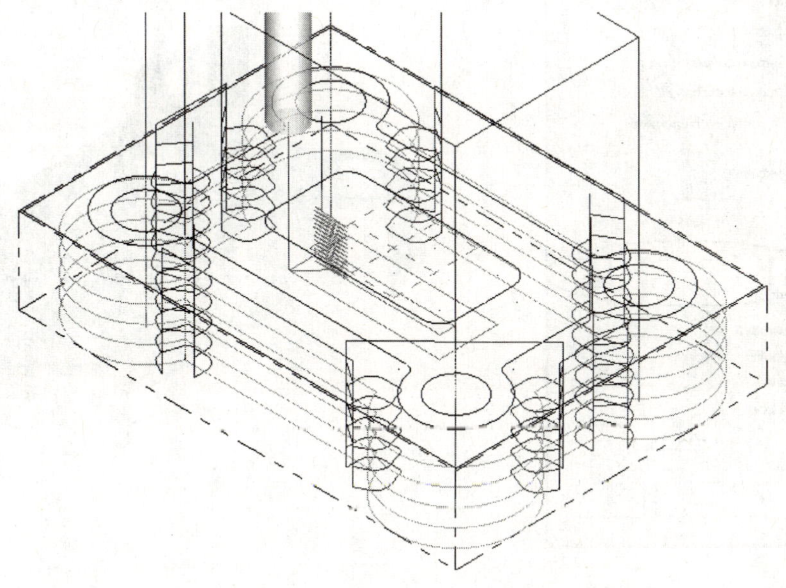

图 2-99 模拟刀路效果

活动 27：刀具路径验证

➢ 在 Toolpaths Manager（刀具管理器）中 Select all operations（选择所有的操作）；如图 2-100所示；

➢ 选择 Verify selected operations（验证已选择的操作），如图 2-101 所示；

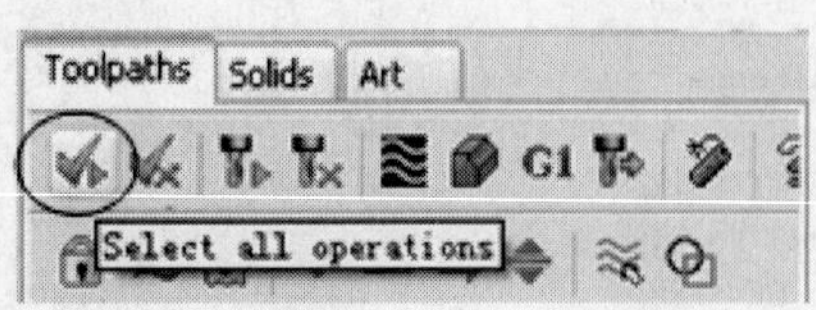

图 2-100 选择所有操作

图 2-101 验证选中的刀路

➢ 通过移动速度控制条，设定 Verify speed，如图 2-102 所示；

➢ 单击 ▶，如图 2-102 所示；

➢ 单击 OK，工件加工如图 2-103 所示。

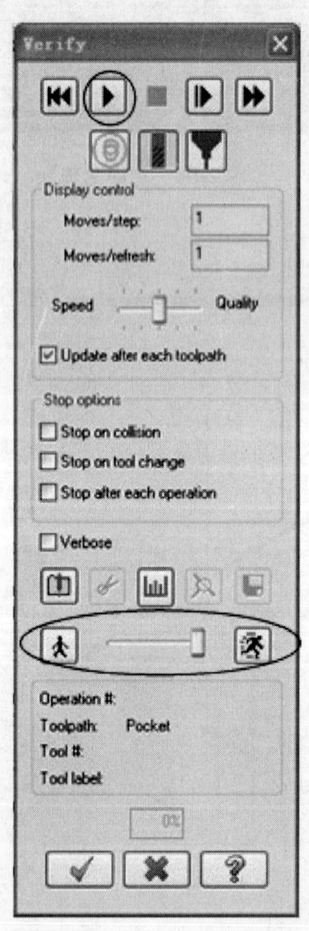

图 2-102 验证对话框

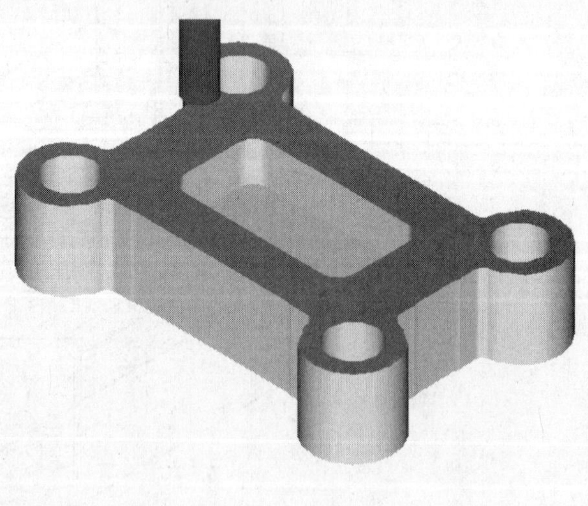

图 2-103 工件加工效果

活动 28：生成 NC 文件

➢ 选中所有操作；

➢ 选择 Post selected operations（后处理已选择的操作），如图 2-104 所示；

图 2-104　选择后处理操作

➢ 在图 2-105 中，单击 继续操作；

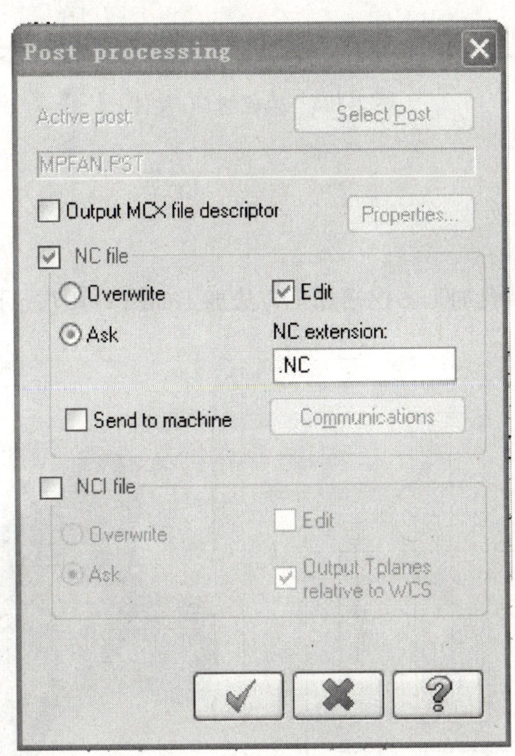

图 2-105　后处理对话框

➢ 输入跟几何图形相同的文件名“项目 2”；

➢ 生成如图 2-106 所示 NC 文件，单击 保存。

➢ 单击右上角的 ，退出程序编辑对话框。

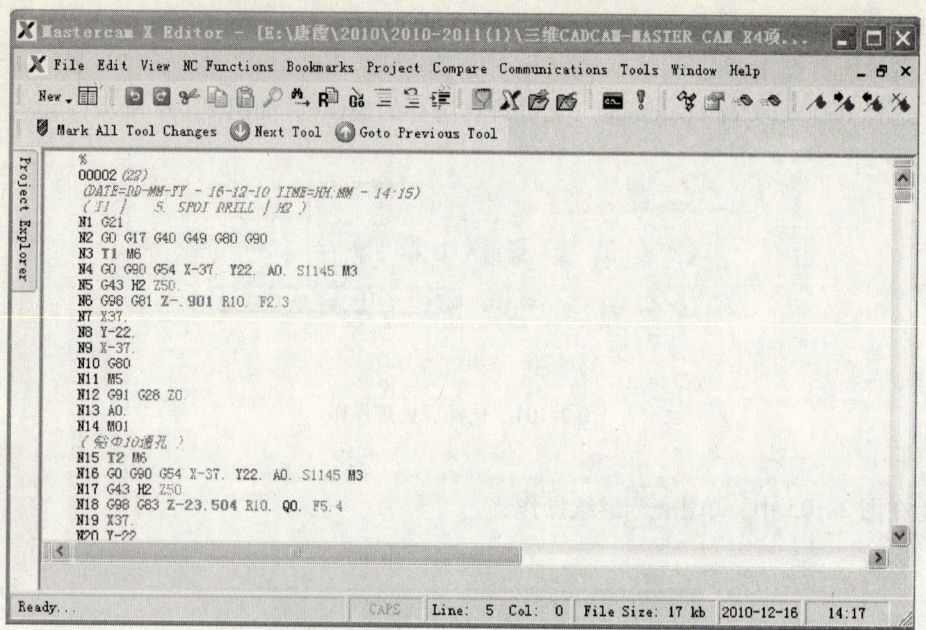

图 2-106　生成的 NC 文件

【项目自测】

1. 利用外向加工、钻孔加工、挖槽加工方法加工如图 2-107 所示零件。

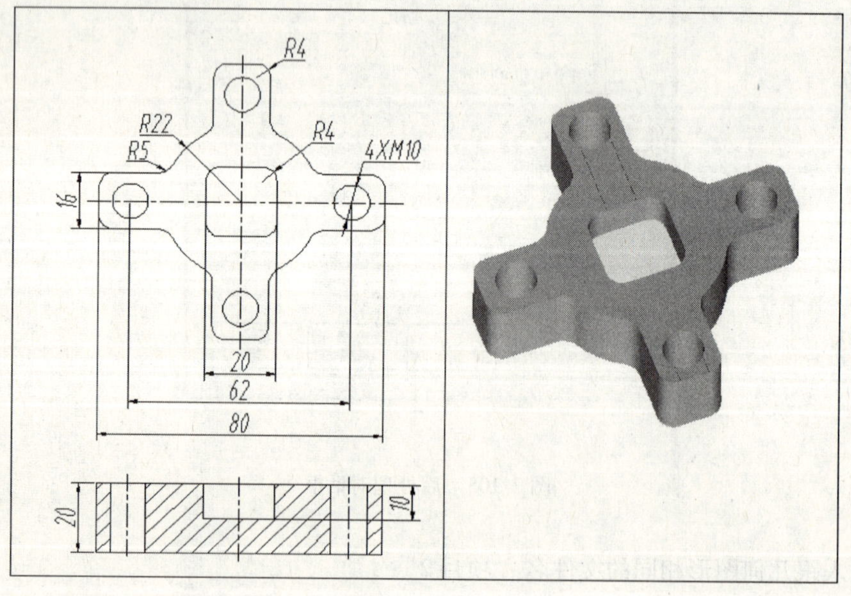

图 2-107　第 1 题

2. 利用外向加工、钻孔加工、挖槽加工方法加工如图 2-108 所示零件。

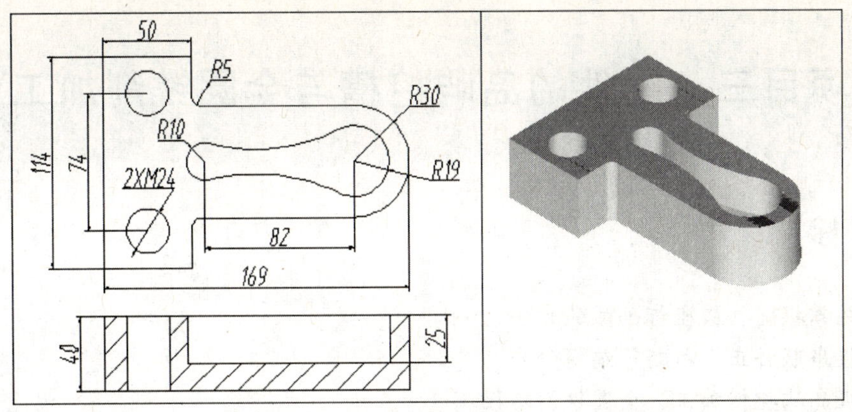

图 2-108　第 2 题

项目三　零件的岛屿挖槽与全圆铣削加工

【知识目标】

1. 熟练掌握圆、极坐标画弧的方法。
2. 掌握串联补正、打断等编辑命令。
3. 掌握岛屿挖槽加工、全圆铣削路径。
4. 掌握钻孔路径的导入与导出。

【任务分析】

绘制如图 3-1 所示的二维图形，并使用外形加工、岛屿挖槽加工、钻孔加工完成其数控加工。

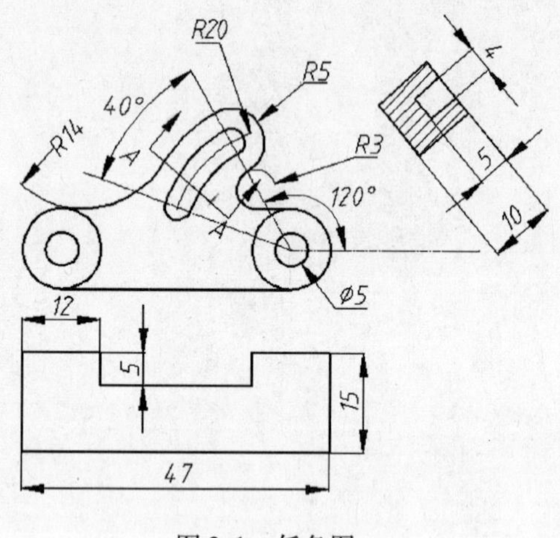

图 3-1　任务图

【活动思路】

确定右侧 $\phi5$ 圆的中心为坐标原点，构建右侧 $\phi5$ 和 $\phi12$ 的圆→构建左侧 $\phi5$ 和 $\phi12$ 的圆→绘制直线→设置图层属性→极坐标画 $R20$ 弧→绘制 2 个 $\phi5$ 圆→绘制 $R22.5$ 圆弧和 $R17.5$ 圆弧→修整图素→串联补正→倒角 $R14$、$R3$→修整多余图素→打断图素。

确定刀具路径：设置工件毛坯→外形铣削加工→岛屿挖槽铣削加工→钻孔加工。

【活动过程】

创建二维图形前，使用 Settings（设置）→Toolbar States（工具栏设置），如图 3-2 所示，在操作界面上显示 2D 工具栏快捷菜单栏。同时，启用 Screen（屏幕）→Screen grid settings（栅格参数），将栅格显示于工作界面中，如图 3-3 所示。

活动 1：构建右侧 $\phi12$ 和 $\phi5$ 的圆

- 使用工具栏中快捷画弧图标 ；
- ［Enter the center point］（输入中心点）：选中如图 3-4 所示栅格中心点作为圆弧中心；
- 单击 输入直径：12（Enter）；
- 单击 ；

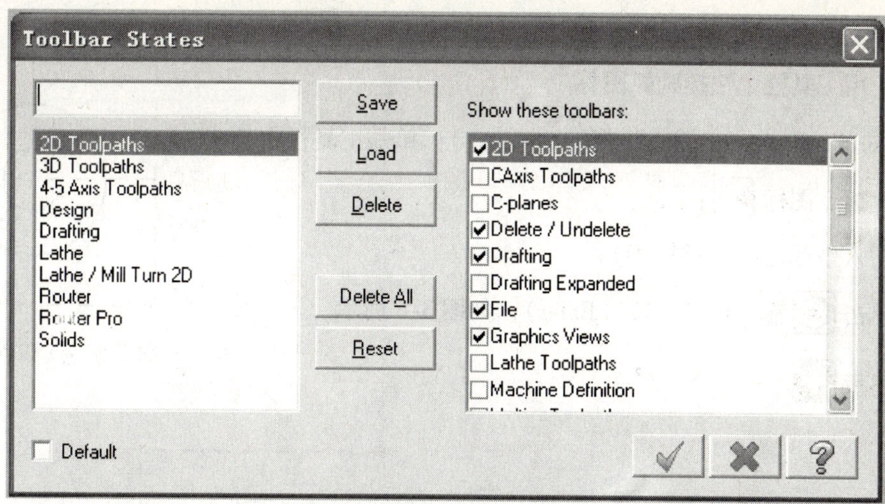

图 3-2　2D 工具栏设定窗口

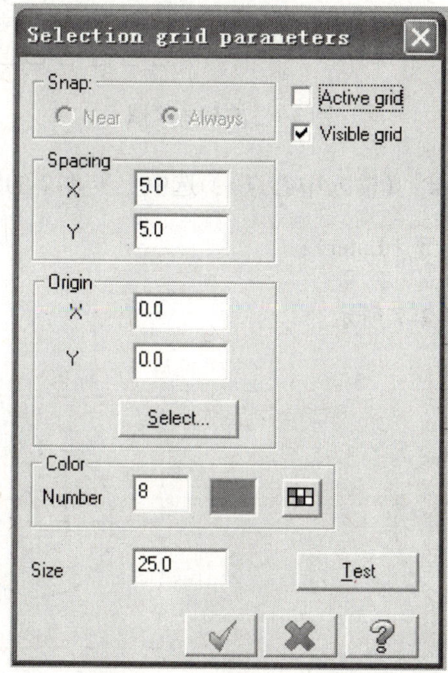

图 3-3　栅格显示设定

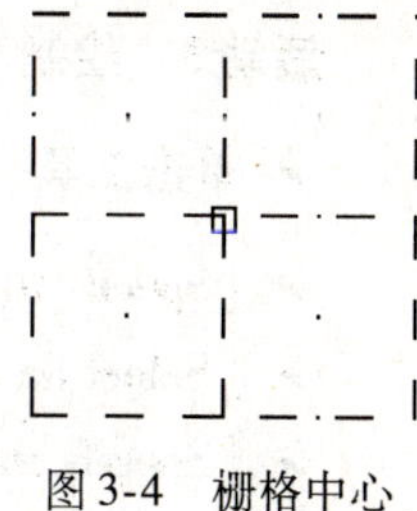

图 3-4　栅格中心

➢ [Enter the center point]（输入中心点）：选中如图 3-4 所示栅格中心点作为圆弧中心；

➢ 单击　输入直径：5（Enter）；

➢ 单击　，效果如图 3-5 所示。

活动 2：构建左侧 $\phi12$ 和 $\phi5$ 的圆

- 使用工具栏中快捷画弧图标；
- [Enter the center point]（输入中心点）：单击工具栏中的快速抓点图标；
- 输入坐标值：（-35，0）；
- 单击输入直径：12（Enter），如图 3-6 所示；
- 单击；

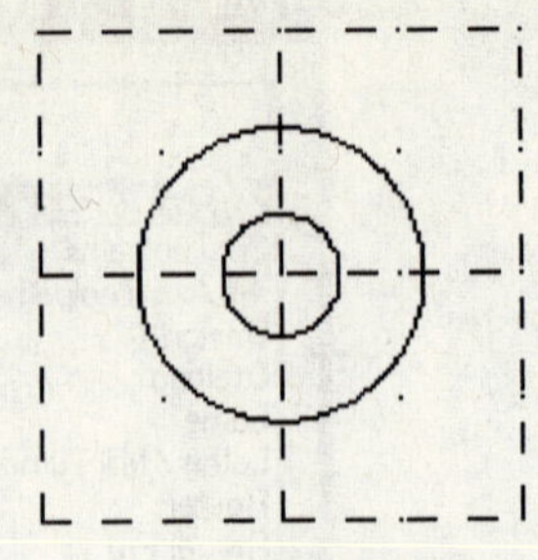

图 3-5　$\phi5$ 和 $\phi12$ 的圆

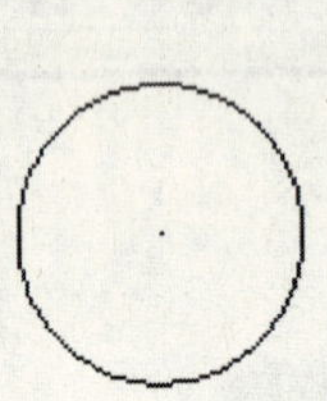
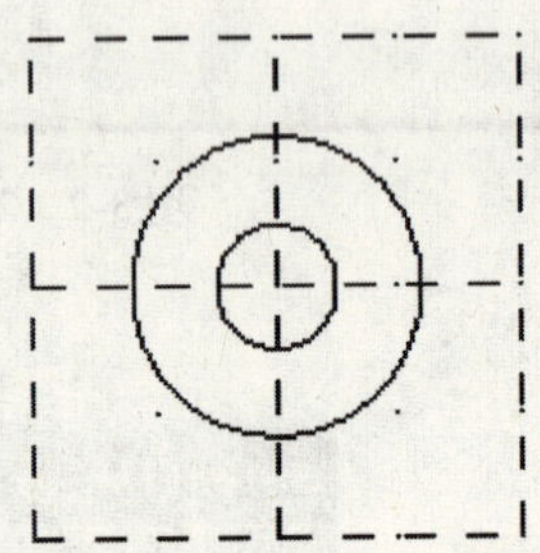

图 3-6　左侧 $\phi12$ 圆

- [Enter the center point]（输入中心点）：选中上步 $\phi12$ 的圆心点；
- 单击输入直径：5（Enter）；
- 单击，效果如图 3-7 所示。

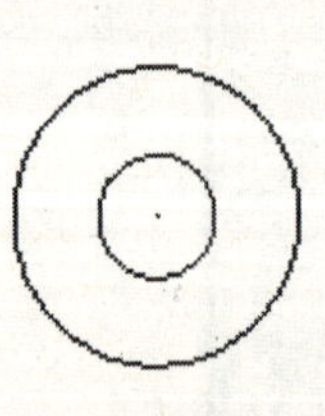
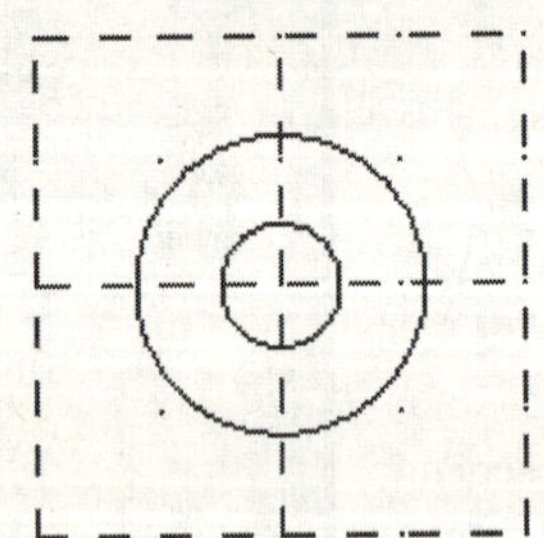

图 3-7　左侧 $\phi5$ 圆

活动 3：绘制直线

- 单击工具栏中的画线图标；
- [Specify the first endpoint]（选取第一点）：选中如图 3-8 所示象限点命令；
- [Select an arc]（选择一圆弧）：选中左侧 $\phi12$ 圆弧；
- [Specify the second endpoint]（选择第二点）：选中如图 3-9 所示 $\phi12$ 圆弧象限点；

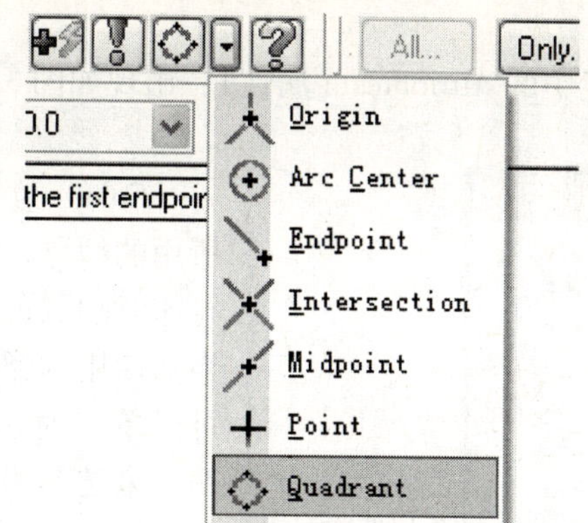

图 3-8　选择象限点命令

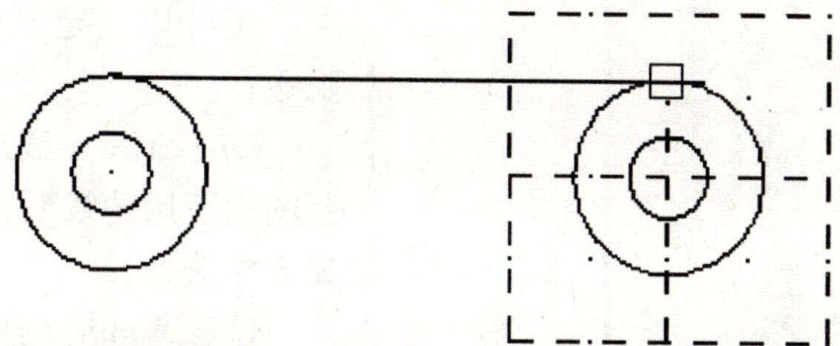

图 3-9　选中右侧象限点

➢ 单击 ;

➢［Specify the first endpoint］（选取第一点）：选中如图 3-10 所示象限点；

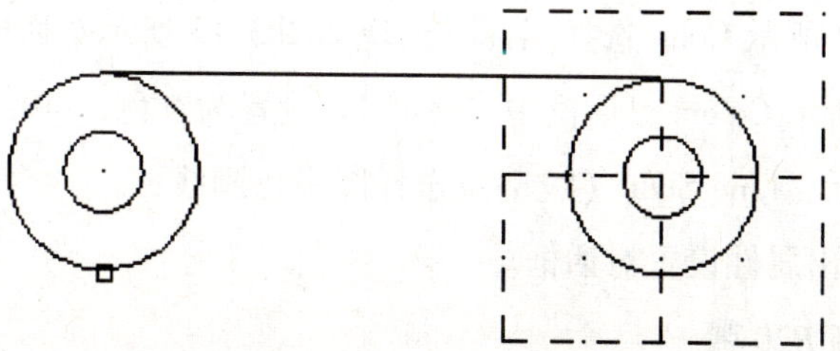

图 3-10　选中左 ϕ12 圆弧下象限点画线

➢［Specify the second endpoint］（选取第二点）：选中右侧 ϕ12 圆弧下象限点；

➢ 单击 ，效果如图 3-11 所示。

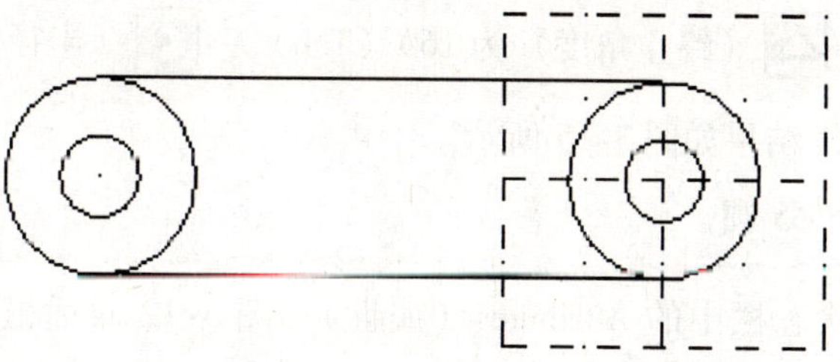

图 3-11　画直线效果图

活动4：设置图层属性

➢ 单击界面下方状态栏中的 Attributes（属性）：出现如图3-12所示对话框；

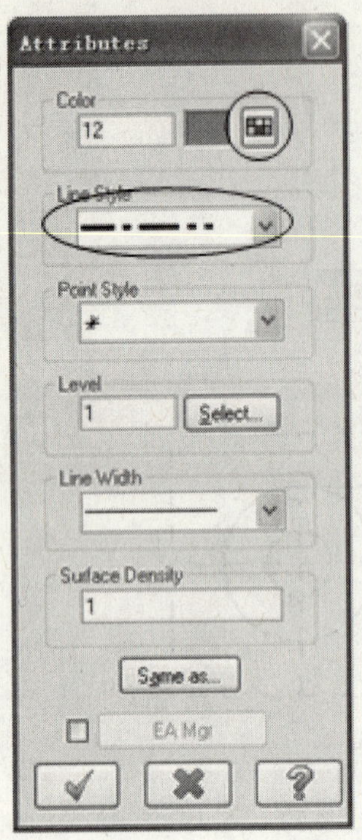

图3-12　属性设置对话框

Color（颜色）：设定绘制图形时所用的颜色，它指定了图素在现实及打印时的颜色；当前颜色后的数值为当前使用的颜色号码，范围为0-255，可以单击对话框中的调色板功能按钮，来选择颜色；

Level（图层）：在图层管理中允许通过对图层命名来区分不同的图层，还可以设定某个图层的可见或隐藏；

Line Style（线型）：设置当前绘制图素所用的线型，可以直接从下拉列表中选择；

Line Width（线宽）：设置当前绘制图素所用的线宽，可以直接从下拉列表中选择。

➢ 单击如图3-12所示 Color 选择图标，出现如图3-13所示对话框；

➢ 在如图3-13所示 Colors 对话框中，将 Color 设置为红色，并单击✔；

➢ 如图3-12所示，Line Style（线型）选择图示点画线；

➢ 单击✔，退出属性设置对话框。

活动5：极坐标画 $R20$ 弧

Create（构图）→Arc（弧）→Arc Polar（极坐标）

➢ [Enter the center point]（输入中心点）：选中如图3-14所示原点作为 $R20$ 圆弧的圆心点；

➢ [Sketch the initial angle]（输入起始角度）：工具栏中依次设置（起始角度）为120（Tab）→（终止角度）为160（Tab）→（半径）为20（Enter）；

➢ 单击✔，作图结果如图3-15所示。

活动6：绘制两个 $\phi5$ 圆

选择界面下方状态栏中的 Attributes（属性）：图3-12对话框中，将 Color 设置红色；Line Style（线型）选择粗实线。

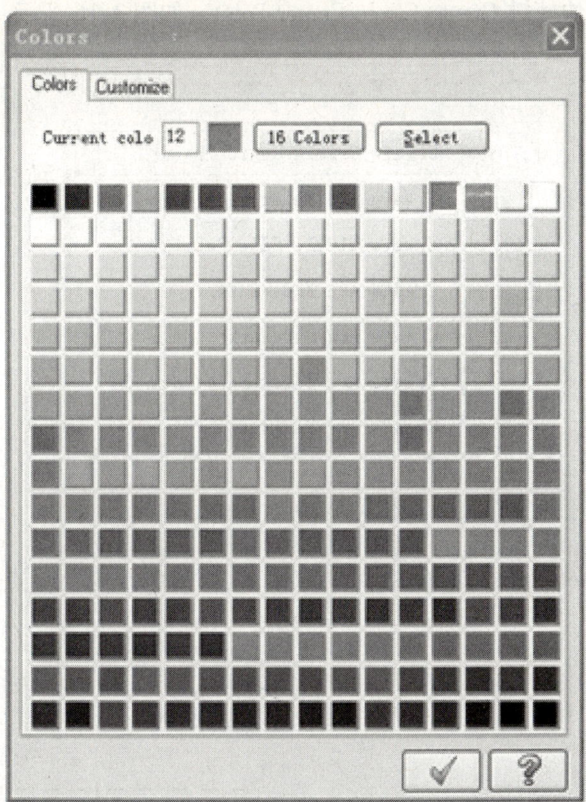

图 3-13　线条颜色设置

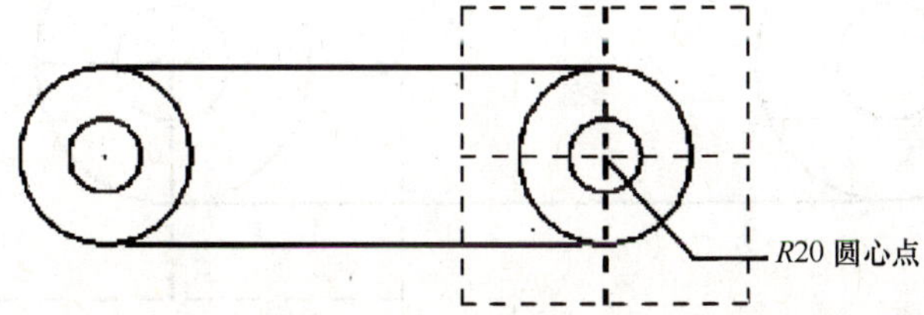

图 3-14　*R*20 圆弧的圆心点

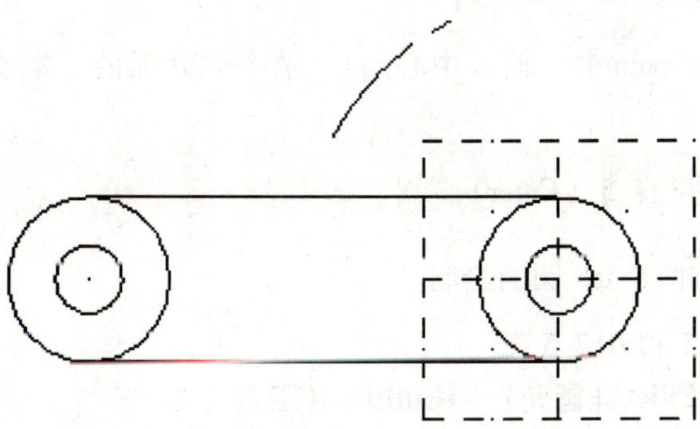

图 3-15　*R*20 圆弧

➢ 单击工具栏中快捷键 Create Circle Center Point，如图 3-16 所示；

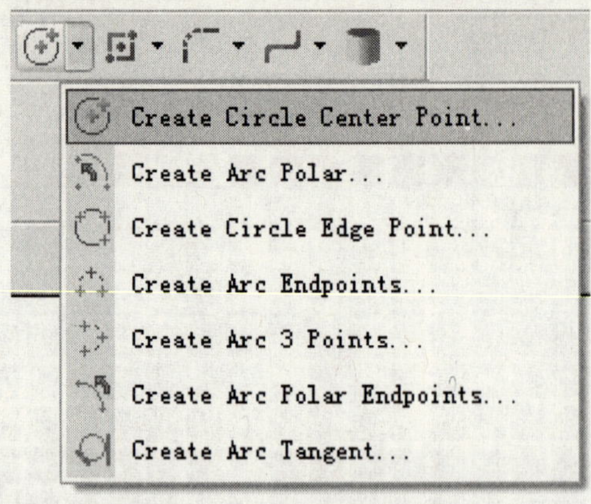

图 3-16 中心点画弧

➢ [Enter the center point]（输入中心点）：选中 *R*20 弧的上端点作为 $\phi5$ 的圆心，如图 3-17 所示；

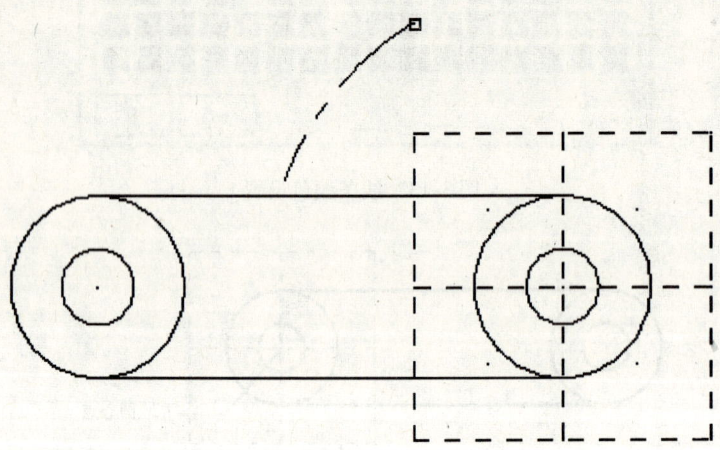

图 3-17 选择 *R*20 上端点作为 $\phi5$ 的圆心

➢ 单击 输入直径：5（Enter）；

➢ [Enter the center point]（输入中心点）：选中 *R*20 弧的下端点作为 $\phi5$ 的圆心，如图 3-18 所示；

➢ 单击 输入直径：5（Enter）；

➢ 单击 ，完成两个 $\phi5$ 圆的绘制。

活动 7：绘制 *R*22.5 和 *R*17.5 弧

Create（构图）→Fillet（圆角）→Entities（图素）

➢ 输入半径 ：22.5（Enter）；

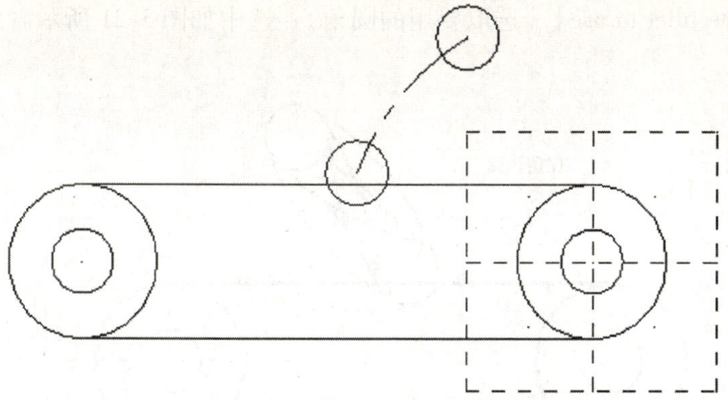

图 3-18　以 $R20$ 圆弧下端点作为 $\phi5$ 的圆心

➢ 选择 No Trim ；

➢ [Select an entity]（选取图素）：选中如图 3-19 所示 $\phi5$ 位置的圆弧；

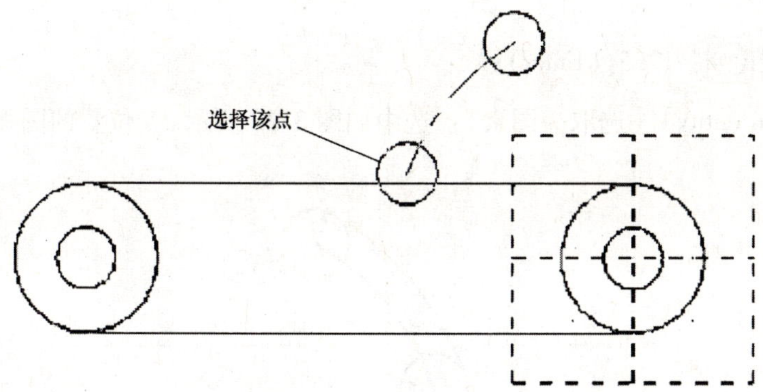

图 3-19　选中倒圆角图素

➢ [Select another entity]（选取另一图素）：选中如图 3-20 所示 $\phi5$ 位置的圆弧；

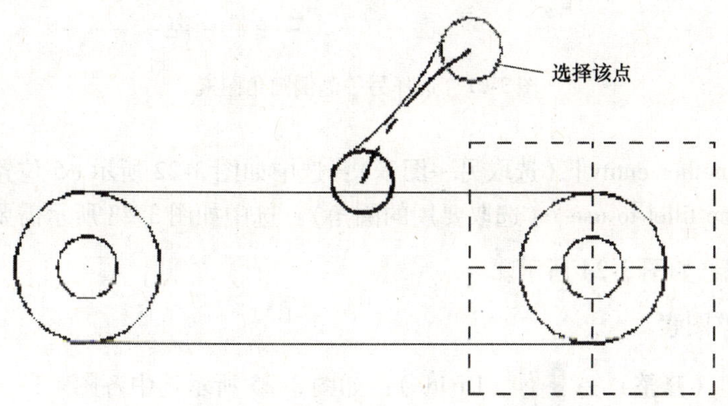

图 3-20　选中另一图素

➢［Select the fillet to use］（选取要用的圆角）：选中如图 3-21 所示需要保留的圆弧；

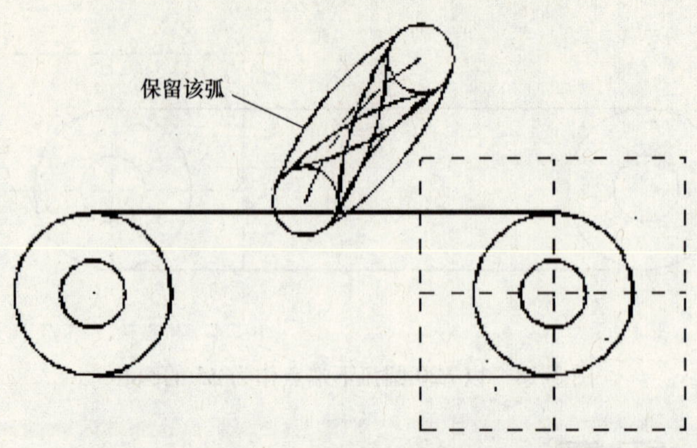

图 3-21 选择需保留的圆弧

➢ 单击 ；

➢ 输入半径 ：17.5（Enter）；

➢［Select an entity］（选取一图素）：选中如图 3-22 所示 $\phi 5$ 位置的圆弧①；

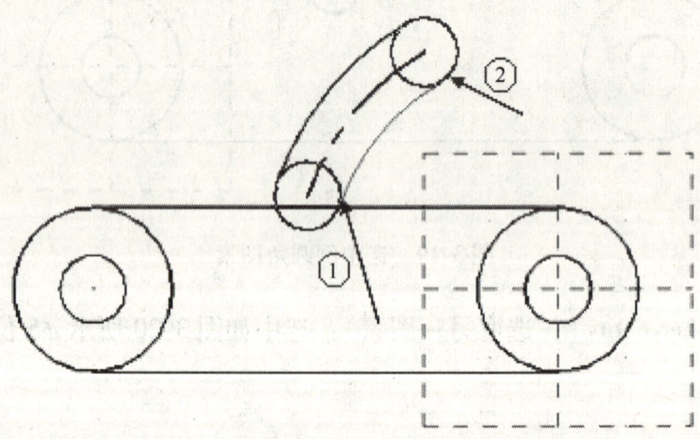

图 3-22 选择另一侧倒圆角图素

➢［Select another entity］（选取另一图素）：选中如图 3-22 所示 $\phi 5$ 位置的圆弧②；

➢［Select the fillet to use］（选取要用的圆角）：选中如图 3-23 所示需要保留的圆弧；

➢ 单击 ，如图 3-24 所示。

活动 8：修整图素

➢ 单击 （修整）→ （Divide）：如图 3-25 所示选中各图素；

➢ 单击 ，修整效果如图 3-26 所示。

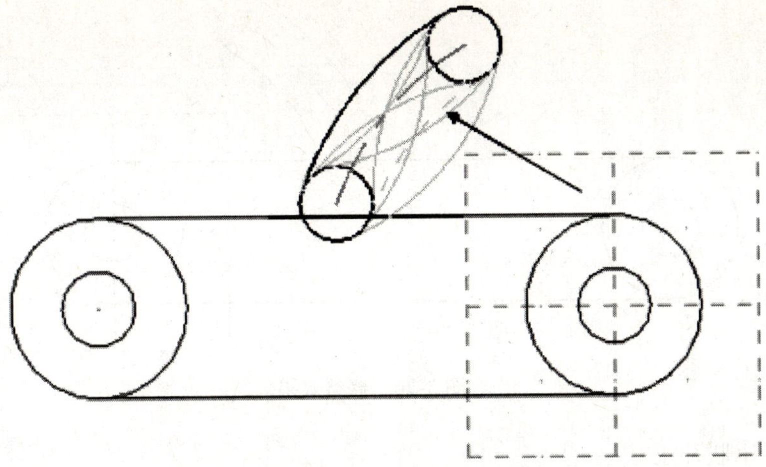

图 3-23　选择另一侧需保留的弧

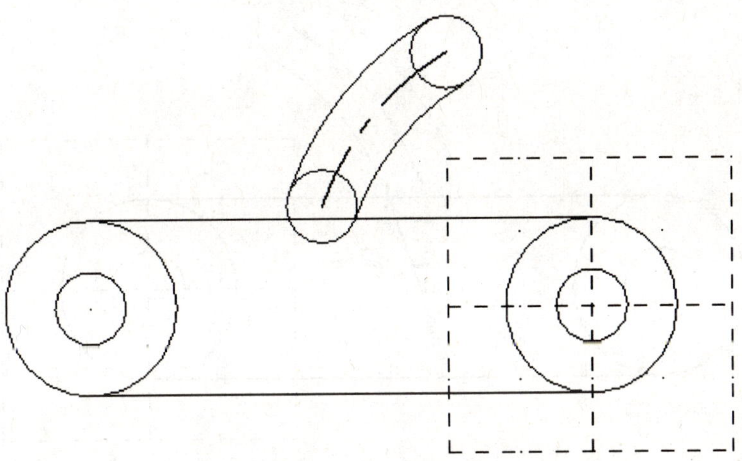

图 3-24　*R*22.5 和 *R*17.5 两弧

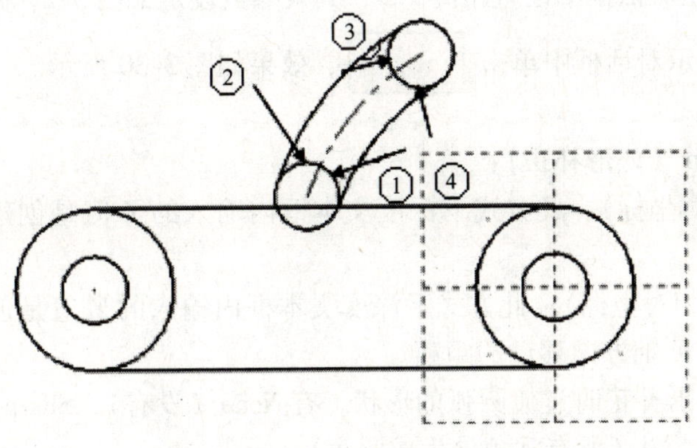

图 3-25　选择图素

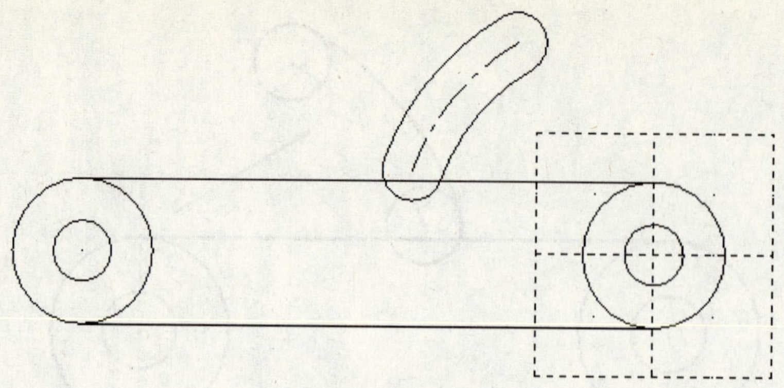

图 3-26 修整效果

活动 9：串联补正

Xform（转换）→Offset Contour（外形补正）

➢［Select chain 1］（选取外形 1）：串联方式选择如图 3-27 所示外形；

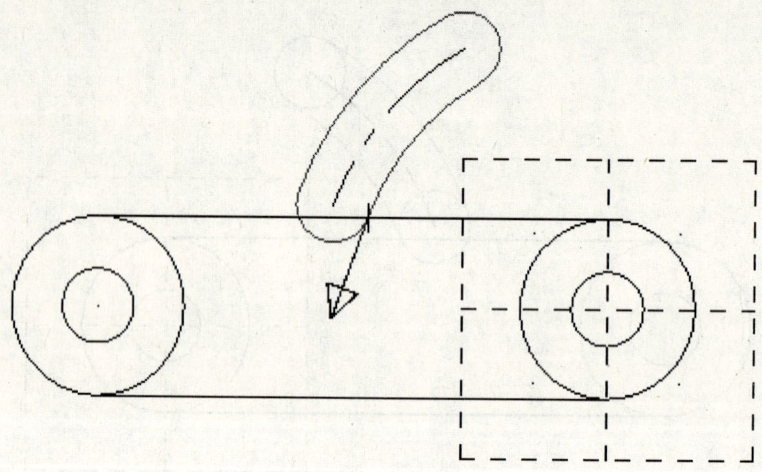

图 3-27 串联外形

➢［Select chain 2］（选取外形 2）：如图 3-28 所示对话框中单击 ；

➢ 串联外形补正对话框中设置距离 2.5，其余参数设定如图 3-29 所示；

➢ 如图 3-28 所示对话框中单击 ，效果如图 3-30 所示。

Offset Contour（外形补正）：

Absolute（绝对坐标）：此方式下深度文本框内输入的 Z 值是创建的外形补正图形所处的 Z 值。

Incremental（相对坐标）：此方式下深度文本框内输入的 Z 值是创建的外形补正图形相对于原图形沿 Z 轴方向移动的距离。

Cornors：指外形补正时过渡圆弧的形状。有 None（没有）、Sharp（在小于 135℃的拐角处生成圆角）、All（所有拐角处生成圆角）。

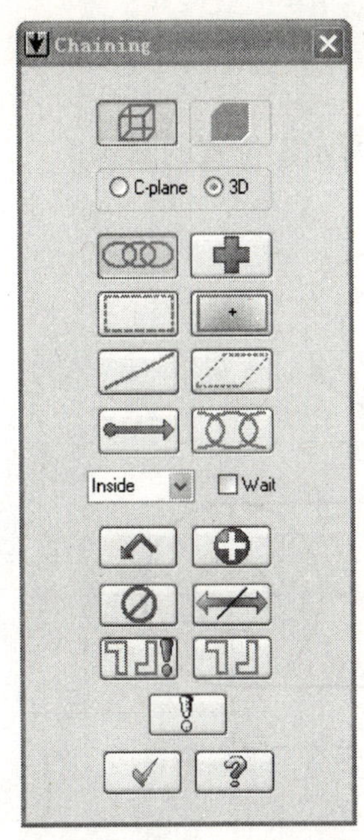

图 3-28　串联方式选择

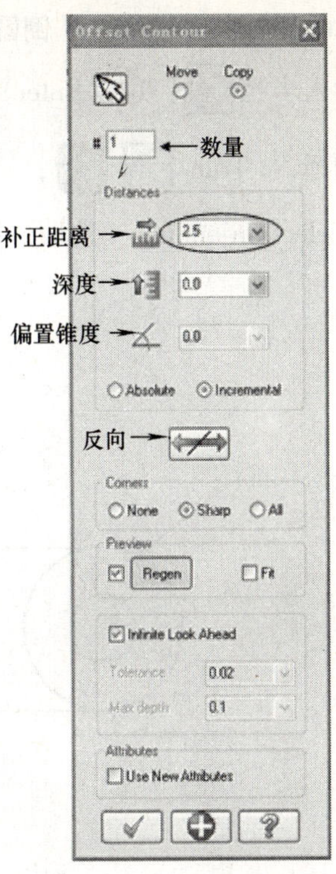

图 3-29　外形补正对话框

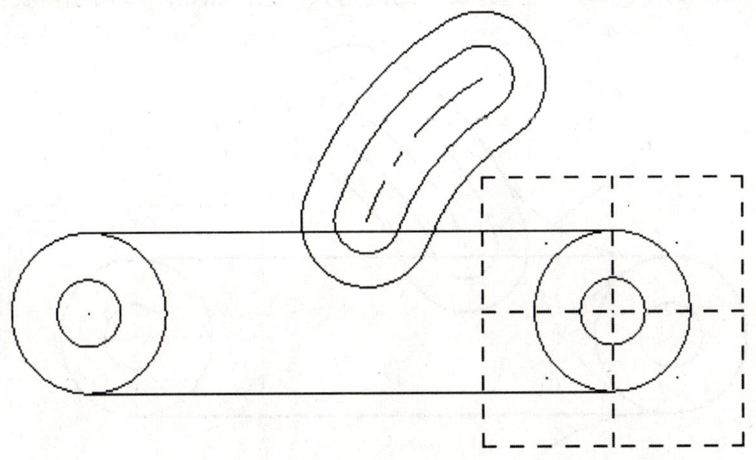

图 3-30　串联补正效果

Clear colors （清除颜色）：系统默认在图素进行平移、缩放等操作后将显示颜色改变为系统预先定义的颜色，用来突出显示完成的效果。通过该图标，可以清除这种颜色，恢复图素本身的颜色显示状态。

活动 10：倒圆角 ***R*14**、***R*3**

Create（构图）→Fillet（倒圆角）→Entities（图素）

➢ 输入半径 ：14（Enter）；

➢ 选择 No Trim ；

➢［Select an entity］（选取一图素）：选中如图 3-31 所示①位置的圆弧；

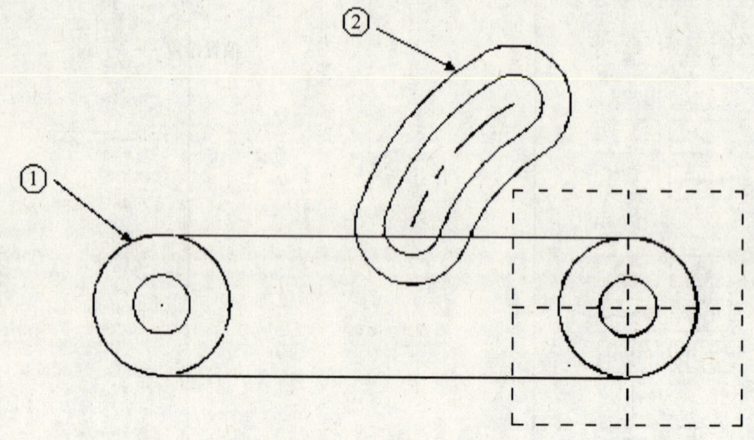

图 3-31 选择倒圆角图素

➢［Select another entity］（选取另一图素）：选中如图 3-31 所示②位置的圆弧；

➢［Select the fillet to use］（选择要用的圆角）：选中如图 3-32 所示需要保留的圆弧；

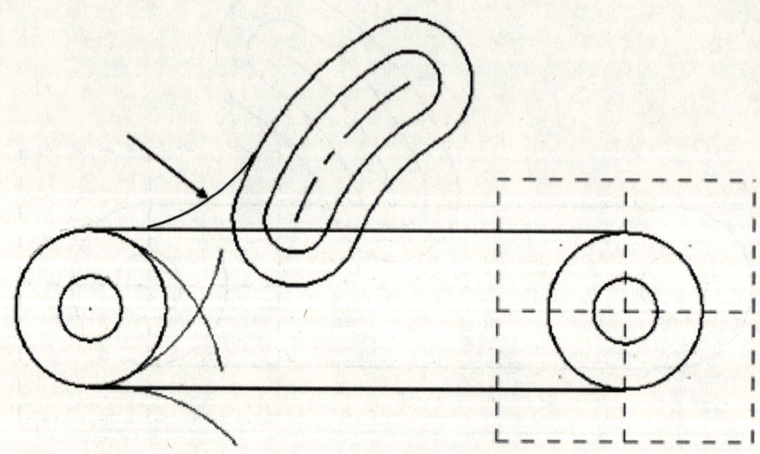

图 3-32 选择需保留的圆弧

➢ 单击 ；

➢ 输入半径 ：3（Enter）；

➢［Select an entity］（选取一图素）：选中如图 3-33 所示①位置的圆弧；

➢［Select another entity］（选取另一图素）：选中如图 3-33 所示②位置的圆弧；

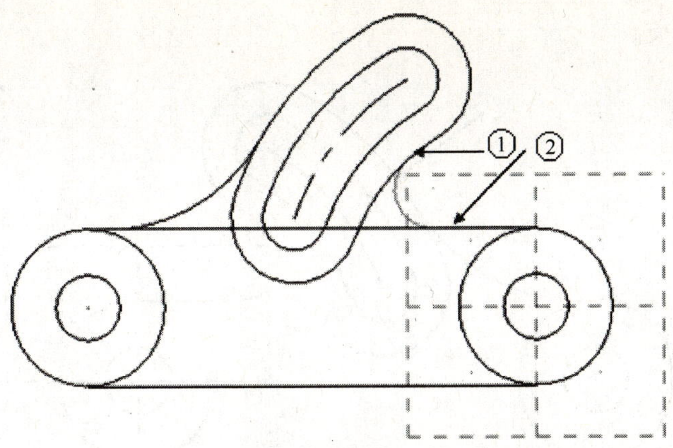

图 3-33　选择倒圆角图素

➢ 单击 Trim；

➢ 单击，效果如图 3-34 所示。

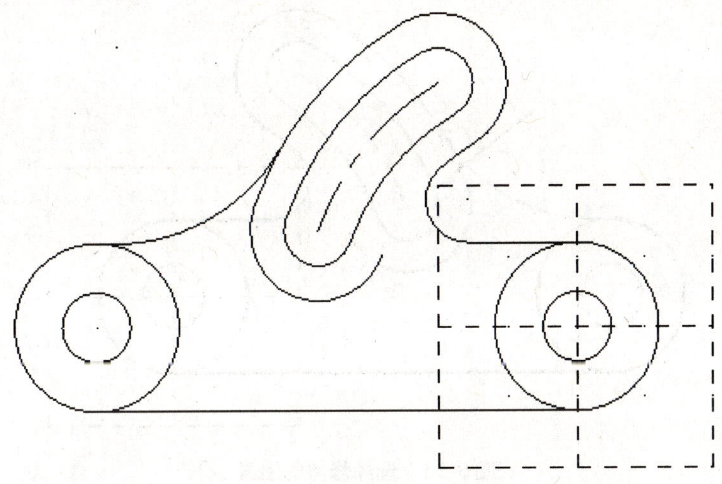

图 3-34　倒圆角效果

活动 11：修整多余图素

➢ 选择修整命令 →Trim 1 entity（修整 1 个图素）；

➢［Select the entity to trim/extend］（选取要修剪的图素）：选中如图 3-35 所示图素；

➢ 选中如图 3-36 所示要修剪的图素；

➢ 使用 Delete 命令删除多余图素，效果如图 3-37 所示；

活动 12：打断图素

Edit（编辑）→Trim/Break（修剪/打断）→Break at Intersection（在交点处打断）

➢［Select entities to break］（选取打断图素）：单击 All... ；

➢ 在弹出的"Select all"窗口中单击；

➢ 单击 结束。

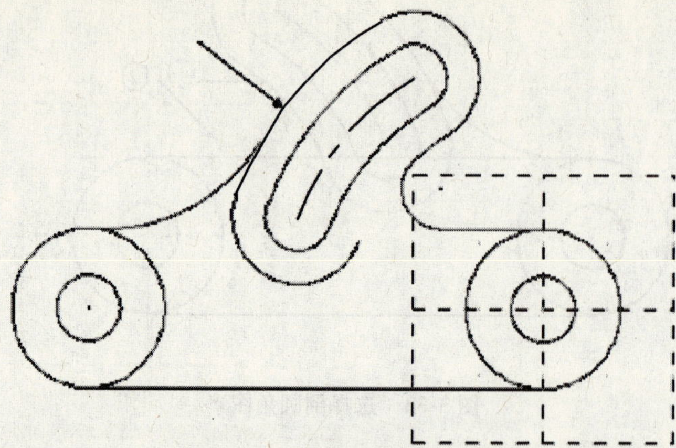

图 3-35 选择要修剪的图素

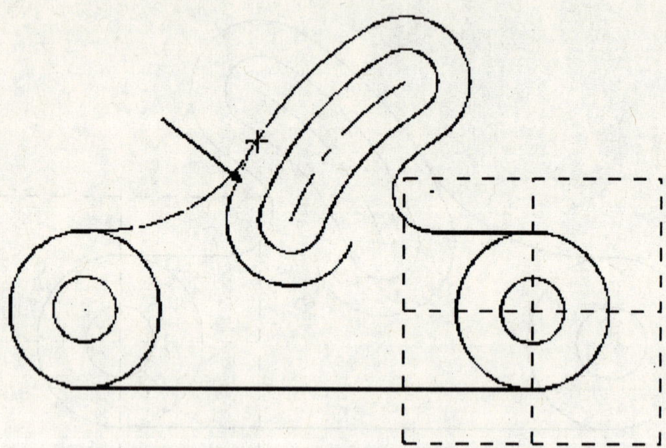

图 3-36 选择修剪的图素

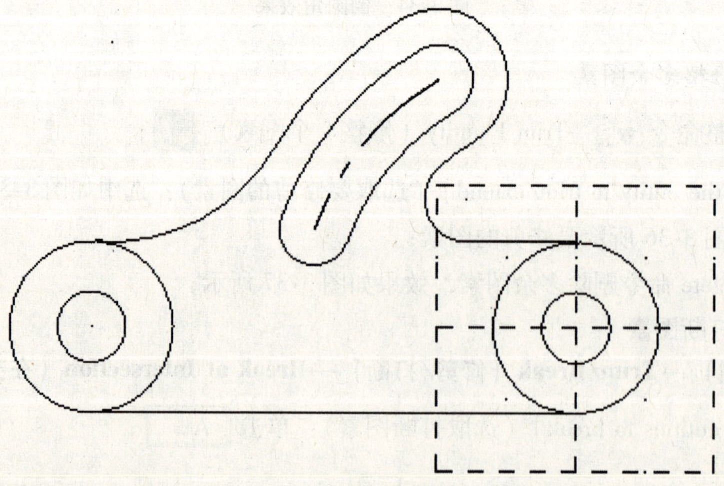

图 3-37 修整效果

TOOLPATH CREATION

活动 13：设置工件毛坯

Machine Type（机床类型）→**Mill**（铣床）→**Default**（自定义），如图 3-38 所示；

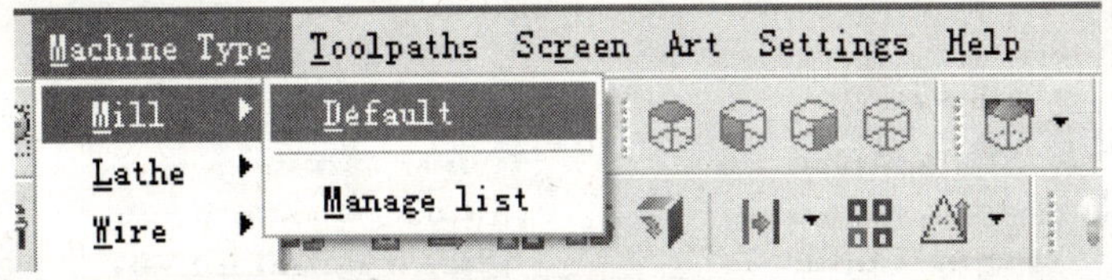

图 3-38　定义机床类型

- ➢ 选择 Properties（属性）前的加号，以展开刀具路径；
- ➢ 选中 Stock setup（材料设置）；
- ➢ 单击机器群组属性中的 Bounding box（边界盒），系统则自动抓取毛坯材料的长、宽和高，如图 3-39 所示；

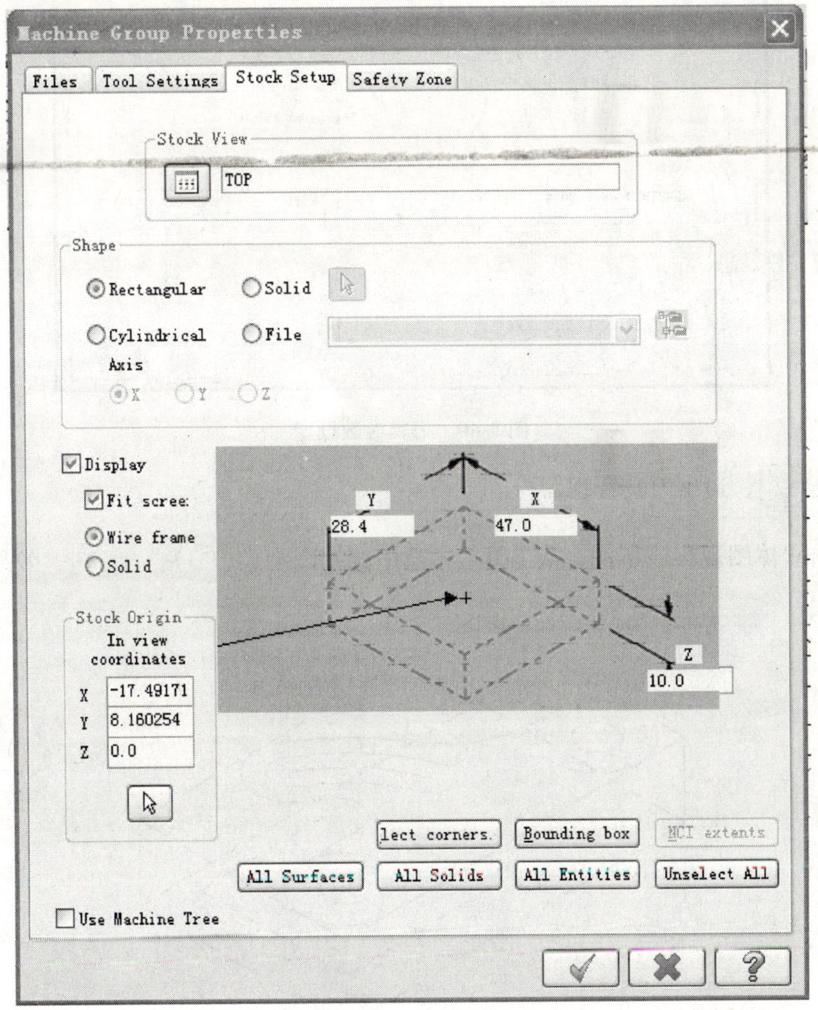

图 3-39　工件毛坯参数

➢ 设置 Tool Settings（刀具相关参数），如图 3-40 所示；

Machine Group Properties

Files | Tool Settings | Stock Setup | Safety Zone

Program # 0

Feed Calculation
From tool
From material
From defaults
User defined
Spindle speed 5000.0
Feed rate 100.0
Retract rate 150.0
Plunge rate 25.0
Adjust feed on arc move
Minimum arc feed 125.0

Toolpath Configuration
Assign tool numbers sequenti
Warn of duplicate tool numbe
Use tool's step, peck, coola
Search tool library when entering a tool number

Advanced options
Override defaults with modal v
Clearance height
Retract height
Feed plane

Sequence #
Start 1.0
Increment 1.0

Material
ALUMINUM mm - 2024
Edit...
Select...

图 3-40 刀具参数设定

➢ 单击 ，退出刀具管理器；

➢ 单击立体图观察该零件，从工具栏中选中俯视图观察（ ），效果如图 3-41 所示。

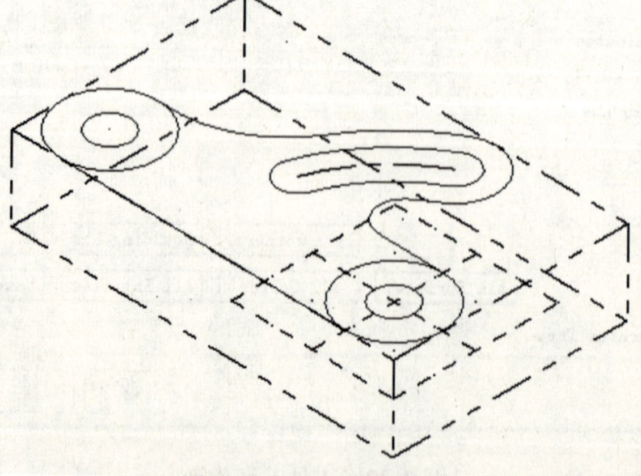

图 3-41 毛坯设定效果

活动 14：外形铣削加工

Toolpath（刀具路径）→Contour（外形铣削）

➢［Select contour chain 1］（选取串联外形 1）：如图 3-42 所示，依次选中外形；

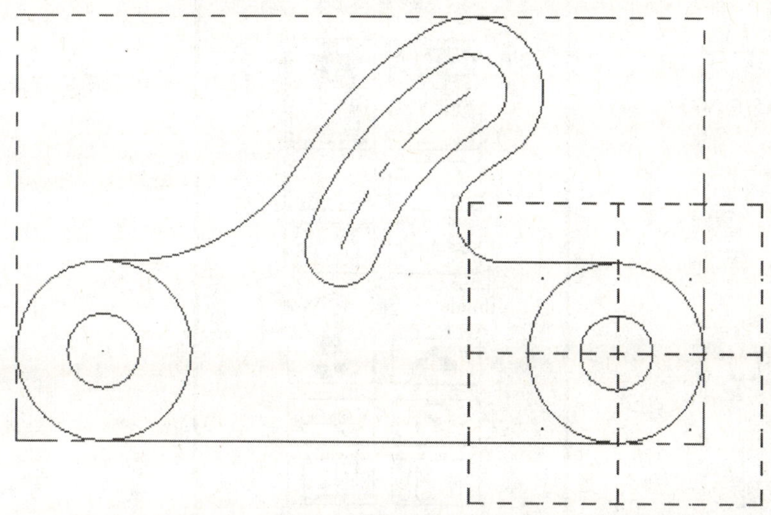

图 3-42　串联选择外形

➢［Select next branch］：如图 3-43 所示串联对话框中单击 ✓；
➢ 单击 Tool →Select library tool（选择库中的刀具）；
➢ Tool Selection 中选择 Filter（过滤）；
➢ 选择 None（全关）→Flat End Mill（平底刀），设置 Tool Diameter 为 10，如图 3-44 所示。
➢ 进入 Cut Parameters→Depth Cuts，设置参数 Max rough step 为 5，如图 3-45 所示；
➢ 进入 Cut Parameters→Lead in/out→参数设置如图 3-46 所示；
➢ 单击 ⊕；
➢ 继续在左边栏中选择 Linking Parameters（共同参数），设置 Depth（深度）为 -10，如图 3-47 所示；
➢ 单击 ✓。

选用 $\phi 5$ 平底刀重复外形铣削步骤

➢ 复制外形铣削刀具路径，如图 3-48 所示；
➢ 如图 3-49 所示粘贴刀具路径；
➢ 如图 3-50 所示选择 Parameters（参数），按外形铣削步骤选用 $\phi 5$ 平底刀；
➢ 其他参数设置重复外形铣削步骤；
➢ 刀具管理器中选择如图 3-51 所示的 Regenerate all dirty operations（重新生成刀具路径）。

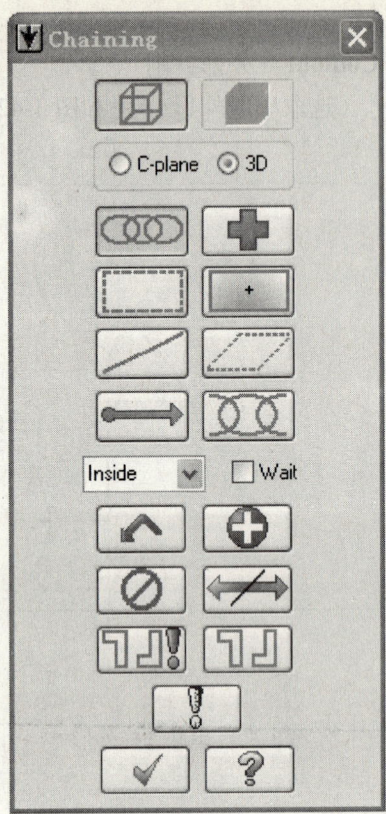

图 3-43　串联方式选择

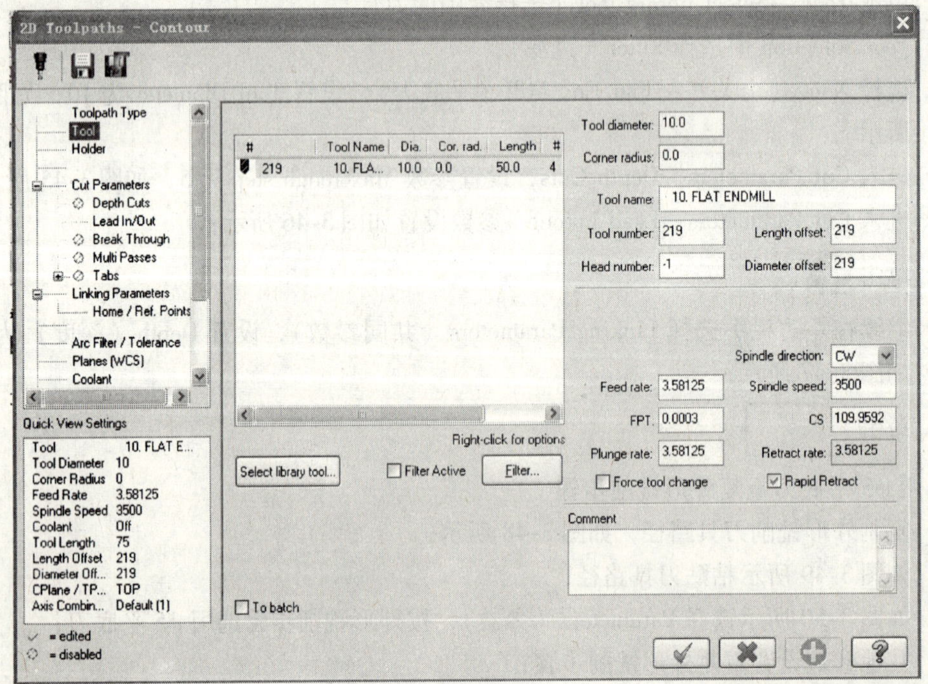

图 3-44　刀具选择对话框

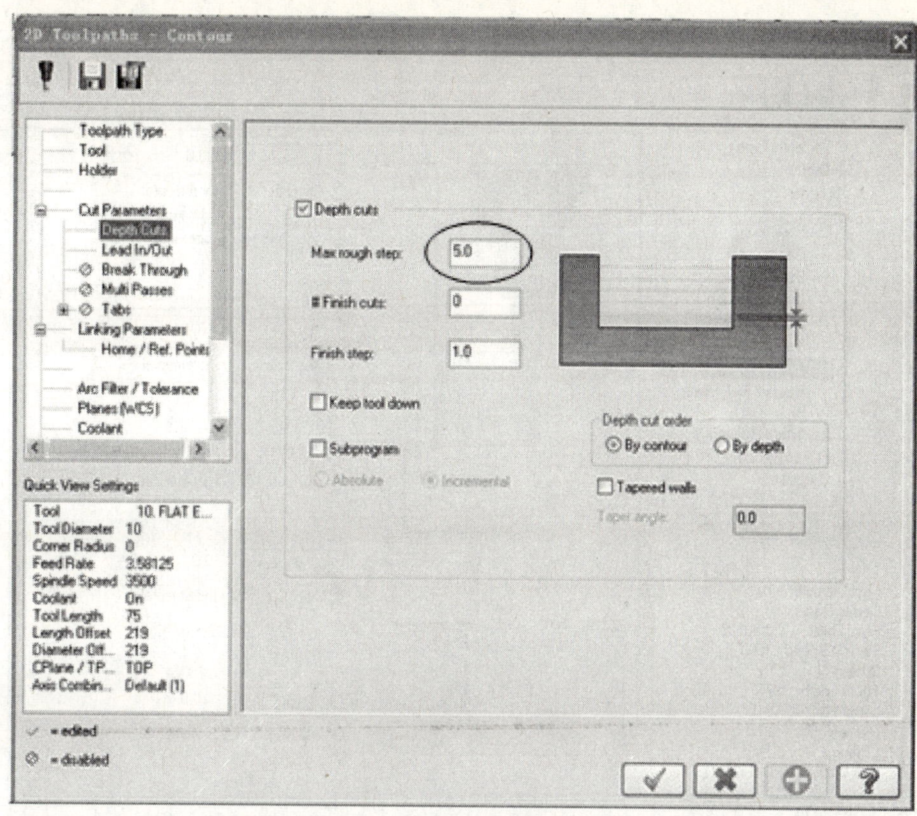

图 3-45　深度切削参数

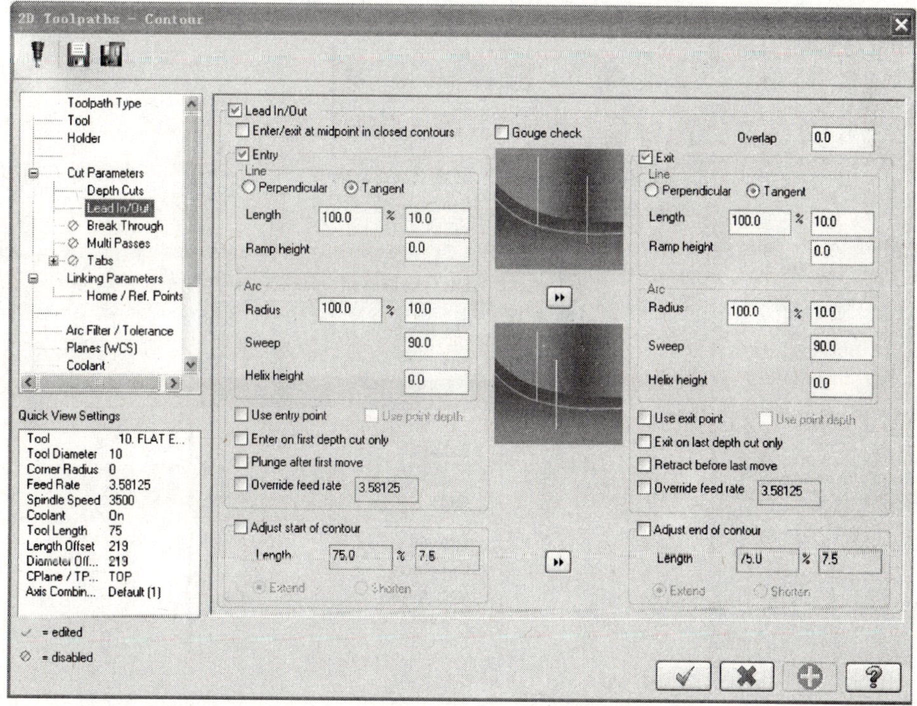

图 3-46　导入导出参数设置

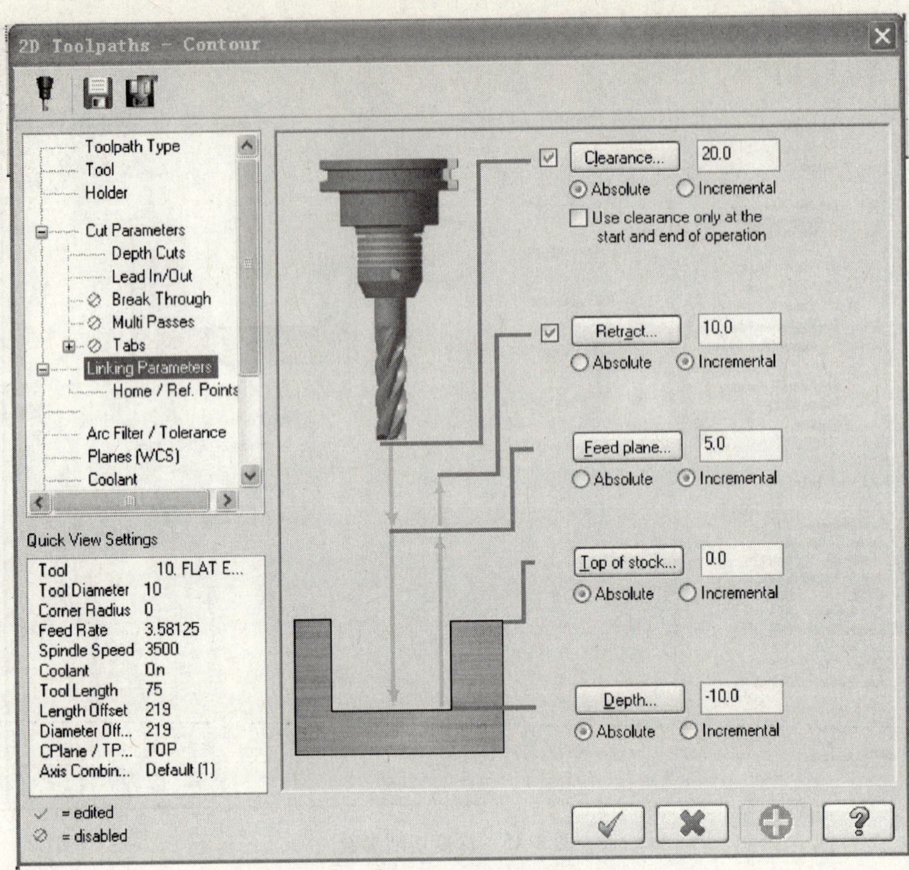

图 3-47 共同参数设置

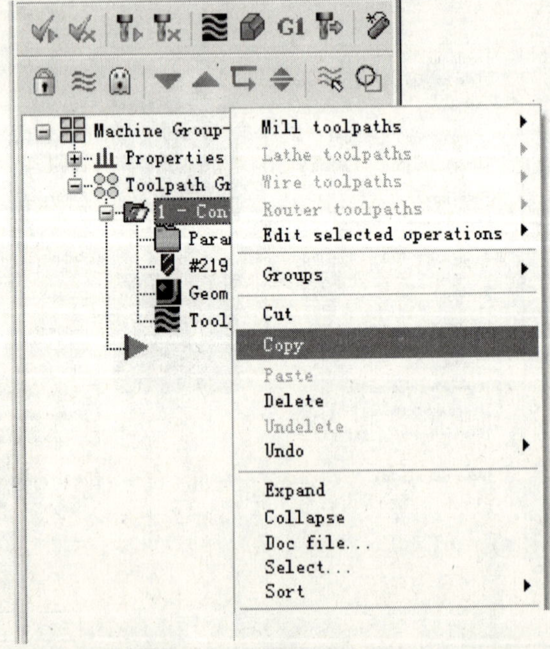

图 3-48 复制刀具路径

图 3-49　粘贴刀具路径

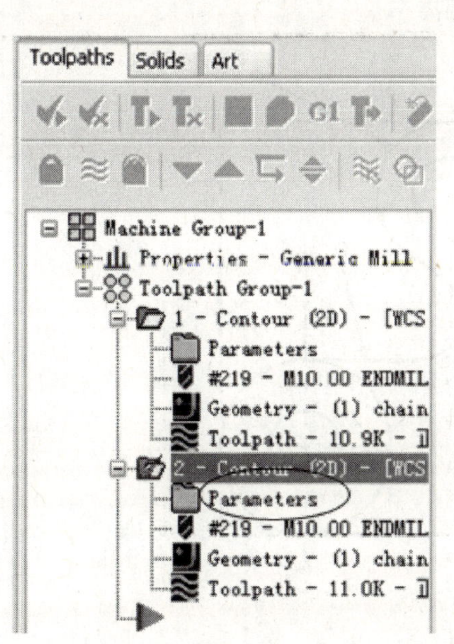

图 3-50　选择 Parameters

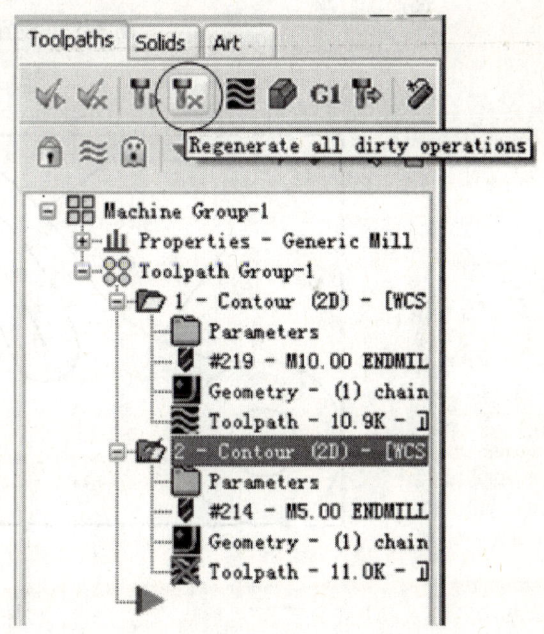

图 3-51　重新生成刀具路径

偏移外形

Xform（转换）→Xform Offset（补正）

➢ 如图 3-52 所示，输入偏移距离：3；

➢ [Select the line, arc.spline or curve to offset]（选择偏移线、圆弧、曲线）：选择如图 3-53 所示中图素 A；

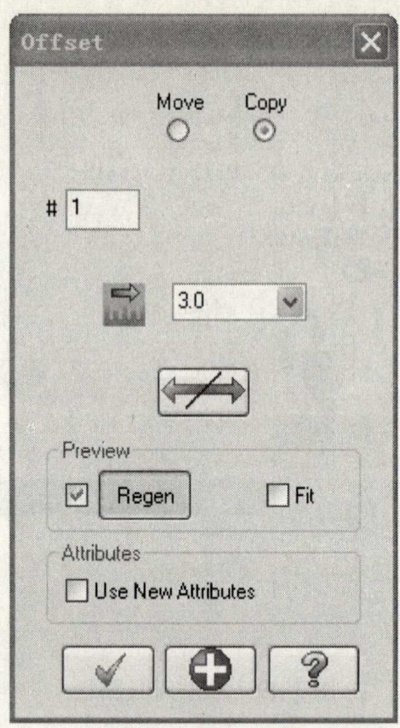

图 3-52 设置偏移距离

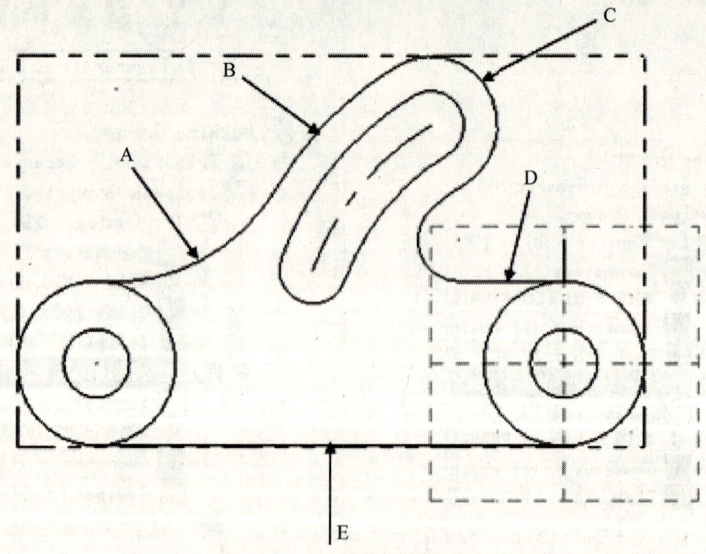

图 3-53 偏移各图素

➢ [Indicate the offset direction]（指定偏移方向）：在图素 A 外选择一点；

➢ 重复上述步骤偏移图素 B-E；

➢ 单击 ✔ 退出偏移对话框。

构建直线

Create（构图）→**Line**（直线）→**Endpoint**（端点绘线）

➢［Specify the first endpoint］（定义第一点）：如图 3-54 所示中，选中端点 A；

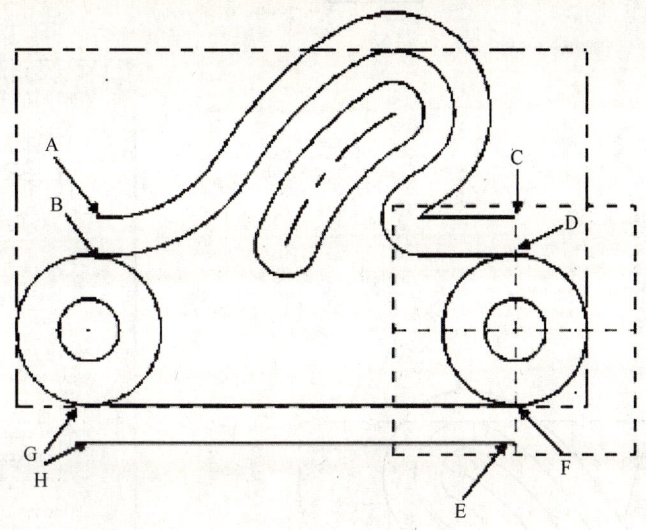

图 3-54 构建直线

➢［Specify the second endpoint］（定义第二点）：选中端点 B；
➢［Specify the first endpoint］（定义第一点）：选中端点 C；
➢［Specify the second endpoint］（定义第二点）：选中端点 D；
➢［Specify the first endpoint］（定义第一点）：选中端点 E；
➢［Specify the second endpoint］（定义第二点）：选中端点 F；
➢［Specify the first endpoint］（定义第一点）：选中端点 G；
➢［Specify the second endpoint］（定义第二点）：选中端点 H；
➢ 单击 。

活动 15：岛屿挖槽铣削加工

岛屿挖槽刀具路径

Toolpaths（刀具路径）→Pocket（挖槽加工）

➢［Select point chain 1］（选取串联点 1）：选中如图 3-55 所示图素；
➢［Select next branch］（选取下一分支）：按顺序依次选择其他图素，以完成串联；
➢ 如图 3-56 所示串联对话框中单击 ；
➢［Select point chain 2］（选取串联点 2）：选中如图 3-57 所示图素；
➢［Select next branch］（选取下一分支）：如图 3-56 所示串联对话框中单击 。
➢ 在 2D Toolpath—Pocket 对话框中选择 $\phi 2$ 平底刀；
➢ 如图 3-58 所示 Cut Parameters 中，Pocket type 选择 Island pocket；
➢ Cut Parameters→Roughing 对话框中，各项参数设置如图 3-59 所示；
➢ Linking Parameters 参数设置如图 3-60 所示；

➢ 如图 3-60 所示对话框中单击 。

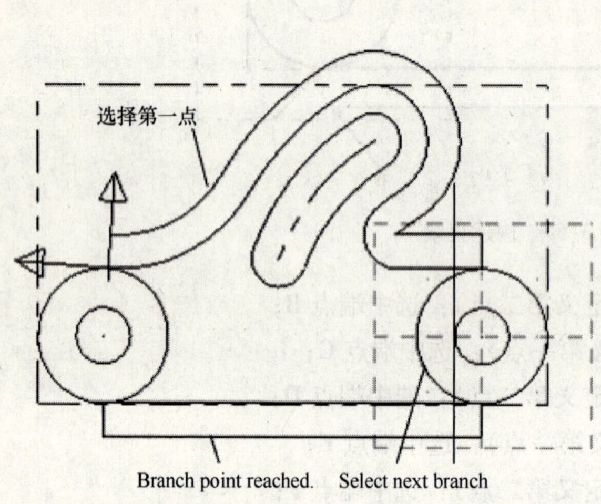

图 3-55 串联选择挖槽外形 1

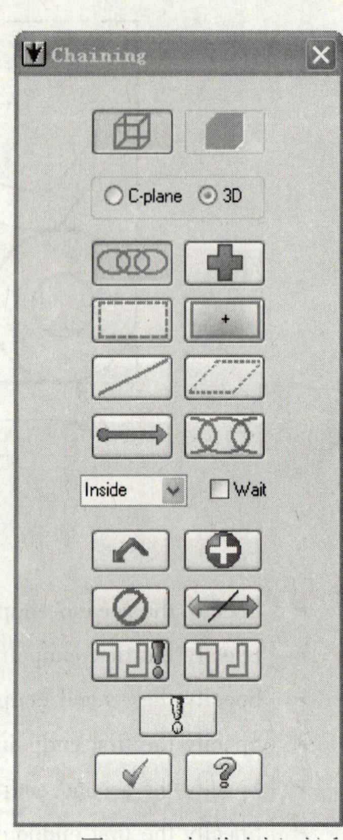

图 3-56 串联选择对话框

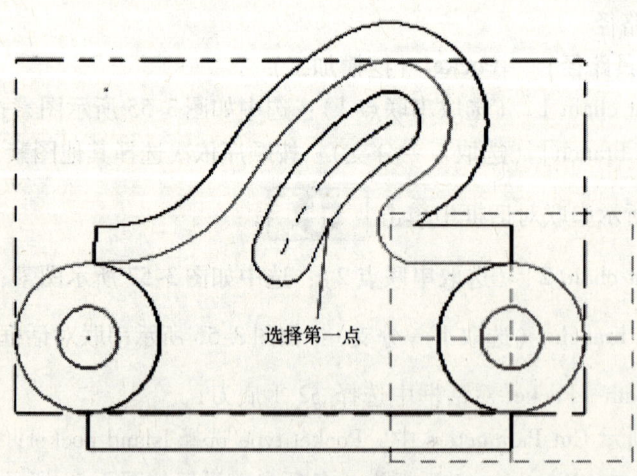

图 3-57 串联选择挖槽外形 2

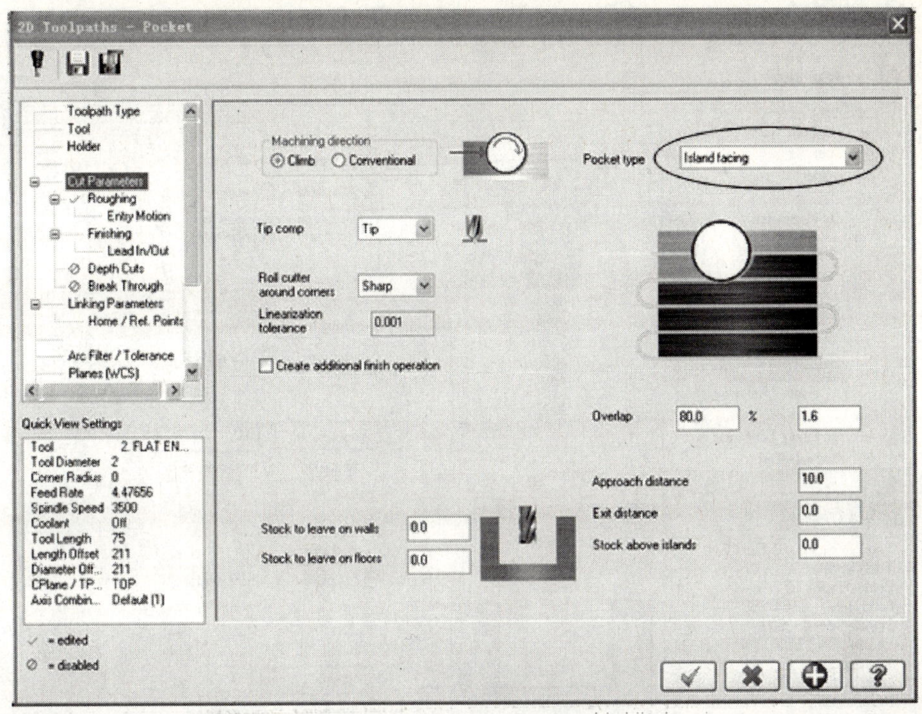

图 3-58　设置挖槽类型

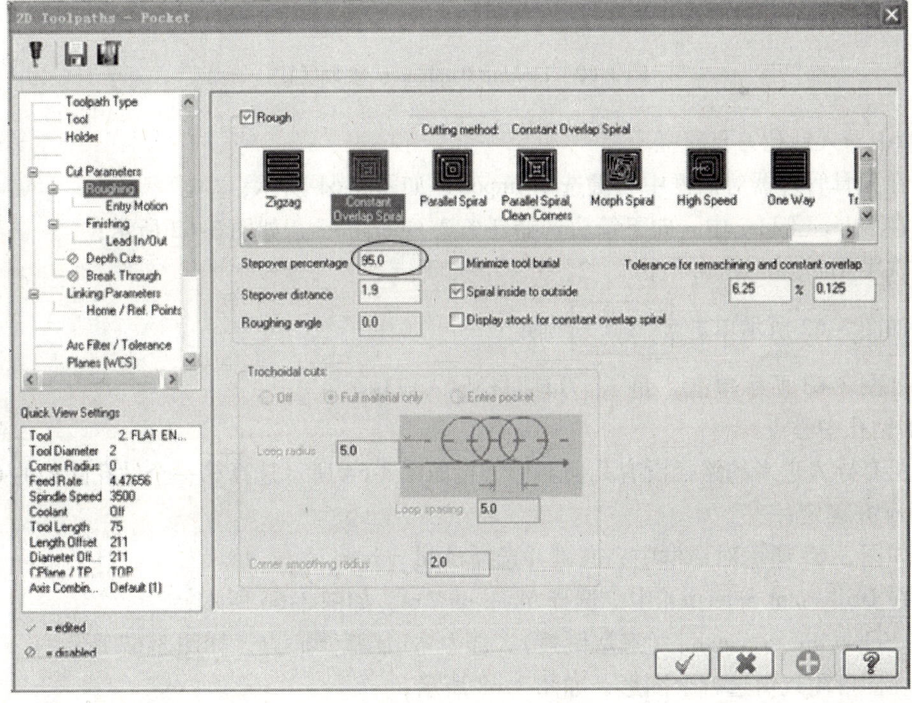

图 3-59　Roughing 参数设置

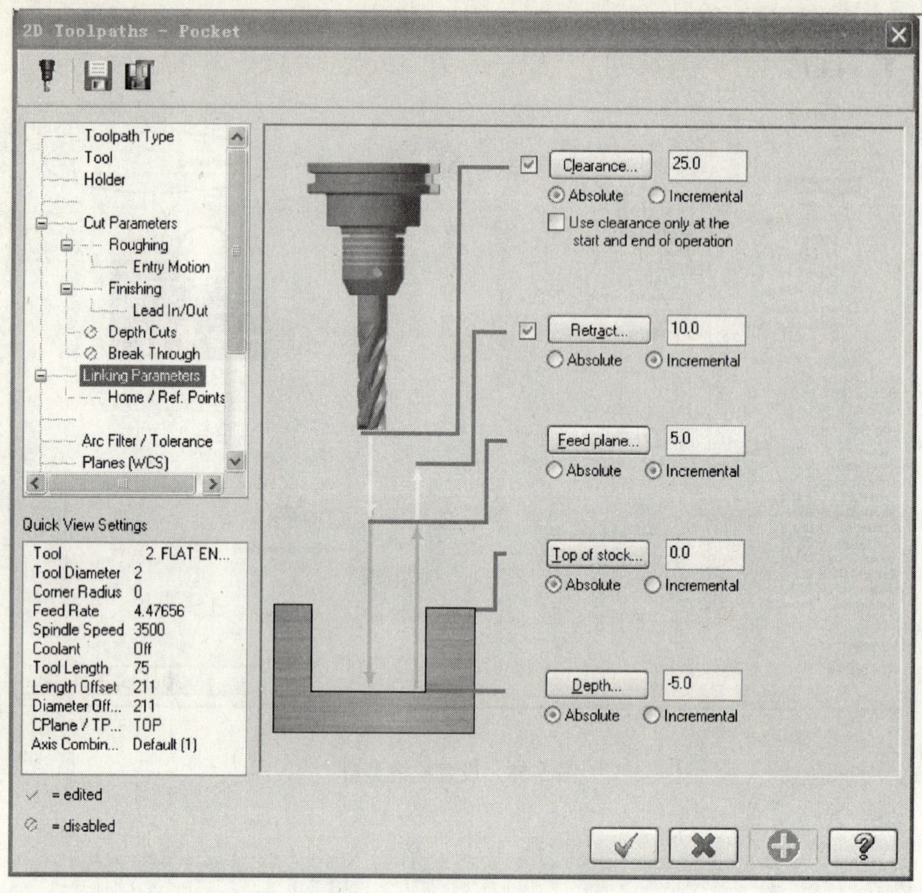

图 3-60　Linking Parameters 参数设置

从库中导入钻孔刀具路径

➢ 在刀具管理器对话框中右键选中 Import，如图 3-61 所示；
➢ 在 Source folder 中，向下箭头选择任务 2. Operations，如图 3-62 所示；
➢ 选中 Toolpath Group1 下 1，2，3 三个选项；
➢ 如图 3-62 所示单击 确定；
➢ 如图 3-63 所示单击“是”，刀具路径导入成功。

添加钻孔中心点

➢ 所有导入进来的路径没有几何图形，在如图 3-64 所示选择第一个钻孔路径的 Geometry 并确定；
➢ 如图 3-65 所示对话框中，右键并选择 Add points；
➢ 在 Drill Point Selection 中，选择 Mask on Arc，如图 3-66 所示；
➢ [Select arc to match]（选取圆弧）：选中 $\phi5$ 圆弧圆心点，如图 3-67 所示；
➢ 在图形附近窗选整个图形，如图 3-68 所示；
➢ 单击 结束；

➢ 选两次 [✓]，退出对话框。

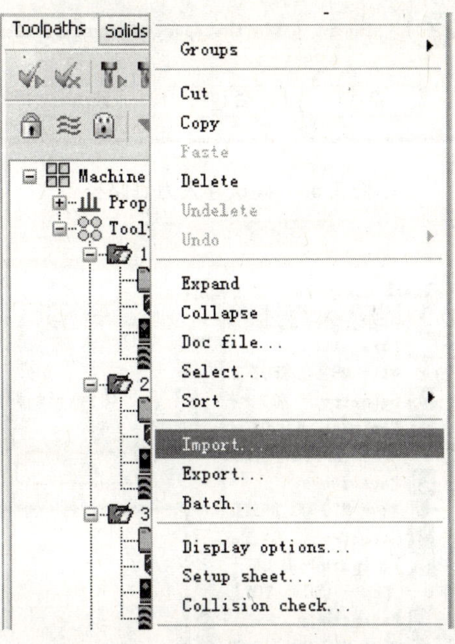

图 3-61　选择路径导入

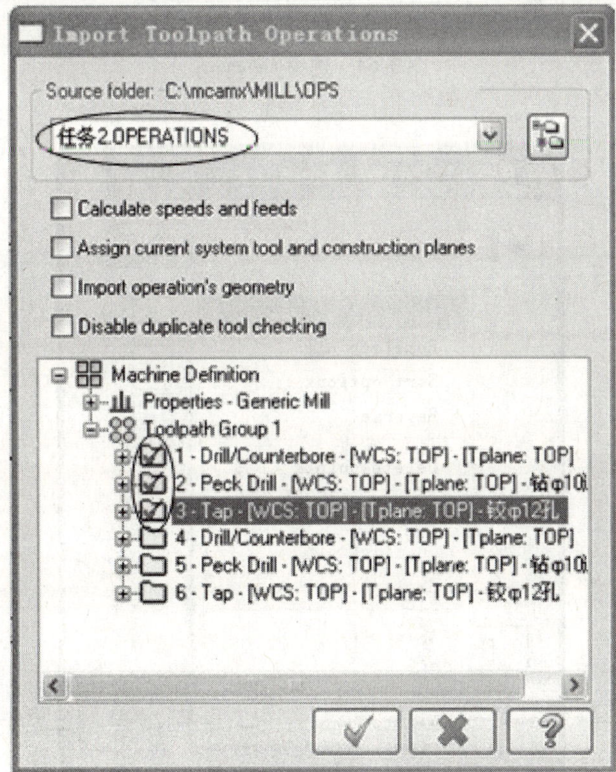

图 3-62　刀具路径导入参数设置

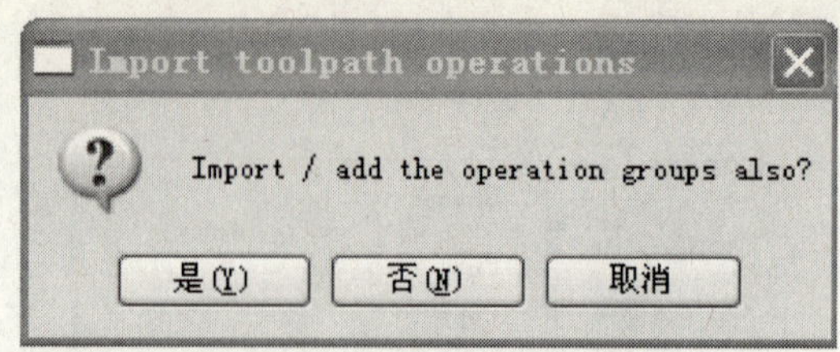

图 3-63 确认导入刀具路径

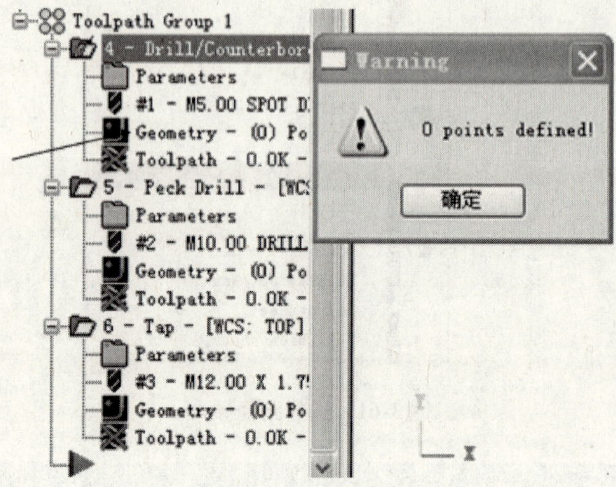

图 3-64 选中 Geometry

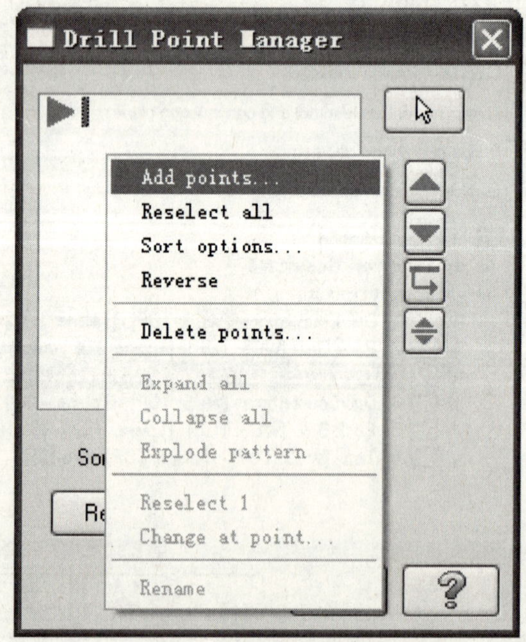

图 3-65 增加钻孔点

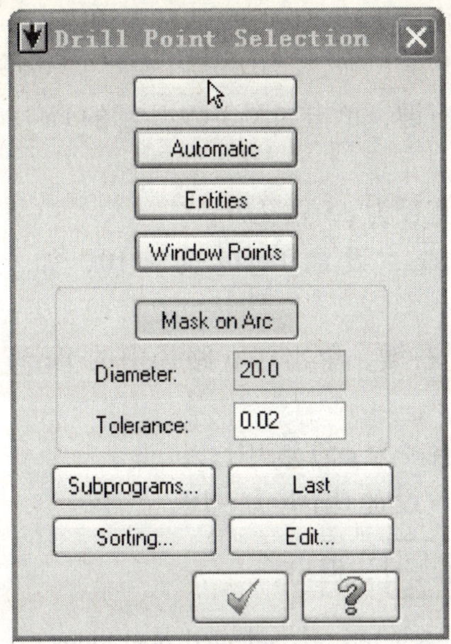

图 3-66　钻孔点选择方式

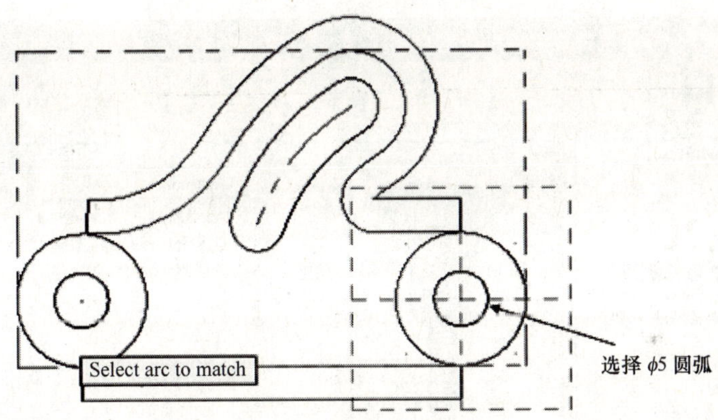

图 3-67　选择 ϕ5 圆弧

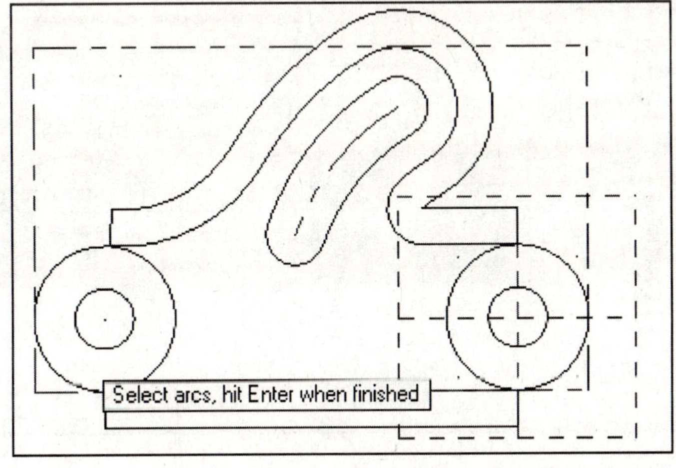

图 3-68　窗选整个图形

➢ 重复上述步骤，依次添加 Peck Drill Parameters 和 Tapping 钻孔中心点。

修改钻孔刀具直径

➢ 刀具管理器窗口中，右键，单击如图 3-69 所示的 Parameters；

➢ 按前述方法修改刀具直径为 $\phi 5$ 钻孔刀；

➢ 修改 Linking Parameters，设置 Depth 为 -10，如图 3-70 所示；

➢ 刀具管理器窗口中，右键，单击 Tap 路径中的 Parameters；

➢ 按前述方法修改刀具直径为 ϕ5Tap-RH；

➢ 修改 Linking Parameters 设置 Depth 为 -10；

➢ 单击 →，退出；

➢ 刀具管理器中单击 Regenerate all selected operations，如图 3-71 所示。

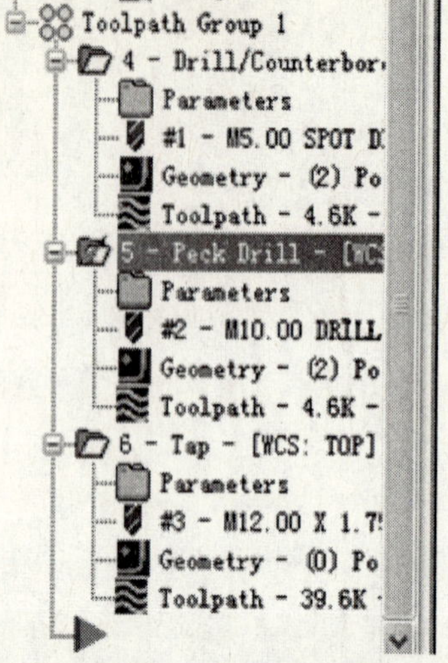

图 3-69　修改刀具参数

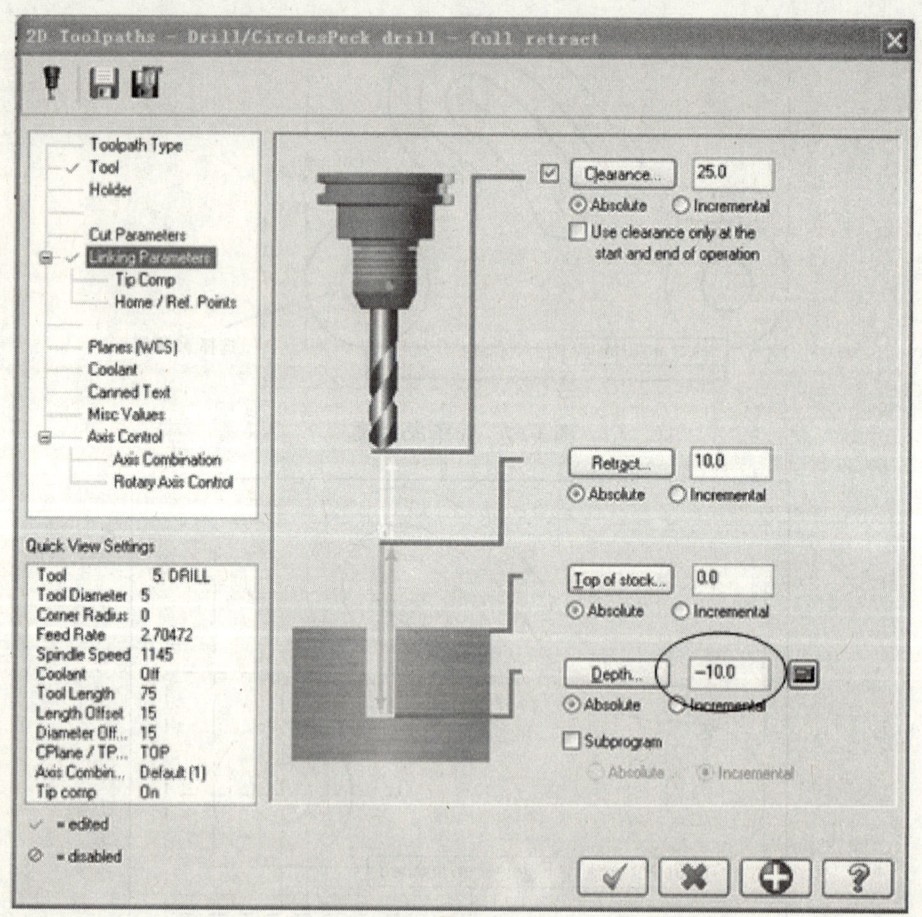

图 3-70　钻孔参数设置

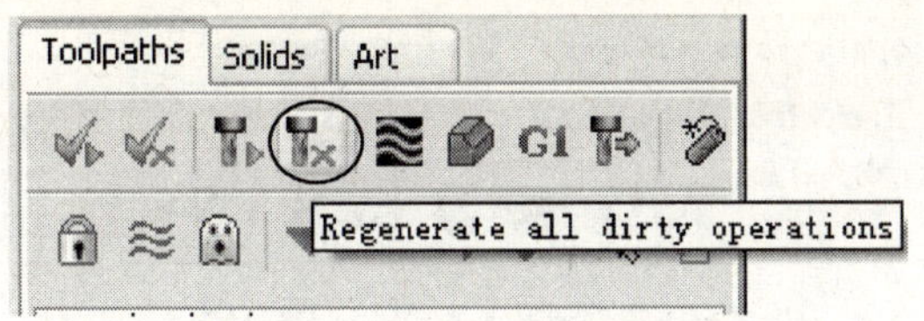

图 3-71　重新生成刀具路径

刀具管理相关参数设置

➢ 选中 Tool manager（操作管理）中的 Toolpath Group，选中所有操作，如图 3-72 所示；

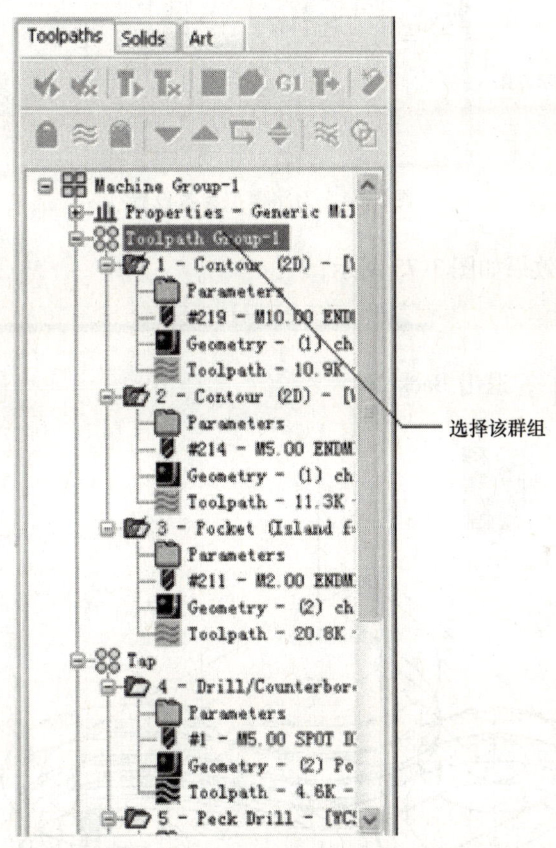

图 3-72　选择 Toolpath Group

➢ 如图 3-73 所示，单击（模拟所选择的操作）图标；

➢ 确认选中“Display tool（显示刀具）图标”和“Display rapid moves（显示快速位移）图标”，如图 3-74 所示；

➢ 单击适当角视图观察；

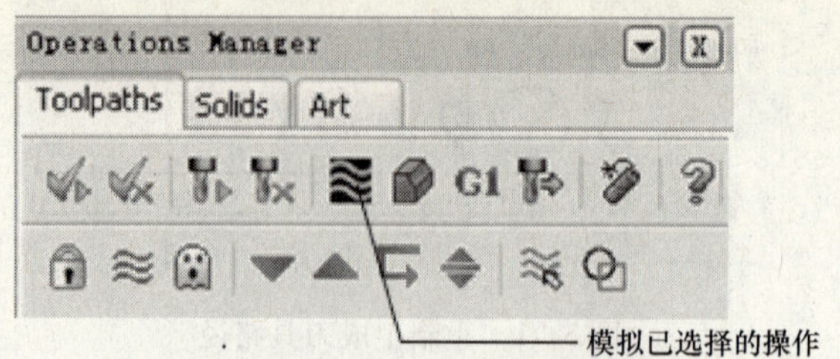

图 3-73　刀路模拟加工

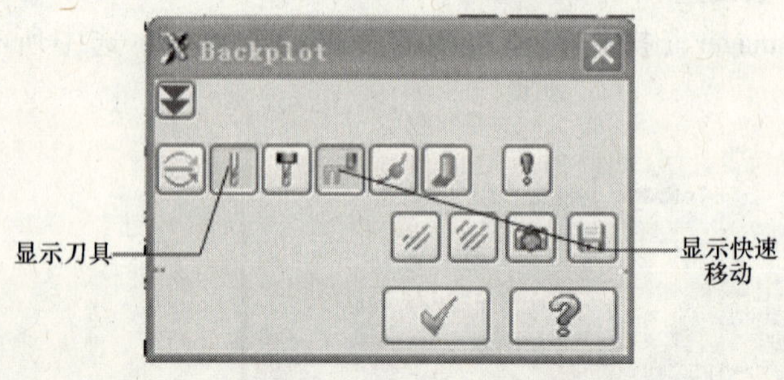

图 3-74　刀路模拟参数设置

➢ 单击播放键，效果如图 3-75 所示；

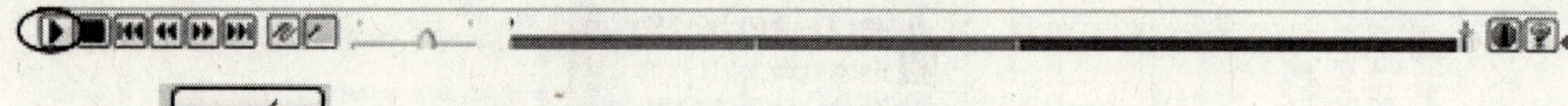

➢ 单击 ，退出 Backplot。

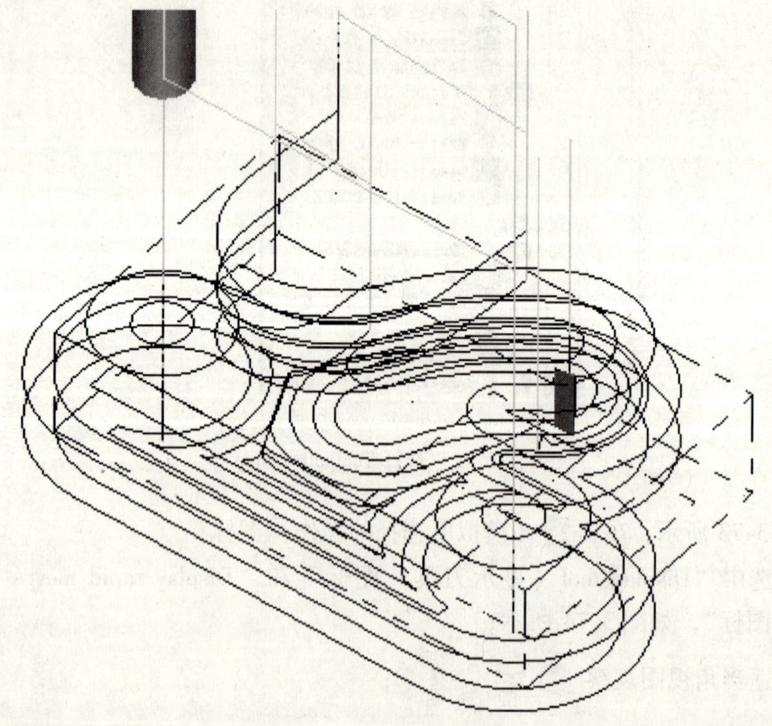

图 3-75　刀路模拟加工

刀具路径验证

➢ 在 Toolpaths Manager（刀具管理器）中单击（选择所有的操作），如图 3-76 所示；

➢ 单击（验证已选择的操作）图标，如图 3-77 所示；

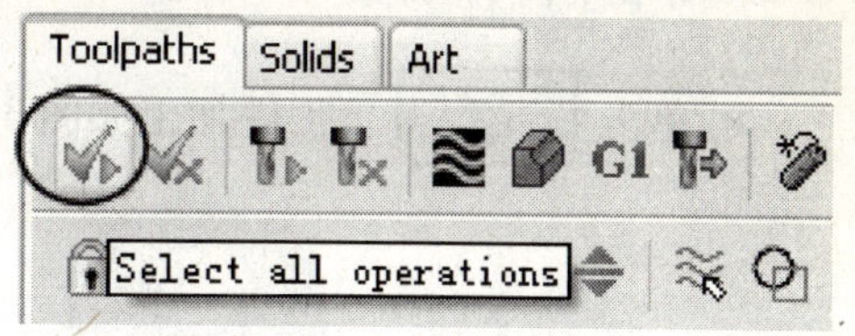

图 3-76　选择所有操作

图 3-77　验证所选的操作

➢ 通过移动速度控制条，设定 Verify speed，如图 3-78 所示；

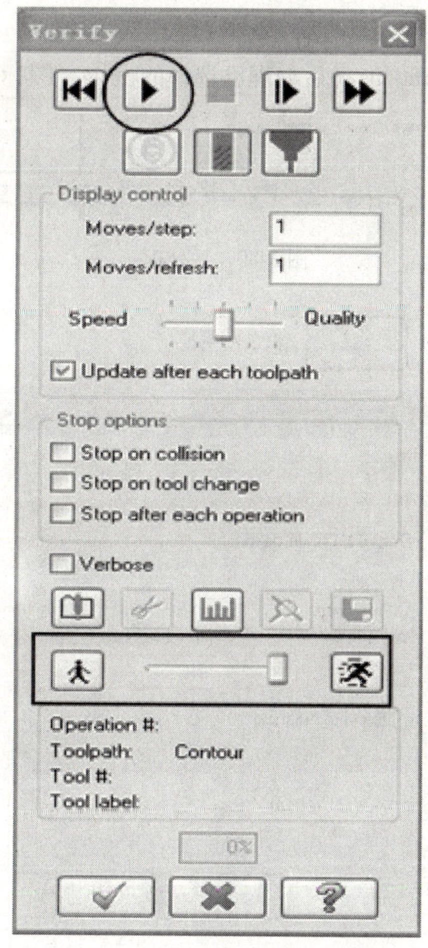

图 3-78　验证零件的数控加工

➢ 单击 ▶，如图 3-78 所示；

➢ 单击 ✔，工件加工如图 3-79 所示。

图 3-79　零件加工效果

活动 16：生成 NC 文件

➢ 选中所有操作；

➢ 选择 Post selected operations（后处理已选择的操作）图标，如图 3-80 所示；

图 3-80　后处理

➢ 如图 3-81 所示，单击 ✔ 继续操作；

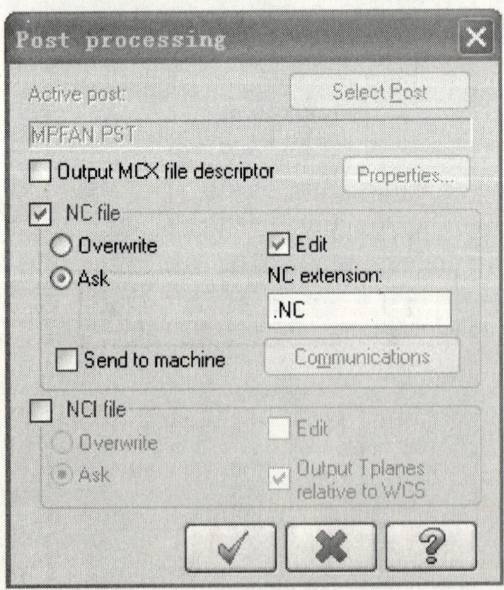

图 3-81　生成后处理文件

➢ 输入跟几何图形相同的文件名“项目 3”；

➢ 生成如图 3-82 所示 NC 文件，单击 保存。

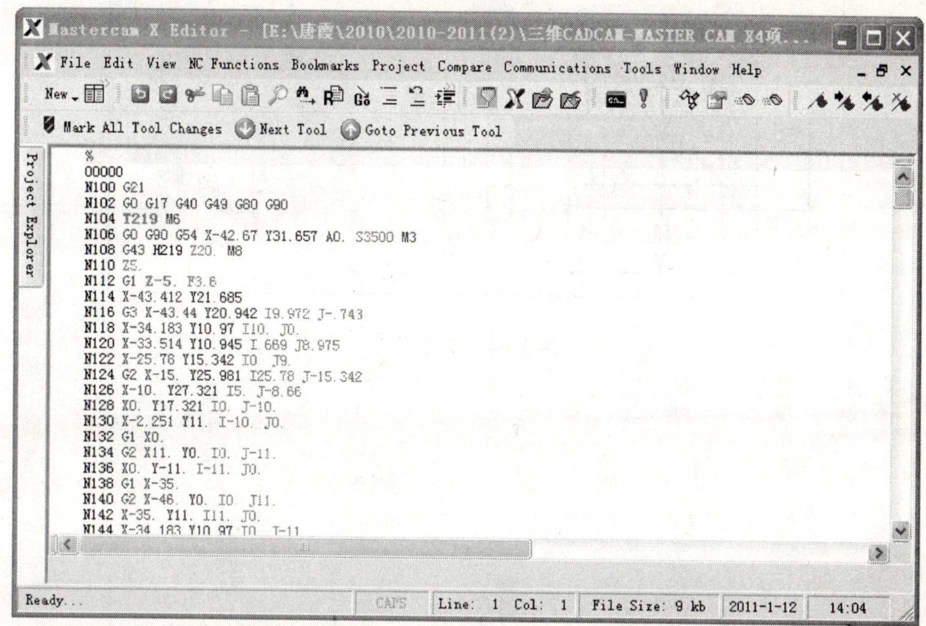

图 3-82　生成的 NC 文件

➢ 单击右上角的 ，退出程序编辑对话框。

【项目自测】

1. 利用岛屿挖槽、全圆铣削等加工方法加工如图 3-83 所示零件。

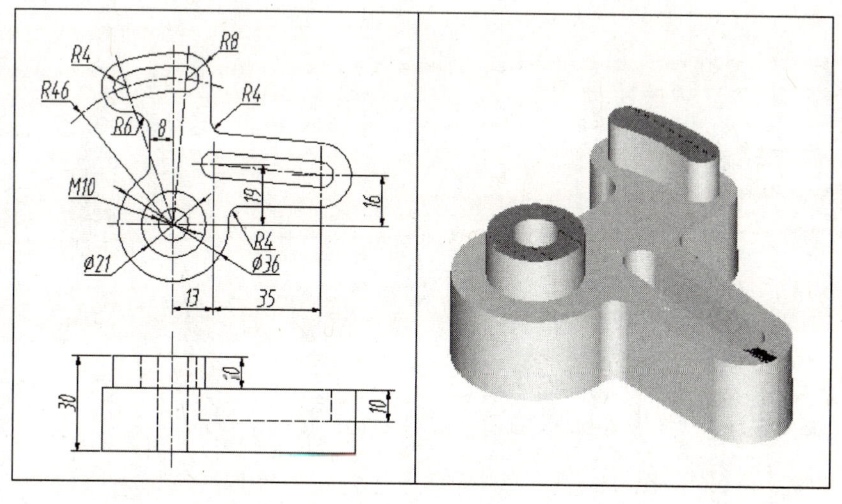

图 3-83　第 1 题

2. 利用岛屿挖槽、全圆铣削等加工方法加工如图 3-84 所示零件。

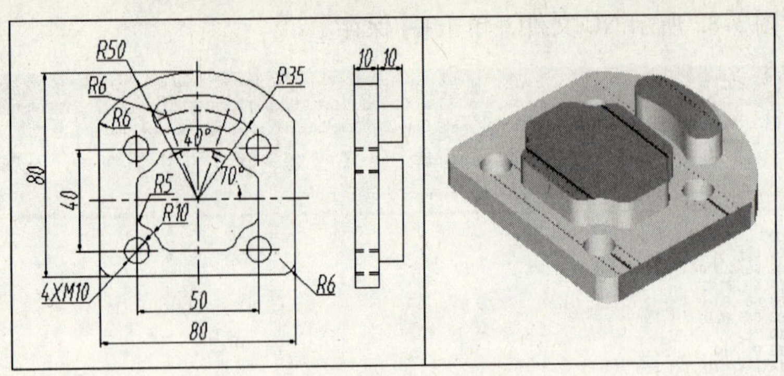

图 3-84 第 2 题

项目四　零件的面铣与刀具路径的转换

【知识目标】

1. 掌握圆、多边形的画法。
2. 熟练掌握倒圆角、修剪等编辑命令。
3. 掌握旋转与偏移等转换指令。
4. 理解工件毛坯设定的含义。
5. 掌握面铣加工和全圆铣削路径参数设置。
6. 掌握路径的镜像与旋转。

【任务分析】

绘制如图 4-1 所示的二维图形，并使用面铣加工、挖槽加工、全圆铣削加工和铣削路径的镜像与旋转完成其数控加工。

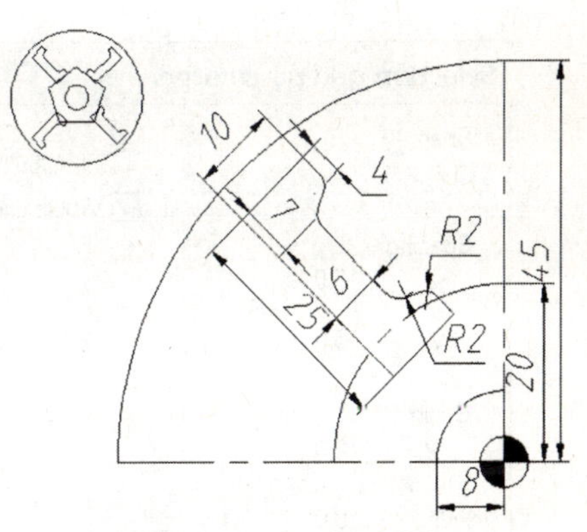

图 4-1　二维几何图形

【活动思路】

确定圆中心为坐标原点，构建 ϕ90 外圆→构建 ϕ16 内圆→构建内接五边形→构建 10×25 矩形→构建平行线→构建直线→倒 $R2$ 圆角→镜像→旋转→构建 3D 图形。

确定刀具路径：设置工件毛坯→面铣加工→挖槽加工→镜像加工→路径旋转→全圆铣削加工→路径验证。

【活动过程】

创建二维图形前，使用 Settings（设置）→Toolbar States（工具栏设置），如图 4-2 所示，在操作界面上显示 2D 工具栏快捷菜单栏。同时，启用 Screen（屏幕）→Screen Grid Settings（栅格参数），将栅格显示于工作界面中，如图 4-3 所示。

活动 1：构建 ϕ90 外圆

Create（创图）→Arc（弧）→Circle Center Point（中心点画弧）

➢ 输入直径：90（Enter）；

➢［Enter the center point］（选取中心点）：选取，输入坐标（0，0），如图 4-4 所示；

➢ 单击 。

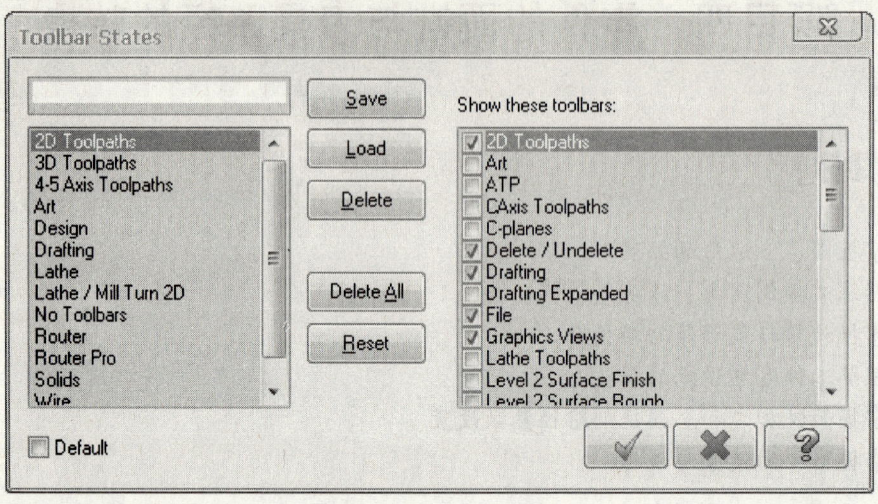

图 4-2 2D 工具栏设定窗口

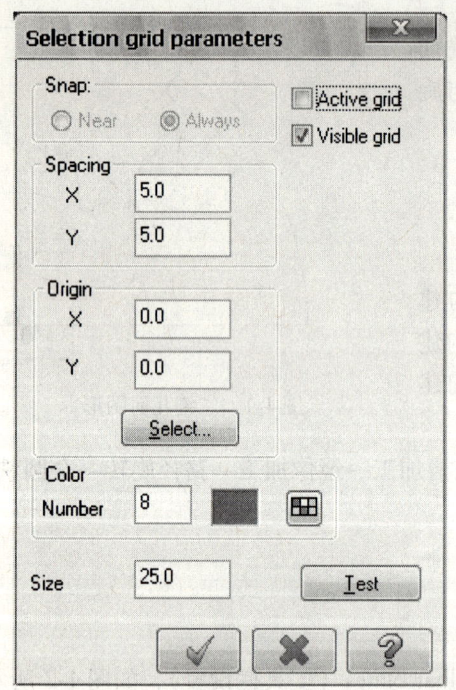

图 4-3 栅格显示设定

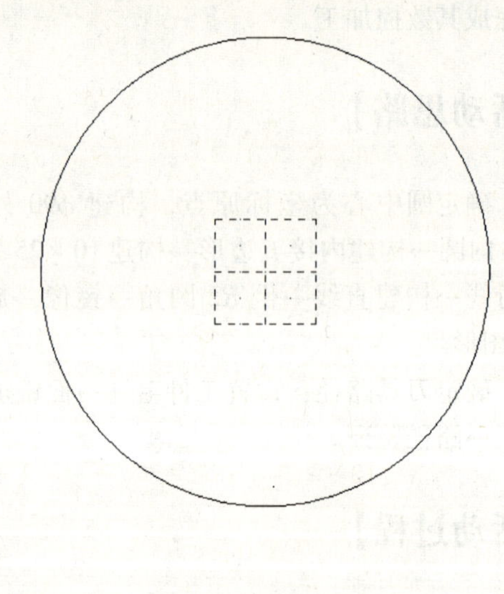

图 4-4 中心点画弧

活动 2：构建 $\phi16$ 内圆

➢ 输入直径 ：16（Enter）；

➢［Enter the center point］（选取中心点）：选取原点，如图 4-5 所示；

➢ 单击 。

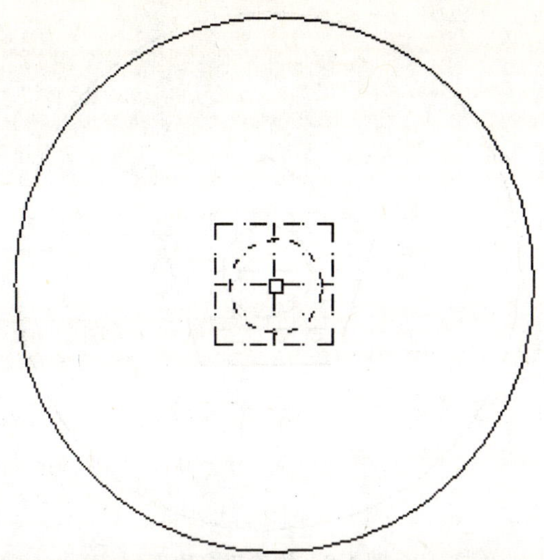

图 4-5　捕捉原点作为 ϕ16 圆中心点

活动 3：构建内接五边形

Create（创图）→Polygon（多边形）

➢ 如图 4-6 所示对话框中，输入边数 ：5（Enter）；

➢ 输入半径 ：20（Enter）；

➢ 选择 Corner（外接圆）；

➢ ［Select position of base point］（选取基点的位置）：如图 4-7 所示选取原点；

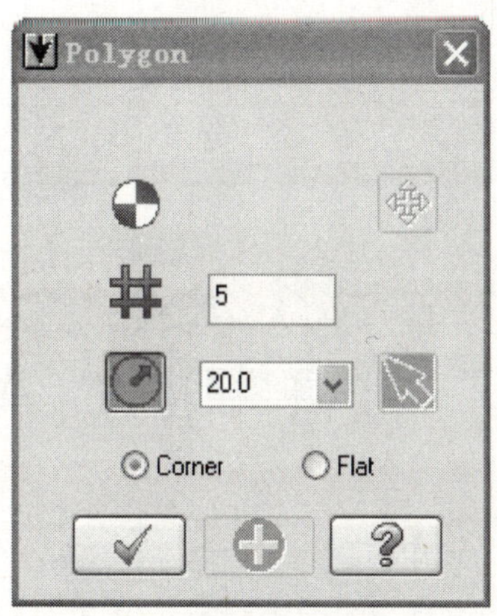

图 4-6　多边形参数设置

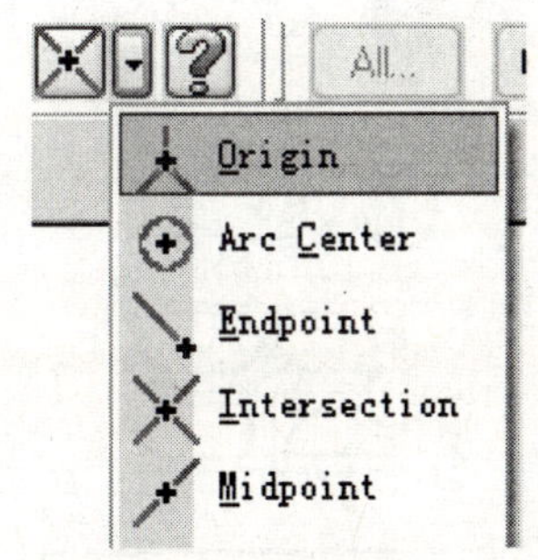

图 4-7　选取原点

➢ 如图 4-6 所示，单击 ，效果如图 4-8 所示。

Corner（外接圆）：以给定的外接圆半径创建正多边形；
Flat（内切圆）：以给定的内切圆半径创建正多边形。

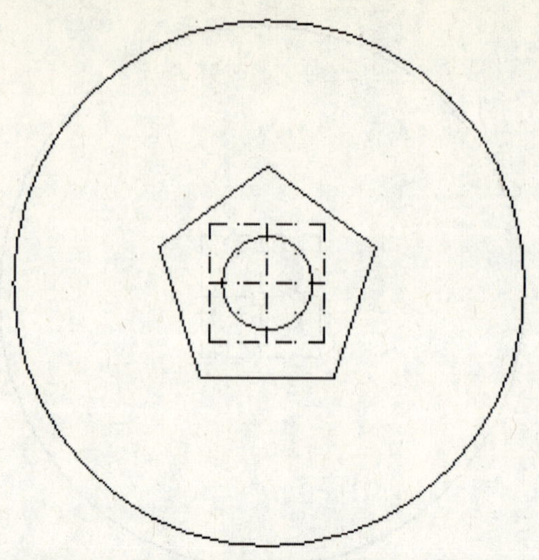

图 4-8　构建正多边形

活动 4：构建 10 × 25 矩形

Create（构图）→Rectangular Shape（矩形）

➢ 如图 4-9 所示矩形对话框中，按要求设置宽度、高度、旋转角度、锚点指示如图；

➢ [Select position of base point]（选取基点的位置）：选择 Midpoint ，选取五边形的一条边，单击 ，效果如图 4-10 所示；

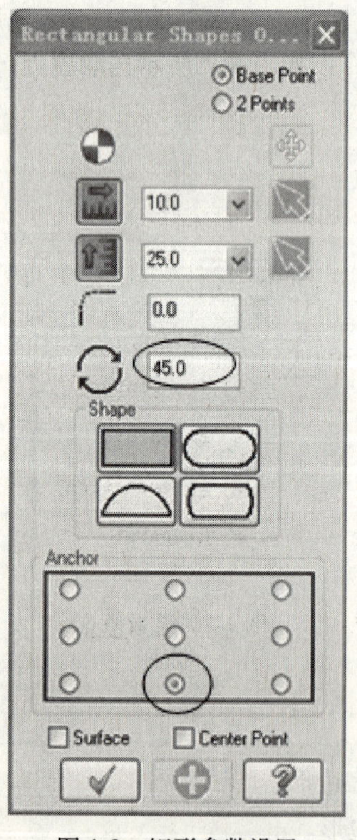

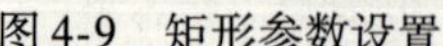

图 4-9　矩形参数设置

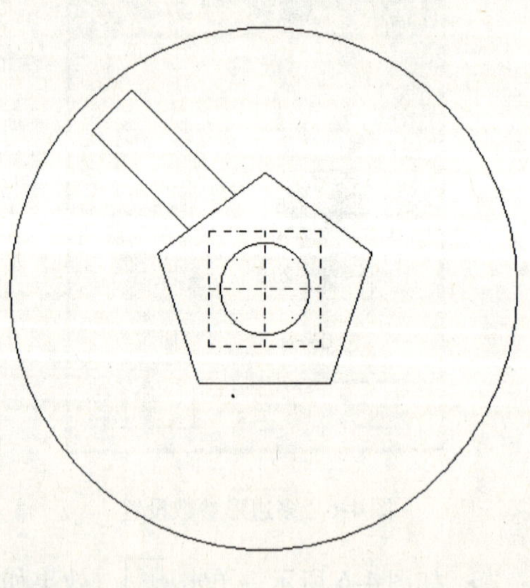

图 4-10　10 × 25 矩形

活动5：构建平行线

Create（构图）→Line（直线）→Parallel（平行线）

- 输入偏移距离 ：6（Enter）；
- [Select a line]（选取需要偏移的直线），移动光标到需要偏移的直线上，如图4-11所示；
- [Indicate the offset direction]（指出偏移的方向），移动光标到该直线的右侧任意位置，左键单击确定，如图4-12所示；
- 单击 → ；

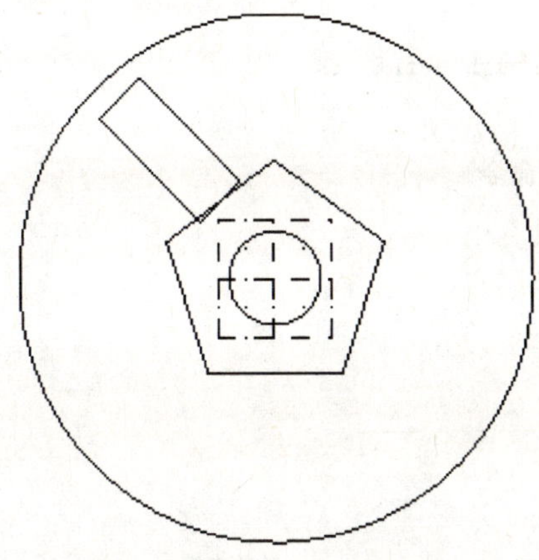

图4-11　移动光标到需偏移直线

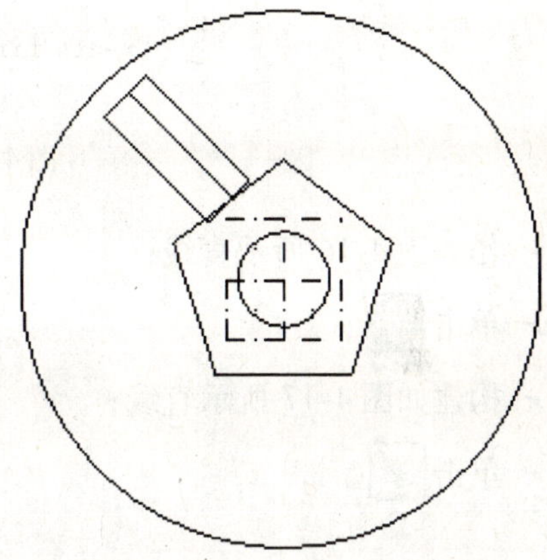

图4-12　作出距离为6mm的平行线

- 按照上述做平行线步骤，在矩形两端作出距底边距离为4mm的平行线，如图4-13所示；
- 单击 → ；
- 按照上述做平行线步骤，在矩形两端作出距底边距离为7mm的平行线，如图4-14所示；
- 单击 。

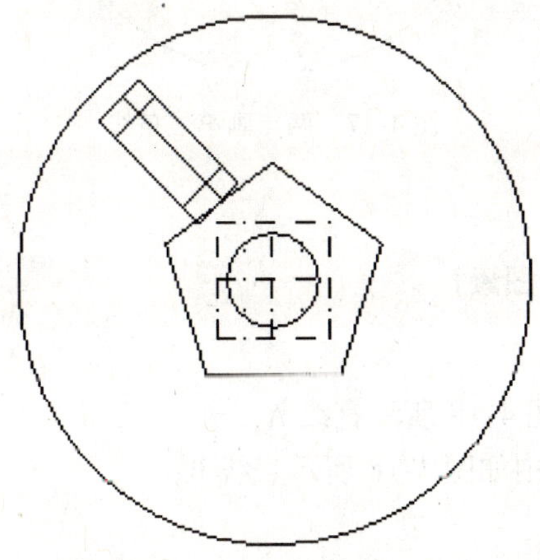

图4-13　作出距底边距离为4mm的两条平行线

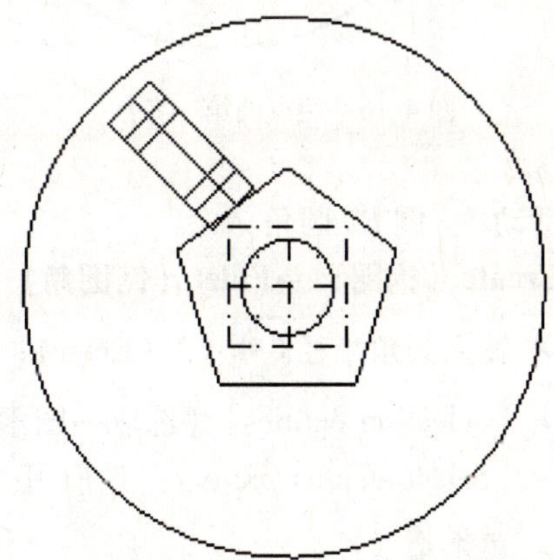

图4-14　作出距底边距离为7mm的两条平行线

活动 6：构建直线

➢ 单击如图 4-15 所示两点画线命令；

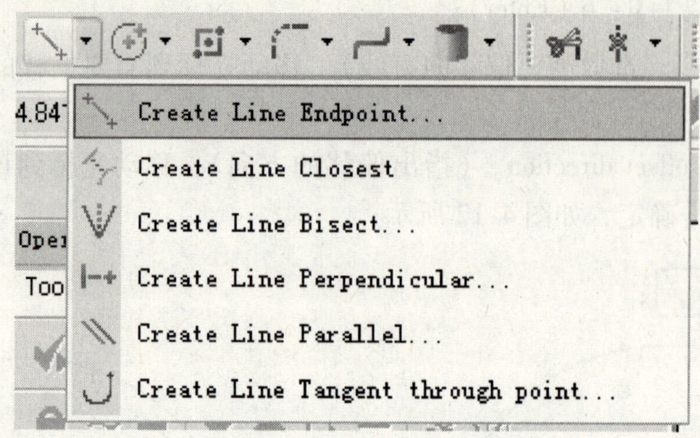

图 4-15 构建直线命令

➢ 作如图 4-16 所示直线；

➢ 单击 ；

➢ 构建如图 4-17 所示直线；

➢ 单击 。

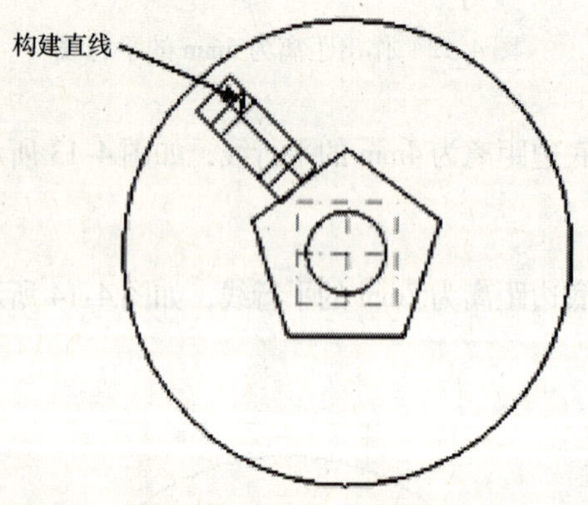

图 4-16 两点画第一条线

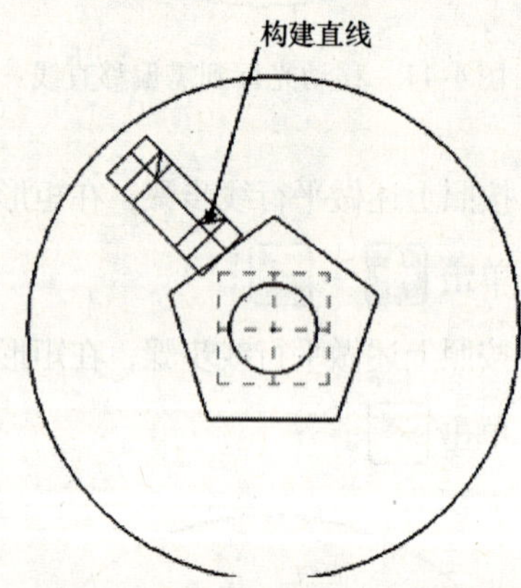

图 4-17 两点画第二条线

活动 7：倒 *R*2 圆角

Create（构图）→Fillet（倒圆角）→Entities（图素）

➢ 输入圆角半径 ：2（Enter）；

➢ [Select an entities]（选取一图素）：选中如图 4-18 所示直线 A；

➢ [Select another entity]（选取另一图素）：选中如图 4-18 所示直线 B；

➢ 单击 ；

➢ [Select an entities]（选取一图素）：选中如图 4-18 所示直线 B；

➢［Select another entity］（选取另一图素）：选中如图 4-18 所示直线 C；

➢ 单击 ，倒圆角如图 4-19 所示；

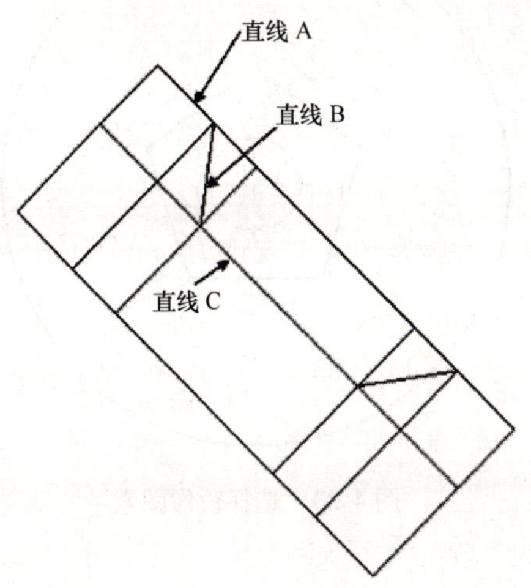

图 4-18　选择直线倒圆角

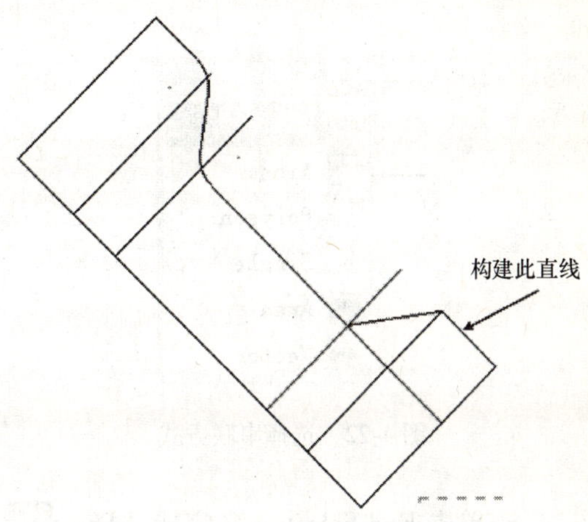

图 4-19　构建直线

➢ 依次选中如图 4-20 所示直线 C、D、E、F 倒圆角 *R*2；

➢ 单击 ；

➢ Delete entities（删除图素），效果如图 4-21 所示。

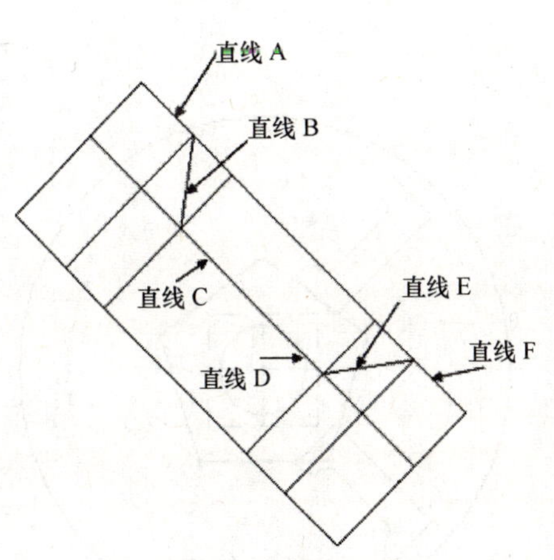

图 4-20　选择直线倒圆

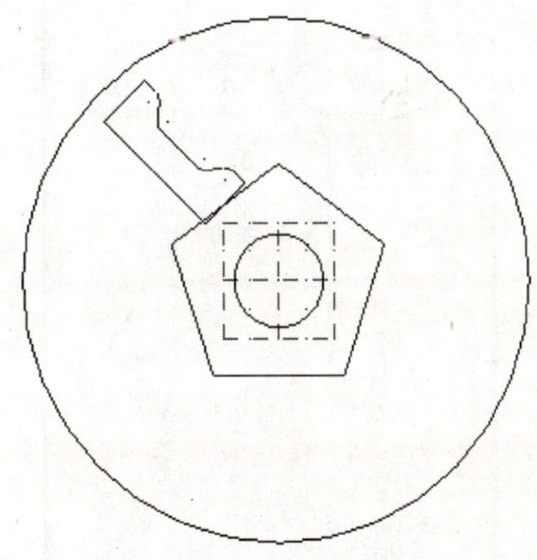
图 4-21　删除直线效果

活动 8：Mirror（镜像）

Xform（变换）→Mirror（镜像）

➢［Select entities to mirror］（选择需要镜像的图素），单击状态栏中串联方式选择，如图 4-22 所示；

➢ 选中如图 4-23 所示图素；

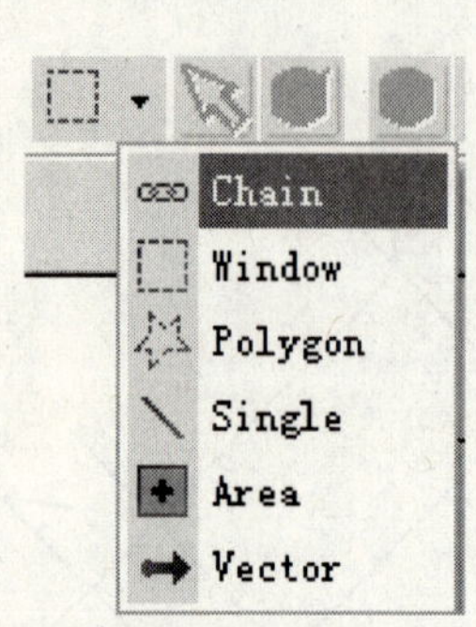

图 4-22 选择串联方式

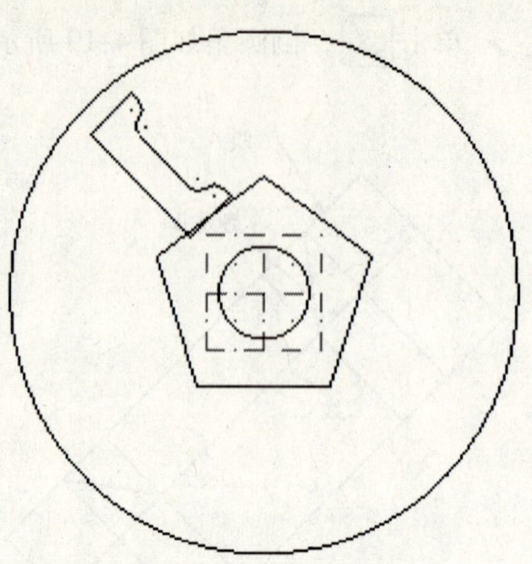

图 4-23 选择镜像图素

➢ 单击 End Selection（完成选择）；
➢ 按如图 4-24 所示设置镜像相关参数；
➢ 如图 4-24 所示，单击，效果如图 4-25 所示。

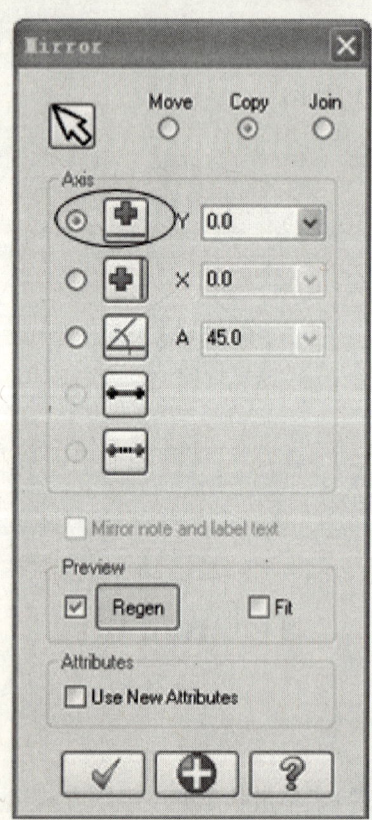

图 4-24 镜像参数设置

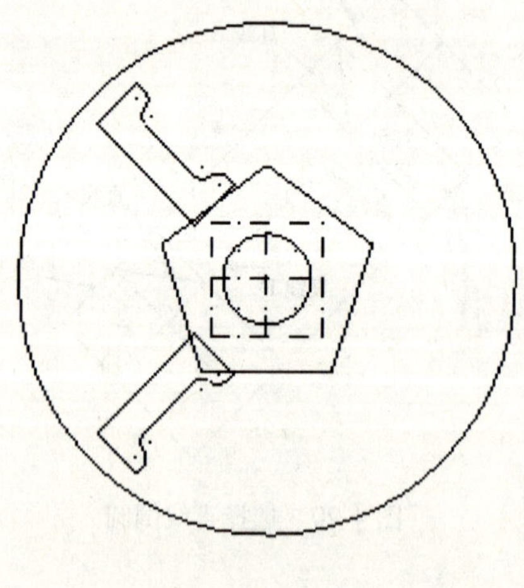

图 4-25 图形镜像效果

活动9：旋转

Xform（转换）→Rotate（旋转）

➢［Select entities to rotate］（选择需要旋转的图素），串联方式选择如图4-26所示图素；

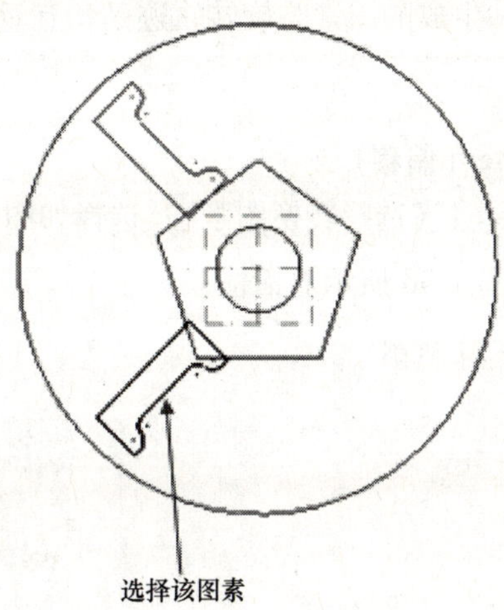

图4-26　选择旋转图素

➢ 单击 End Selection （完成选择）；

➢ 按如图4-27所示设置旋转相关参数；

➢ 单击，效果如图4-28所示。

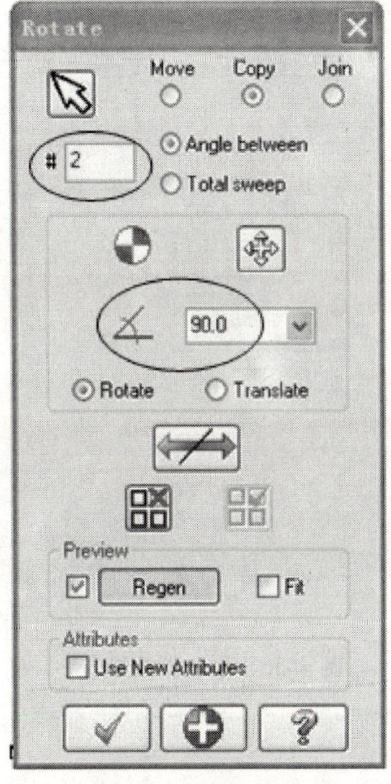

图4-27　旋转参数设置

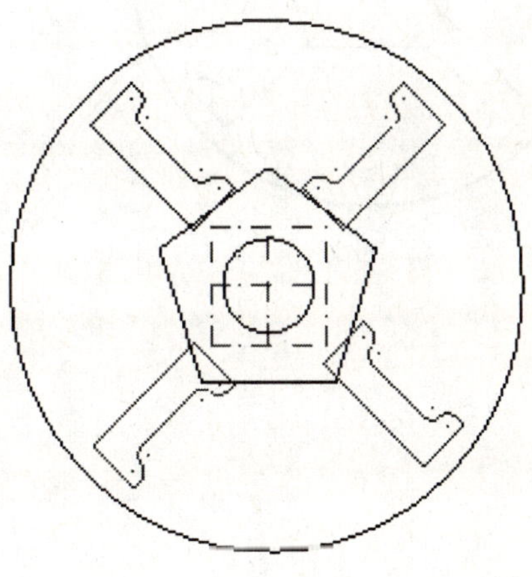

图4-28　旋转图素效果

Rotate（旋转）命令：将一个或多个图素绕着某个定点进行旋转。角度的设置以 X 轴方向为 0，逆时针旋转为正方向。

Rotate（旋转）选项：旋转生成的图素与旋转轨迹平行；

Translate（平移）选项：生成的图素与旋转轨迹是相互垂直。

活动 10：构建 3D 图形

Xform（转换）→Translate（偏移）

➢ [Select entities to translate]（选择转换图素）：选择如图 4-29 所示图素；

➢ 单击结束，弹出如图 4-30 所示对话框；

➢ 设置相关参数，如图 4-30 所示；

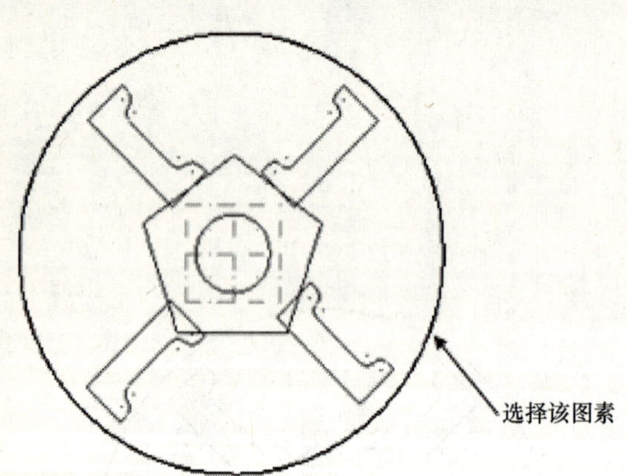

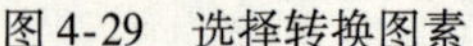
图 4-29　选择转换图素

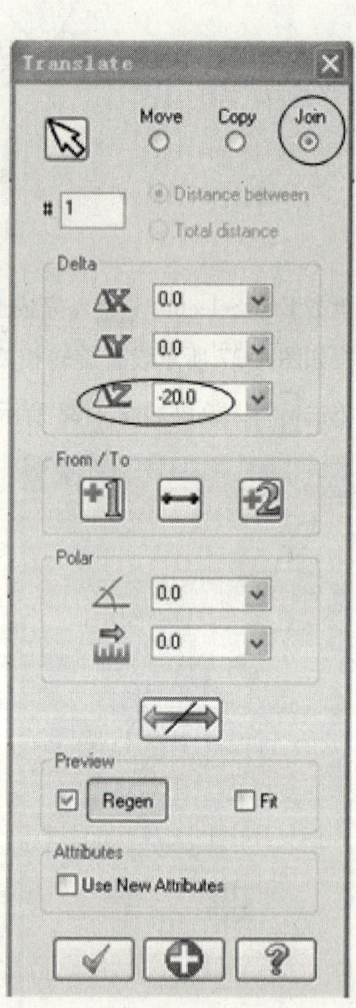

图 4-30　平移参数设置

➢ 单击如图 4-30 所示对话框中；

➢ [Select entities to translate]（选择转换图素）：串联方式选择如图 4-31 所示图素；

➢ 单击结束，设置如图 4-32 所示相关参数。

➢ 单击如图 4-32 所示对话框中；

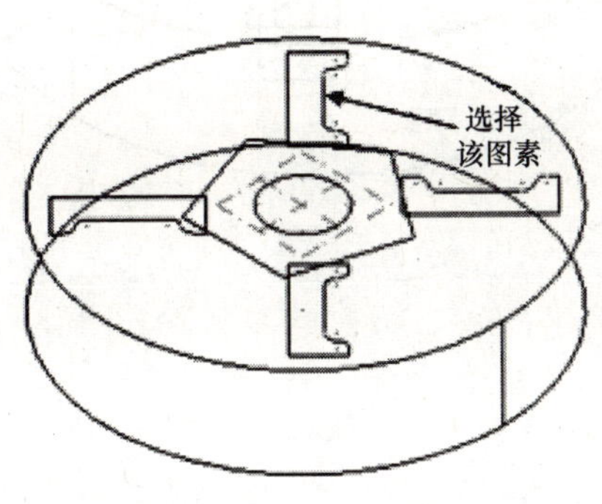

图 4-31 串联选择图素

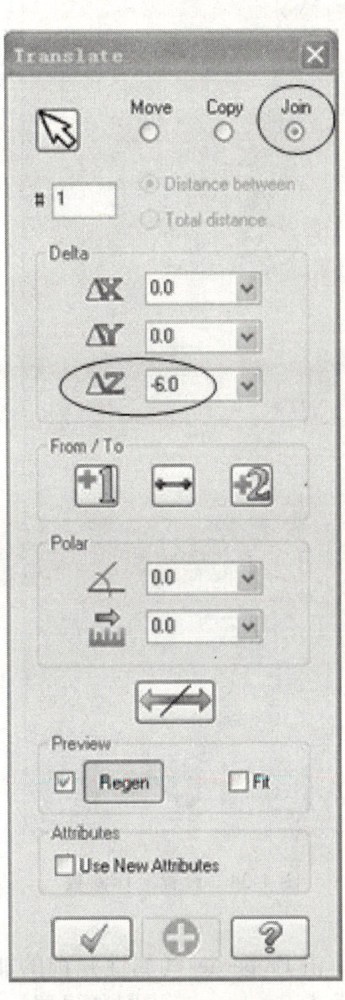

图 4-32 平移对话框

➢ [Select entities to translate] （选择转换图素）：串联方式选择如图 4-33 所示图素；

➢ 单击结束，设置如图 4-34 所示相关参数；

➢ 单击如图 4-34 所示，转换效果如图 4-35 所示。

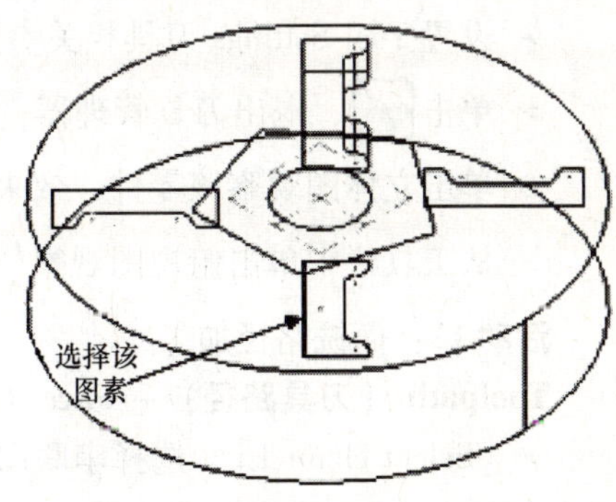

图 4-33 串联选择图素

TOOLPATH CREATION

活动 11：设置工件毛坯

Machine Type（机床类型）→Mill（铣床）→

Default（自定义）；

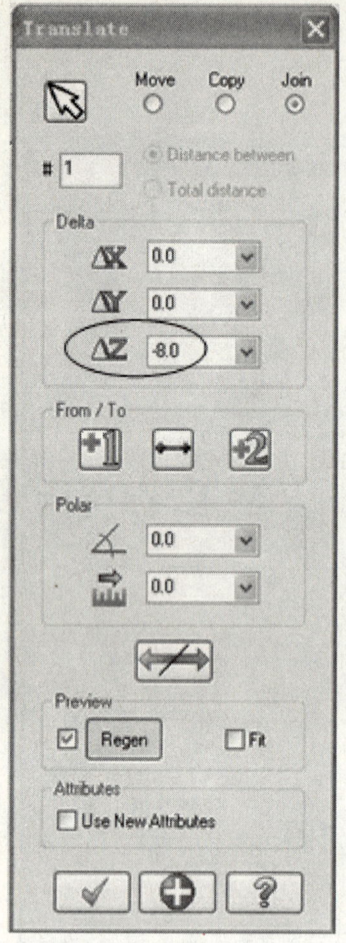

图 4-34　设置平移参数

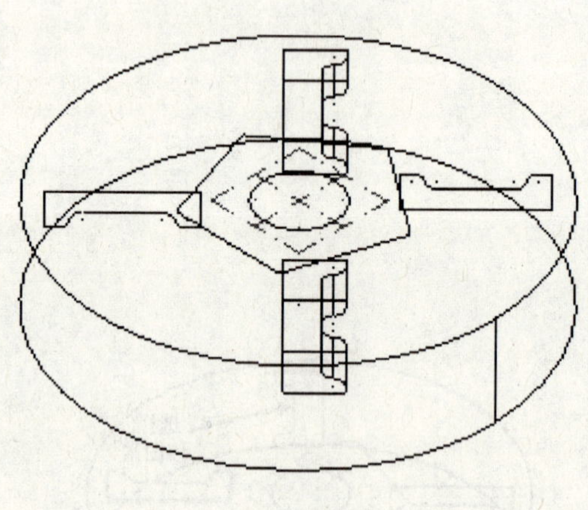

图 4-35　转换效果

➢ 单击 Properties（属性）前的加号，以展开刀具路径；
➢ 单击 Stock setup（材料设置），按如图 4-36 所示设置毛坯参数；
➢ 单击机器群组属性中的 Bounding box（边界盒）；
➢ 设置 Tool Settings 刀具相关参数，如图 4-37 所示；
➢ 单击 ，退出刀具管理器；
➢ 单击立体图观察该零件，效果如图 4-38 所示；
➢ 从工具栏中单击俯视图观察 。

活动 12：面铣路径加工

Toolpaths（刀具路径）→Face（面铣）

➢［Select chain 1］（选择串联图素 1）：选择如图 4-39 所示图素；
➢ 如图 4-40 所示对话框中单击 ；

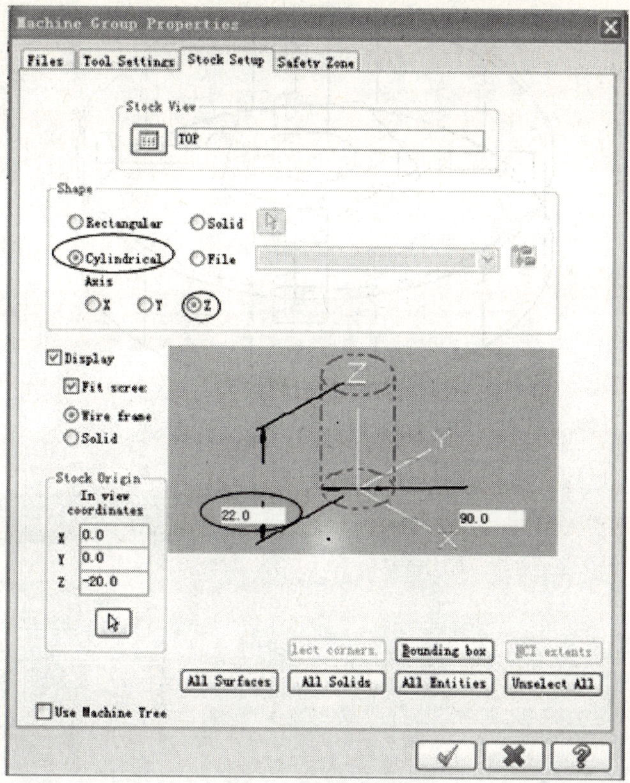

图 4-36　设置毛坯参数

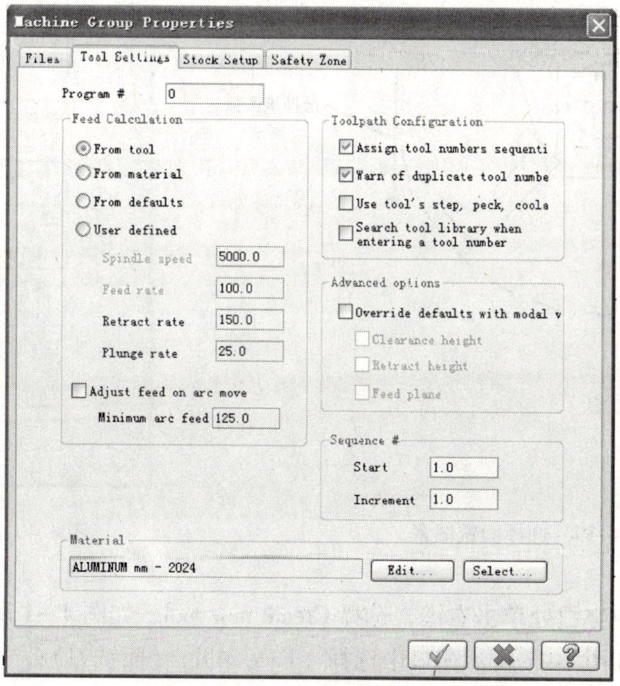

图 4-37　刀具参数设定

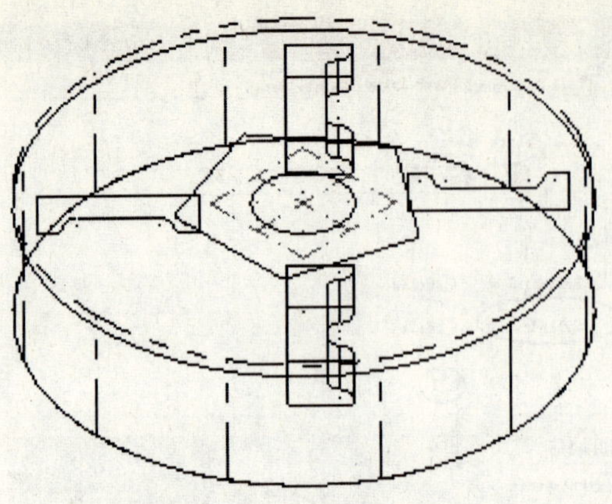

图 4-38 工件毛坯显示效果

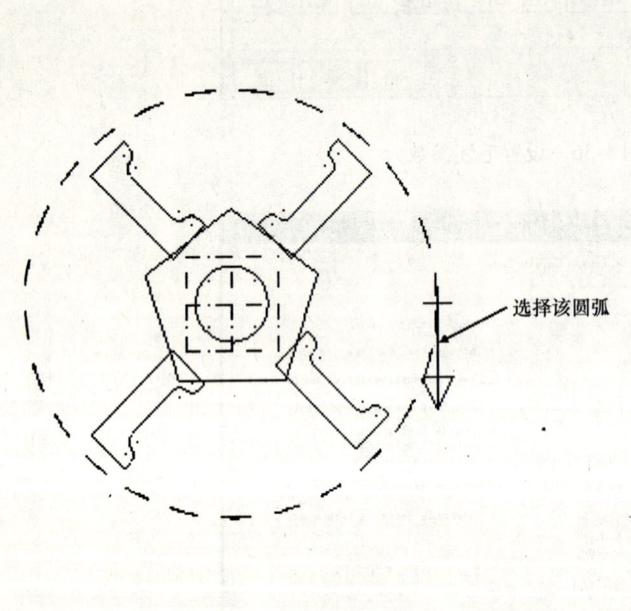

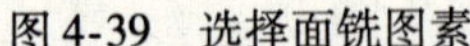

图 4-39 选择面铣图素

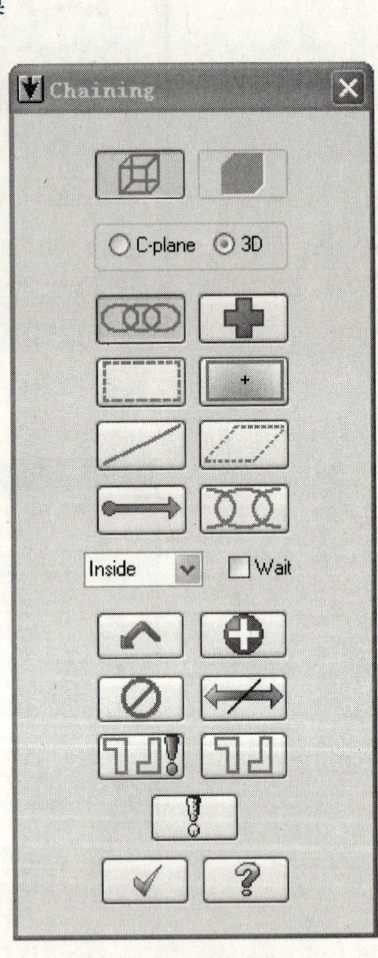

图 4-40 选择串联方式

- Tool 窗口中空白处单击右键，选择 Create new tool，如图 4-41 所示；
- 在弹出的如图 4-42 所示窗口中选择［Face Mill］（面铣刀）；
- 如图 4-43 所示设置面铣刀刀具直径，并单击该窗口中 Save to library（保存到库里）；

➢ 单击如图 4-43 所示对话框的 ；

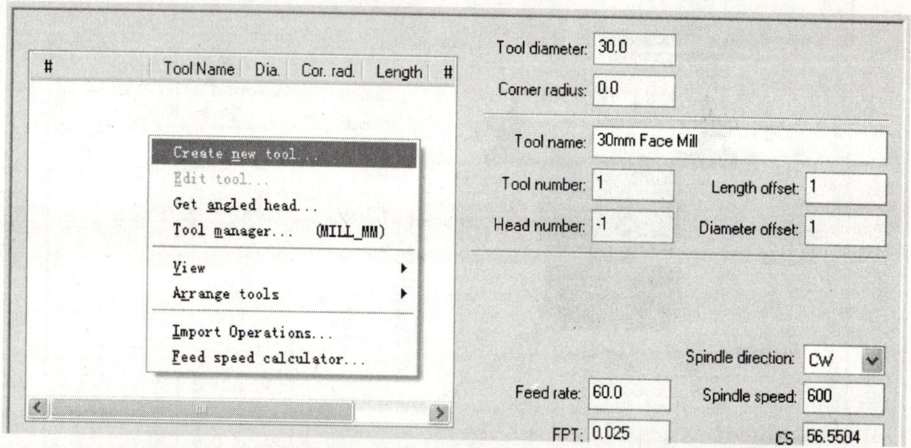

图 4-41　创建新刀具

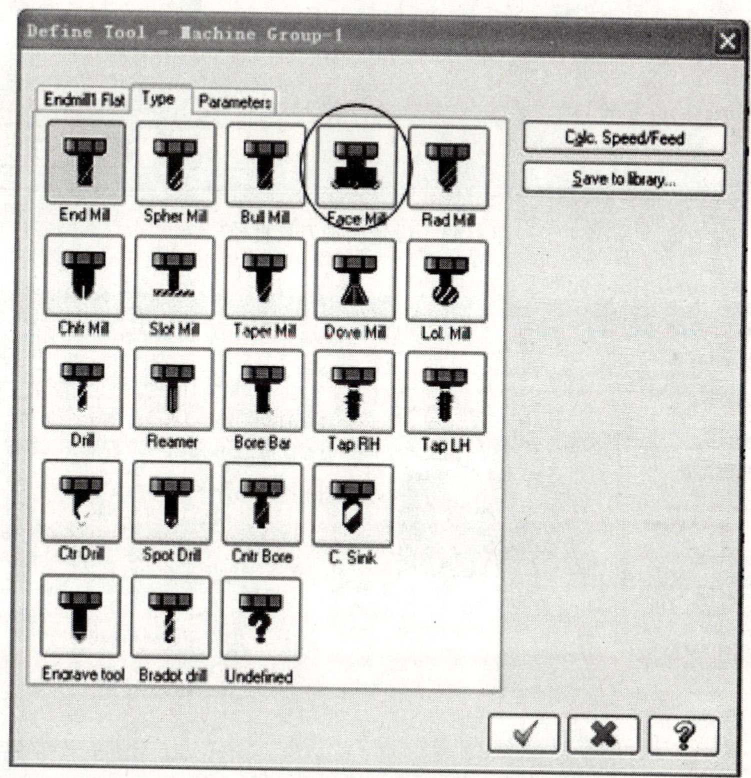

图 4-42　选择面铣刀刀具

➢ 如图 4-44 所示 Cut Parameters 中，Style 选择 Zigzag（双向）铣削方式；

➢ 如图 4-45 所示设置 Linking Parameters 各参数；

➢ 单击 →。

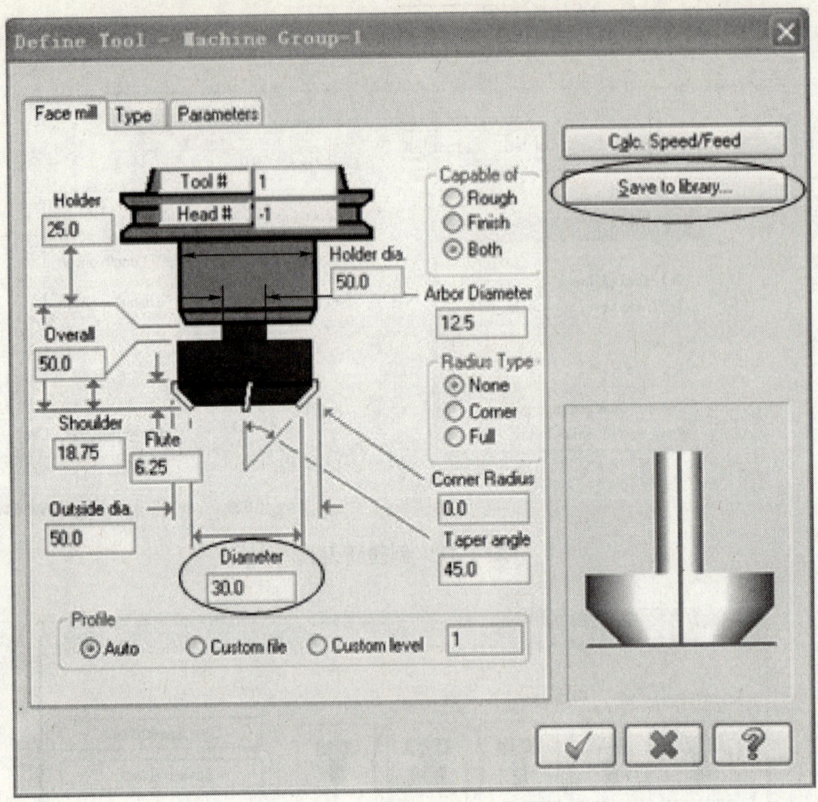

图 4-43　设置面铣刀具直径

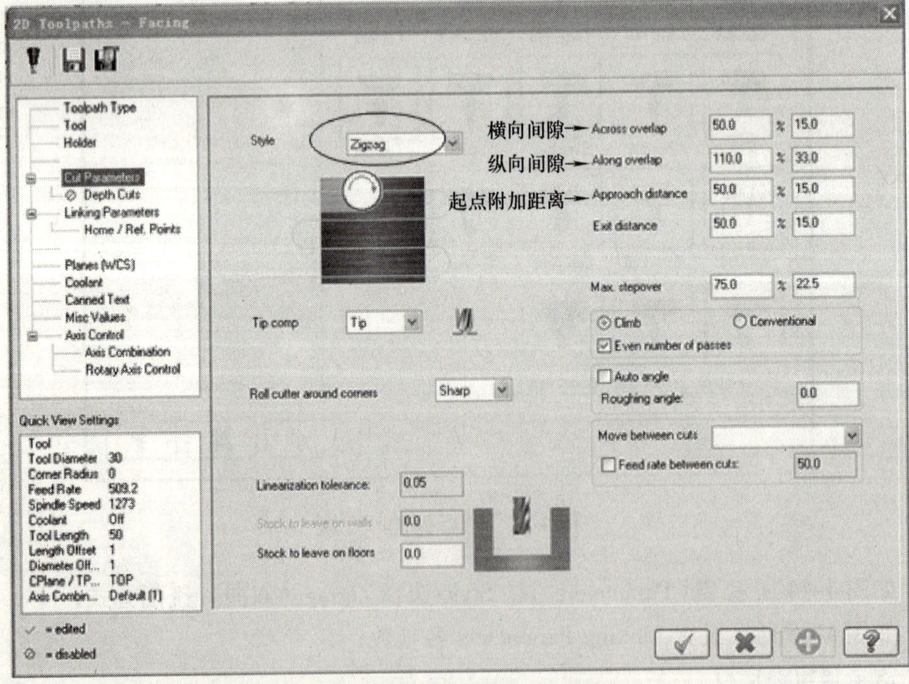

图 4-44　面铣削加工参数

加工时，下刀点的位置一般设置在待加工表面的边界外。

起点附加距离和终点附加距离能够实现刀具以进给速度切入工件和退出工件，保证工件表面光泽均匀，同进又不浪费加工时间。它们的值不要设置得太大。

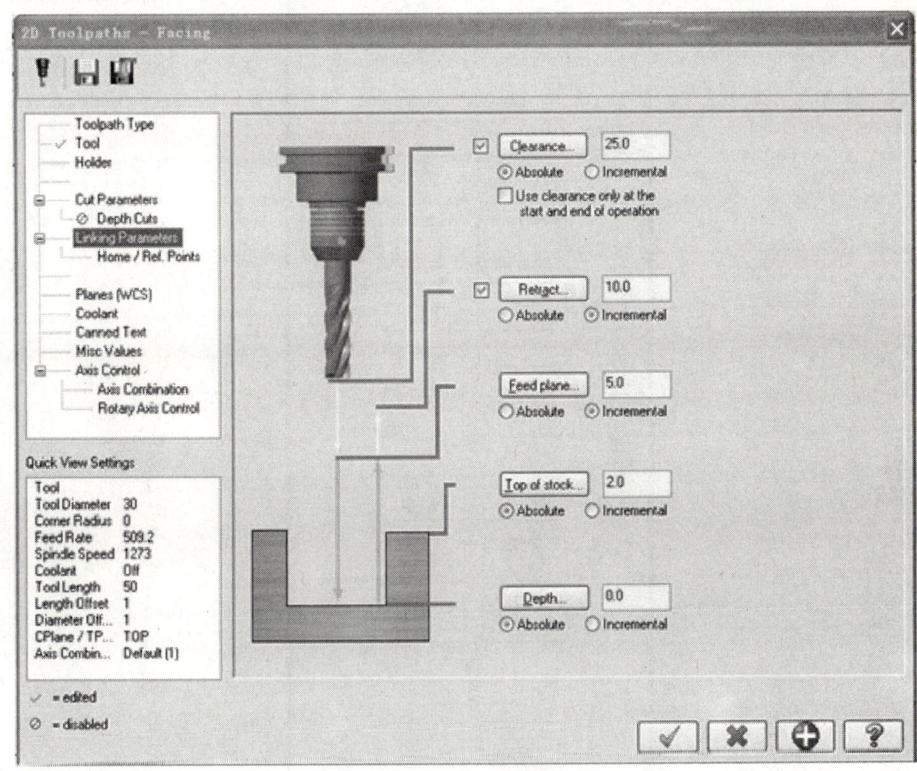

图 4-45　共同参数设置

活动 13：挖槽路径加工

Toolpaths（刀具路径）→Pocket（挖槽）

➢［Select Pocket chain 1］（选择挖槽图素 1）：选择如图 4-46 所示图素；

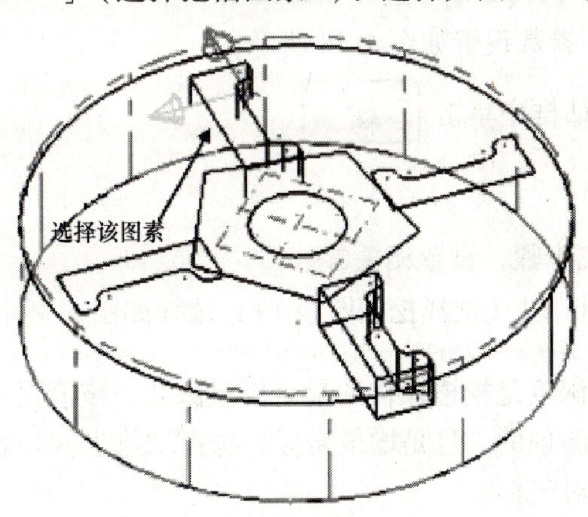

图 4-46　串联选择挖槽外形 1

➢ 如图 4-47 所示单击 ；

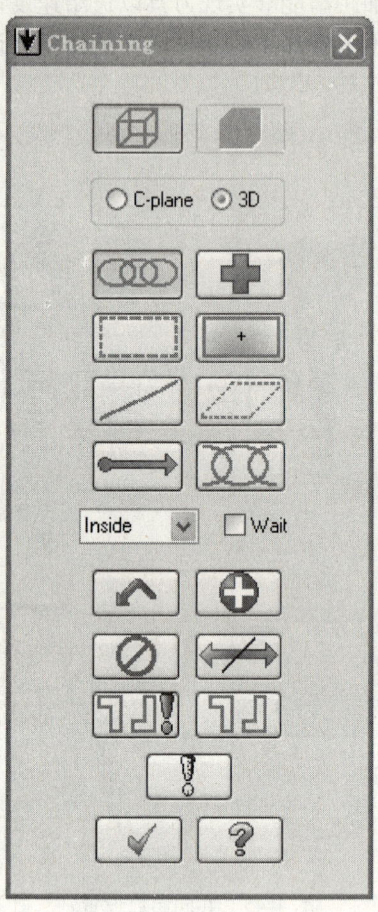

图 4-47 串联选择对话框

➢ 在 2D Toolpath—Pocket 对话框中选择 $\phi 4$ 平底刀；

➢ Cut Parameters 中，pocket type 选择 Standard；

➢ Linking Parameters 参数设置如图 4-48 所示；

➢ 如图 4-48 所示对话框中单击 。

➢ 单击 → 。

➢ 重复上述挖槽加工步骤，设置相关参数；

➢［Select Pocket chain 1］（选择挖槽图素 1）：选择如图 4-49 所示图素。

Depth（深度）：此深度是挖槽操作的最后机械深度，该值设定为 0，它是从选择的两个几何串联图形开始测理的，且是增量坐标；选择增量坐标是表明系统从当前工件表面、所选几何图形的相对坐标。

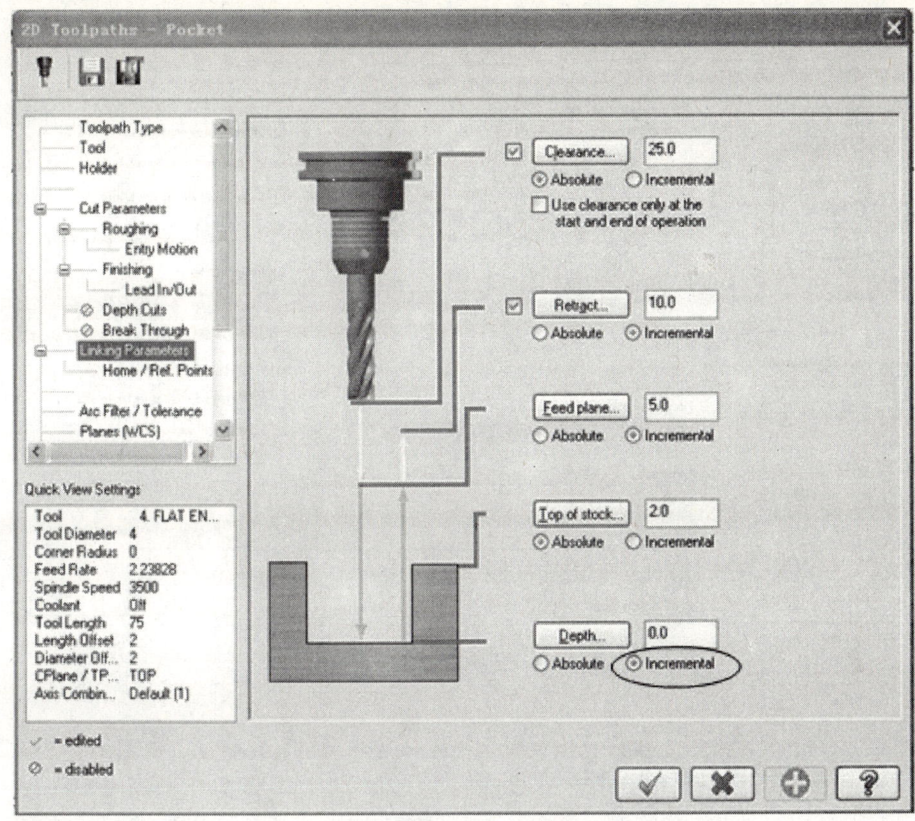

图 4-48　设置共同参数

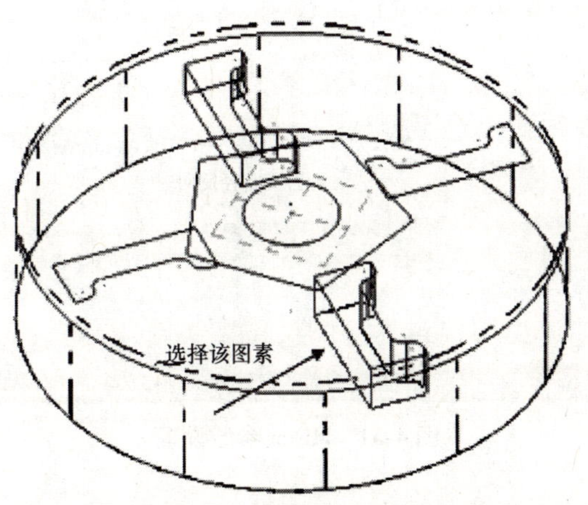

图 4-49　串联选择挖槽外形

活动 14：刀具路径的镜像

Toolpaths（刀具路径）→ Transform（转换）

➢ 在 Type 中选择 Mirror，如图 4-50 所示；

➢ 如图 4-51 所示，在 Mirror 状态栏中选择 X-axis；

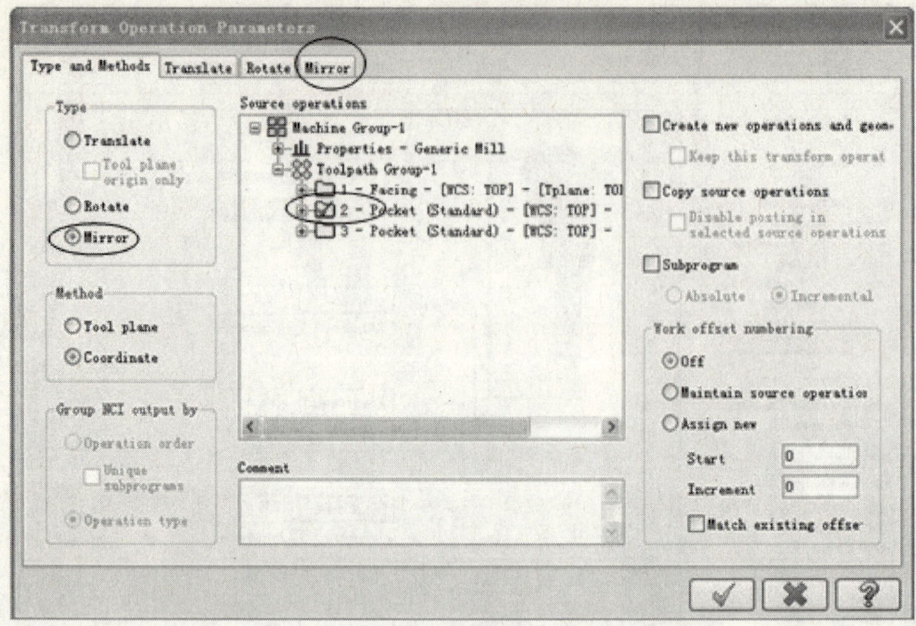

图 4-50 转换路径参数设置

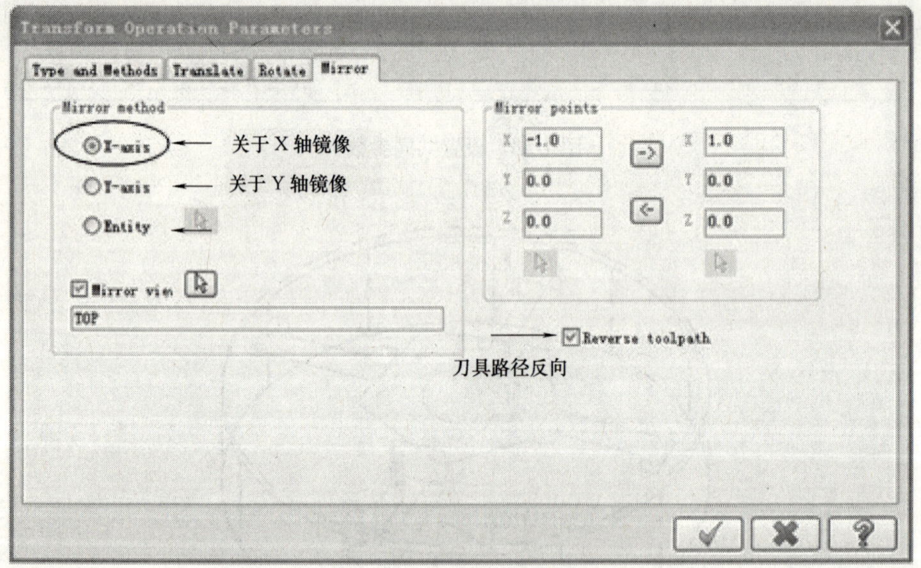

图 4-51 Mirror 参数设置

➢ 选择 Reverse toolpath；

➢ 单击图 4-50 所示 ，退出转换路径参数设置对话框。

活动 15：刀具路径的旋转

Toolpaths（刀具路径）→ Transform（转换）

➢ 在 Type 中选择 Rotate，如图 4-52 所示；

➢ 如图 4-53 所示，在 Rotate 状态栏中设置相关参数；

➢ 单击如图 4-53 所示 ，退出转换路径参数设置对话框。

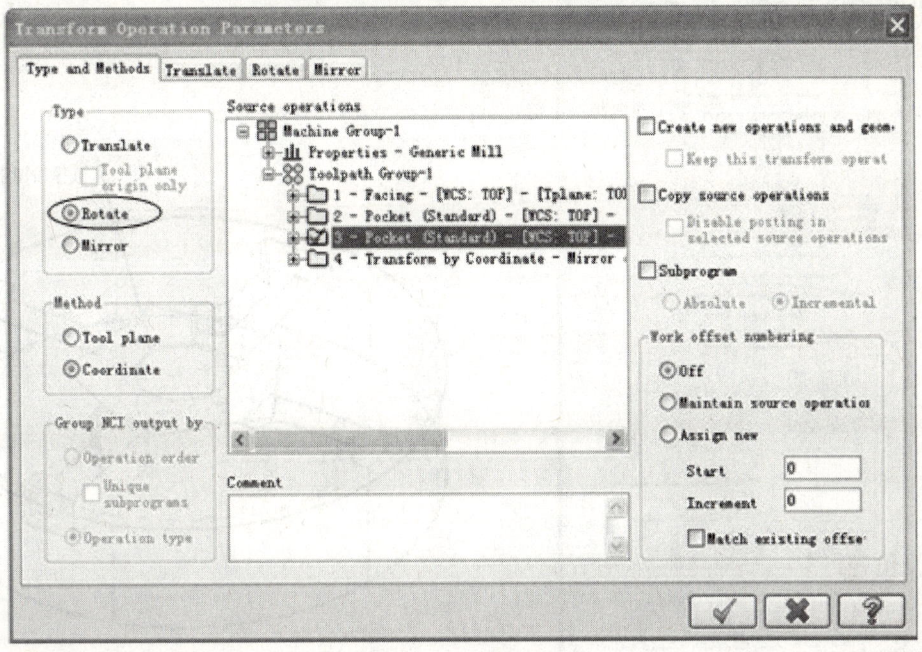

图 4-52　旋转刀具路径

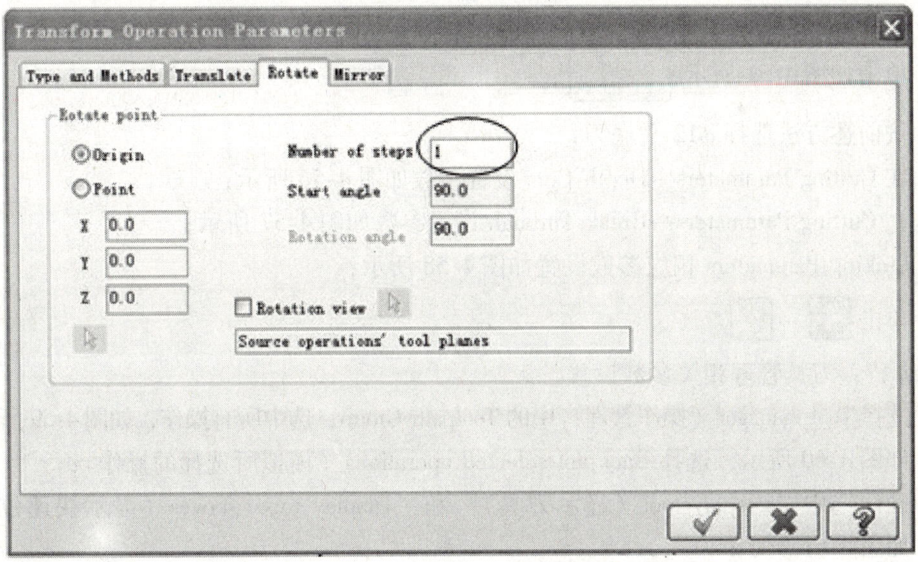

图 4-53　旋转路径参数设置

活动 16：全圆铣削加工

Toolpaths（刀具路径）→Circle paths（全圆铣削）→Circmill

➢［Select arc to match］（选择圆弧）：如图 4-54 所示，选择 Mask On Arc；

➢ 选择如图 4-55 所示圆弧，单击结束；

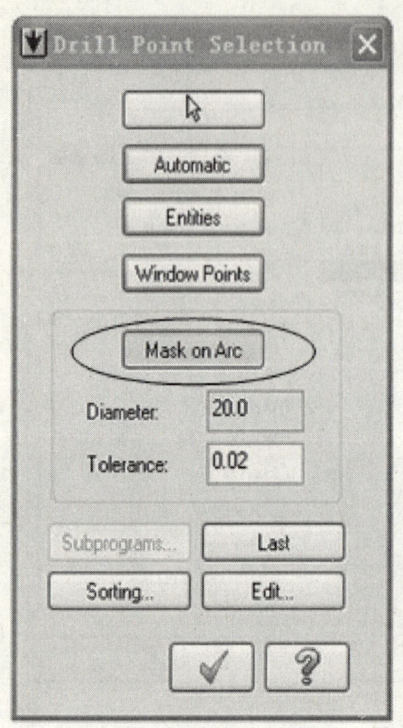

图 4-54　选择限定圆弧

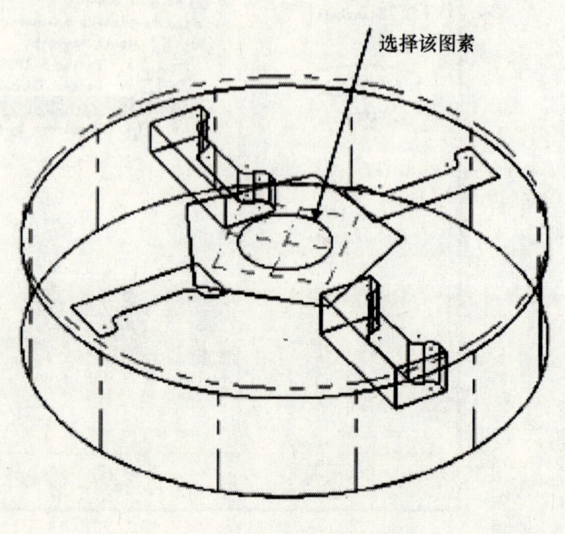

图 4-55　选择 ϕ16 圆弧

➢ 单击如图 4-54 所示 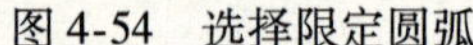；
➢ 按前述方法选择 ϕ12 平底刀；
➢ 在 Cutting Parameters→Depth Cuts 设置参数如图 4-56 所示；
➢ 在 Cutting Parameters→Break Through 设置参数如图 4-57 所示；
➢ Linking Parameters 相应参数设置如图 4-58 所示；
➢ 单击→。

活动 17：刀具管理相关参数设置

➢ 选择 Tool manager（操作管理）中的 Toolpath Group，选中所有操作，如图 4-59 所示；
➢ 如图 4-60 所示，选择 Backplot selected operations（模拟所选择的操作）；
➢ 确认选中"Display tool（显示刀具）"和"Display rapid moves（显示快速位移）"，如图 4-61 所示；
➢ 选择 Isometric View 等角视图观察；
➢ 选择播放，效果如图 4-62 所示；

➢ 单击，退出 Backplot。

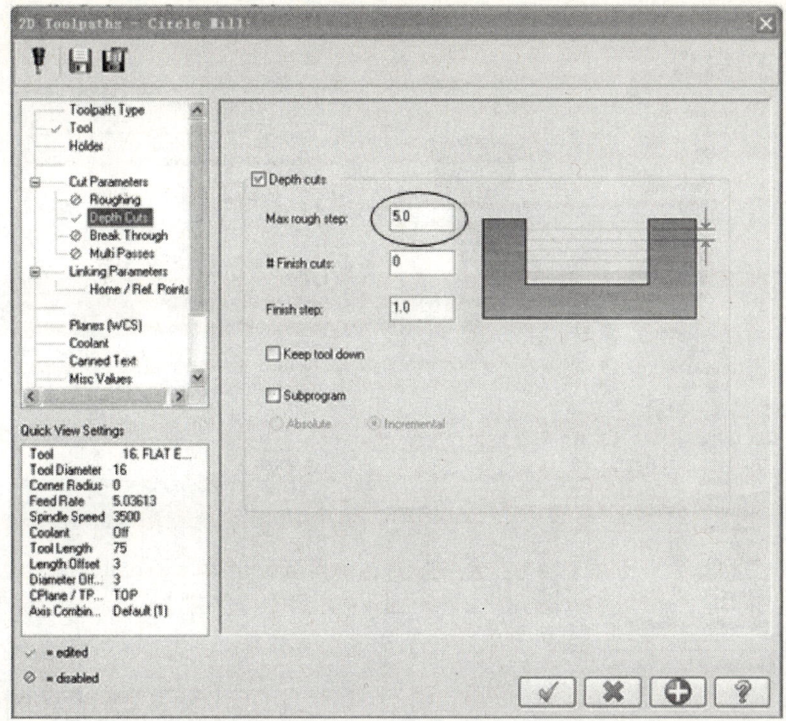

图 4-56　切削参数设置

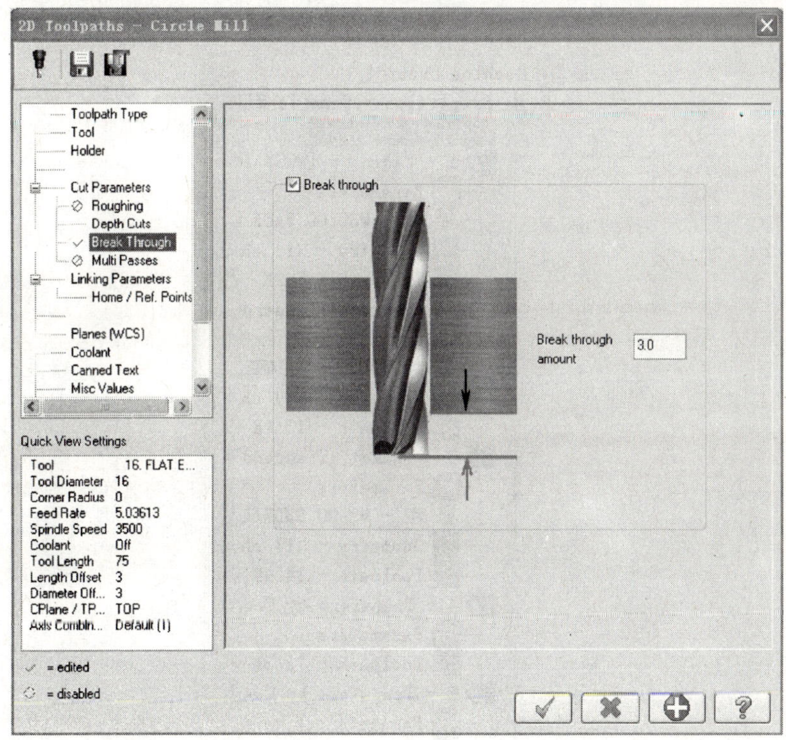

图 4-57　贯穿参数设置

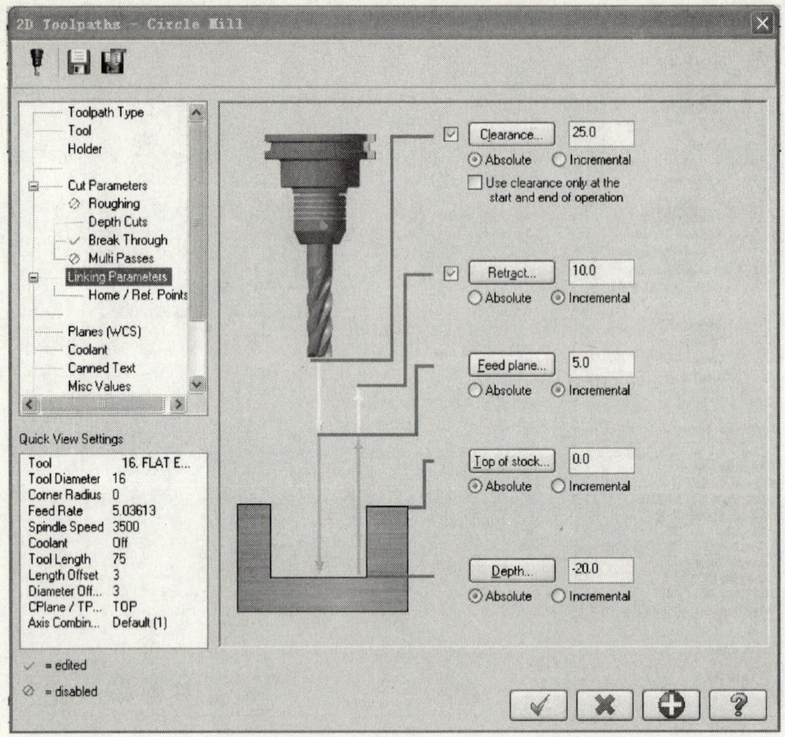

图 4-58 Linking Parameters 参数设置

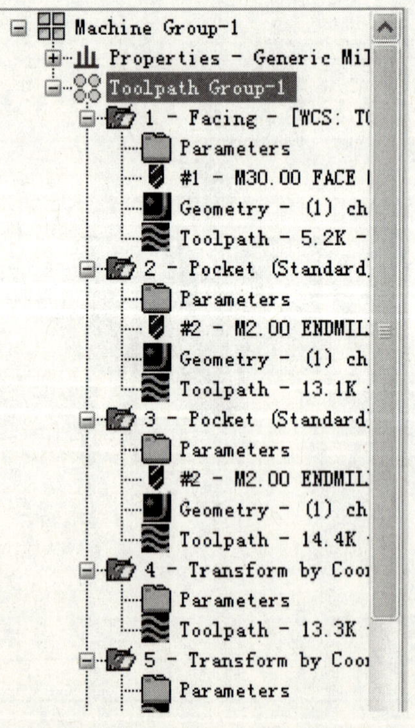

图 4-59 选择 Toolpath Group

图 4-60　模拟刀具路径

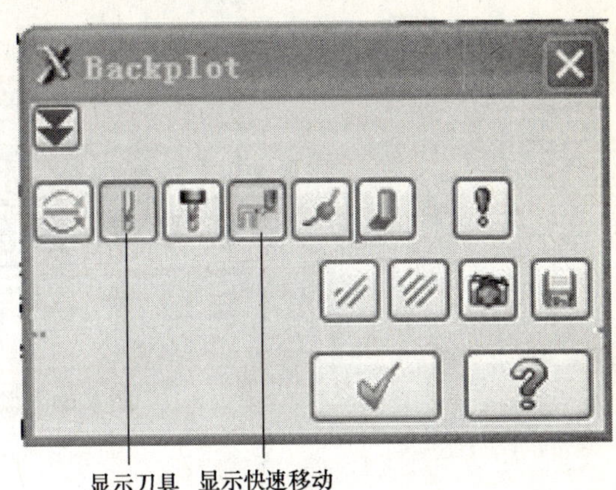

图 4-61　刀路模拟参数设置

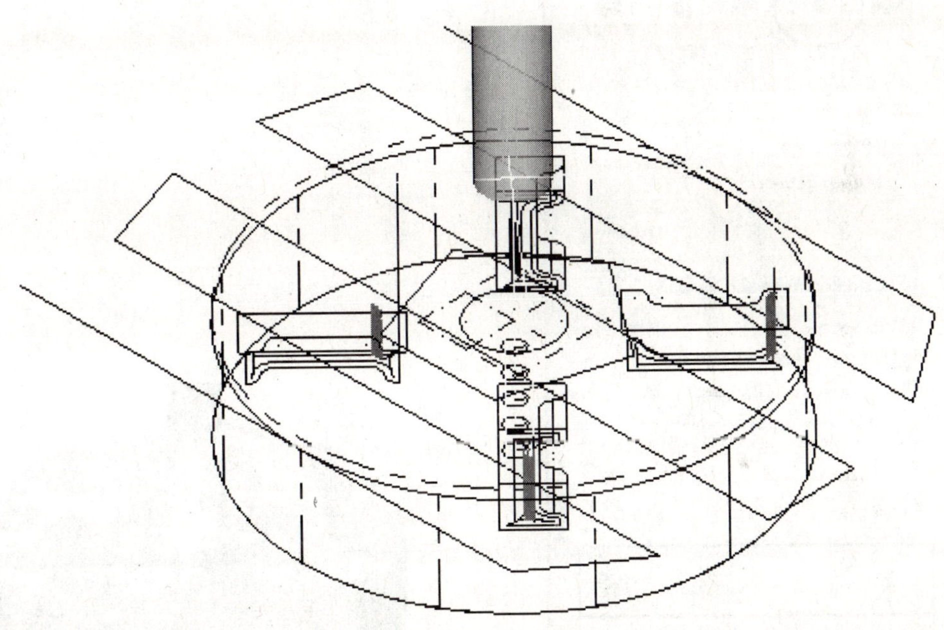

图 4-62　刀路模拟加工

活动 18：刀具路径验证

➢ 在 Toolpaths Manager（刀具管理器）中单击 Select all operations（选择所有的操作）；如图 4-63 所示；

图 4-63　选择所有操作

➢ 单击 Verify selected operations（验证已选择的操作），如图 4-64 所示；

➢ 通过移动速度控制条，设定 Verify speed，如图 4-65 所示；

➢ 单击 ▶，如图 4-65 所示；

➢ 单击 ✓，工件加工如图 4-66 所示。

图 4-64 验证所选的操作

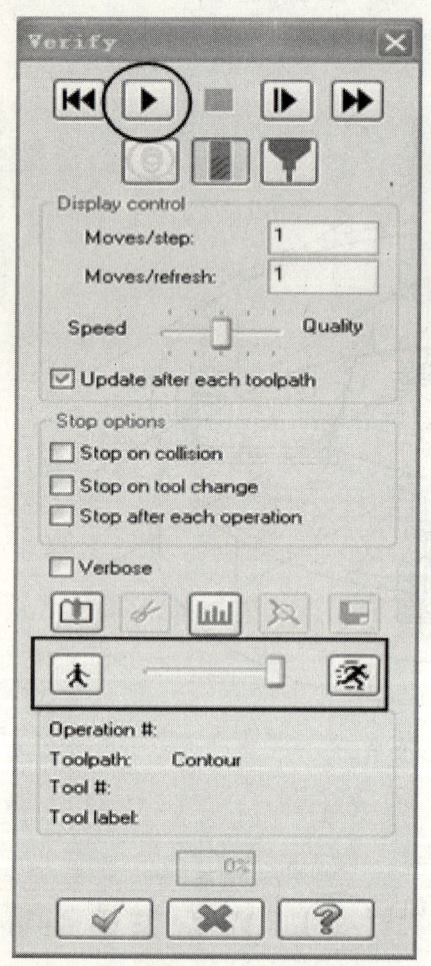

图 4-65 验证零件的数控加工

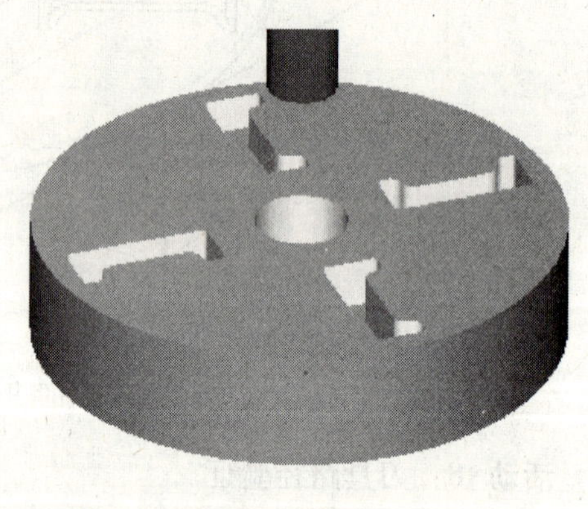

图 4-66 零件加工效果

活动 19：保存文件

➢ File name（文件名）：“项目 4”；

➢ 单击保存。

活动 20：生成 NC 文件

➢ 选中所有操作；

➢ 选择 Post selected operations（后处理已选择的操作），如图 4-67 所示；

图 4-67　后处理

➢ 如图 4-68 所示，单击 继续操作；

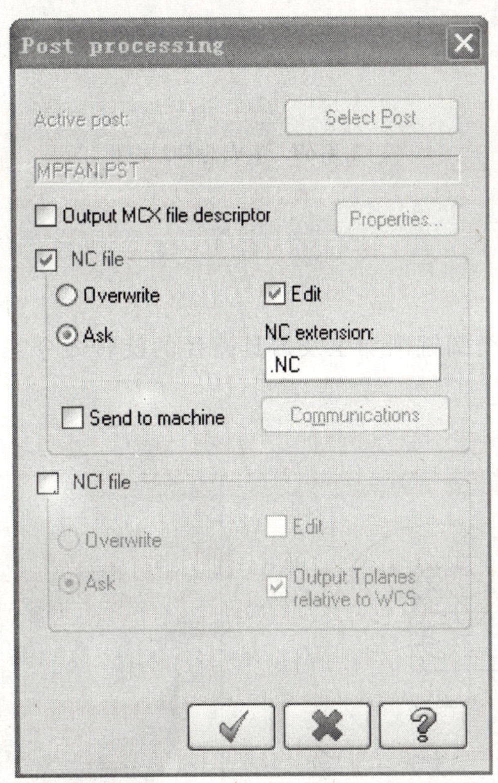

图 4-68　生成后处理文件

➢ 输入跟几何图形相同的文件名“项目 4”；

➢ 生成如图 4-69 所示 NC 文件，单击 保存。

➢ 单击右上角的，退出程序编辑对话框。

Mastercam X Editor - [E:\唐霞\2010\2010-2011(2)\三维CADCAM-MASTER CAM X4项...

File Edit View NC Functions Bookmarks Project Compare Communications Tools Window Help

Mark All Tool Changes Next Tool Goto Previous Tool

```
%
O0000
N100 G21
N102 G0 G17 G40 G49 G80 G90
N104 T219 M6
N106 G0 G90 G54 X-42.67 Y31.657 A0. S3500 M3
N108 G43 H219 Z20. M8
N110 Z5.
N112 G1 Z-5. F3.6
N114 X-43.412 Y21.685
N116 G3 X-43.44 Y20.942 I9.972 J-.743
N118 X-34.183 Y10.97 I10. J0.
N120 X-33.514 Y10.945 I.669 J8.975
N122 X-25.78 Y15.342 I0. J9.
N124 G2 X-15. Y25.981 I25.78 J-15.342
N126 X-10. Y27.321 I5. J-8.66
N128 X0. Y17.321 I0. J-10.
N130 X-2.251 Y11. I-10. J0.
N132 G1 X0.
N134 G2 X11. Y0. I0. J-11.
N136 X0. Y-11. I-11. J0.
N138 G1 X-35.
N140 G2 X-46. Y0. I0. J11.
N142 X-35. Y11. I11. J0.
N144 X-34.183 Y10.97 I0. J-11.
```

Ready... CAPS Line: 1 Col: 1 File Size: 9 kb 2011-1-12 14:04

图 4-69 生成的 NC 文件

【项目自测】

1. 利用挖槽加工、全圆铣削加工及刀具路径的旋转命令完成如图 4-70 所示零件的加工。

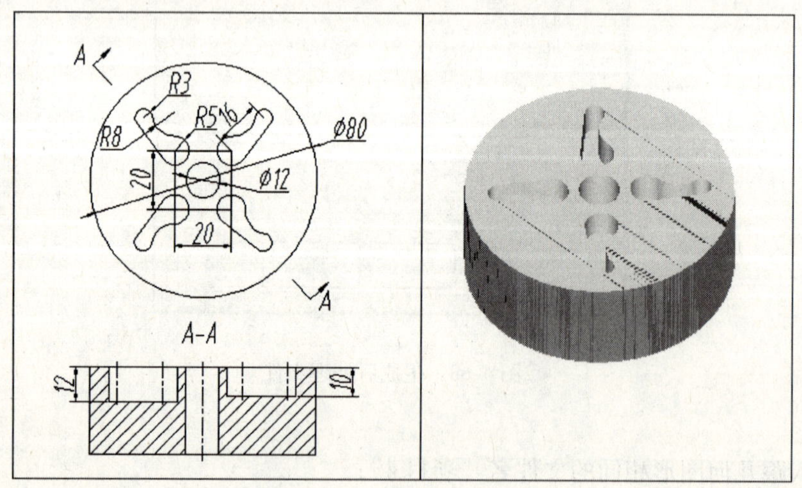

图 4-70 第 1 题

2. 对如图 4-71 所示的零件进行挖槽、钻孔及刀具路径的旋转复制。

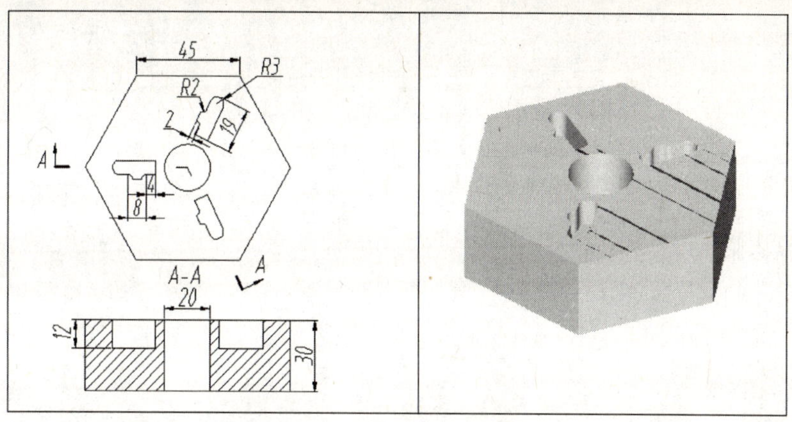

图 4-71　第 2 题

第二篇

三维零件造型与铣削加工

【知识目标】

本学习情境介绍三维实体的造型与编辑、曲面曲线的创建与编辑及铣床三维加工的方法，使读者掌握三维图形的基本绘制方法；同时介绍三维铣床数控加工的基本操作，包括曲面外形粗精加工、曲面挖槽粗加工、曲面平行加工、浅平面加工和投影加工等操作，让读者熟悉 Mastercam X4 的三维铣床数控加工操作思路，并全面掌握。

【能力目标】

能根据图样或实物完成造型设计；
能对零件进行工艺分析、刀具路径编制并生成数控程序。

【情感目标】

激发学生探究数控加工自动编程学习的兴趣；
培养学生小组合作的团队意识；
形成严格遵守安全操作规程的职业意识。

项目五　零件的挖槽粗加工与浅平面精加工

【知识目标】

1. 掌握牵引曲面、边界曲线的构建方法。
2. 掌握曲面倒圆角、边界平面等编辑命令。
3. 掌握挖槽粗加工、浅平面精加工三维铣削加工路径。

【任务分析】

绘制如图5-1所示的三维曲面，并使用挖槽粗加工、浅平面精加工完成其数控加工。

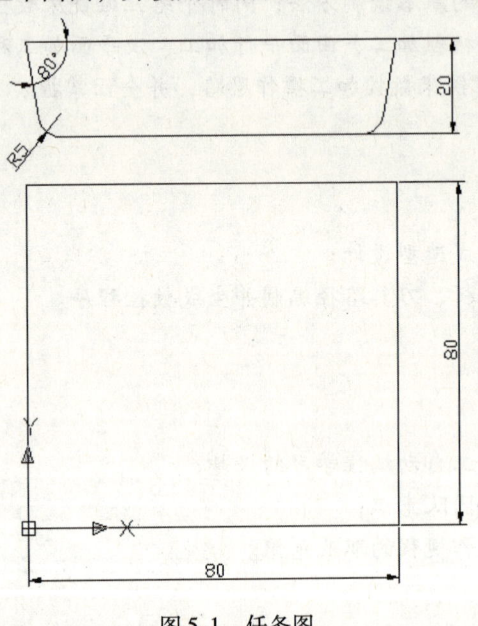

图5-1　任务图

【活动思路】

确定正方形中心为坐标原点，构建80×80矩形→构建牵引曲面→构建曲线→平面修整→曲面倒圆角；

确定刀具路径：设置工件毛坯→挖槽粗加工→浅平面精加工。

【活动过程】

创建二维图形前，使用Settings（设置）→Toolbar States（工具栏设置），如图5-2所示，在操作界面上显示 2D 工具栏快捷菜单栏。同时，启用 Screen（屏幕）→Screen Grid Settings（栅格参数），如图 5-3 所示将栅格显示于工作界面中。

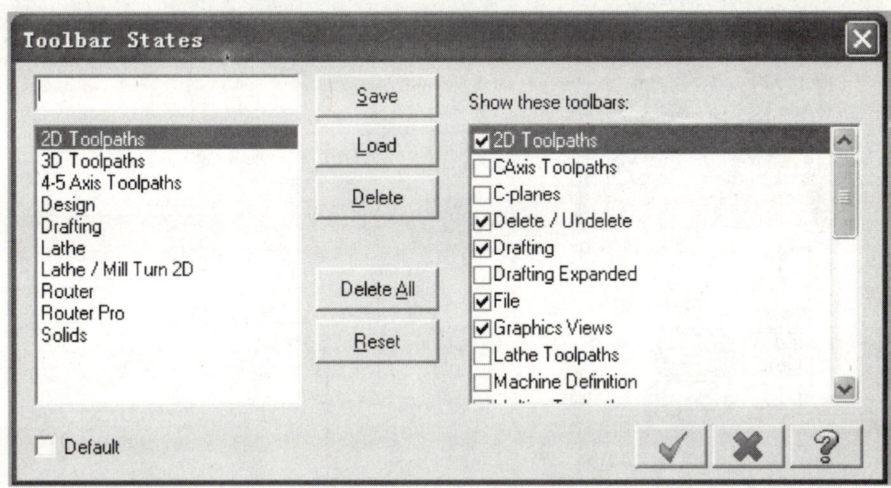

图 5-2　2D 工具栏设定窗口

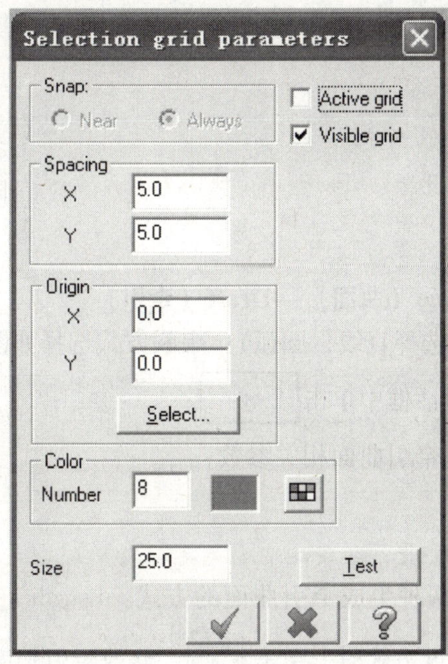

图 5-3　栅格显示设定

活动 1：构建 80×80 矩形

Create（构图）→Rectangular Shapes（矩形形状设置）

➢［Select position of base point］（选取基点的位置）：选取，输入坐标（0，0）；

➢ 如图 5-4 所示，设置矩形参数；

➢ 单击，效果如图 5-5 所示。

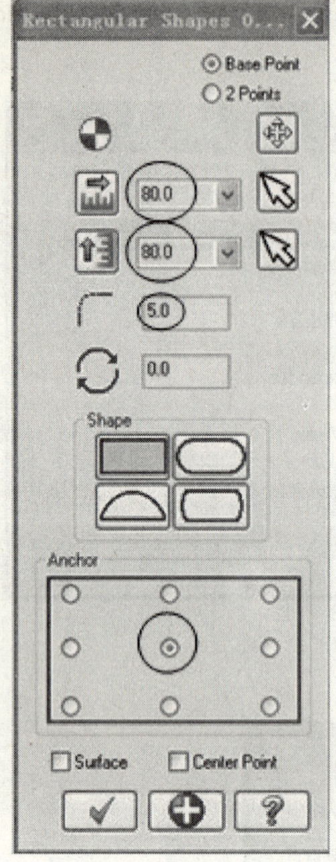

图 5-4 矩形参数设置

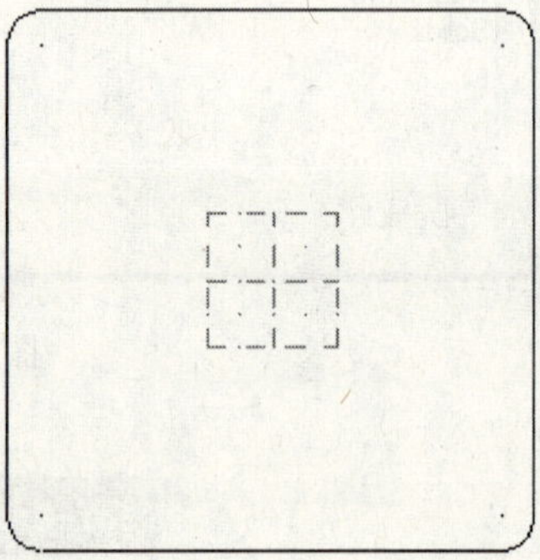

图 5-5 矩形

活动 2：构建牵引曲面

Create（构建）→Surface（曲面）→Draft（牵引）

- ［Select line，arc］（选择直线，圆弧）：串联方式选择如图 5-5 所示矩形；
- 如图 5-6 所示串联对话框中单击 ； 
- 如图 5-7 所示，设置牵引曲面相关参数；
- 单击  ；

图 5-7 中，可以设置两种生成牵引曲面的方式：Length（按给定的长处）和 Plane（平面方式）。按给定的长度方式时，单击  ，修改牵引长度：20；单击  ，修改牵引角度：10；同时单击 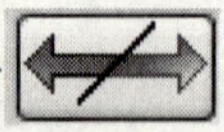 ，修改方向。

- 单击屏幕下方状态栏中的 Attributes ；
- 在出现的如图 5-8 所示属性对话框中，修改图形颜色为 11 号蓝色；
- 单击  ，效果如图 5-9 所示。

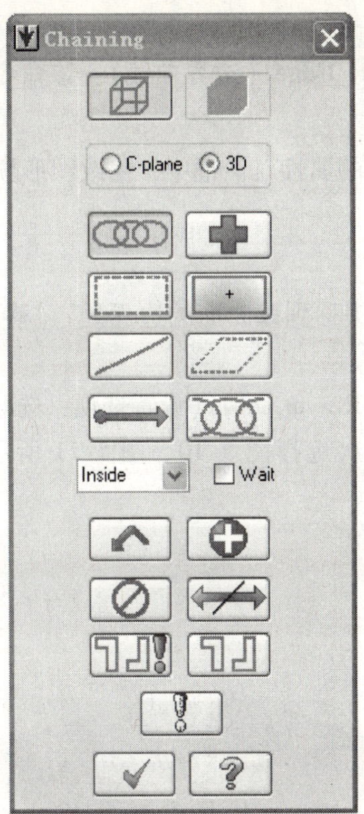

图 5-6　串联对话框

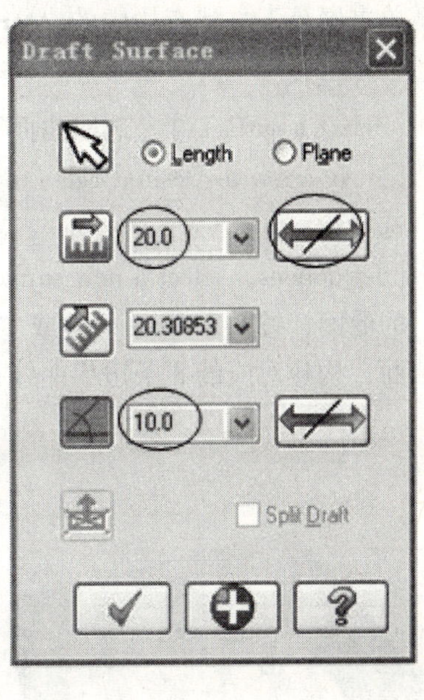

图 5-7　牵引曲面参数

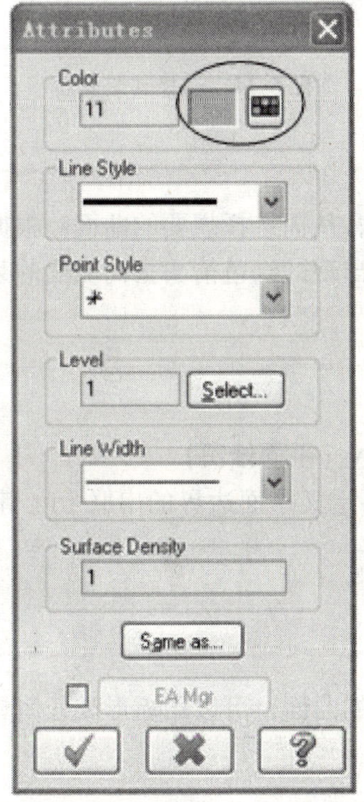

图 5-8　修改图形颜色

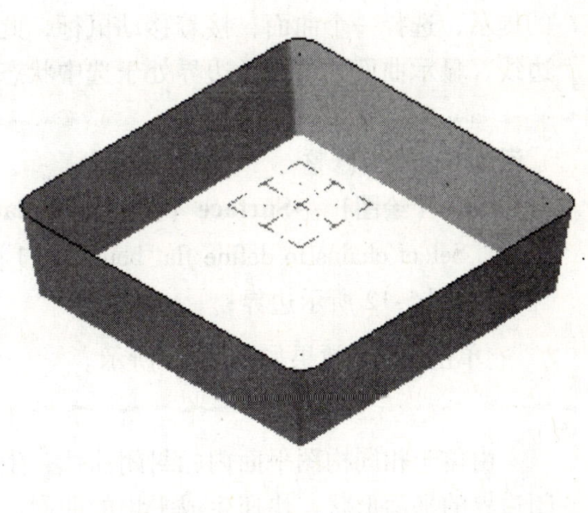

图 5-9　牵引曲面效果

活动 3：构建曲线

Create（创建）→Curve（曲线）→Curve On One Edge（边界曲线）：该命令通过沿被选曲面（或实体）的边缘生成边界曲线。

➢ 单击屏幕下方状态栏中的 Attributes ，在出现的属性对话框中，修改图形颜色为 12 号红色；

➢ [Select a surfaces]（选取曲面）：选择 A 面；

➢ [Move arrow to Desired Edge of Surface]（将箭头移到该曲面的边界处）：移动箭头，选择边；

➢ [Set options，select a new surface，press <ENTER> or OK]（设置选项，选取一个新的曲面，按<ENTER>键或“确定”键）：依次选择图 5-10、图 5-11 所示 A ~ H 面，构建对应的 8 条边界曲线；

➢ 单击 ✔ ；

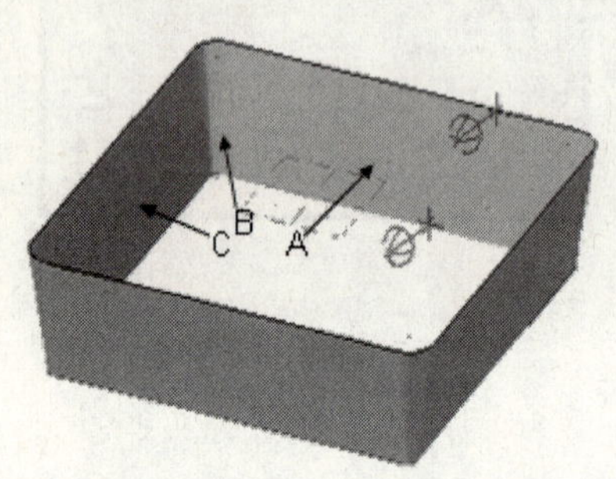

图 5-10 选择曲面

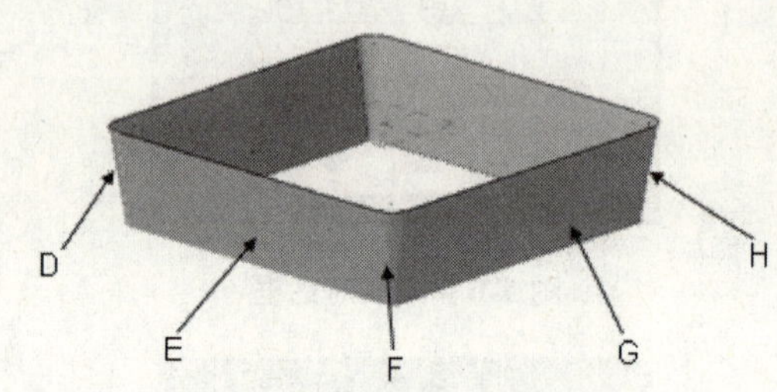

图 5-11 选择其余曲面

> 选择曲面时，可以通过长按鼠标中键，转动曲面，从而选择想要的曲面。根据系统的提示，选择一个曲面，接着移动鼠标，此时图形中出现的红色箭头指向曲面的某一条边线，显示曲面的那一条边界处于选中状态。

活动 4：平面修整

Create（绘图）→Surface（曲面）→Flat Boundary（平面修剪）

➢ [Select chains to define flat boundary 1]（选择要定义平面边界的串联 1）：串联选择如图 5-12 所示边界；

➢ 单击 ✔，效果如图 5-13 所示。

> 由位于相同构图平面内的封闭曲线，生成带边界的曲面，可以用矩形或任何具有封闭边界的平面形状，快速生成平坦的曲面。

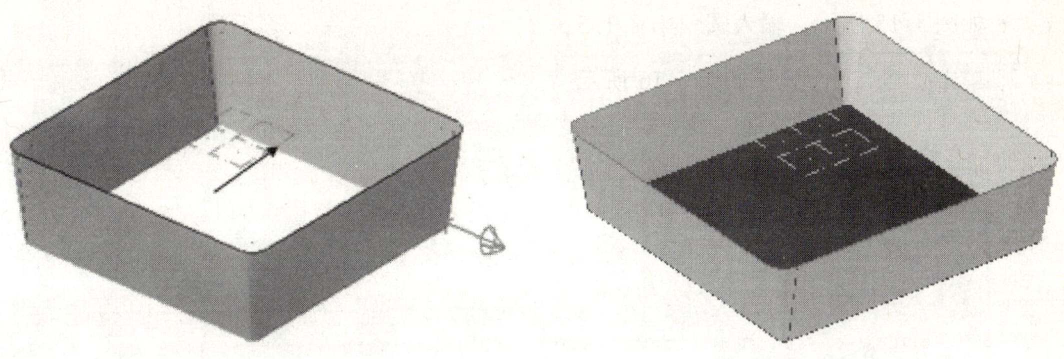

图 5-12 串联选择边界　　　　图 5-13 平面修整效果

活动 5：曲面与曲面倒圆角

Create（绘图）→Surface（曲面）→Fillet（曲面倒圆角）→Fillet Surface to Surface（曲面与曲面倒圆角）

➢ [Select first set of surfaces and press <Esc> to continue]（选取第一个曲面或按 <Esc> 键退出）：选择 All...，蓝色曲面，如图 5-14 所示；

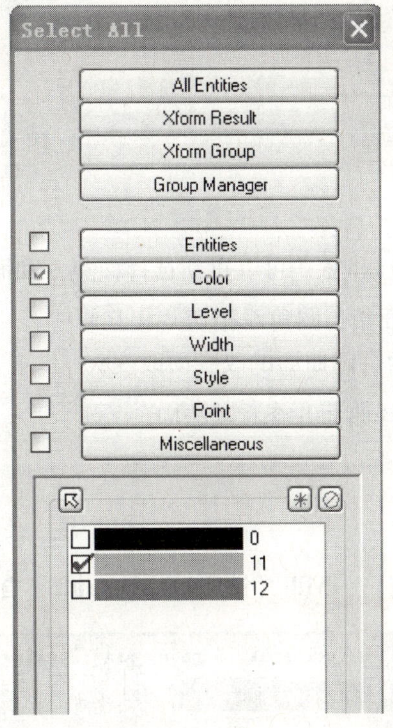

图 5-14 选择蓝色

➢ 单击 结束选择；

➢ [Select second set of surfaces and press <Esc> to continue]（选取第二个曲面或按 <Esc> 键退出）：选择 All...，红色曲面；

➤ 如图 5-15 所示，输入圆角半径 1.5；

➤ 单击 ，效果如图 5-16 所示。

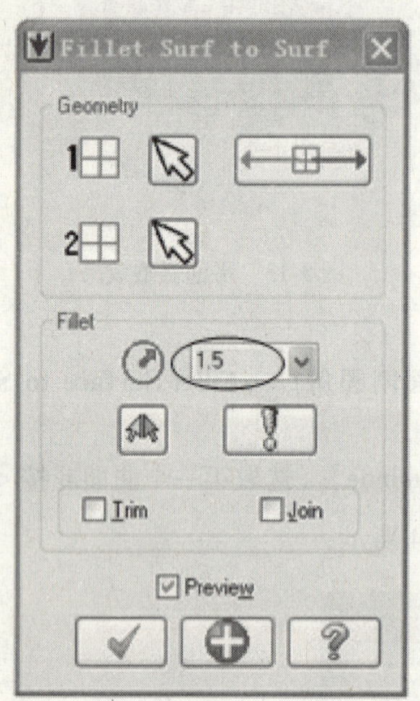

图 5-15　输入圆角半径

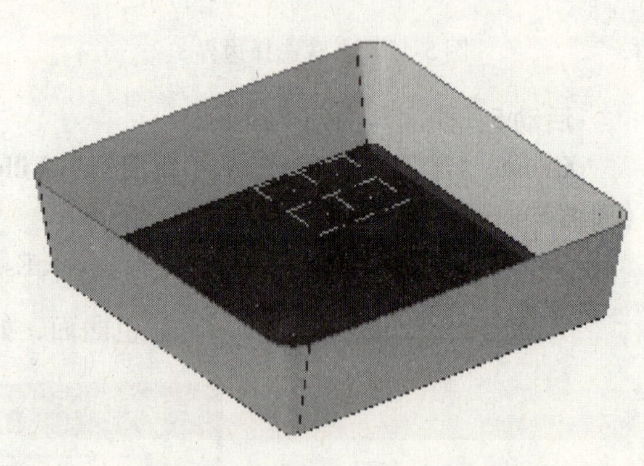

图 5-16　曲面倒圆角效果

> 图 5-15 对话框中， 1 和 2 可以重新选择面集 1 和面集 2；
> Trim（修剪）：选择的面集与圆角面相切并相互修剪；
> Join（关联）：曲面圆角会随曲面的改变而改变；
> （检查法向）：选择曲面并查看其法向；

TOOLPATH CREATION

活动 6：设置工件毛坯

Machine Type（机床类型）→Mill（铣床）→Default（自定义），如图 5-17 所示；

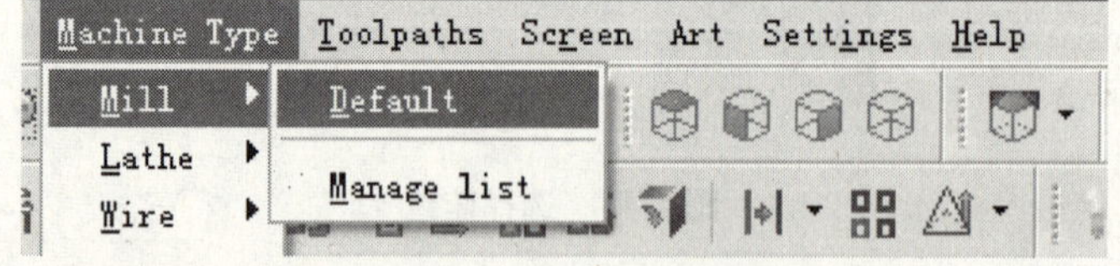

图 5-17　定义机床类型

➤ 单击 Properties（属性）前的加号，以展开刀具路径；

➤ 单击 Stock Setup（材料设置），如图 5-18 所示设置毛坯参数；

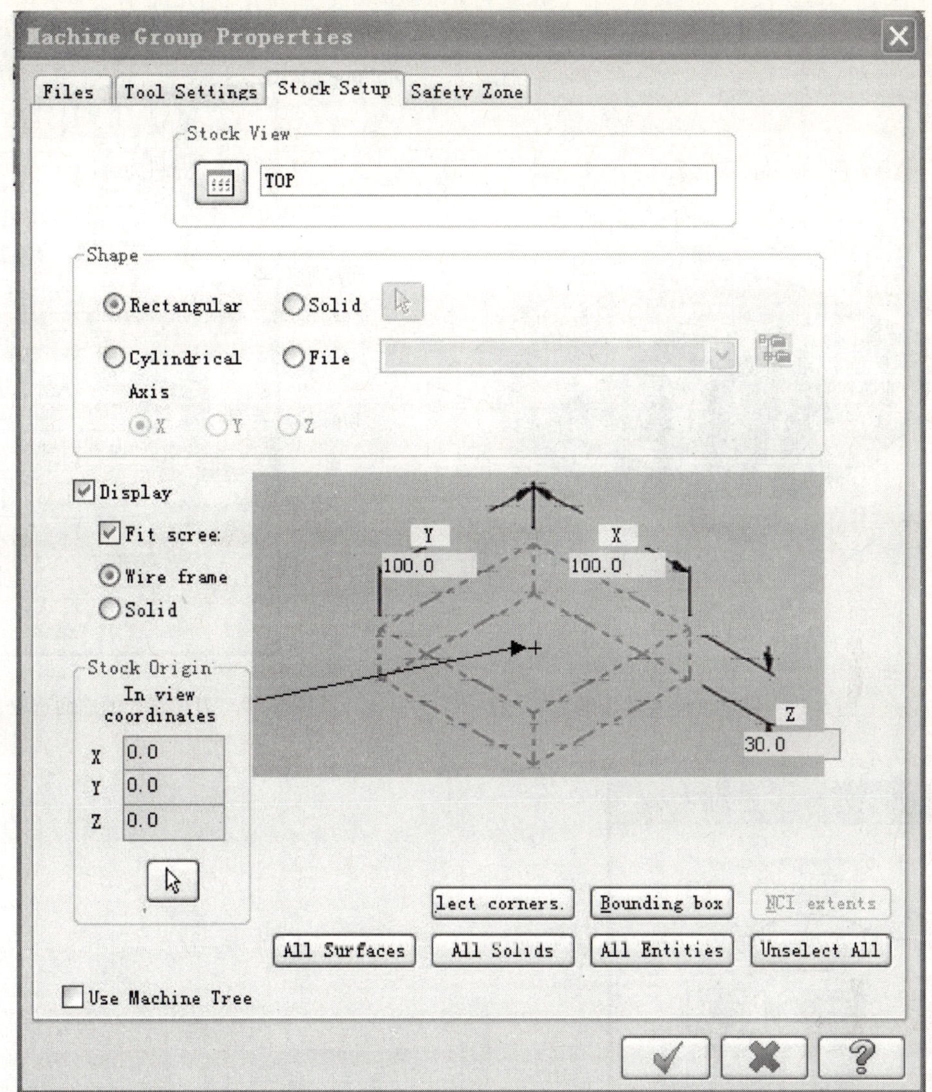

图 5-18　设置毛坯参数

➢ 设置 Tool Setting 刀具相关参数，单击，退出刀具管理器，效果如图 5-19 所示。

活动 7：挖槽粗加工

Toolpath（刀具路径）→Surface Rough（曲面粗加工）→Pocket（挖槽加工）

➢［Select Drive Surfaces］（选择加工曲面）：选择所有曲面 All... ；

➢ 单击 → 结束选择；

➢ 在弹出的如图 5-20 所示对话框中，单击“切削边界箭头”；

➢［Chain 2D tool containment boundary# 1］（串联 2D 刀具切削范围#1）：如图 5-21 所示，单击 C-plane，串联选择图 5-22 所示边界；

➢ 单击；

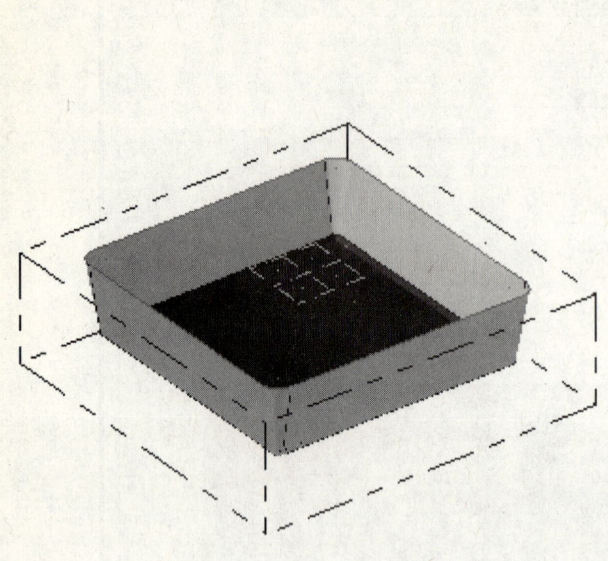

图 5-19　设定工件毛坯效果

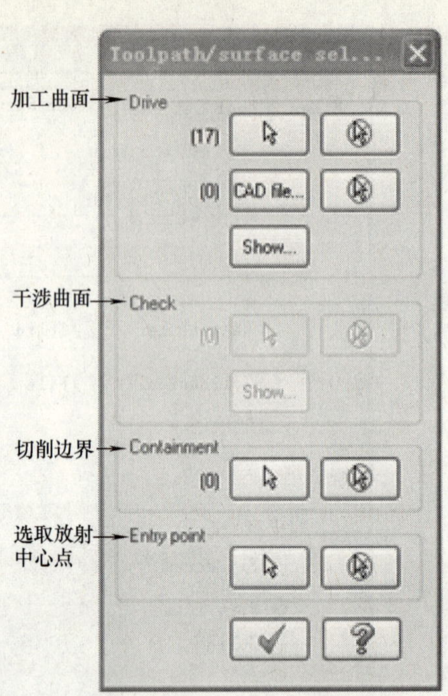

图 5-20　刀具路径的曲面选取

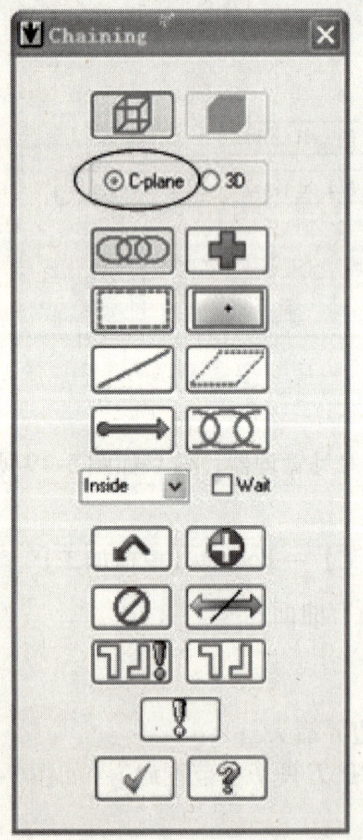

图 5-21　平面模式

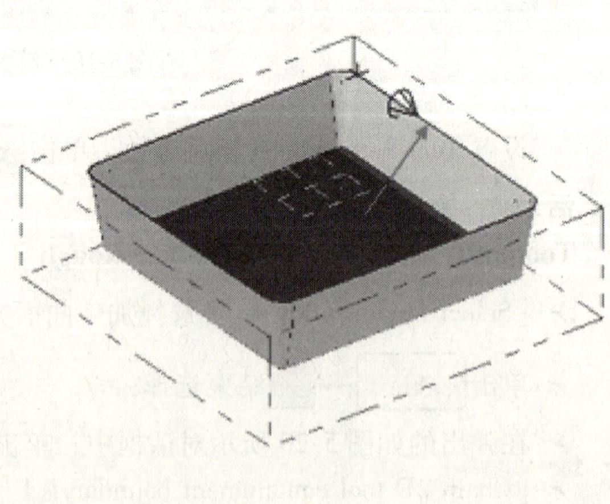

图 5-22　选择切削边界

（1）加工曲面与干涉曲面　加工曲面可以是片体，也可以是实体（系统默认选择实体面时，会将实体面全部选择，如果只选取实体的部分面，则需使用过滤器）。干涉曲面为此次加工中不加工的曲面。

（2）切削边界　当选择了整个实体或者多个曲面，而切削部位只是实体或者曲面中的局部时，可选中此项来定义切削范围。

➢ 选 ϕ16 Endmill3 Bull（圆鼻刀）；

➢ 进入如图 5-23 所示 Surface parameters（曲面参数）设置界面，修改参数；

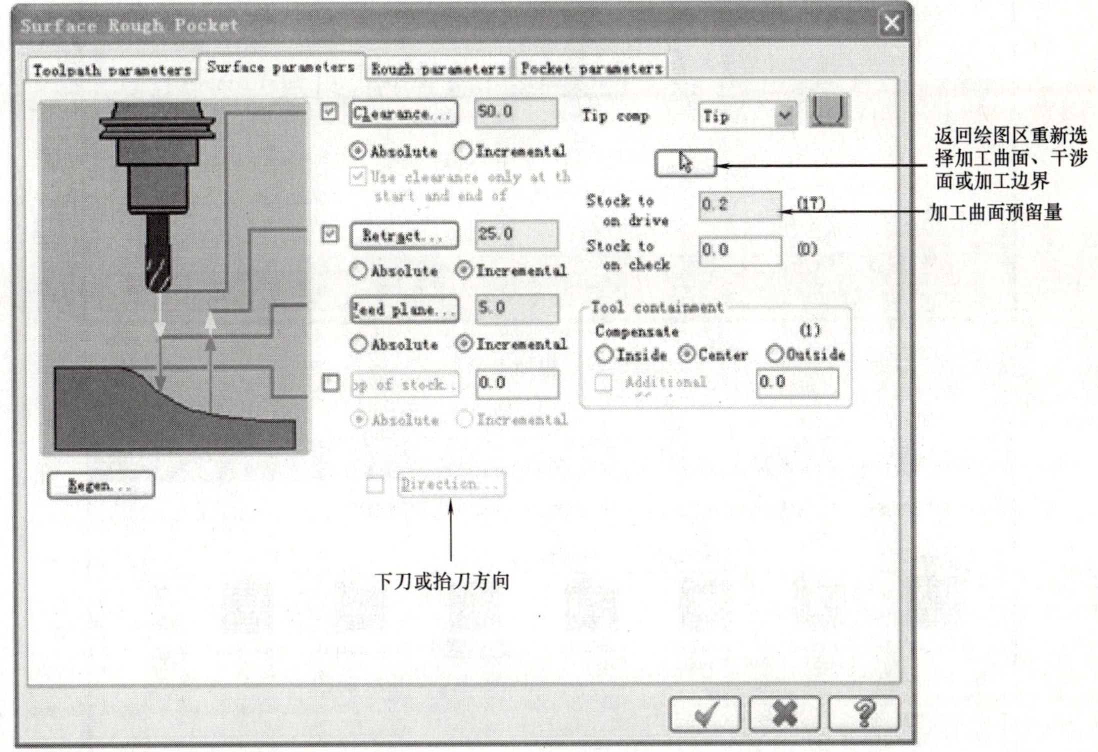

图 5-23　曲面参数设置

➢ 设置 Rough parameters（粗加工参数），如图 5-24 所示；

➢ 设置 Pocket parameters（挖槽参数），如图 5-25 所示；

➢ 单击 ✔ 。

挖槽粗工方法可用于生成介于曲面及工件边界间材料的刀具路径。其主要目的是去除大部分材料，一般作为粗加工的首选加工方式。

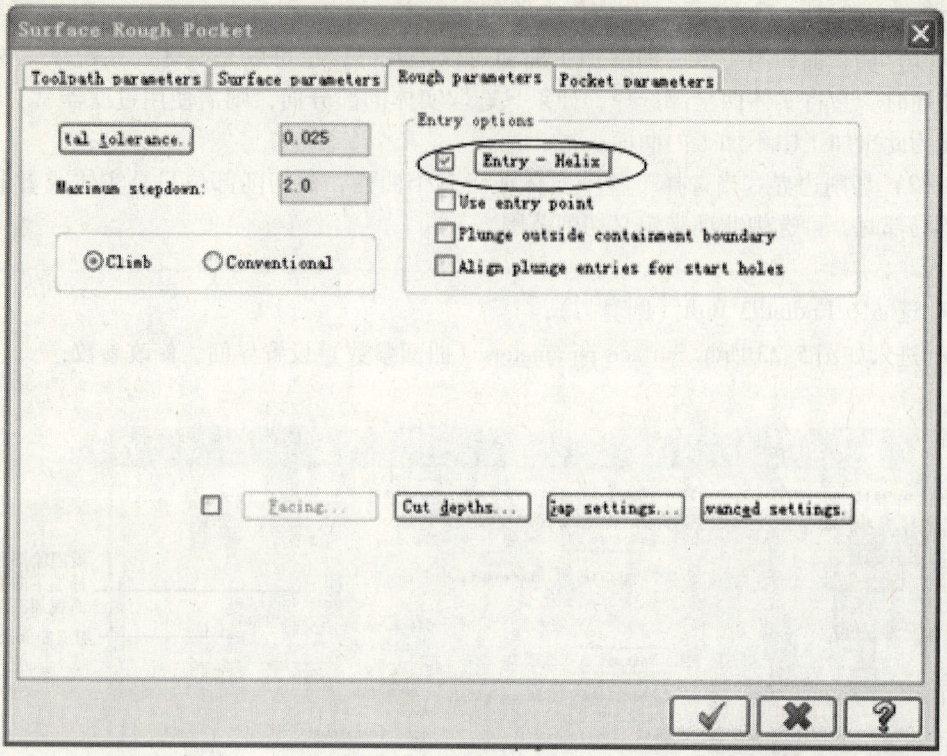

图5-24　粗加工参数

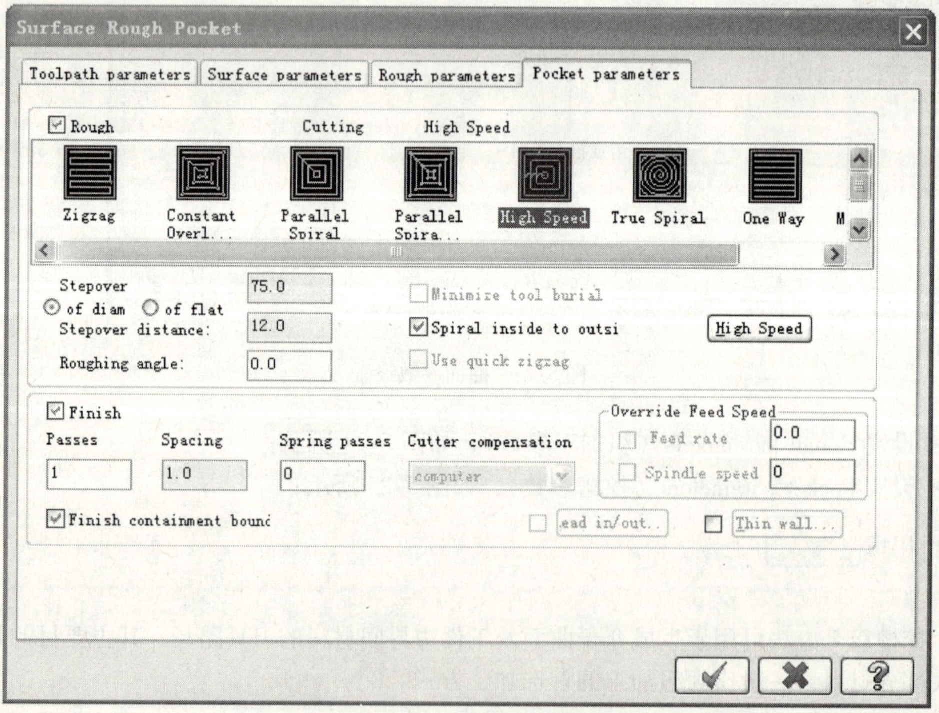

图5-25　挖槽参数设置

活动 8：浅平面精加工

Toolpath（刀具路径）→Surface Finish（曲面精加工）→shallow（浅平面加工）

- ［Select Drive Surfaces］（选择加工曲面）：选择所有红色曲面；
- 单击结束选择；
- 如图 5-26 所示，直接单击；
- 选 ϕ10 Endmill3 Sphere（圆鼻刀）；
- 进入如图 5-27 所示 Surface parameters（曲面参数）设置界面，修改参数；
- 设置 Finish Shallow parameters（浅平面精加工参数），如图 5-28 所示；
- 单击。

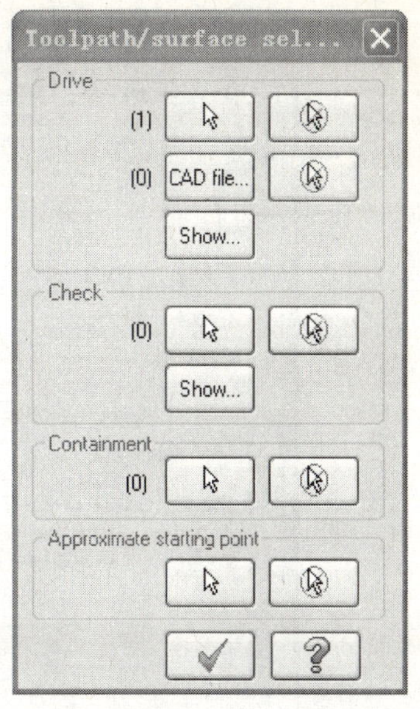

图 5-26　加工面选择对话框

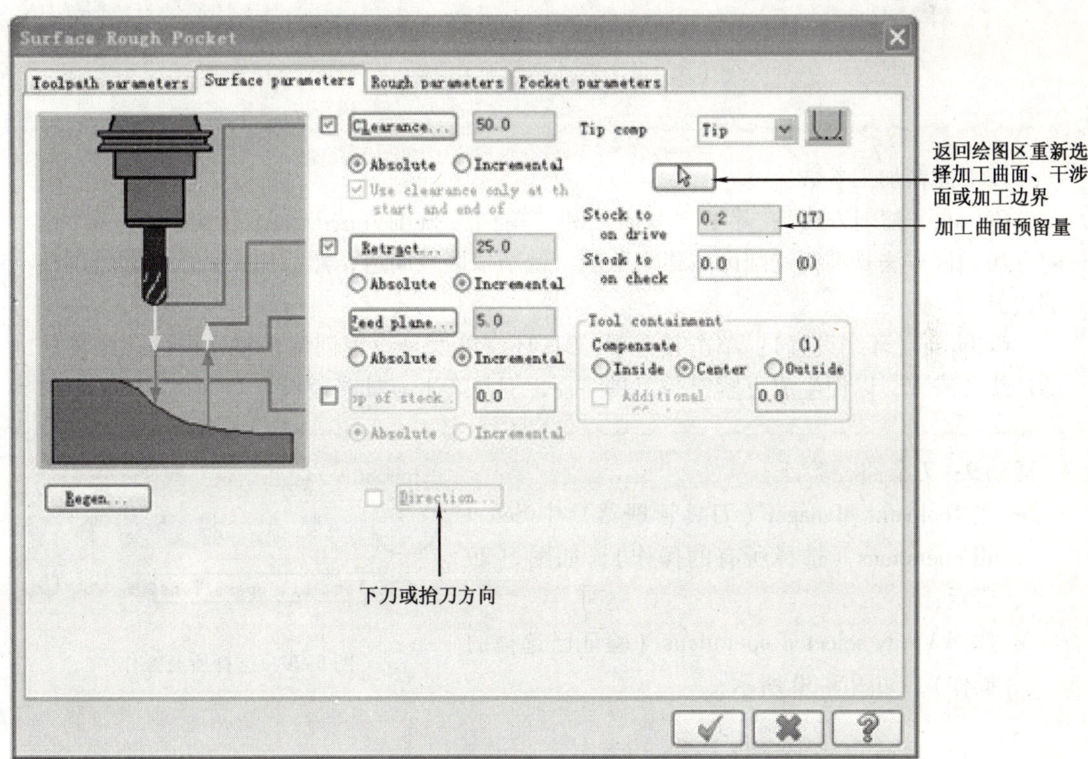

图 5-27　曲面参数设置

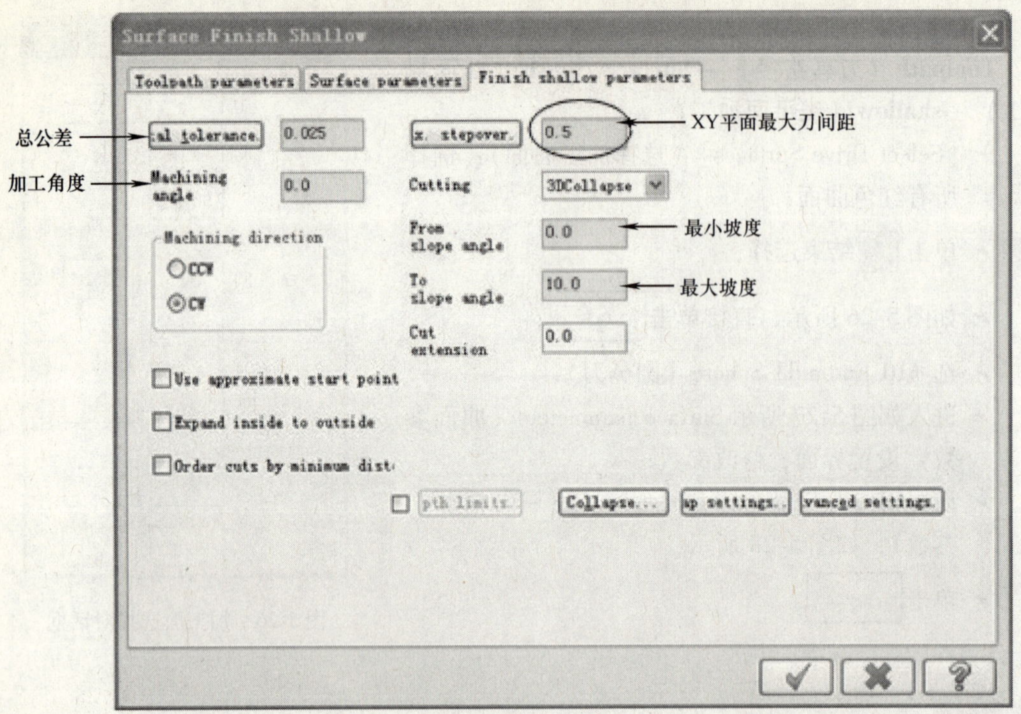

图 5-28　浅平面精加工参数

浅平面精加工参数：

Cutting（切削方法）：除了“双向”和“单向”铣削方法外，还有“3D 环绕”铣削方法，该方法是围绕铣削区域建立范围，铣削该区域周边，然后用大铣削间距铣削外部边界。

Collapse（环绕设置）：单击其选项，3D 环绕精度是设置创建平整光滑的三维环区的环绕分辨率，以便生成更紧密的刀具路径，但是产生刀具路径长。

活动 9：刀具路径验证

- 在 Toolpaths Manager（刀具管理器）中 Select all operations（选择所有的操作），如图 5-29 所示；
- 选择 Verify selected operations（验证已选择的操作），如图 5-30 所示；

图 5-29　选择所有操作

图 5-30　验证所选的操作

➢ 通过移动速度控制条，设定 Verify speed，单击▶，如图 5-31 所示；

➢ 单击✔，工件加工效果如图 5-32 所示。

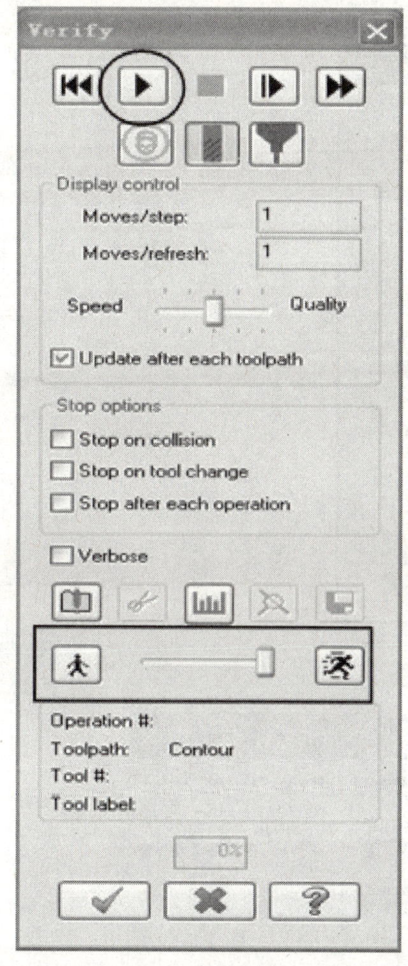

图 5-31　验证零件的数控加工

图 5-32　零件加工效果

活动 10：保存文件

➢ File name（文件名）：“项目 5”；

➢ 单击💾保存。

活动 11：生成 NC 文件

➢ 选中所有操作；

➢ 选择 Post selected operations（后处理已选择的操作），如图 5-33 所示；

图 5-33　后处理

➢ 如图 5-34 所示，单击 ✔ 继续操作；
➢ 生成如图 5-35 所示 NC 文件，单击保存。
➢ 单击右上角的 ✕，退出程序编辑对话框。

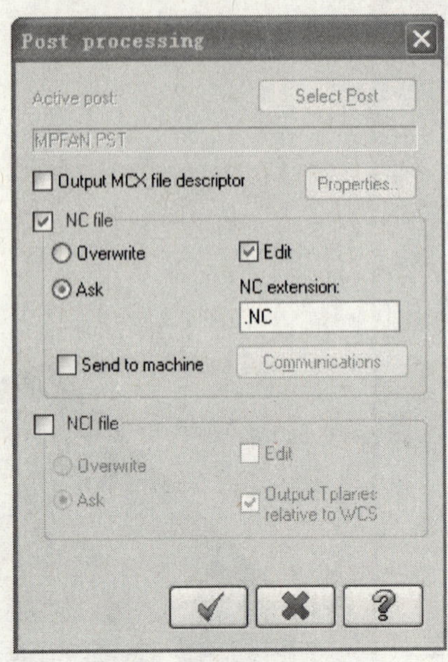

图 5-34　生成后处理文件

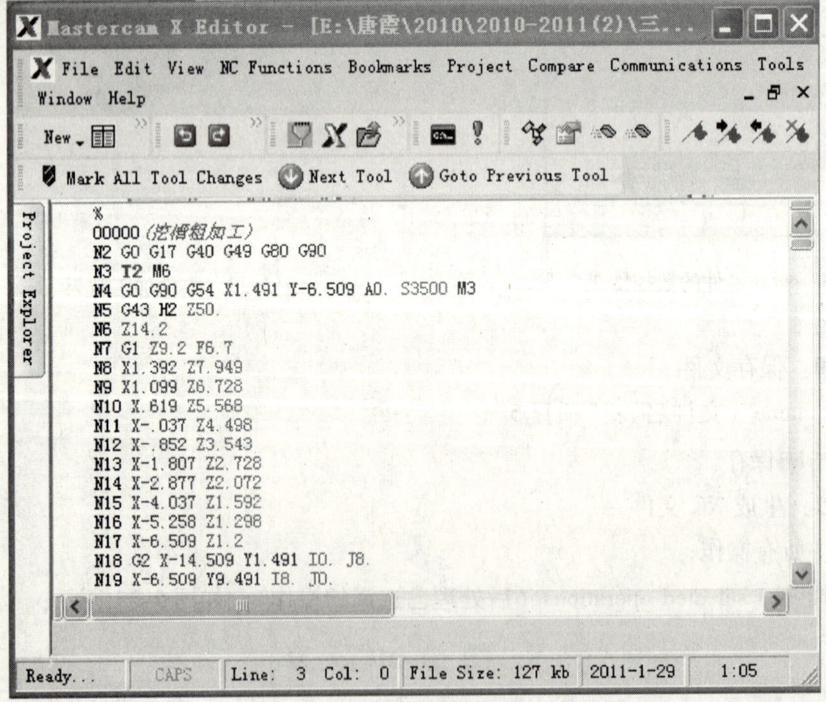

图 5-35　生成的 NC 文件

【项目自测】

1. 利用挖槽粗加工、浅平面精加工命令，对如图 5-36 所示的曲面进行加工。

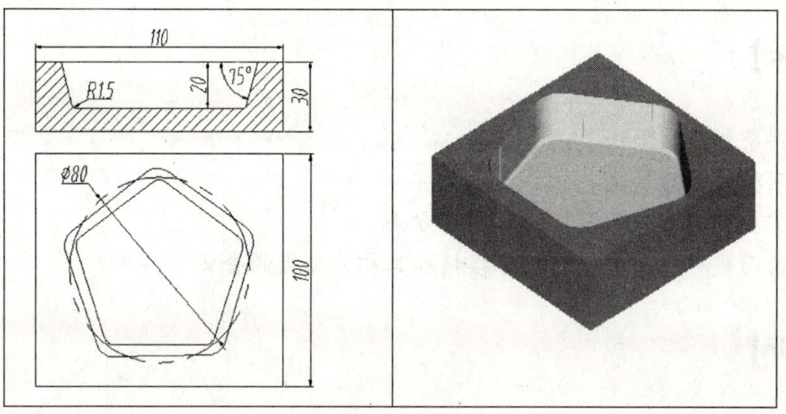

图 5-36　习题 1

2. 利用挖槽粗加工、浅平面精加工命令，对如图 5-37 所示的曲面进行加工。

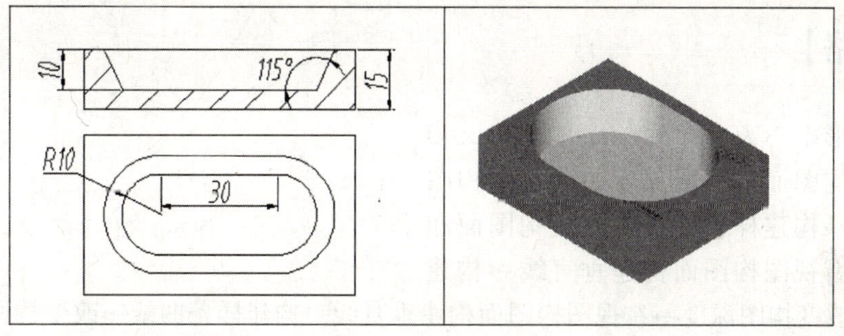

图 5-37　习题 2

项目六　零件的残料粗加工与熔接精加工

【知识目标】

1. 掌握样条曲线的画法。
2. 掌握网格曲面的创建。
3. 熟练掌握构图面和构图深度的修改方法。
4. 熟悉曲面残料粗加工、曲面熔接精加工相应参数的含义。

【任务分析】

绘制如图 6-1 所示的三维线架，并使用曲面挖槽粗加工、曲面残料粗加工、曲面熔接精加工完成其数控加工。

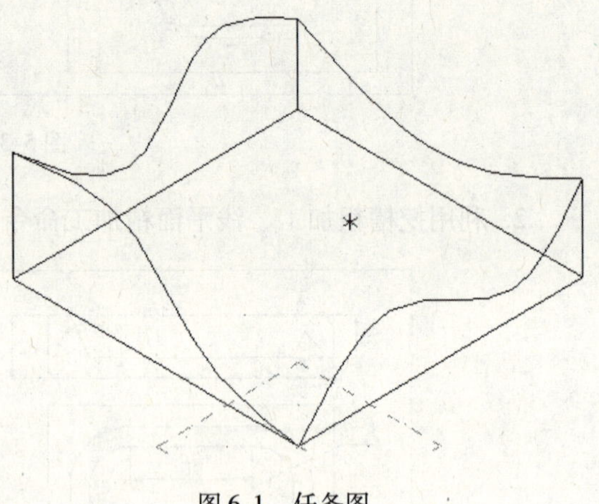

图 6-1　任务图

【活动思路】

确定矩形中心为坐标原点，构建 40 × 40 矩形→改变构图面和构图深度→前视图构图面构建直线→构建样条曲线→改变构图面和构图深度→右视图构图面构建垂直线→构建样条曲线→改变构图深度→右视图构图面构建垂直线→构建样条曲线→改变构图面和构图深度→构建样条曲线→构建昆氏曲面。

确定刀具路径：创建边界盒→设置工件毛坯→曲面挖槽粗加工→曲面残料粗加工→曲面熔接精加工→外形铣削加工。

【活动过程】

活动 1：构建 40 ×40 矩形

Create（构图）→Rectangular（矩形）

➢［Select position of base point］（选取基点的位置）：如图 6-2 所示；

➢ 单击☑，效果如图 6-3 所示。

活动 2：改变构图面和构图深度

➢ 如图 6-4 所示，选择前视图构图面；

➢ 改变构图深度 Z：20，如图 6-5 所示；

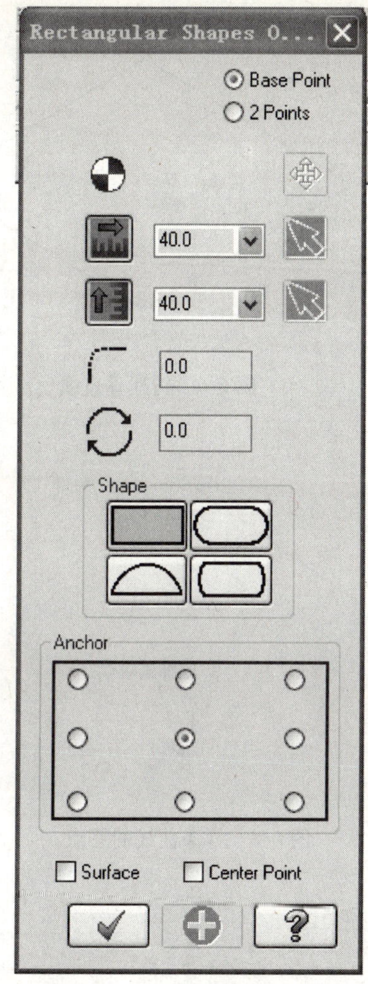

图 6-2　矩形参数设置

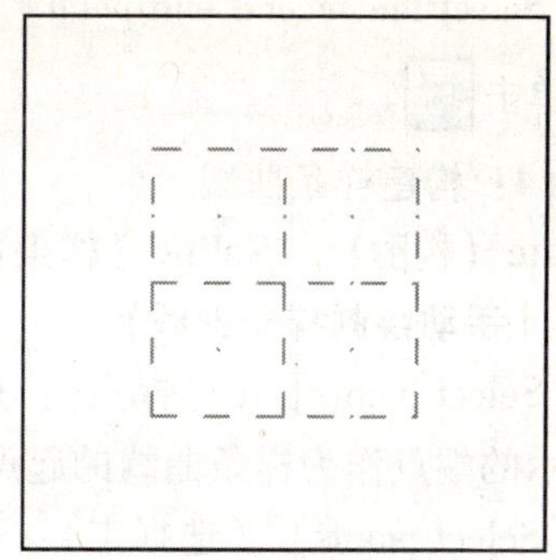

图 6-3　40×40 的矩形

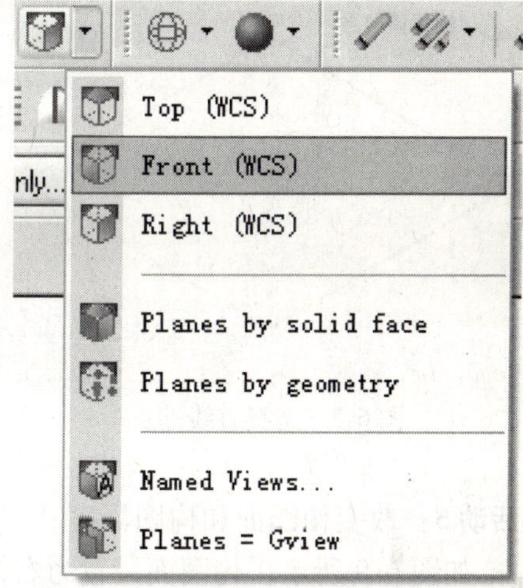

图 6-4　选择前视图构图面

图 6-5　改变构图深度

设置几何或刀具路径的 Z 深度值有以下方法：

1）在区域内输入值，如图 6-5 所示；

2）单击下拉箭头选择一个最近使用的值；

3）单击“Z”标签，在几何窗口中选取一个位置，使用其 Z 值。

活动 3：前视图构图面构建直线

Create（构图）→Line（直线）→Endpoint（端点绘线）

➢ 选择垂直线图标 ：

➢［Select the first endpoint］（选择第一个端点）：结果如图 6-6 所示直线端点；

➢ [Select the second end point]（选择第二个端点）：在合适位置单击左键；

➢ 单击☑。

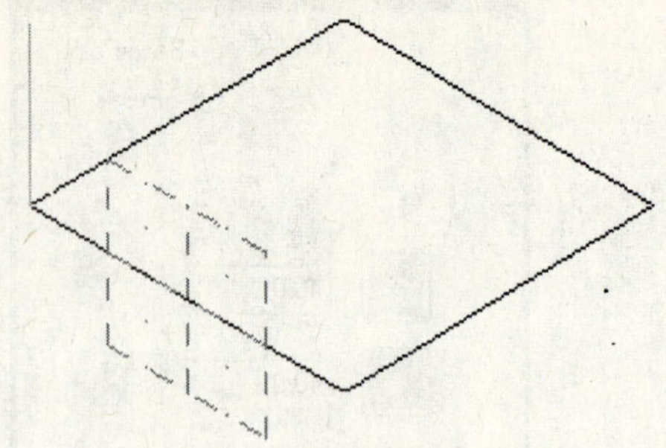

图 6-6 构建垂直线

活动 4：构建样条曲线

Create（构图）→Spline（样条曲线）→Manual Spline（手动绘制样条曲线）

➢ [Select points]（选择点）：选择如图 6-7 所示的端点作为样条曲线的起点；

➢ [Select points]（选择点）：选择如图 6-8 所示的端点作为样条曲线的终点；

➢ 单击 Enter 。

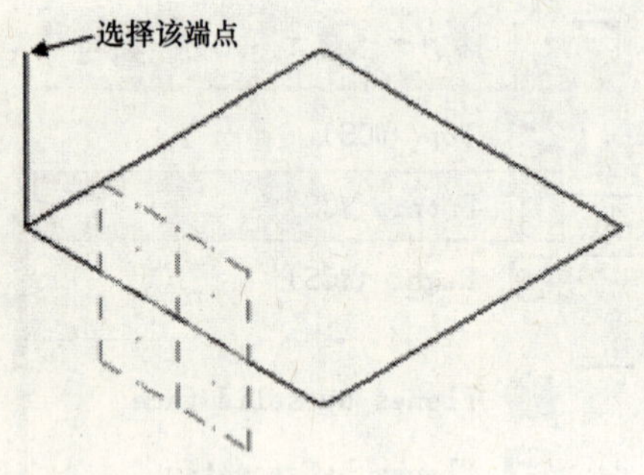

图 6-7 选择直线端点

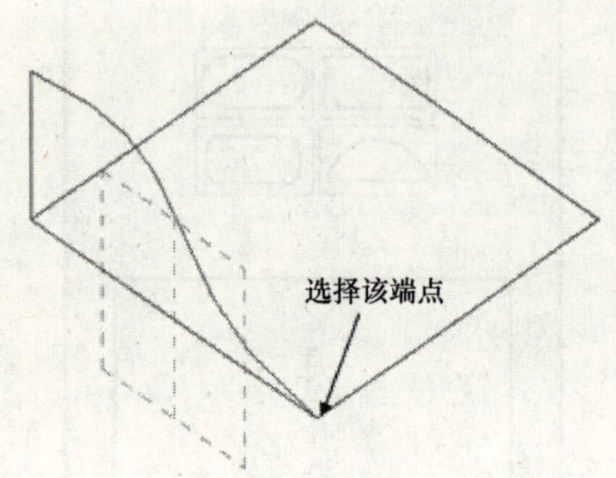

图 6-8 样条曲线的终点

活动 5：改变构图面和构图深度

➢ 如图 6-9 所示，构图面设置为右视图；

➢ 构图深度 Z：20；

➢ 单击 ，将视图变为 Isometric（等轴视图），如图 6-10 所示。

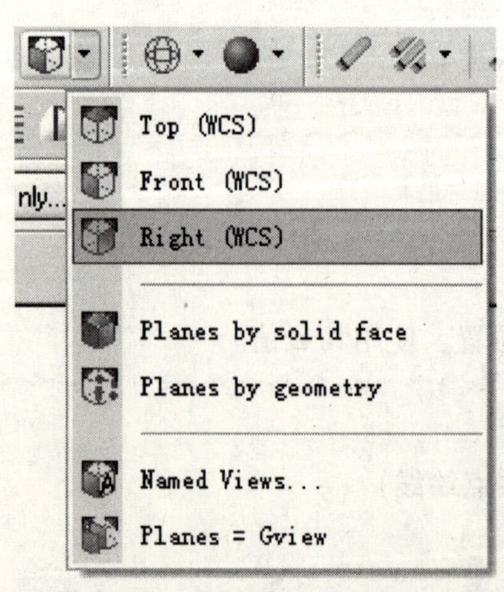

图 6-9 改变构图面

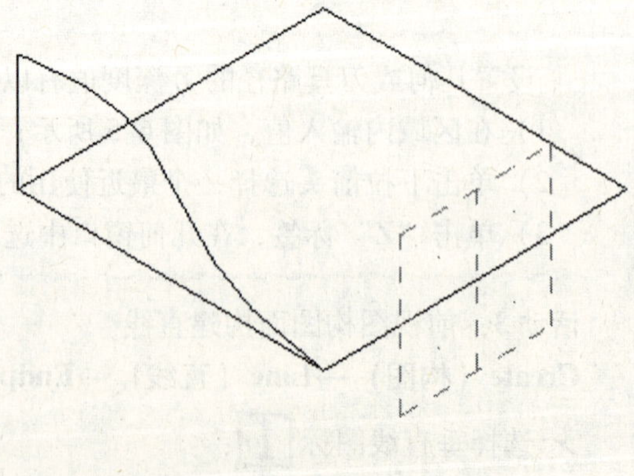

图 6-10 右视图构图面

二维和三维工作模式差异：

在 2D 模式中，所绘制的几何图形均位于或平行于绘图平面，几何图形相对绘图平面 Z 方向的距离，构图深度 Z 自由设定。

在 3D 模式中，X、Y、Z 坐标取决于动态绘图时的光标。状态栏上的 Z 深度不可用。工作在三维模式，可以绘制点在不同平面上的图元。

活动 6：右视图构图面构建垂直线

Create（构图）→Line（直线）→Endpoint（端点绘线）

➢ 选择垂直线图标；

➢［Select the first endpoint］（选择第一个端点）：结果如图 6-11 所示；

➢ 单击。

活动 7：构建样条曲线

Create（构图）→Spline（样条曲线）→Manual Spline（手动绘制样条曲线）

➢［Select points］（选择点）：选择如图 6-12 所示的起点；

➢［Select points］（选择点）：选择如图 6-12 所示的终点；

➢ 单击 Enter 。

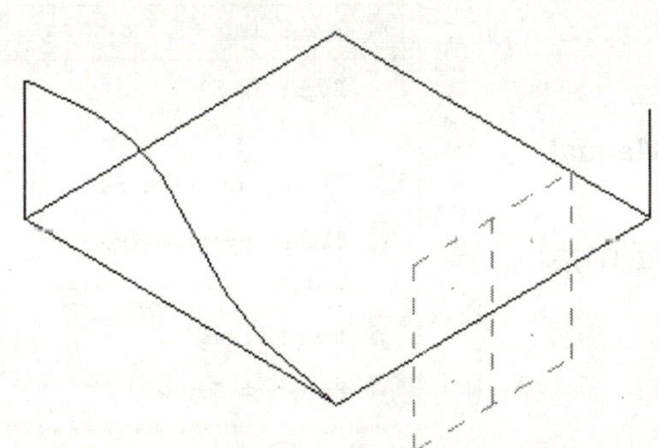

图 6-11　构建垂直线

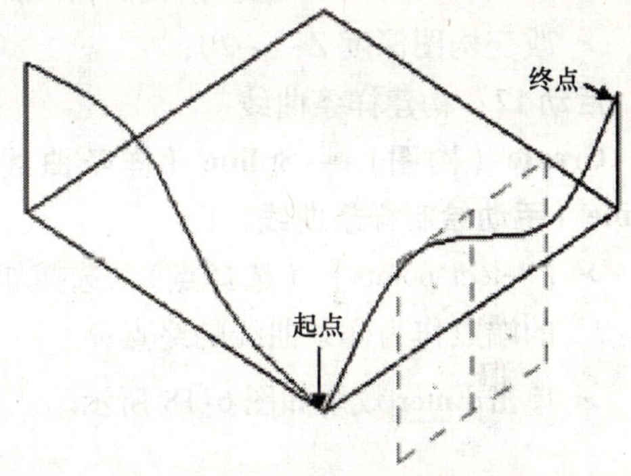

图 6-12　样条曲线的两端点

活动 8：改变构图深度

➢ 右视图构图面将 Z 设为 -20，如图 6-13 所示。

Planes　Z -20.0

图 6-13　改变构图深度 Z

活动 9：右视图构图面构建垂直线

Create（构图）→Line（直线）→Endpoint（端点绘线）

➢ 选择垂直线图标；

➢［Select the first endpoint］（选择第一个端点）：结果如图 6-14 所示；

➢ 单击。

活动 10：构建样条曲线

Create（构图）→Spline（样条曲线）→Manual Spline（手动绘制样条曲线）

➢［Select points］（选择点）：分别选择如图 6-15 所示端点作为样条曲线的起点和终点；

➢ 单击 Enter ；

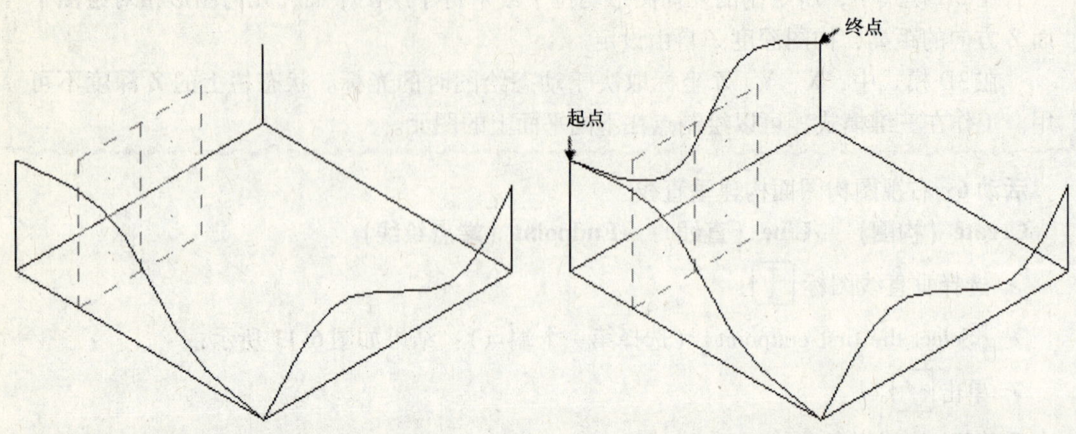

图 6-14　构建垂直线　　　　图 6-15　右视图构图面绘制样条曲线

活动 11：改变构图面和构图深度

➢ 如图 6-16 所示，选择前视图构图面；

➢ 改变构图深度 Z：－20；

活动 12：构建样条曲线

Create（构图）→Spline（样条曲线）→Manual Spline（手动绘制样条曲线）

➢［Select points］（选择点）：选择如图 6-17 所示的端点作为样条曲线的终点；

➢ 单击 Enter 效果如图 6-18 所示。

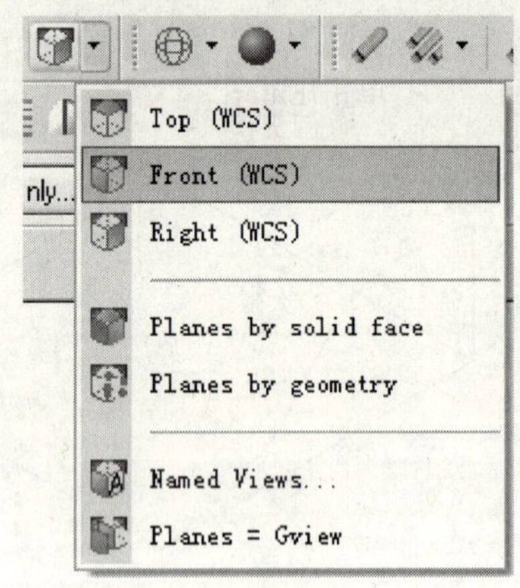

图 6-16　选择前视图构图面

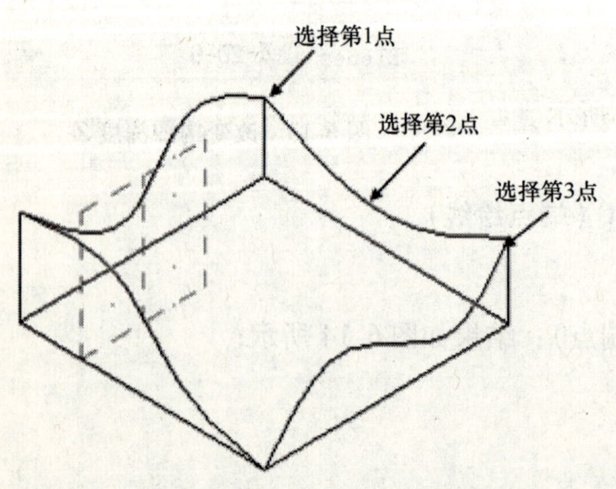

图 6-17　构建样条曲线

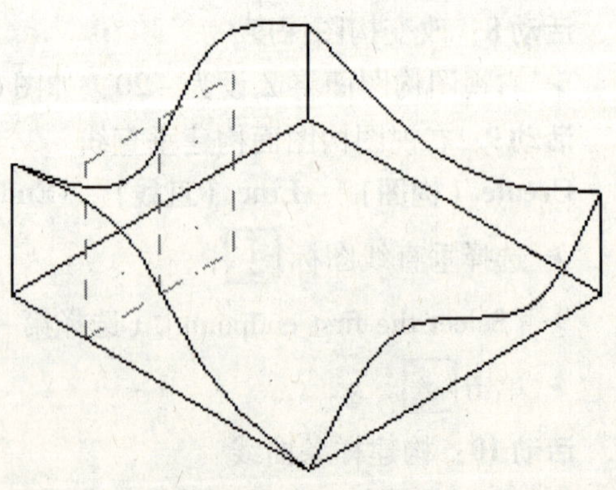

图 6-18　样条曲线效果

活动 13：构建昆氏曲面

Create（构图）→Surface（曲面）→Net（网格曲面）

➢ 如图 6-19 所示，选择串联方式；

➢ 如图 6-20 所示，依次选择图素；

➢ 单击如图 6-19 所示效果如图 6-21 所示。

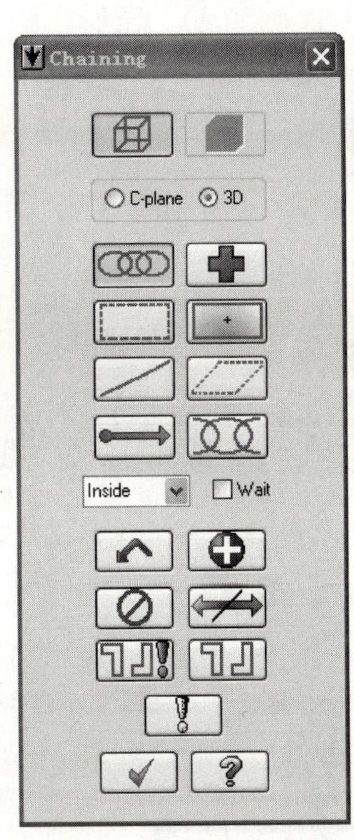

图 6-19　串联选择

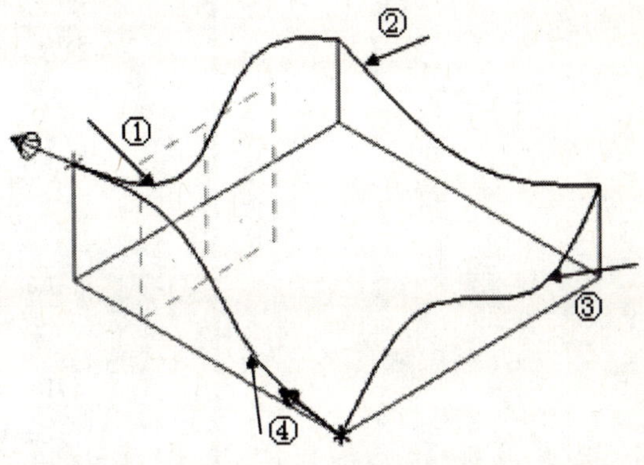

图 6-20　串联图素选择

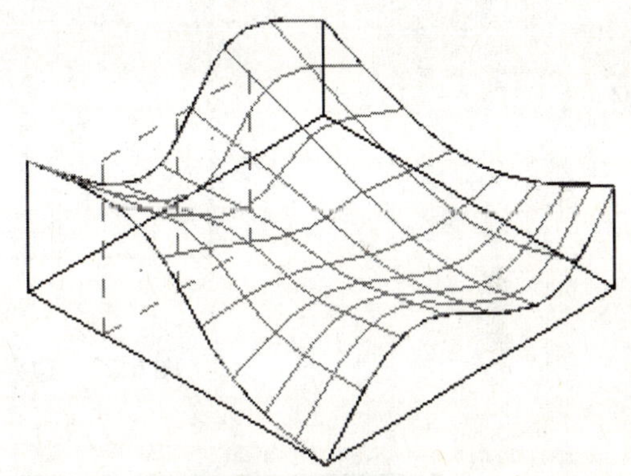

图 6-21　网格曲面效果

TOOLPATH CREATION

活动 14：创建边界盒

Create（构图）→Bounding box（边界盒）

➢ 设置边界盒参数，如图 6-22 所示；

➢ 单击 。

活动 15：设置工件毛坯

Machine Type（机床类型）→Mill（铣床）→Default（自定义），如图 6-23 所示；

➢ 选择 Properties（属性）前的加号，以展开刀具路径；

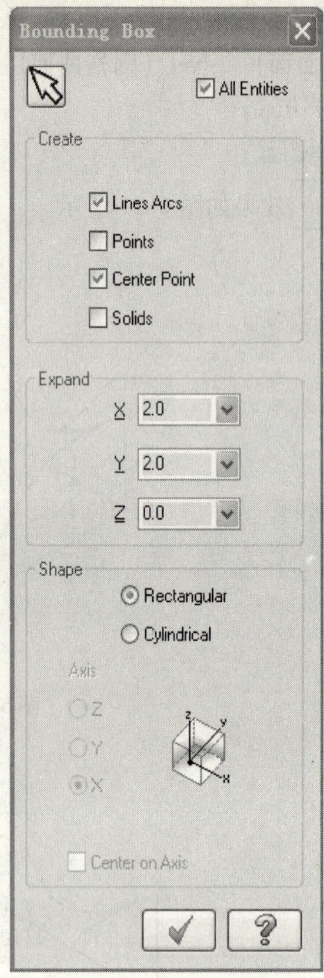

图 6-22　边界盒参数设置

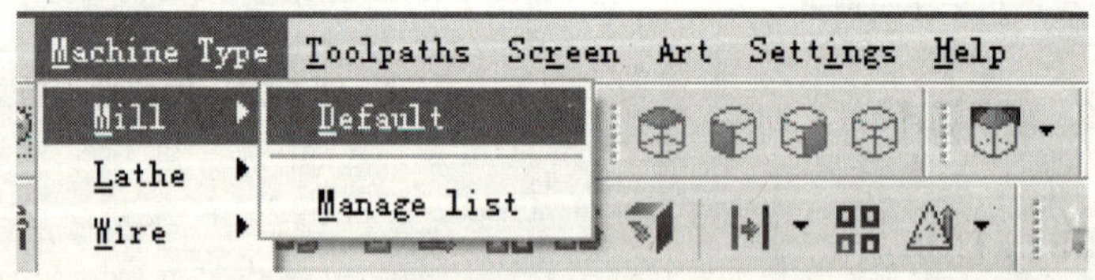

图 6-23　定义机床类型

- 选择 Stock setup（材料设置），如图 6-24 所示设置毛坯参数；
- 选择机器群组属性中的 Bounding box（边界盒）；
- 设置 Tool Setting 刀具相关参数；
- 单击✓，退出刀具管理器。

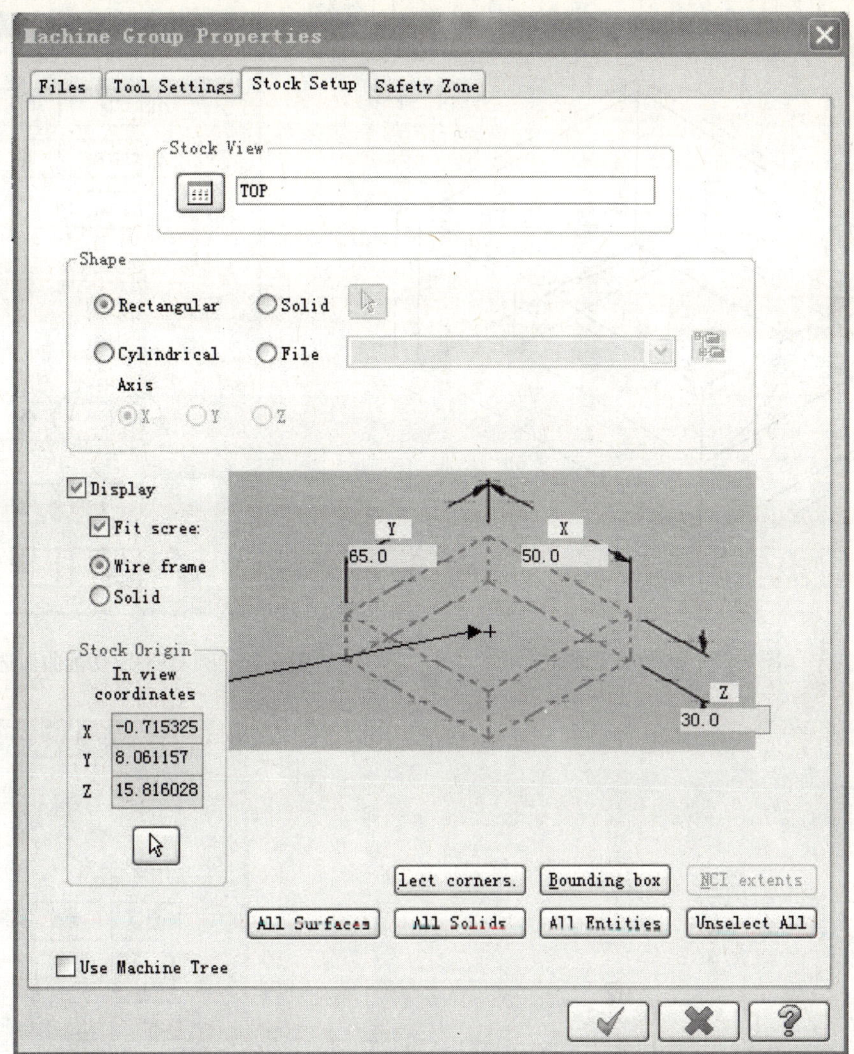

图 6-24　毛坯参数

活动 16：曲面挖槽粗加工

Toolpath（刀具路径）→Surface Rough（曲面粗加工）→Pocket（挖槽加工）

- ［Select Drive Surfaces］（选取加工曲面）：选取如图 6-25 所示网格曲面；
- 单击结束选择；
- 单击如图 6-26 所示 Containment（切削边界）；
- 选中如图 6-27 所示四条边线；
- 如图 6-28 所示单击；
- 单击；

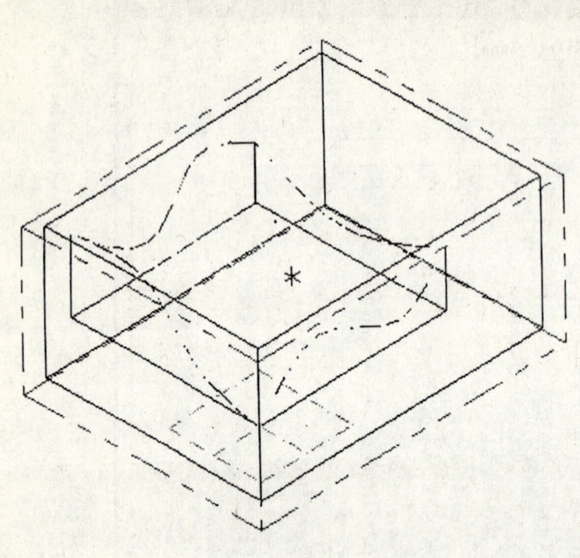

图 6-25　选择加工曲面

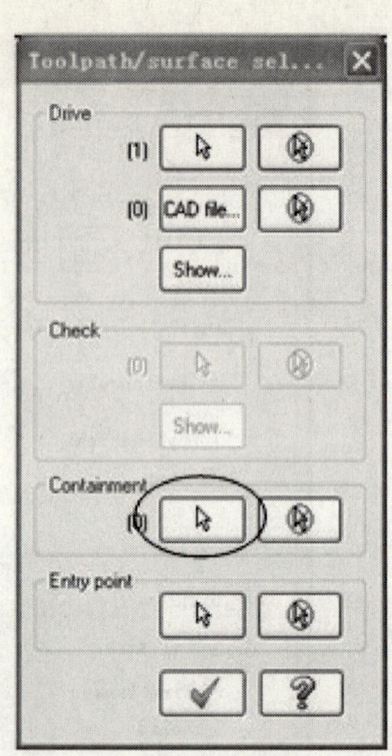

图 6-26　刀具路径/切削曲面选择对话框

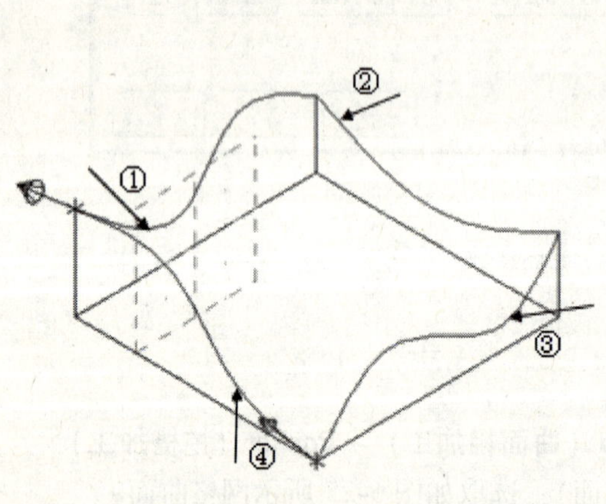

图 6-27　切削边界选择

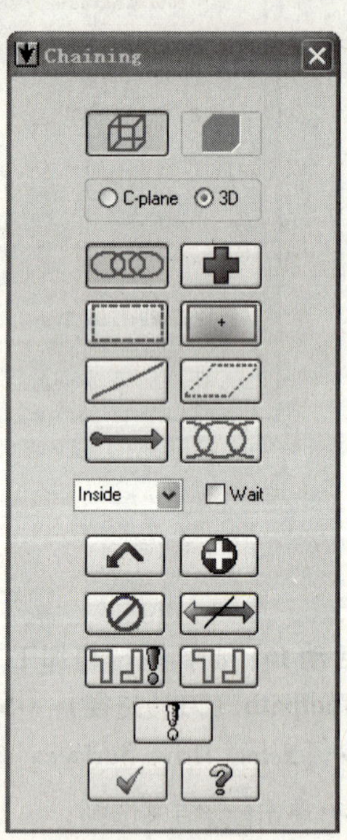

图 6-28　串联方式

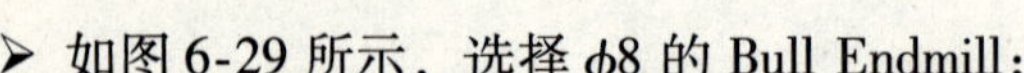

➢ 如图 6-29 所示，选择 $\phi8$ 的 Bull Endmill；

➢ 设置曲面粗加工参数，如图 6-30 所示；

➢ 选择 Rough parameters，参数设置如图 6-31 所示；

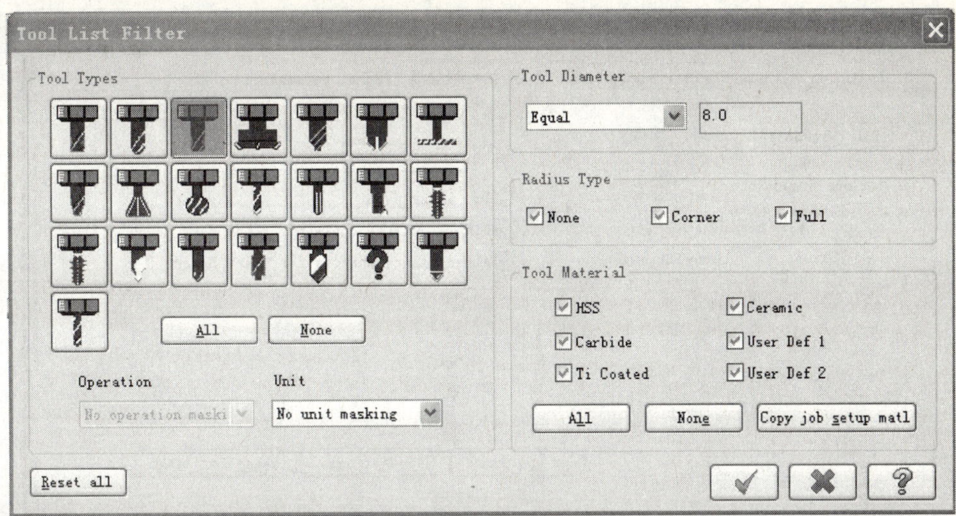

图 6-29　刀具选择

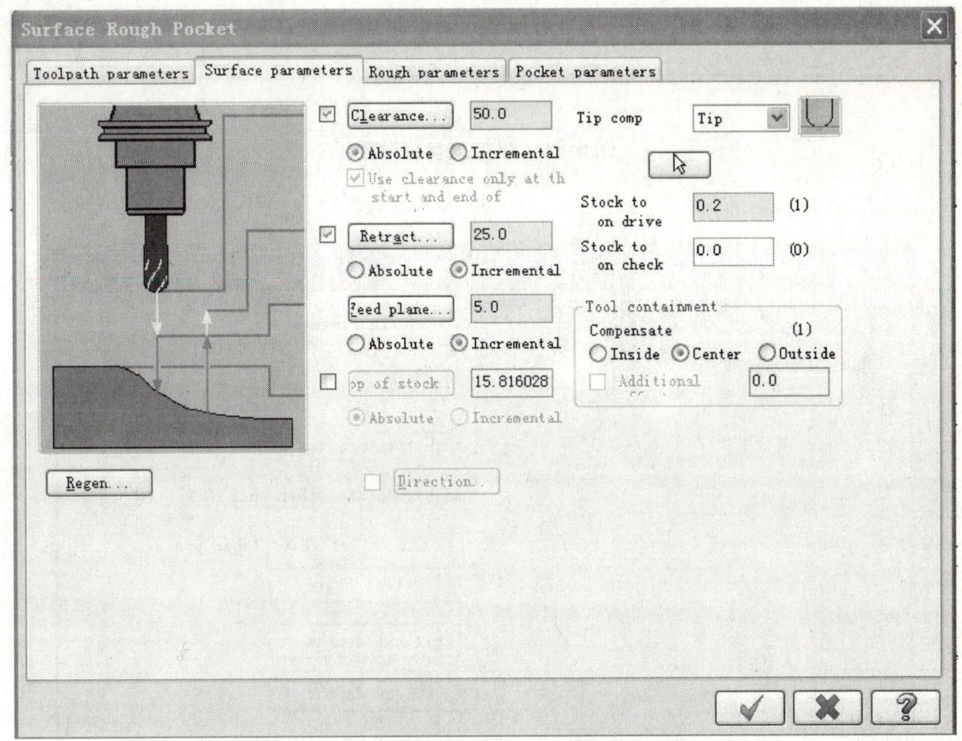

图 6-30　曲面粗加工参数设置

➢ 单击进入 Cut depths 页面，设置参数如图 6-32 所示；

➢ 单击☑退出界面；

➢ 选择 Entry-Helix 按钮，设置如图 6-33 所示；

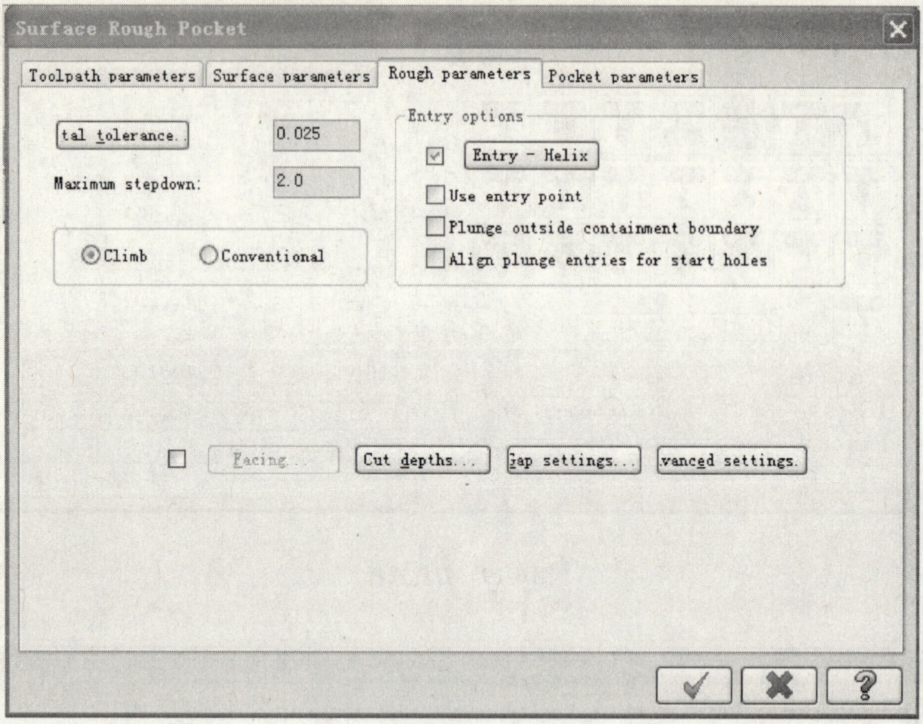

图 6-31 粗加工参数设置

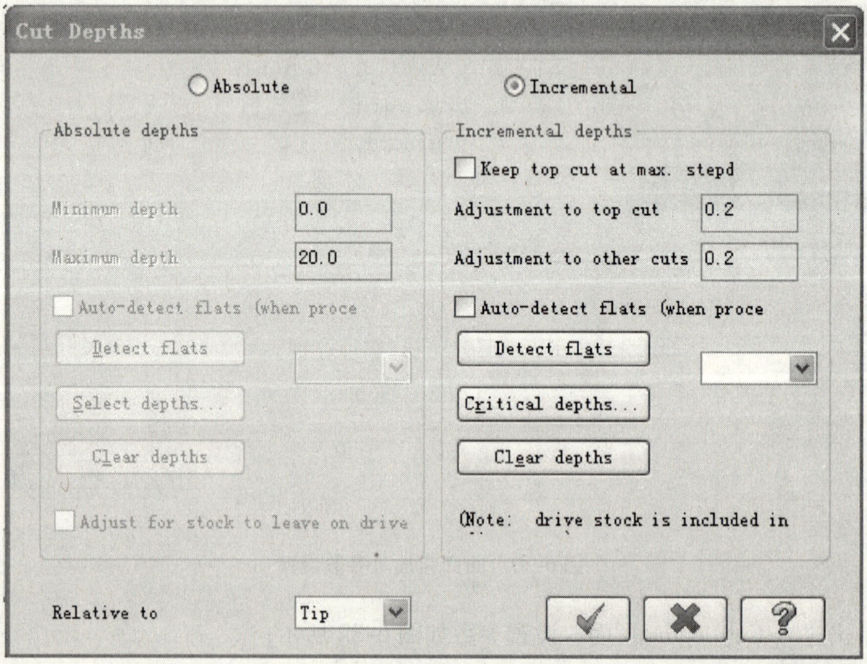

图 6-32 切削深度参数设置

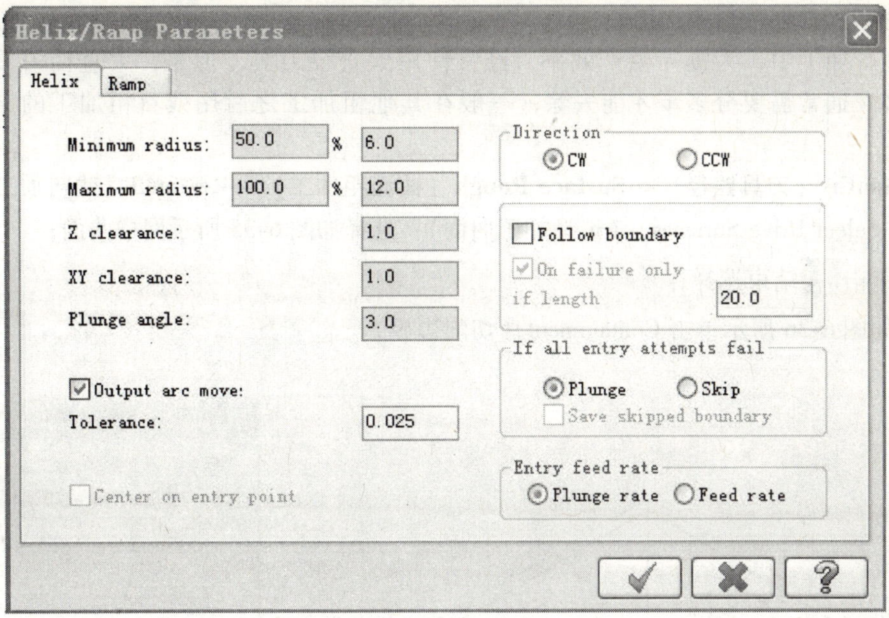

Helix/Ramp Parameters
Helix
Ramp
Minimum radius:
50.0
%
6.0
Maximum radius:
100.0
%
12.0
Z clearance:
1.0
XY clearance:
1.0
Plunge angle:
3.0
Output arc move:
Tolerance:
0.025
Center on entry point
Direction
CW
CCW
Follow boundary
On failure only
if length
20.0
If all entry attempts fail
Plunge
Skip
Save skipped boundary
Entry feed rate
Plunge rate
Feed rate

图 6-33　下刀参数设置

➢ 单击进入 Pocket parameters，设置参数如图 6-34 所示；

➢ 单击 。

Surface Rough Pocket
Toolpath parameters
Surface parameters
Rough parameters
Pocket parameters
Rough
Cutting
Parallel Spiral
Zigzag
Constant Overl...
Parallel Spiral
Parallel Spira...
High Speed
True Spiral
One Way
Stepover
of diam
of flat
75.0
Stepover distance:
9.0
Roughing angle:
0.0
Minimize tool burial
Spiral inside to outsi
Use quick zigzag
High Speed
Finish
Passes
1
Spacing
0.2
Spring passes
0
Cutter compensation
computer
Override Feed Speed
Feed rate
0.0
Spindle speed
0
Finish containment bound
ead in/out...
Thin wall...

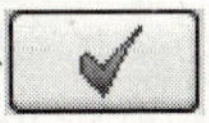

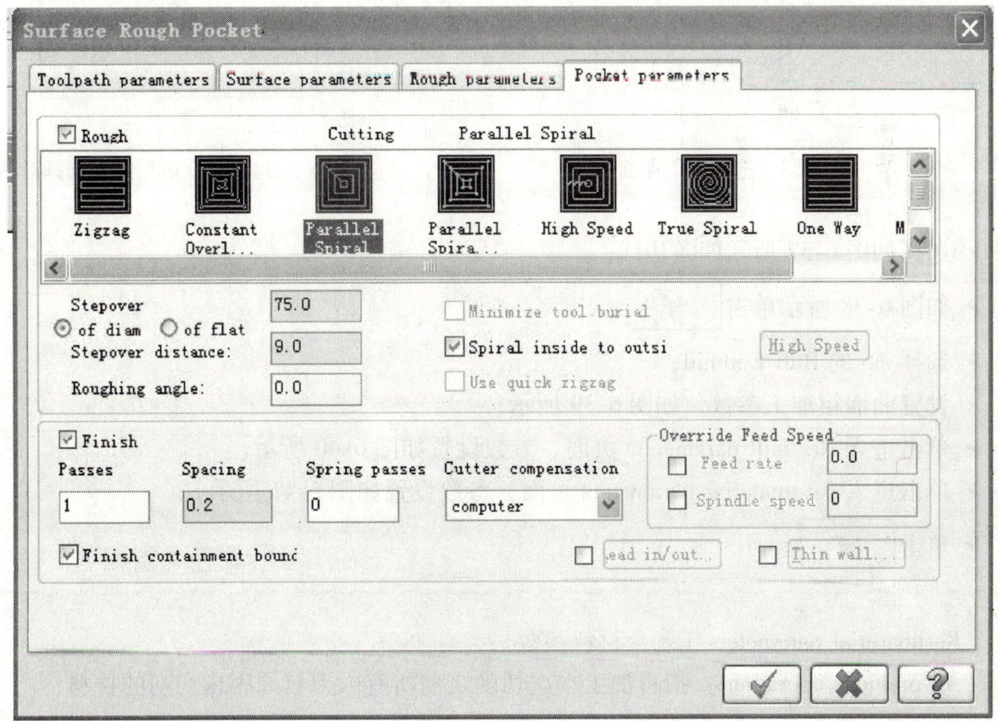

图 6-34　挖槽参数设置

活动 17：曲面残料粗加工

在生产加工中，为提高生产效率，经常使用大直径刀具。但是，大直径刀具留下的余料较多，通常需要分多步才能去除，一般在其他粗加工之后用残料粗加工的方式去除余料。

Toolpaths（刀具路径）→Surface Rough（曲面粗加工）→Restmail（残料加工）

➢［Select Drive Surfaces］（选择加工曲面）：选择如图 6-35 所示网格曲面；

➢ 单击 结束选择；

➢ 如图 6-36 所示单击 Containment（切削边界）；

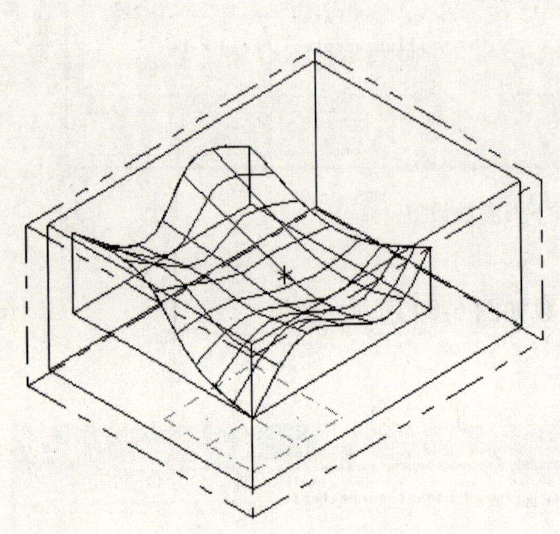

图 6-35 选择加工曲面

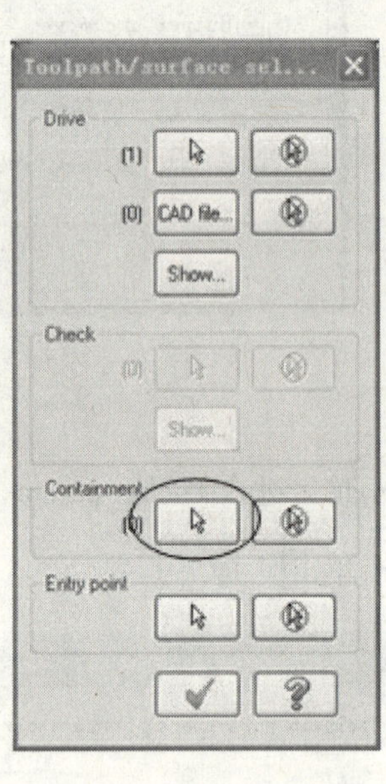

图 6-36 刀具路径/切削曲面选择对话框

➢ 选择如图 6-37 所示四条边线；

➢ 如图 6-38 所示单击 ；

➢ 选择 $\phi5$ 的 Bull Endmill；

➢ 设置曲面粗加工参数，如图 6-39 所示；

➢ 单击进入 Restmill parameters 页面，参数设置如图 6-40 所示；

➢ 单击进入 Restmaterial parameters 页面，参数设置如图 6-41 所示；

➢ 单击 。

Restmaterial parameters（剩余材料参数）：

All previous operations：指将加工本次切削之前所有因刀具原因未切削的材料；

One other operations：指将加工选定的操作中因刀具原因未切削的材料。

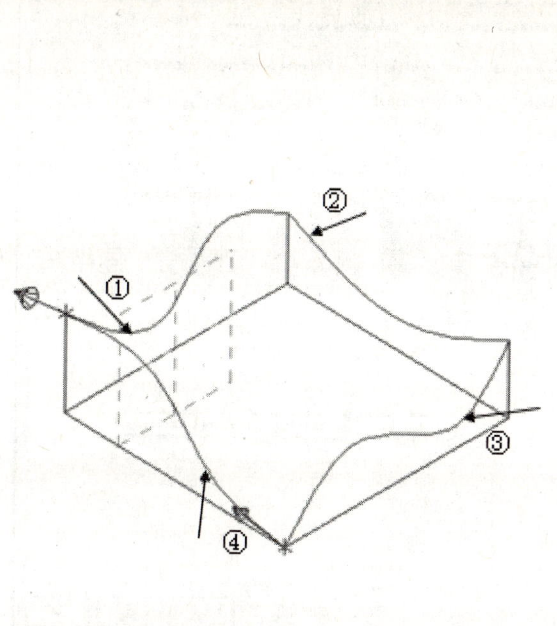

图 6-37　切削边界选择

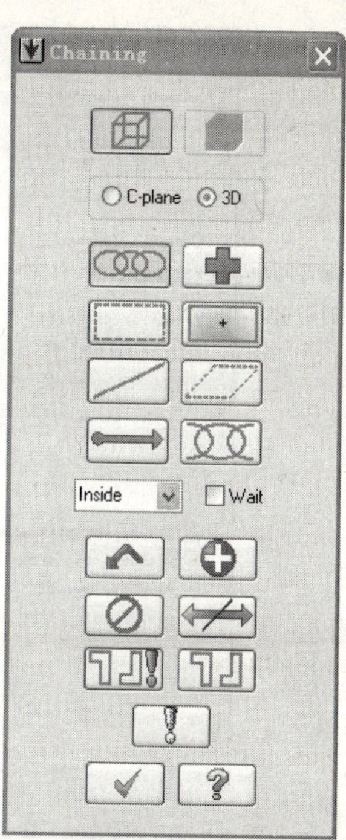

图 6-38　串联方式

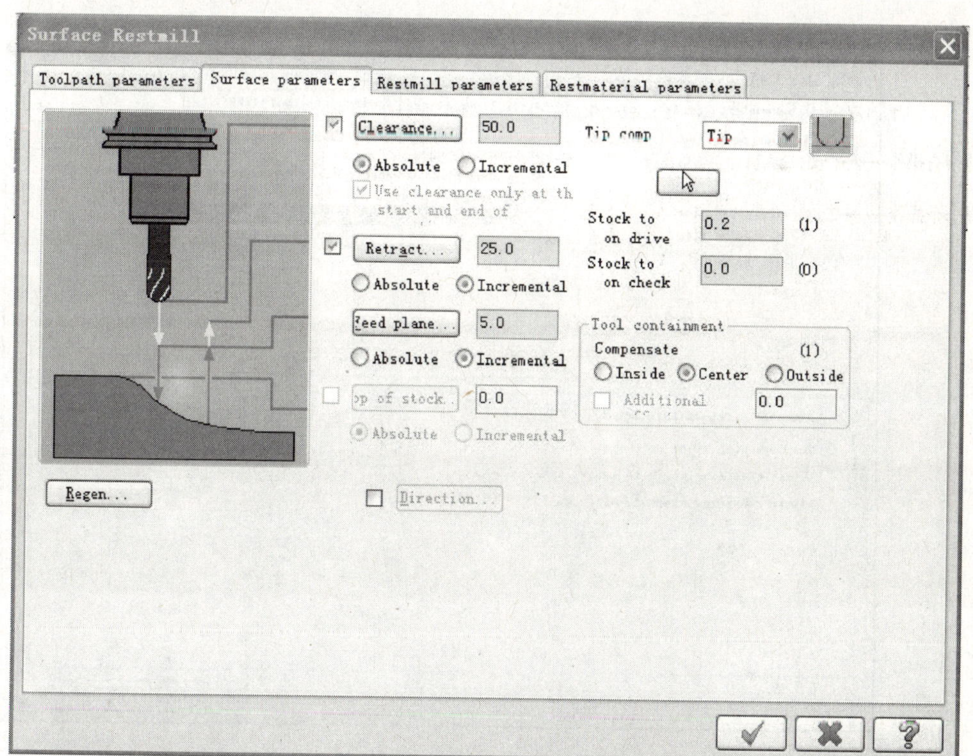

图 6-39　曲面参数设置

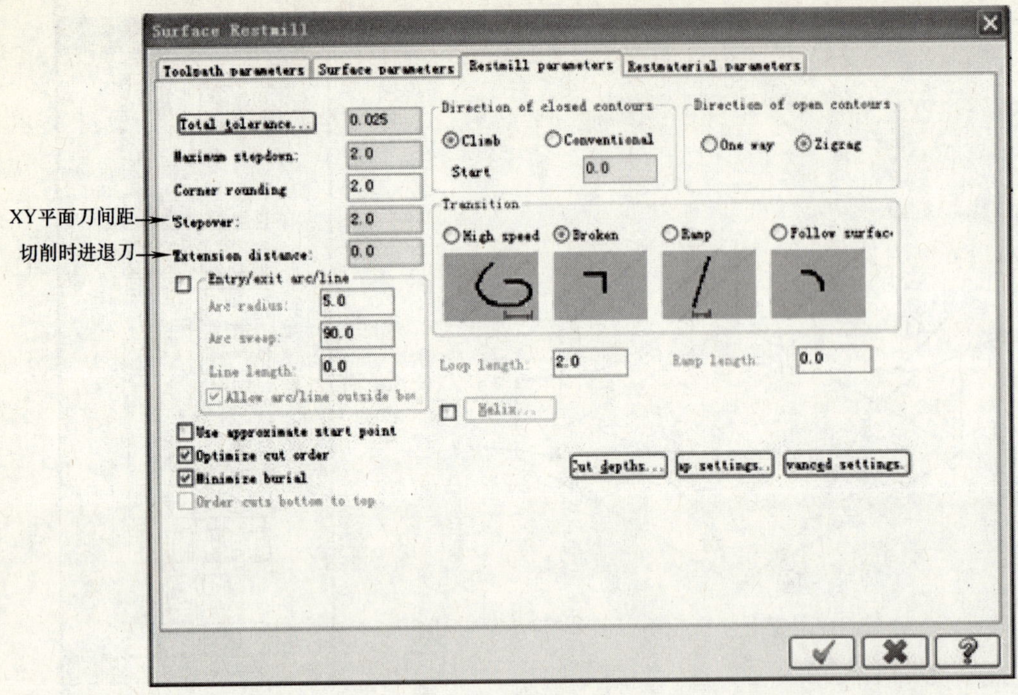

图 6-40　残料粗加工对话框

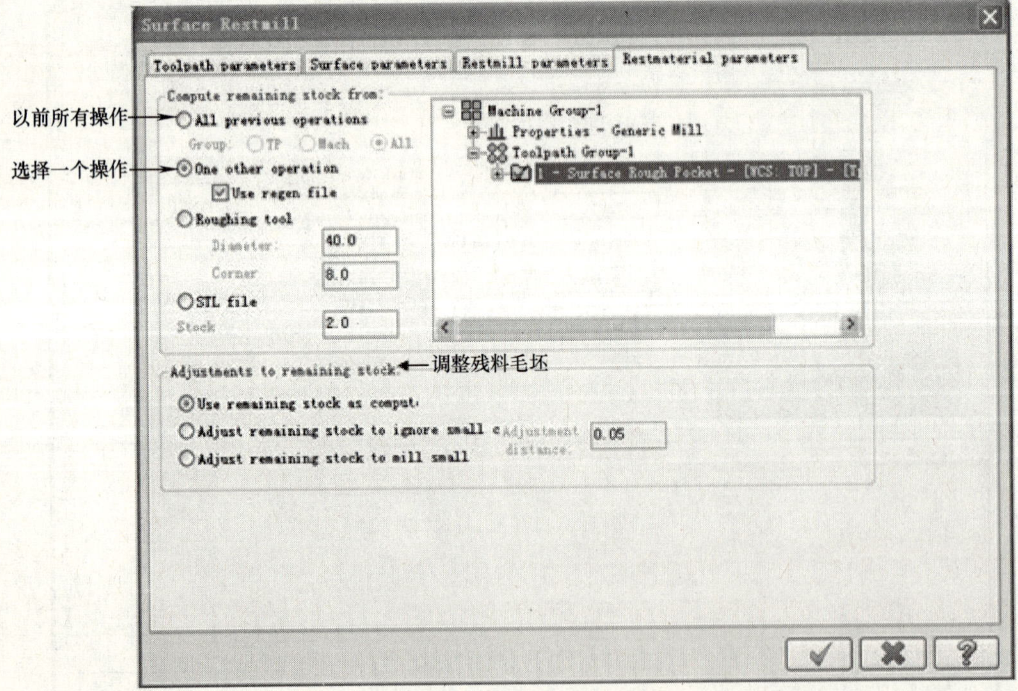

图 6-41　设置残料参数

活动 18：曲面熔接精加工

Toolpaths（刀具路径）→Surface Finish（曲面精加工）→Blend（熔接加工）

- ［Select Drive Surfaces］（选择加工曲面）：选择要加工的网格曲面；
- 单击结束选择；
- 在如图 6-42 所示“Toolpath/Surface selection”对话框内，Blend 区域单击；
- 选择如图 6-43 所示熔接曲线作为串联图素 1；

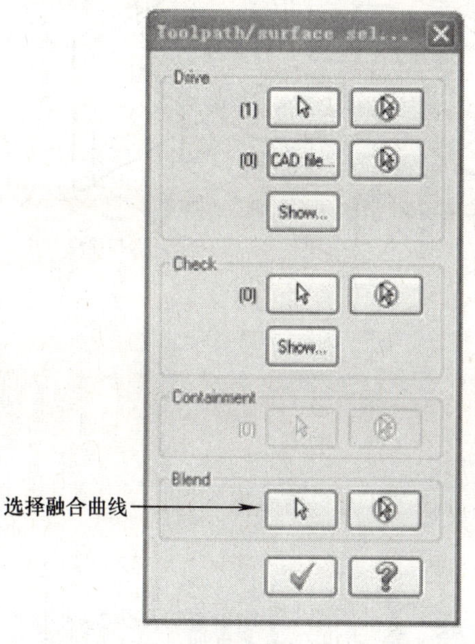

图 6-42 曲面选择对话框

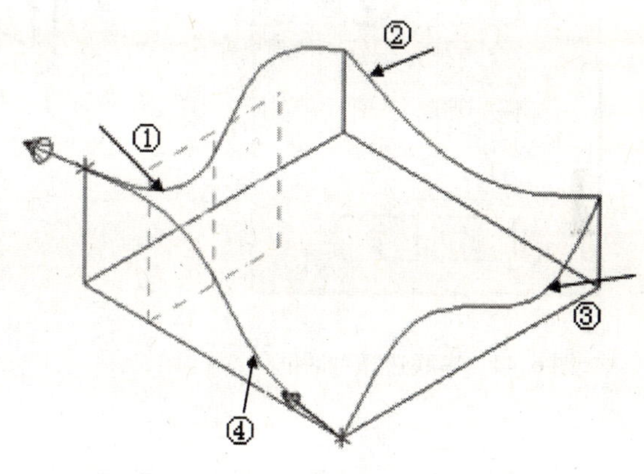

图 6-43 选择熔接曲线

- 如图 6-44 所示，选择结束串联 1；
- ［Select existing chains 2］：选择如图 6-45 所示点；
- 返回图 6-44 所示单击。
- 如图 6-46 所示，选择 ϕ5Endmill Sphere；
- 单击进入 Surface parameters 页面，参数设置如图 6-47 所示；
- 单击进入 Finish blend parameters 页面，设置如图 6-48 所示；
- 单击，完成曲面精加工熔接设置。

Across（横向）：从一个串联曲线到另一个串联曲线之间创建二维刀具路径，刀具从第一个被选定串联起点开始加工。

Along（纵向）：沿着串联曲线方向创建二维或三维刀具路径，刀具从第一个被选定串联起点开始加工。

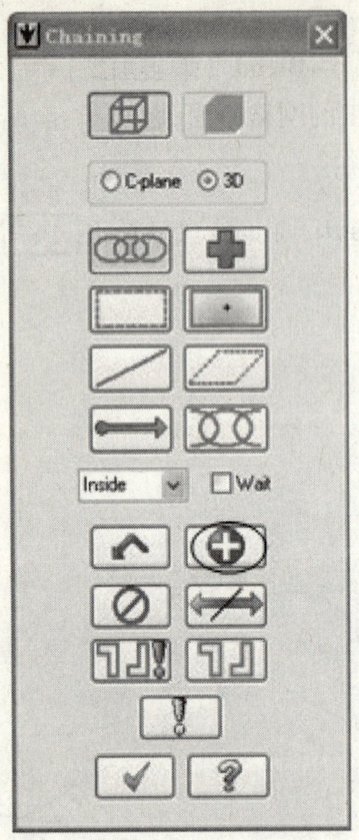

图 6-44 串联选择对话框

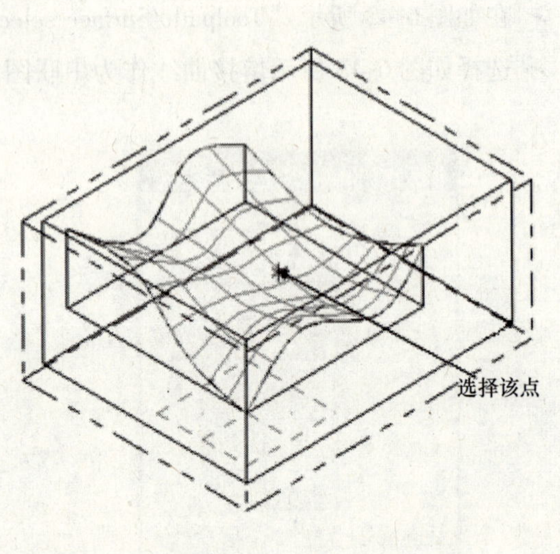

图 6-45 选择点

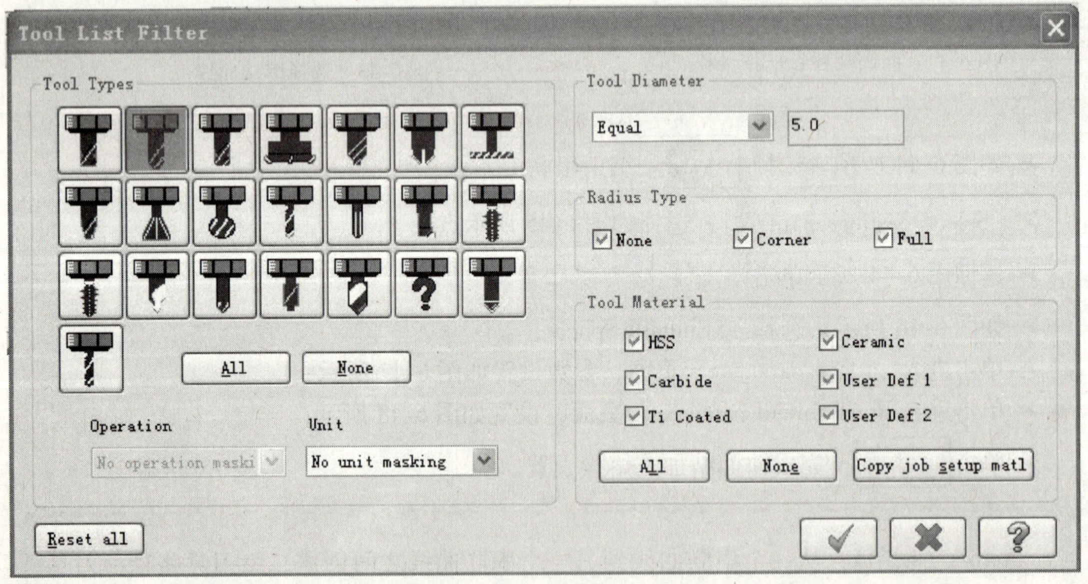

图 6-46 选择刀具

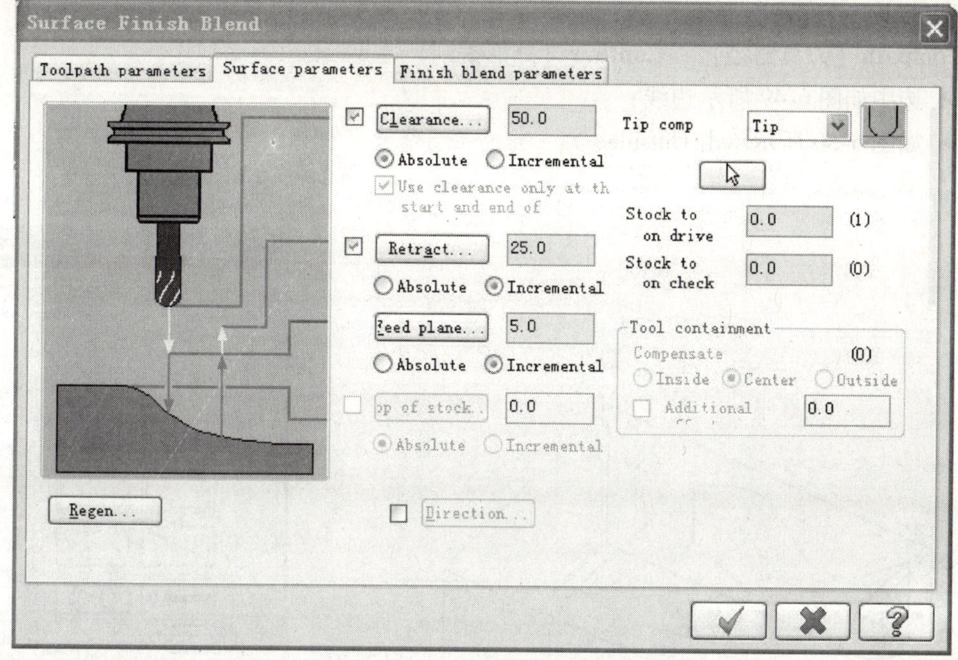

图 6-47　曲面参数设置

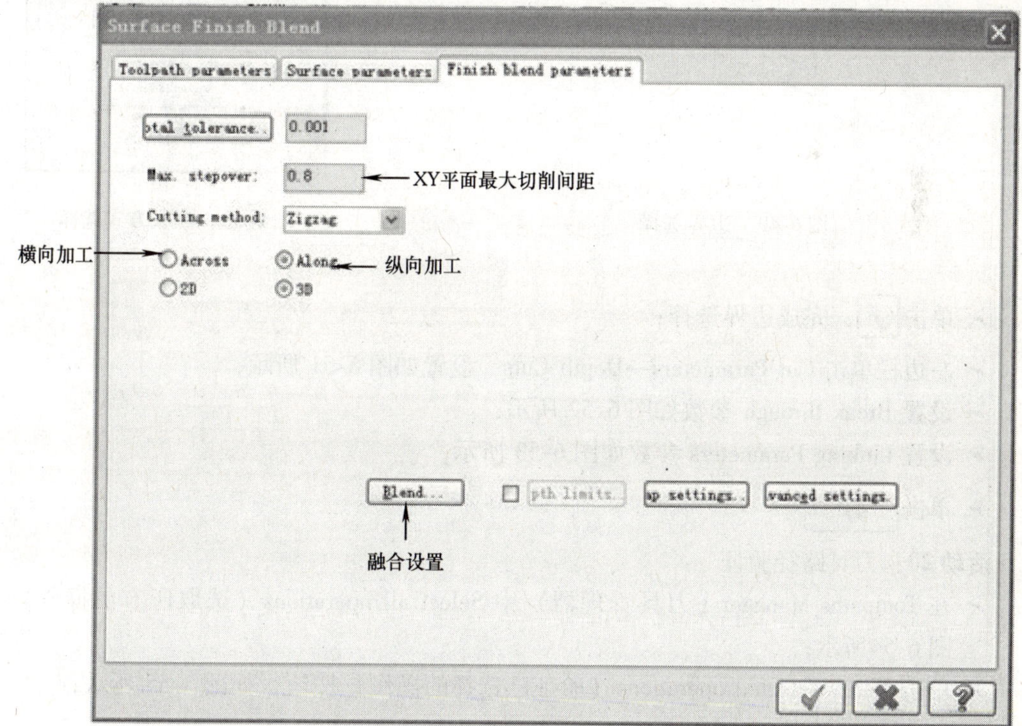

图 6-48　“融合精加工”对话框

活动 19：外形铣削加工

Toolpath（刀具路径）→Contour（外形铣削）

➢ 选中如图 6-49 所示边线；

➢ 如图 6-50 所示单击 Outside；

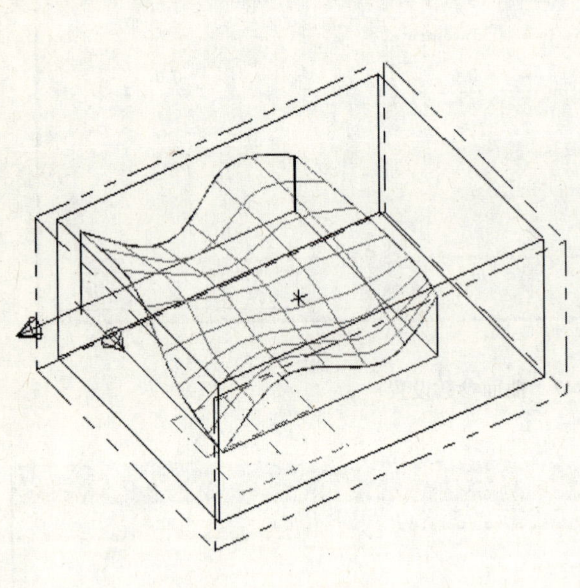

图 6-49　边界选择

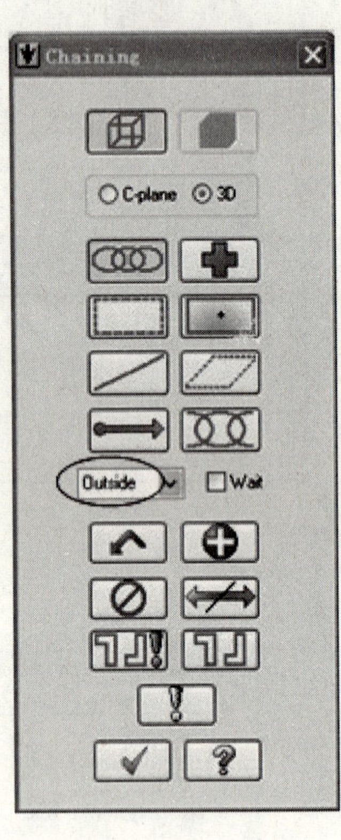

图 6-50　串联方式选择

➢ 单击 ✔，完成边界选择；

➢ 左边栏单击 Cut Parameters→Depth Cuts，设置如图 6-51 所示；

➢ 设置 Break through 参数如图 6-52 所示；

➢ 设置 Linking Parameters 参数如图 6-53 所示；

➢ 单击 ✔ 。

活动 20：刀具路径验证

➢ 在 Toolpaths Manager（刀具管理器）中 Select all operations（选取所有的操作），如图 6-54所示；

➢ 单击 Verify selected operations（验证已选择的操作）按钮，如图 6-55 所示；

➢ 单击 ▶，如图 6-56 所示；

➢ 单击 ✔，工件加工如图 6-57 所示。

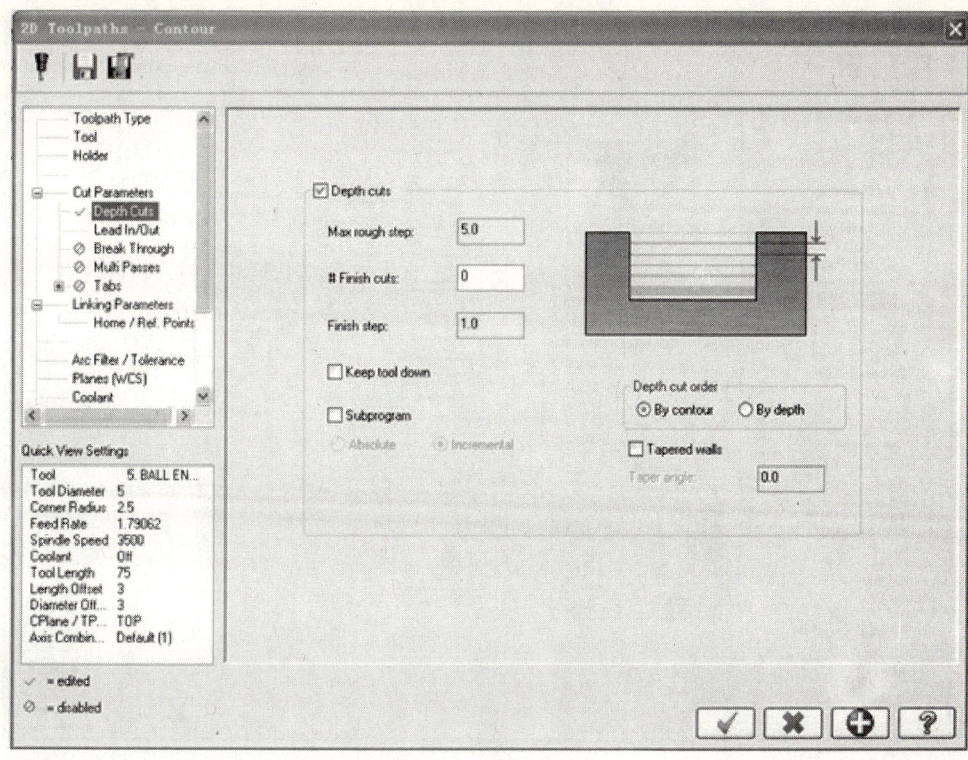

图 6-51　分层铣削

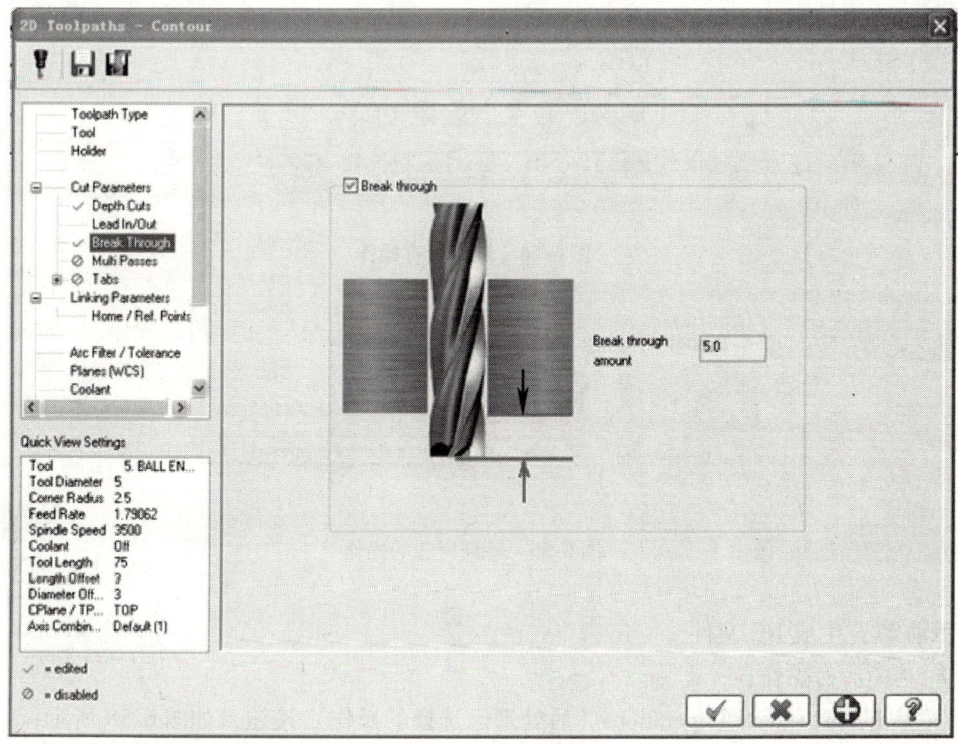

图 6-52　贯穿参数

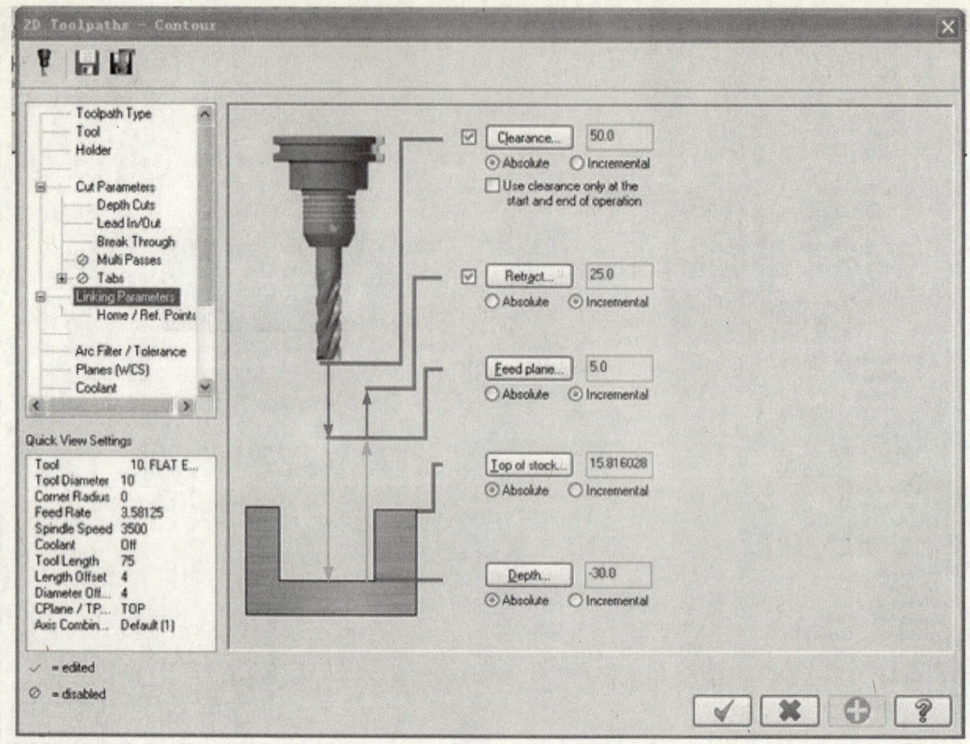

图 6-53　Linking Parameters 参数设置

图 6-54　选择所有操作

图 6-55　验证所选的操作

活动 21：生成 NC 文件

- 选中所有操作；
- 单击 Post selected operations（后处理已选择的操作）按钮，如图 6-58 所示；
- 如图 6-59 所示，单击 ✓ ；生成 NC 文件，如图 6-60 所示。

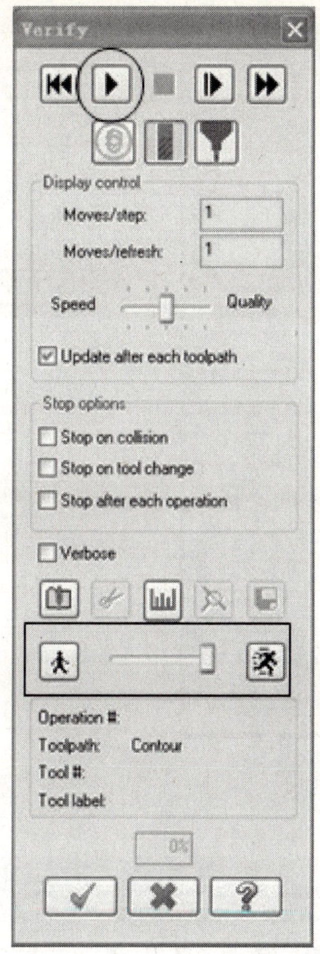

图 6-56　验证零件的数控加工

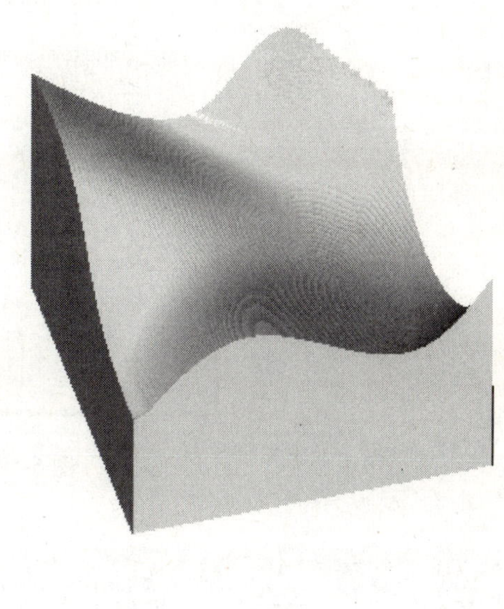

图 6-57　零件加工效果

图 6-58　生成后处理文件

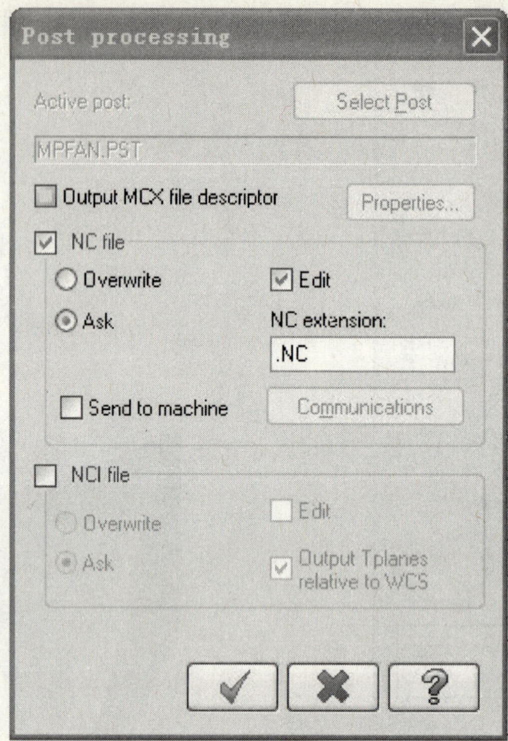

图 6-59　后处理对话框

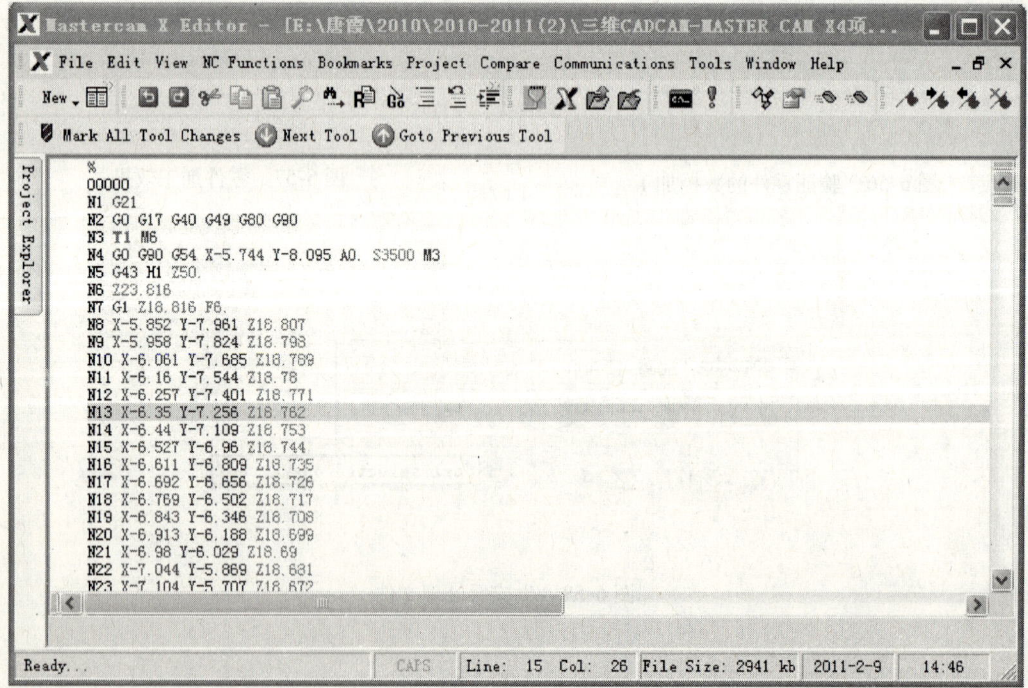

图 6-60　生成的 NC 文件

【项目自测】

1. 利用残料粗加工和熔接精加工方法加工如图 6-61 所示零件。

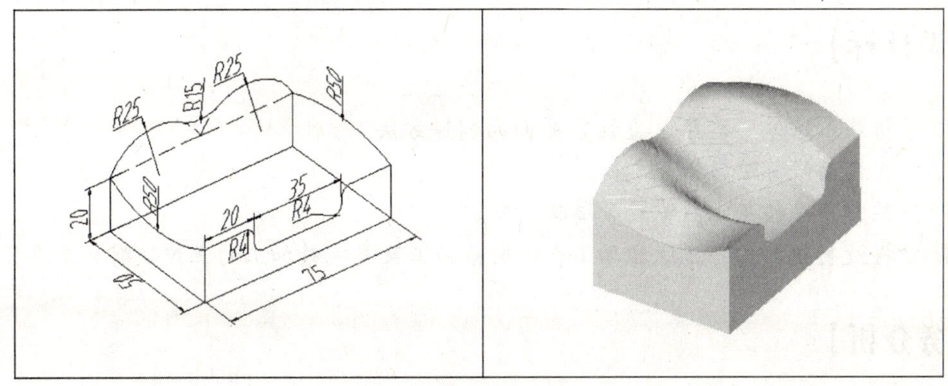

图 6-61　第 1 题

2. 利用残料粗加工和熔接精加工方法加工如图 6-62 所示零件。

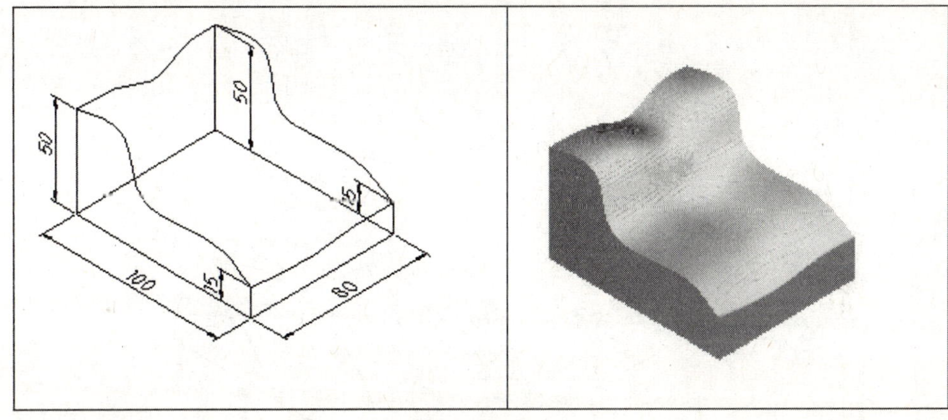

图 6-62　第 2 题

项目七　零件的放射状加工与流线加工

【知识目标】

1. 掌握基本球体、举升（直纹）曲面的创建方法。
2. 掌握曲面修剪编辑指令。
3. 熟练掌握平移及比例缩放等编辑指令。
4. 掌握放射粗加工、流线粗加工、放射精加工及流线精加工的三维铣削加工路径。

【任务分析】

绘制如图7-1所示的三维线架，并使用曲面放射状粗加工、曲面流线粗加工、曲面放射状精加工、曲面流线精加工完成其数控加工。

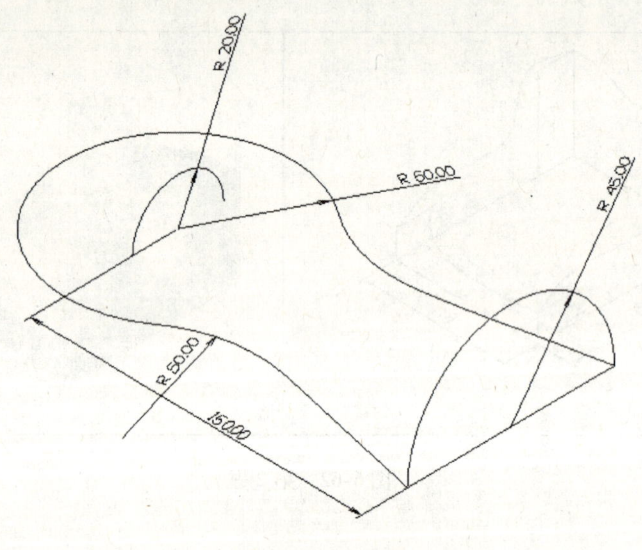

图7-1　任务图

【活动思路】

确定球体中心为坐标原点，构建 *SR*50 的球体→实体修剪成半球→构建 *R*20 圆弧→圆弧 *R*50 的平移→1.5 倍比例放大 *R*20 圆弧→创建直纹/举升曲面→构建直线→平面修剪→曲面与曲面倒圆角。

确定刀具路径：设定工件毛坯→曲面放射状粗加工→曲面流线粗加工→曲面放射状精加工→曲面流线精加工。

【活动过程】

活动1：构建 *SR*50 的球体

Create（构图）→Primitives（基本曲面/实体）→Sphere（球体）

➢ ［Select base point for sphere］（选择球的基点）：如图 7-2 所示，选择原点；

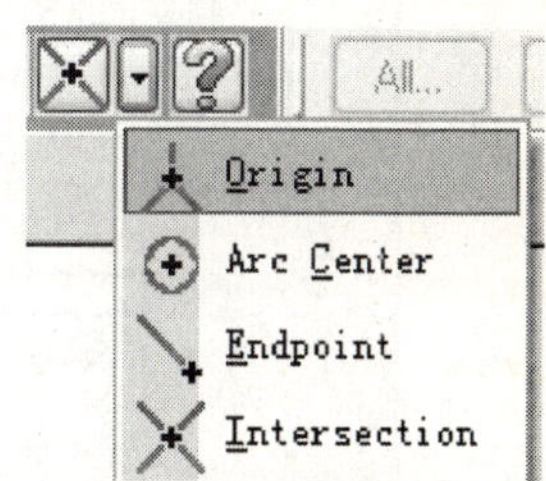

图 7-2　选择原点

➢ 如图 7-3 所示，输入半径：50（Enter）；

➢ 单击；

➢ 单击等视图，效果如图 7-4 所示。

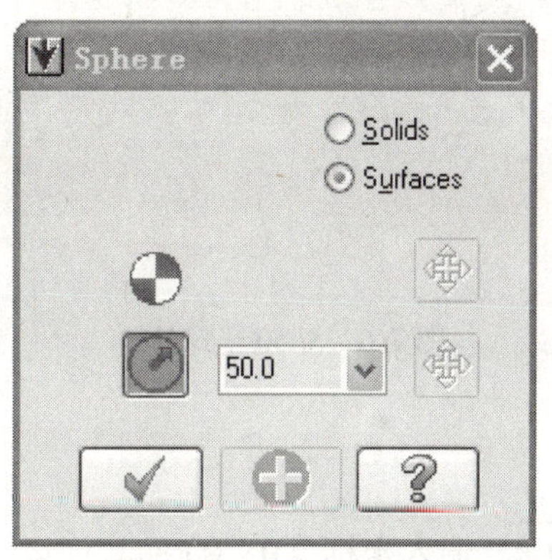

图 7-3　球体半径设置

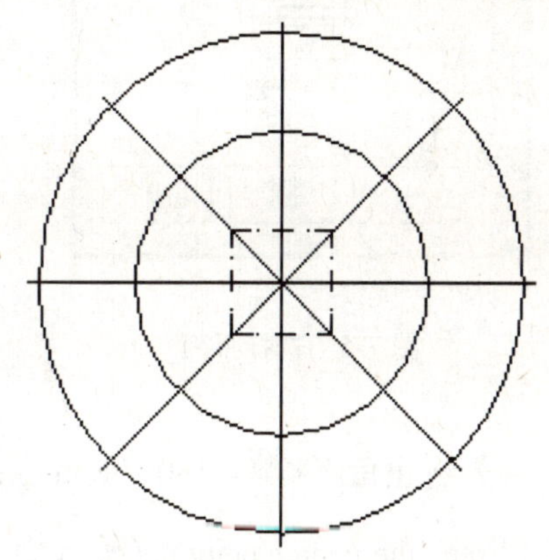

图 7-4　*SR*50 的球体

活动2：实体修剪成半球

Create（构图）→Surface（曲面）→Trim（修剪）→To Plane（到平面）

➢ ［Select surfaces］（选取要修整的曲面）：选取整个球体；

➢ 单击结束选择；

➢ 参数设置如图 7-5 所示；

➢ 单击，半球体如图 7-6 所示。

活动3：构建 *R*20 圆弧

Create（构图）→Arc（圆弧）→Polar（极坐标画弧）

➢ 选择右视图构图面（WCS），如图 7-7 所示；

➢ 输入半径：20（Tab）；

➢ 输入起始角度：0（Tab）；

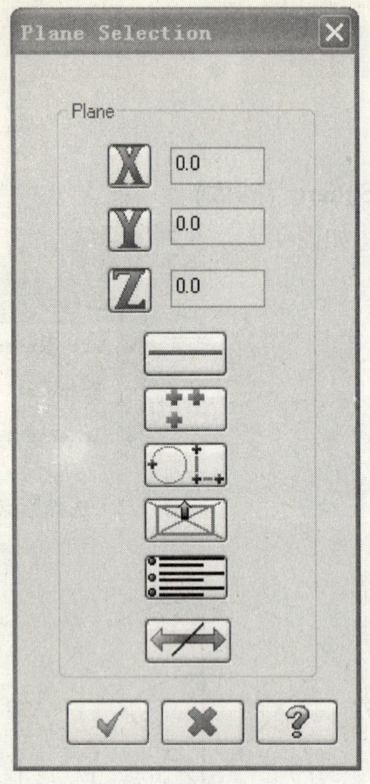

图 7-5　选择平面

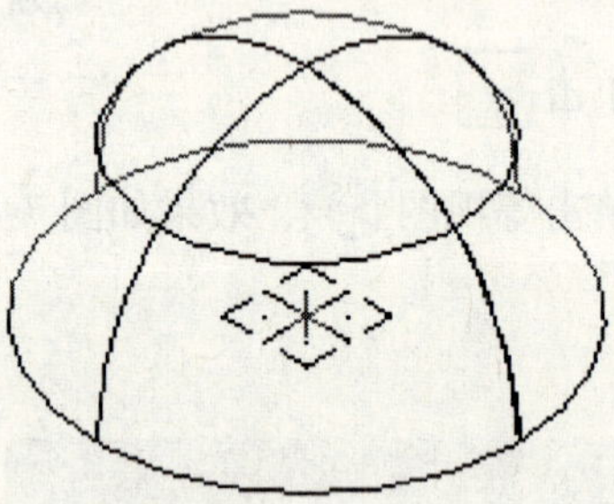

图 7-6　*SR*50 半球体

➢ 输入终止角度：180（Enter）；

➢ [Enter the center point]（输入中心点）：选择，输入坐标（0，0）；

➢ 单击，结果如图 7-8 所示。

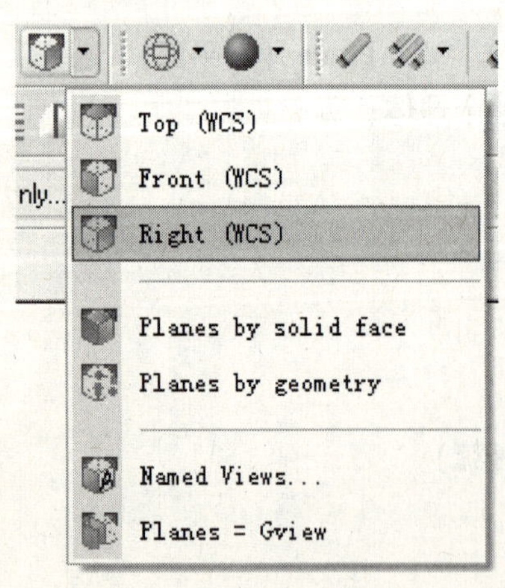

图 7-7　选择右视图构图面

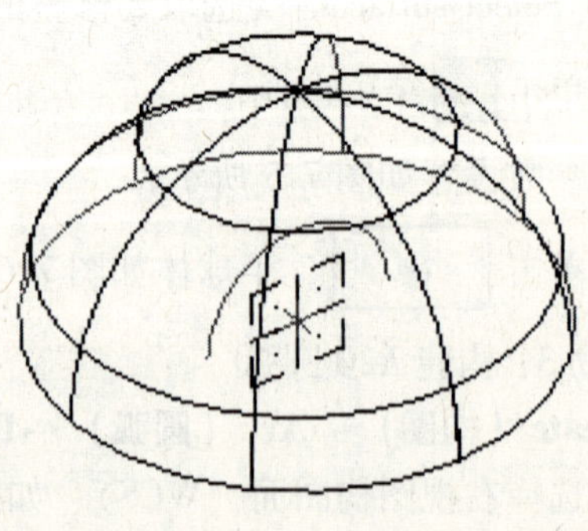

图 7-8　*R*20 圆弧

活动 4：圆弧 *R*50 的平移

Xform（转换）→Translate（平移）

➢［Select entities to translate］（选取要平移的图素）：选择如图 7-8 所示 *R*20 圆弧；

➢ 单击结束选择；

➢ 如图 7-9 所示，输入直角坐标 Z 轴 ΔZ：150；

➢ 单击。

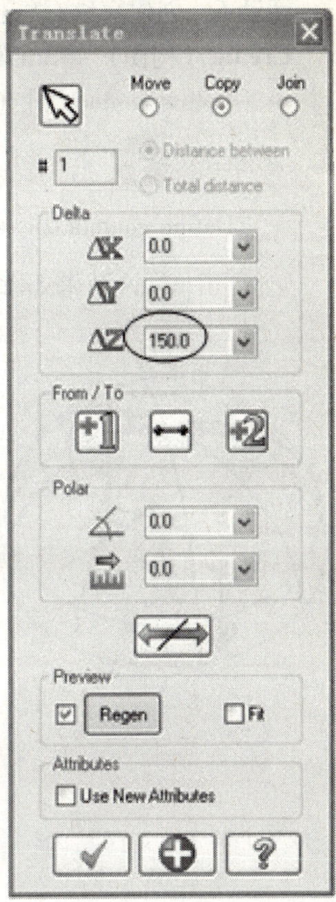

图 7-9　平移参数

活动 5：1.5 倍比例放大 *R*20 圆弧

Xform（转换）→Scale（比例缩放）

➢［Select entities to scale］（选取要缩放的图素）：选择如图 7-10 所示圆弧；

➢ 单击结束选择；

➢ 单击如图 7-11 所示定义比例缩放参考点；

➢［Select position of base point］（选取基点的位置）：选择，输入坐标（0，0，150）；

➢ 设置（比例因子）为 1.5；

➢ 单击。

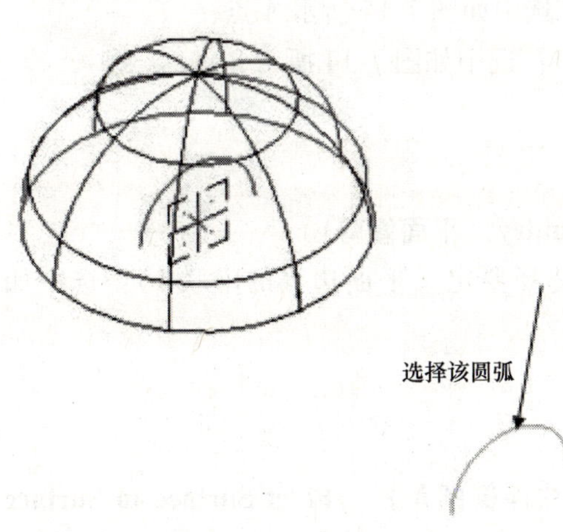

图 7-10　选择要缩放的圆弧

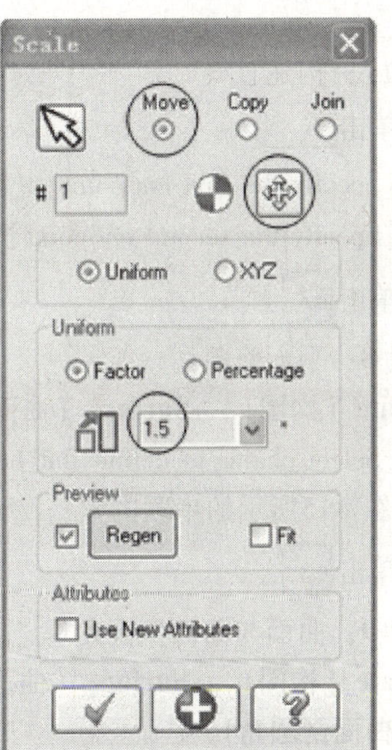

图 7-11　参数设置

活动 6：创建直纹/举升曲面

Create（构图）→Surface（曲面）→Ruled/Lofted（直纹/举升曲面）

➢［Define contour 1］（举升曲面，定义外形 1）：选中如图 7-12 所示圆弧 A；

➢ 单击；

➢［Define contour 2］（举升曲面，定义外形 2）：选中如图 7-12 所示圆弧 B；

➢ 单击，结果如图 7-13 所示。

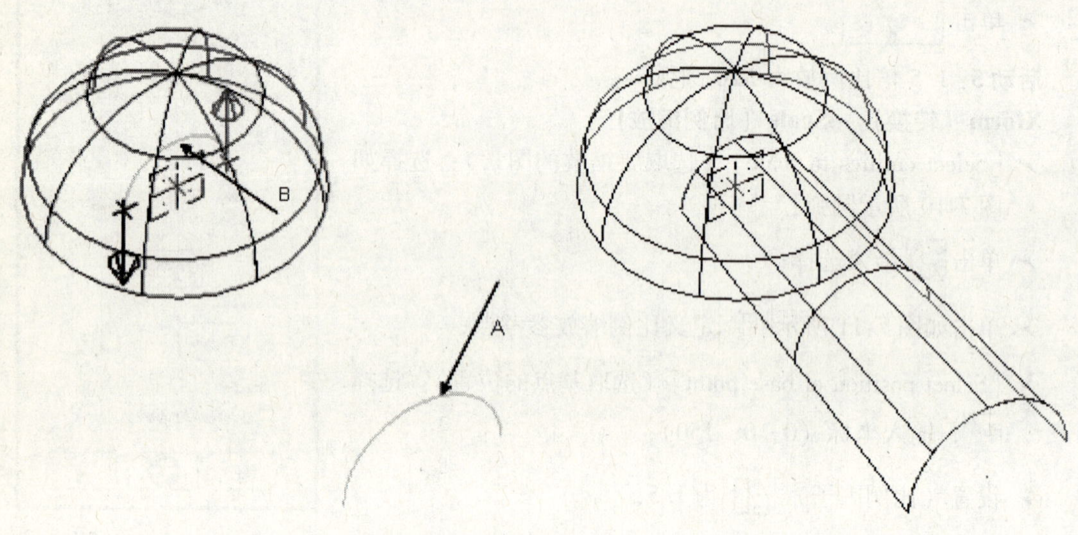

图 7-12　举升曲面外形　　　　图 7-13　举升曲面

活动 7：构建直线

➢ 单击；

➢［Specify the first endpoint］（输入第一点）：选中如图 7-14 所示 A 点；

➢［Specify the second endpoint］（输入第二点）：选中如图 7-14 所示 B 点；

➢ 单击。

活动 8：平面修剪

Create（构图）→Surface（曲面）→Flat Boundry（平面修剪）

➢［Select chains to define flat boundry 1］（选择要定义平面边界的串联 1）：选中如图 7-15所示的串联图素；

➢ 单击。

活动 9：曲面与曲面倒圆角

Create（构图）→Surface（曲面）→Fillet（曲面倒圆角）→Fillet Surface to Surface（曲面与曲面倒圆角）

➢［Select first set of surfaces］（选取第一个曲面）：选中如图 7-16 所示曲面 A；

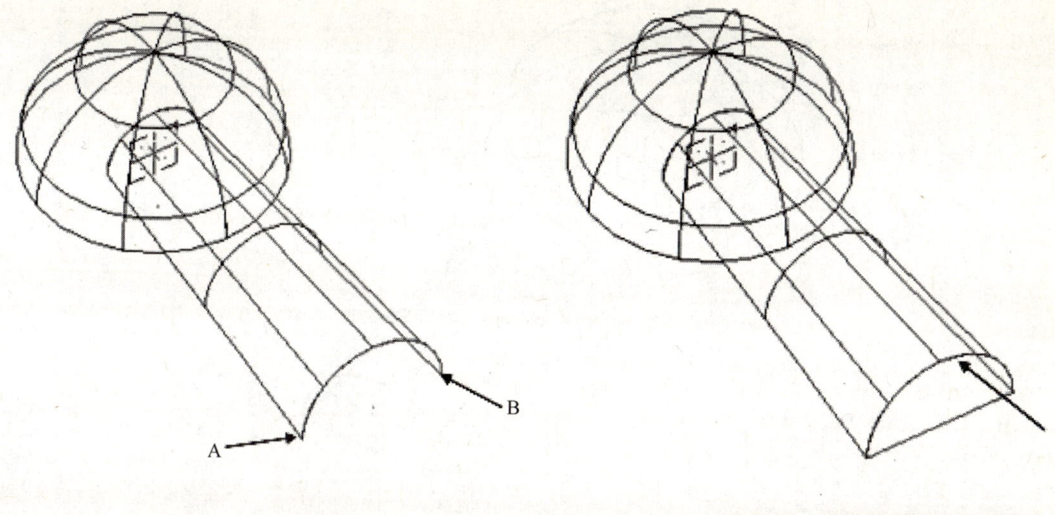

图 7-14　直线端点　　图 7-15　串联图素

➢ 单击 结束选择；

➢ [Select second set of surfaces]（选取第二个曲面）：选中如图 7-16 所示曲面 B；

➢ 单击 结束选择；

➢ 如图 7-17 所示，输入圆角半径 ：20；

➢ 单击 ，结果如图 7-18 所示。

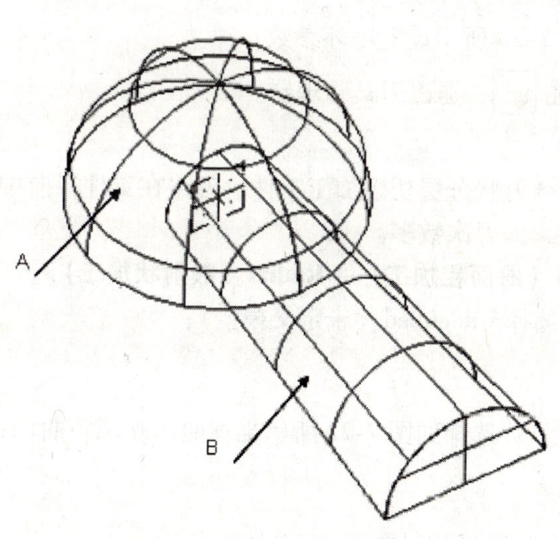

图 7-16　选择倒圆角曲面

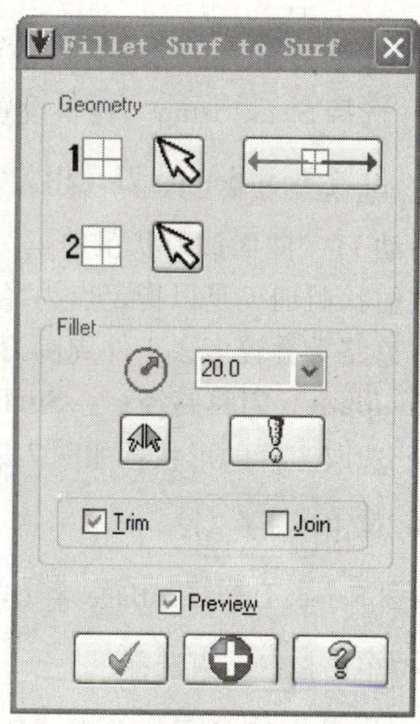

图 7-17　曲面倒圆角半径

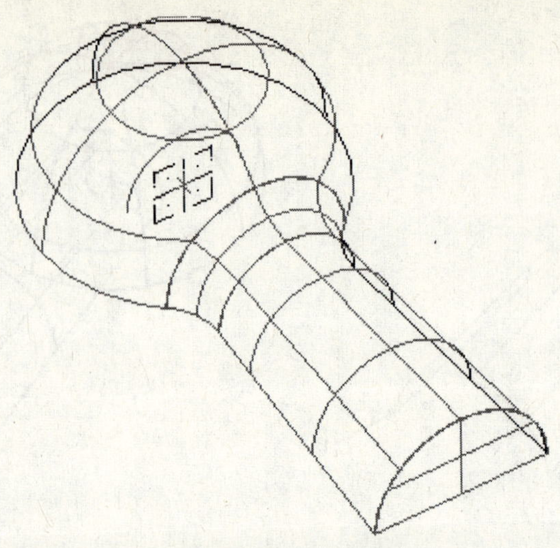

图 7-18 曲面倒圆角

TOOLPATH CREATION

活动 10：设定工件毛坯

Machine Type（机床类型）→Mill（铣床）→Default（自定义），如图 7-19 所示；

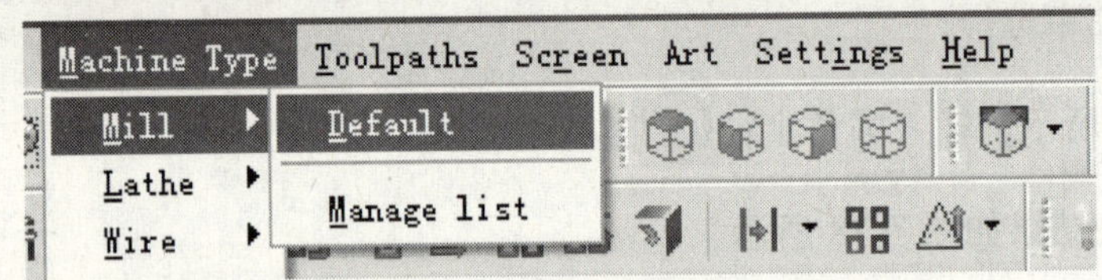

图 7-19 定义机床类型

- 选择 Properties（属性）前的加号，以展开刀具路径；
- 选择 Stock Setup（材料设置），如图 7-20 所示设置毛坯参数；
- 设置 Tool Setting 刀具相关参数，单击，退出刀具管理器。

活动 11：曲面放射状粗加工

放射状粗加工是以指定点为径向中心，放射状分层切削加工工件，刀路在工件径向中心密集，道路重叠较多，工件周围刀路间距大，提刀次数多。

Toolpath（刀具路径）→Surface rough（曲面粗加工）→Radial（放射状加工）

- 选取工件的形状：如图 7-21 所示，选择 Undefined（未定义模型）；
- 单击；
- [Select Drives surfaces]（选择加工面）：选择如图 7-22 所示半球曲面和圆角曲面；
- 单击结束选择；
- 如图 7-23 所示，单击“Radial point”（选择放射中心），选择原点；
- 单击；

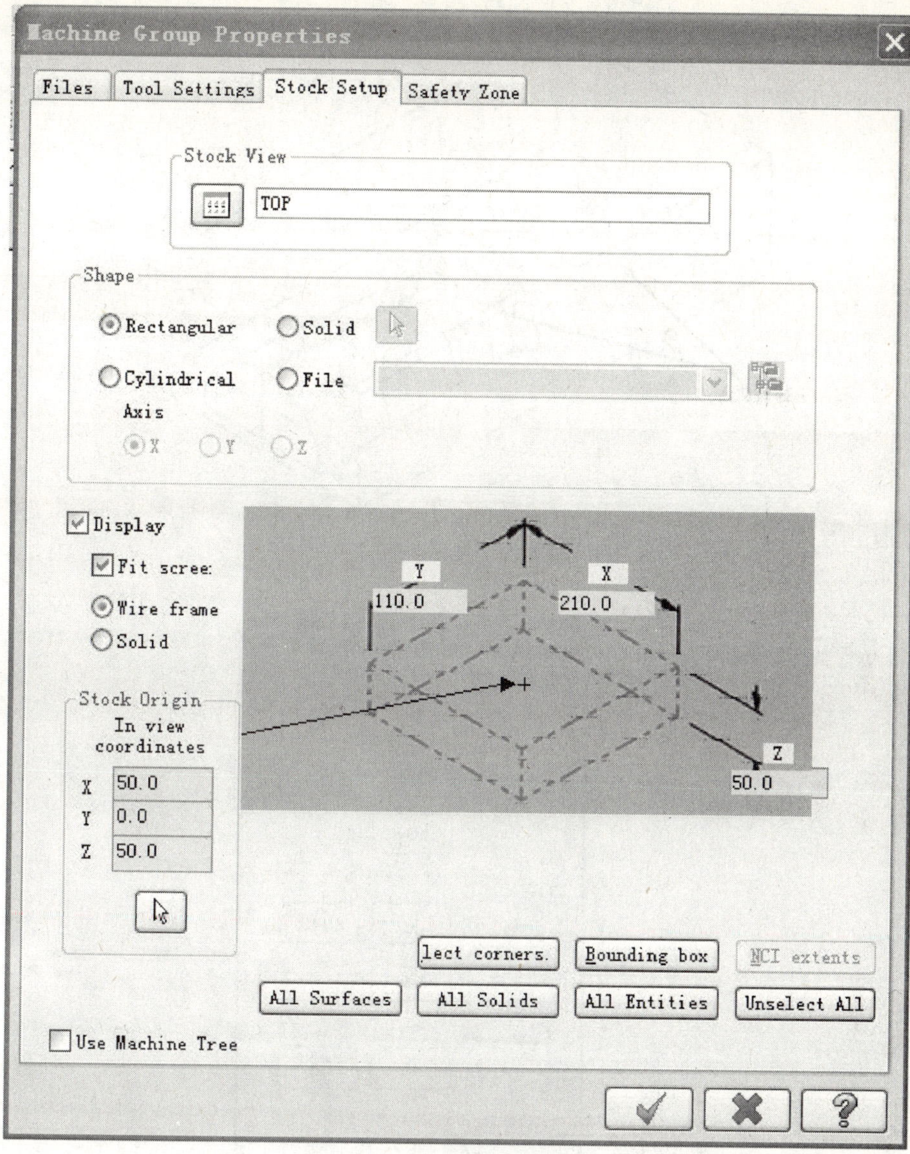

图 7-20　毛坯设置

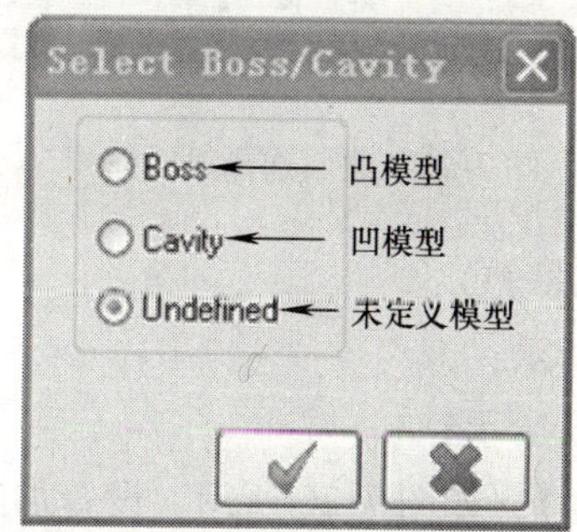

图 7-21　图形选择对话框

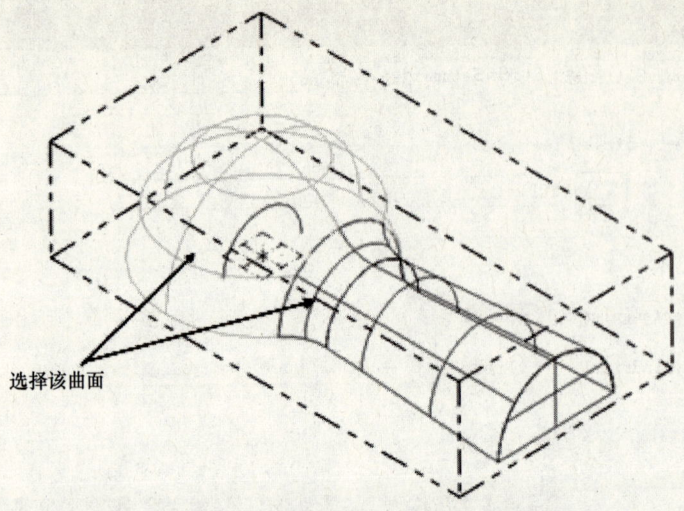

图 7-22　选择曲面

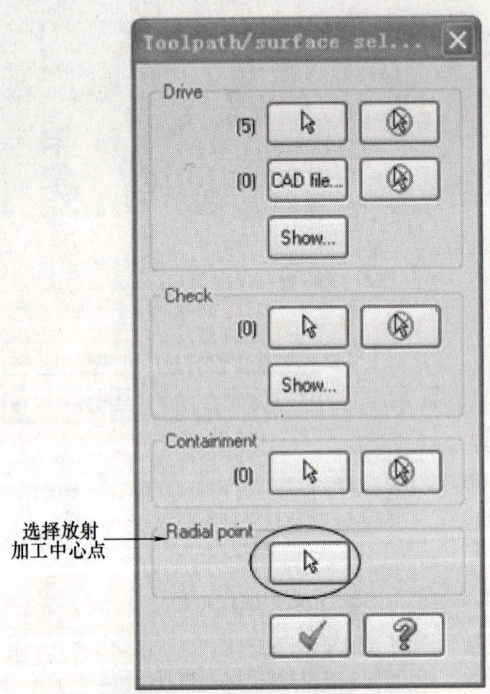

图 7-23　曲面选择对话框

- 选择 ϕ16Endmill Bull（圆鼻刀）；
- 曲面设置参数如图 7-24 所示；
- 放射粗加工参数如图 7-25 所示；
- 单击 Cut depth（加工深度），如图 7-26 所示，设置加工深度；
- 单击 ✔。

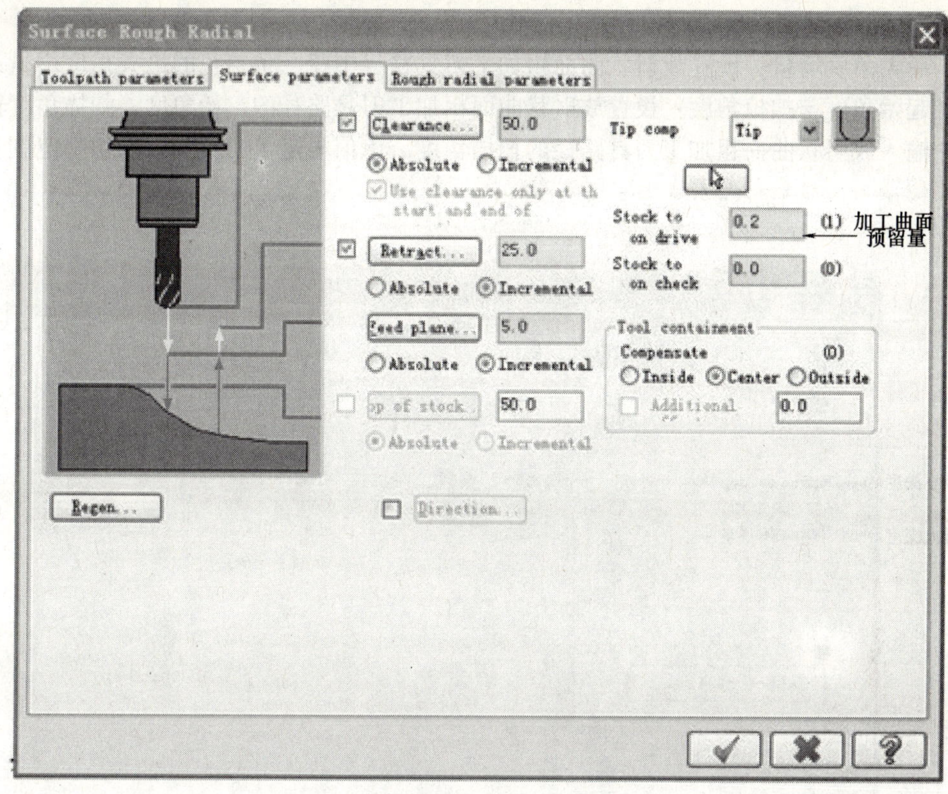

图 7-24　设置曲面参数

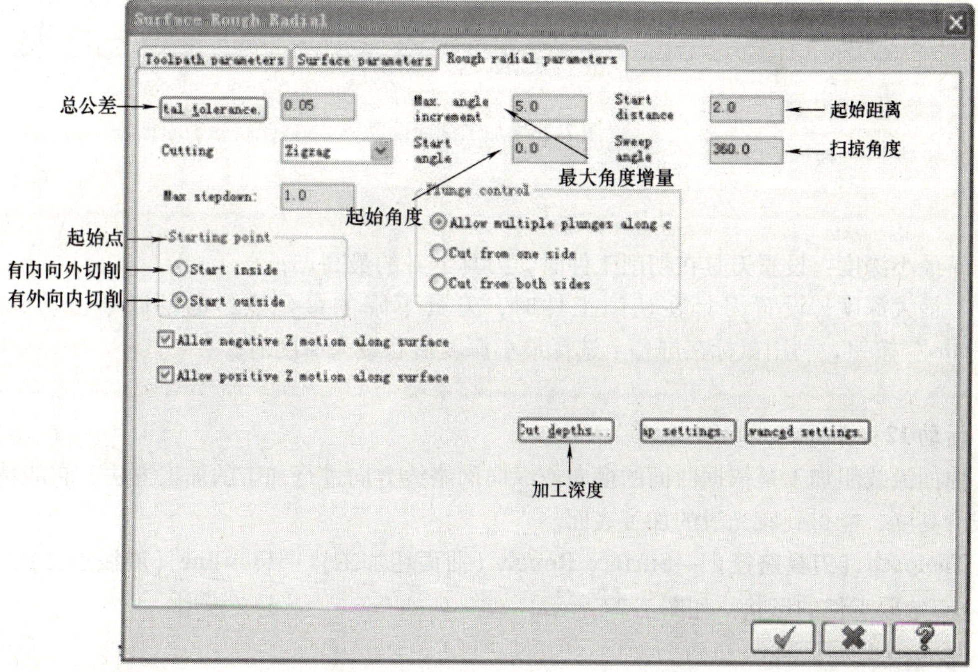

图 7-25　放射粗加工对话框

最大角度增量：设置放射状曲面粗加工刀具路径中每一条路径的最大角度增量；

起始角度与扫掠角度：设置放射状曲面粗加工刀具路径的起始角度，扫描角度输入框中输入放射状曲面粗加工刀具路径的扫描角度。该值限定了刀具路径的切削范围。

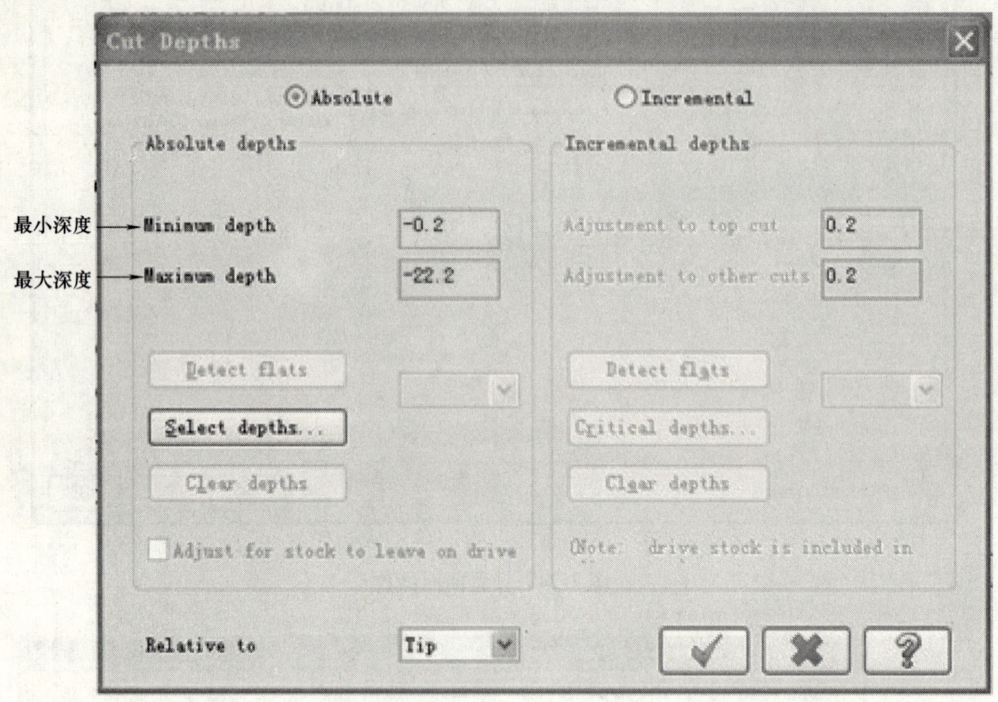

图 7-26 加工深度设置

最小深度：设置刀具在切削工件时，刀具上升的最高点；

最大深度：设置刀具在切削工件时，刀具下降的最低点；也可以单击“Select depths”按钮，利用鼠标在屏幕上选择最小深度值和最大深度值。

活动 12：曲面流线粗加工

曲面流线粗加工是依据曲面的横向或纵向网络线方向进行加工的加工方法，它能精确控制残脊高度，能得到较光滑的加工表面。

Toolpath（刀具路径）→Surface Rough（曲面粗加工）→Flowline（流线加工）

➢ 选取工件的形状：如图 7-27 所示，选择 Undefined（未定义模型）；

➢ 单击 ✔ ；

➢ [Select Drives surfaces]（选取加工面）：选取如图 7-28 所示曲面；

- 单击[图标]结束选择；
- 如图 7-29 和图 7-30 所示，设置流线数据参数；
- 单击[✔]；
- 选择 $\phi 8$ Endmill Bull（圆鼻刀）；
- 曲面设置参数如图 7-31 所示；
- 流线粗加工参数如图 7-32 所示；
- 单击[✔]。

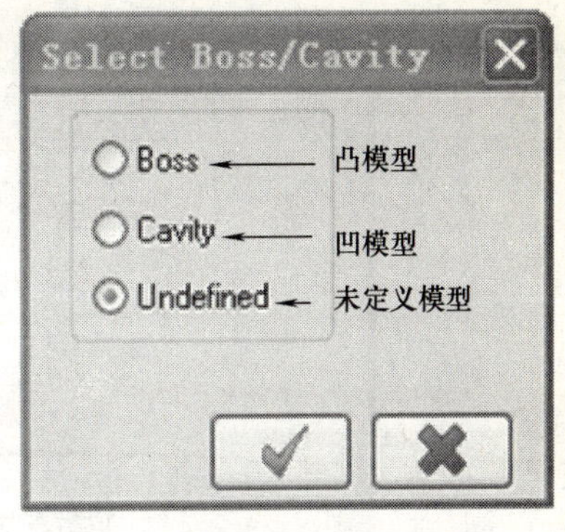

图 7-27　图形选择对话框

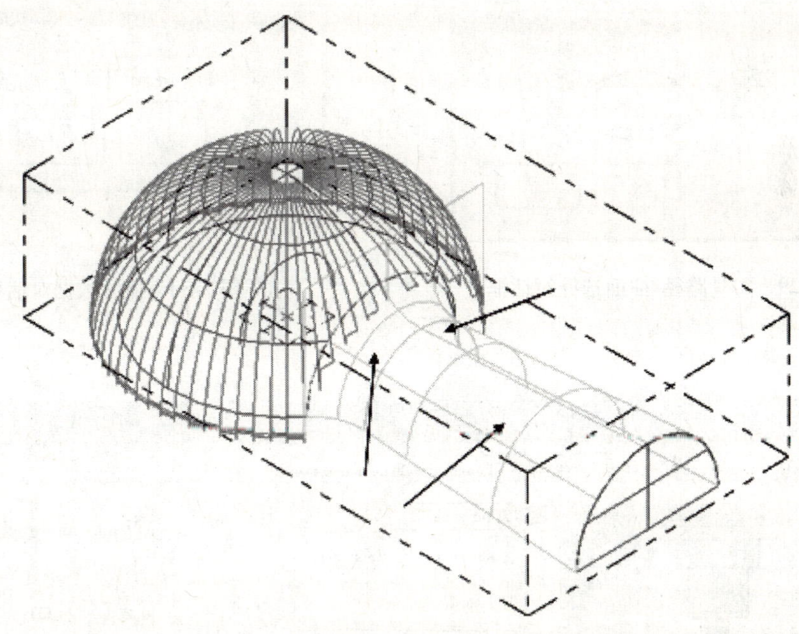

图 7-28　选择曲面

刀具路径偏置方向：与曲面的法线方向相同或相反偏置一个刀具半径。
切削方向：沿曲面流线方向或垂直于曲面流线方向。
步进方向：改变每一层中刀具路径的移动方向。
起始点：改变刀具路径的起始位置。
边界公差：用边界公差来识别边界位置。
显示边界线：用不同的颜色显示自由边界、相交边界、交点等。

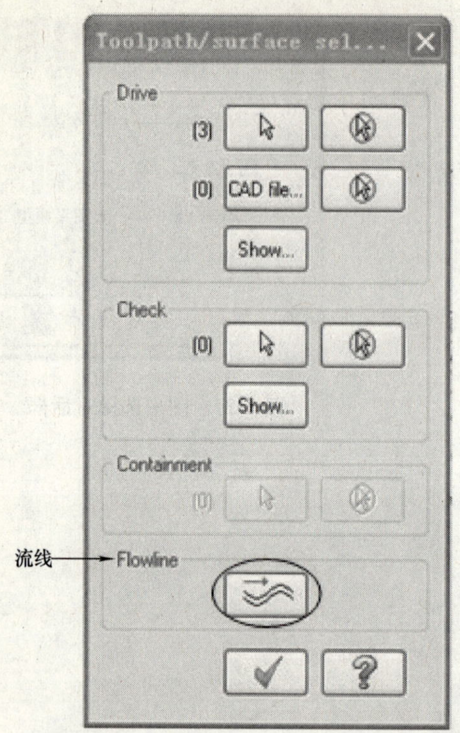

图 7-29 刀具路径/曲面选择对话框

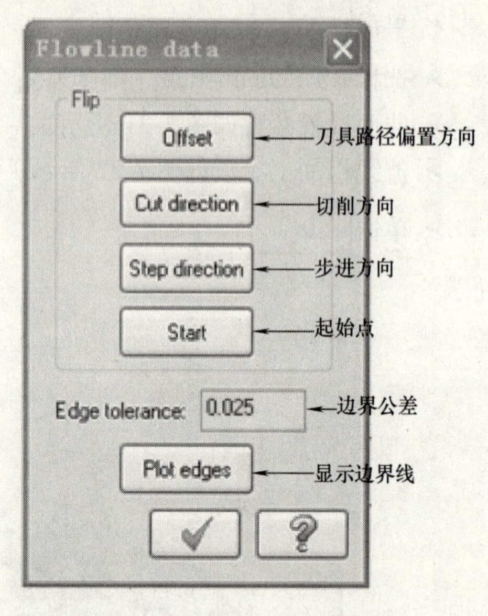

图 7-30 流线数据对话框

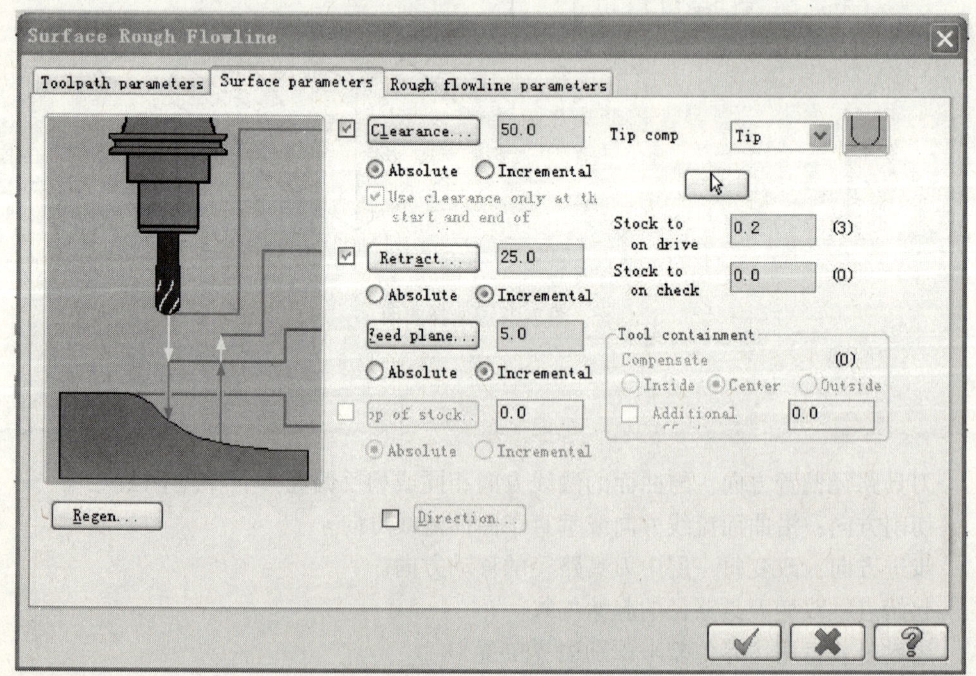

图 7-31 曲面参数设置

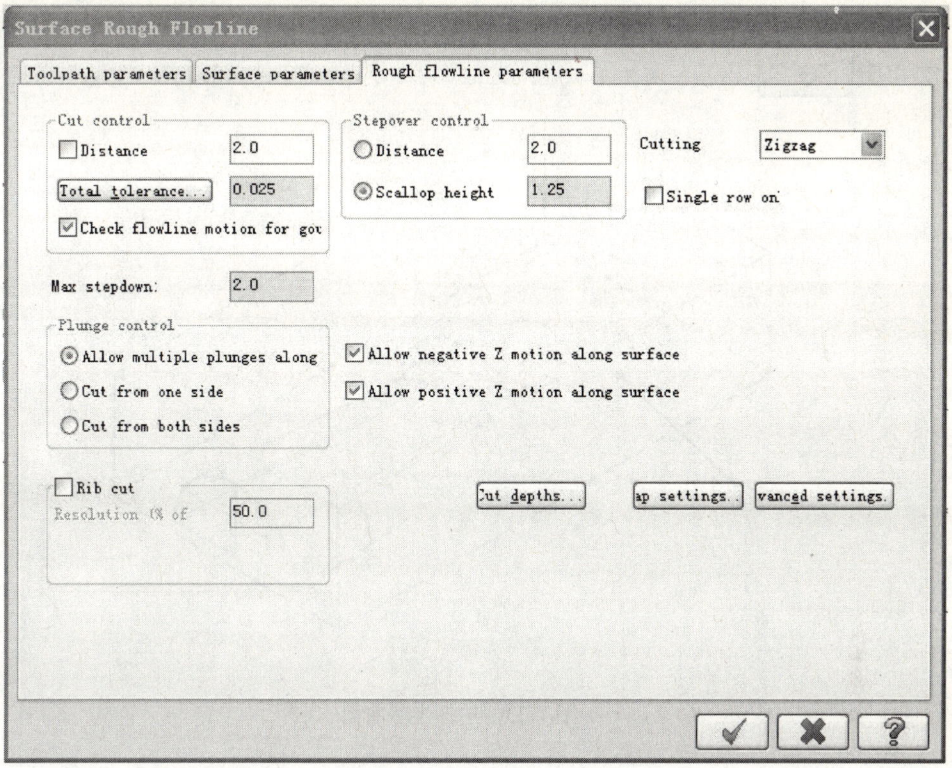

图 7-32　流线粗加工参数

Stepover comtrol（截断方向上的控制）：

Distance（距离）：设置两相邻刀具路径在截面方向的进刀量；

Scallop height（残脊高度）：当使用非平底铣刀进行切削加工时，在两条相近的切削路径之间会因为刀形的原因留下凸起未切削的区域，即称之为残脊高度。

活动 13：曲面放射状精加工

Toolpath（刀具路径）→Surface Finish（曲面精加工）→Radial（放射加工）

- 选取工件的形状：选择 Undefined（未定义模型）；
- 单击 ； 
- [Select Drives surfaces]（选泽加工面）：选择如图 7-33 所示半球曲面；
- 单击  结束选择；
- 如图 7-34 所示，单击选择放射中心，选择原点；
- 单击  ；
- 选择 $\phi 8$ Endmill Bull（圆鼻刀）；
- 曲面设置参数如图 7-35 所示；

➢ 放射精加工参数如图 7-36 所示；

➢ 单击 ✔ 。

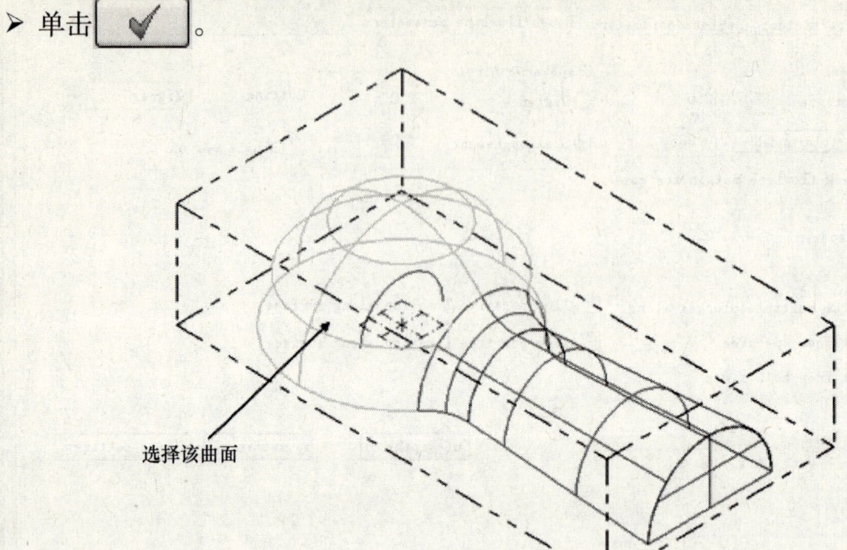

图 7-33 选择半球曲面

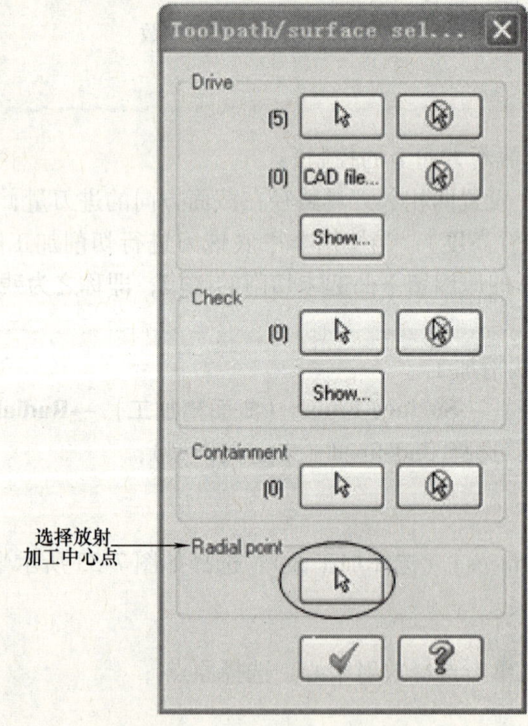

图 7-34 曲面选择对话框

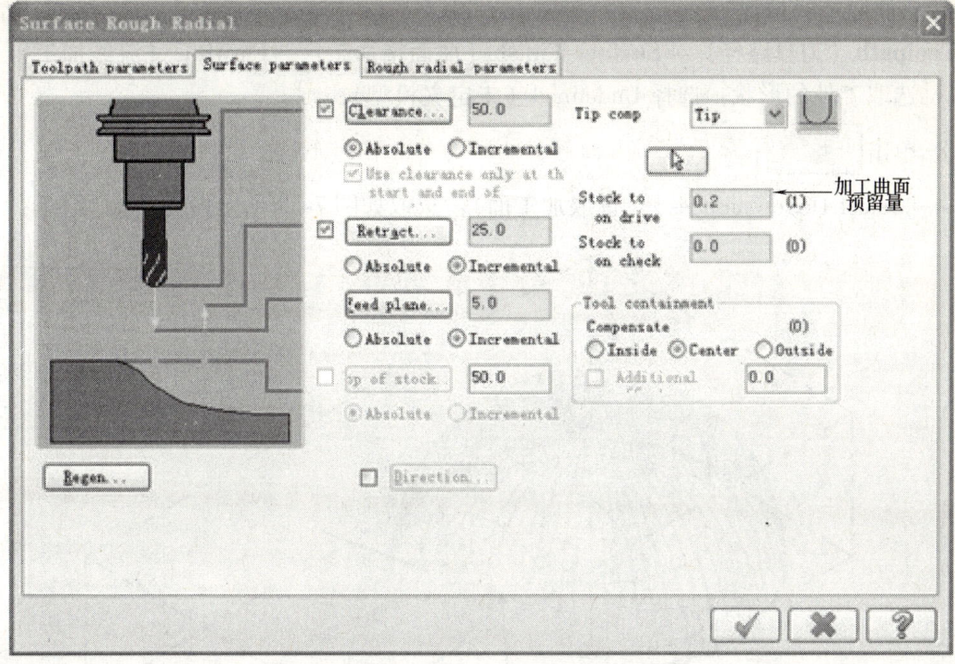

图 7-35　设置曲面参数

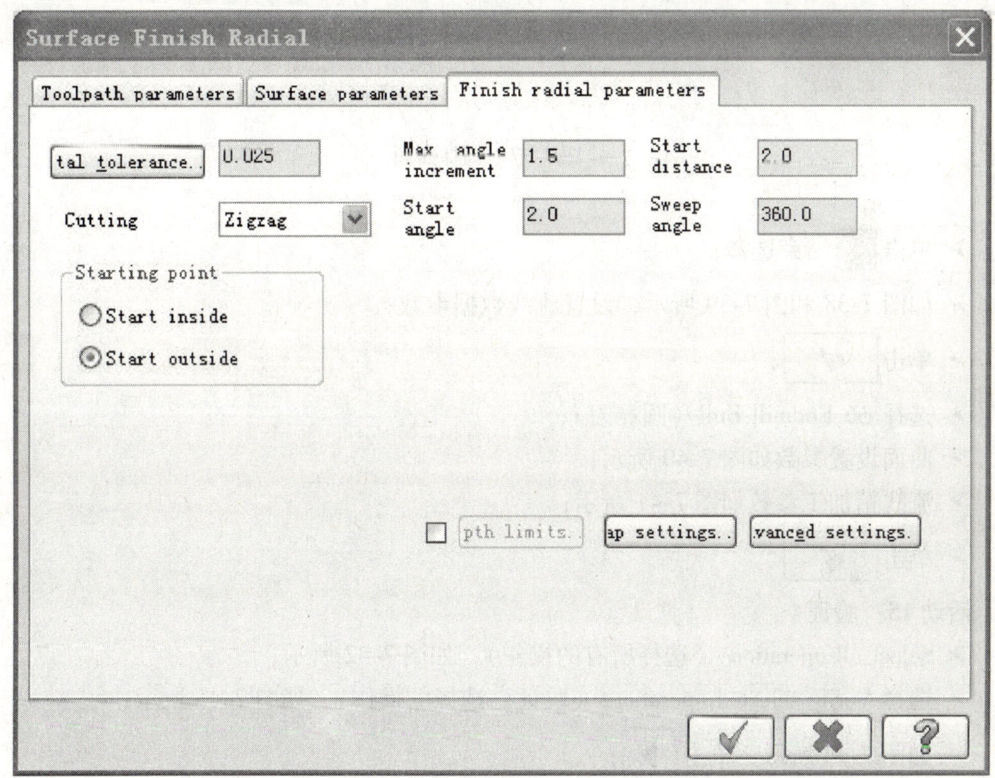

图 7-36　放射精加工对话框

活动 14：曲面流线精加工

Toolpath（刀具路径）→Surface Finish（曲面精加工）→Flowline（流线加工）

- 选取工件的形状：选择 Undefined（未定义模型）；
- 单击 ✔；
- ［Select Drives surfaces］（选取加工面）：选取如图 7-37 所示曲面；

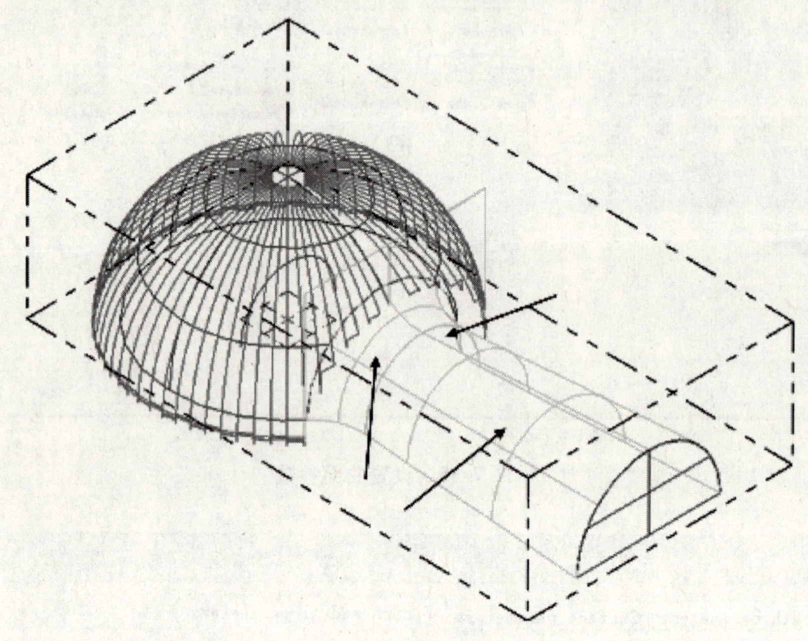

图 7-37　选择曲面

- 单击 ● 结束选择；
- 如图 7-38 和图 7-39 所示，设置流线数据参数；
- 单击 ✔；
- 选择 ϕ6 Endmill Bull（圆鼻刀）；
- 曲面设置参数如图 7-40 所示；
- 流线精加工参数如图 7-41 所示；
- 单击 ✔。

活动 15：验证

- Select all operations（选择所有的操作），如图 7-42 所示；
- 选择 Verify selected operations（验证已选择的操作），如图 7-43 所示；
- 如图 7-44 所示，单击 ▶；
- 单击 ✔。

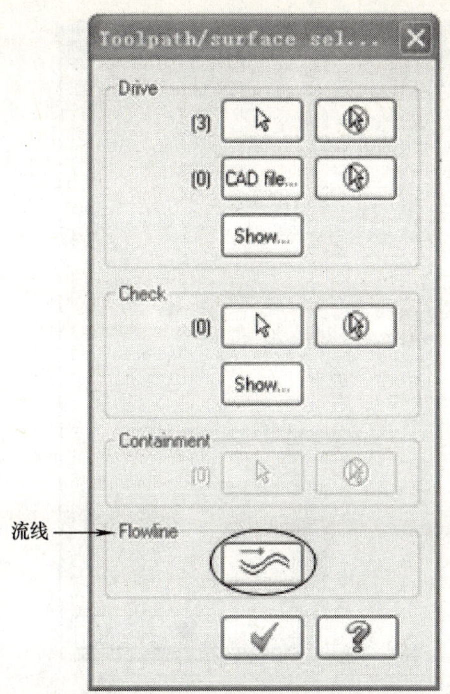

图 7-38　刀具路径/曲面选择对话框

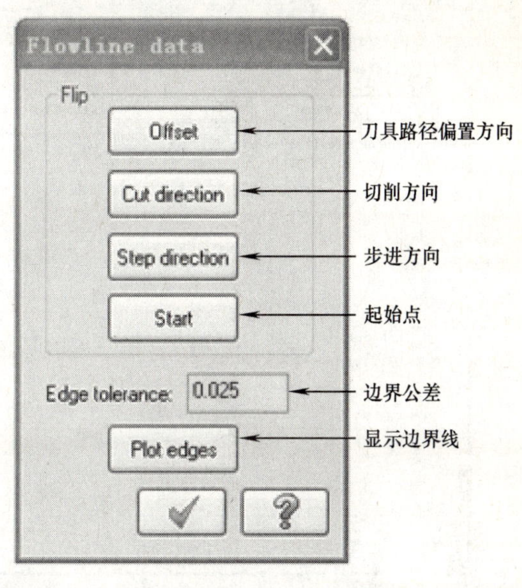

图 7-39　流线数据对话框

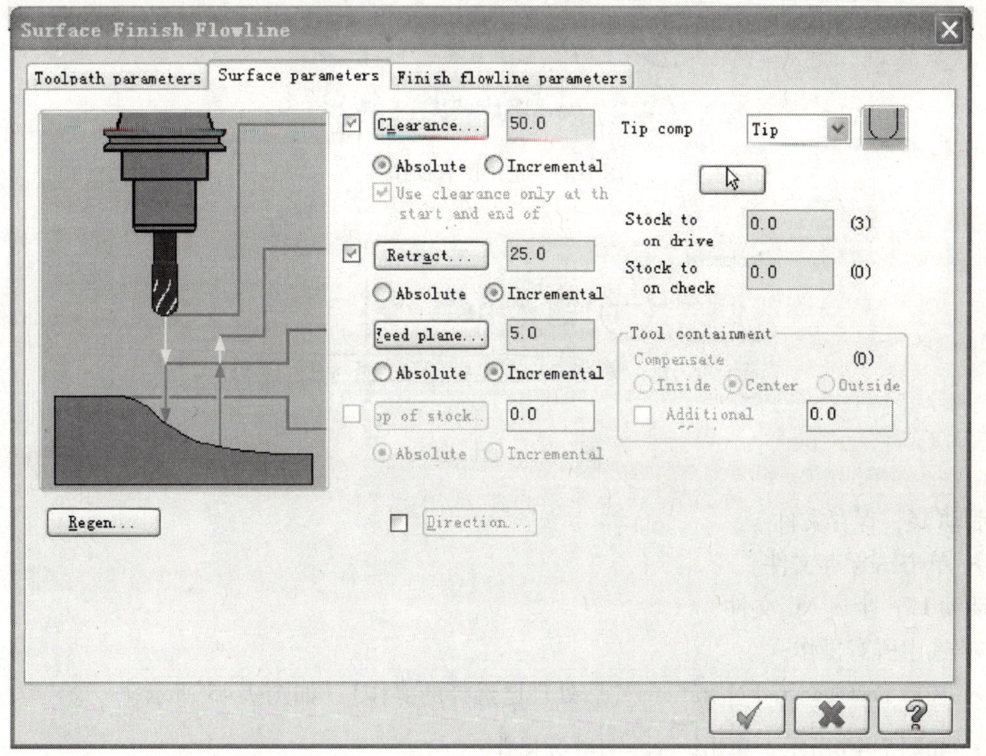

图 7-40　曲面参数设置

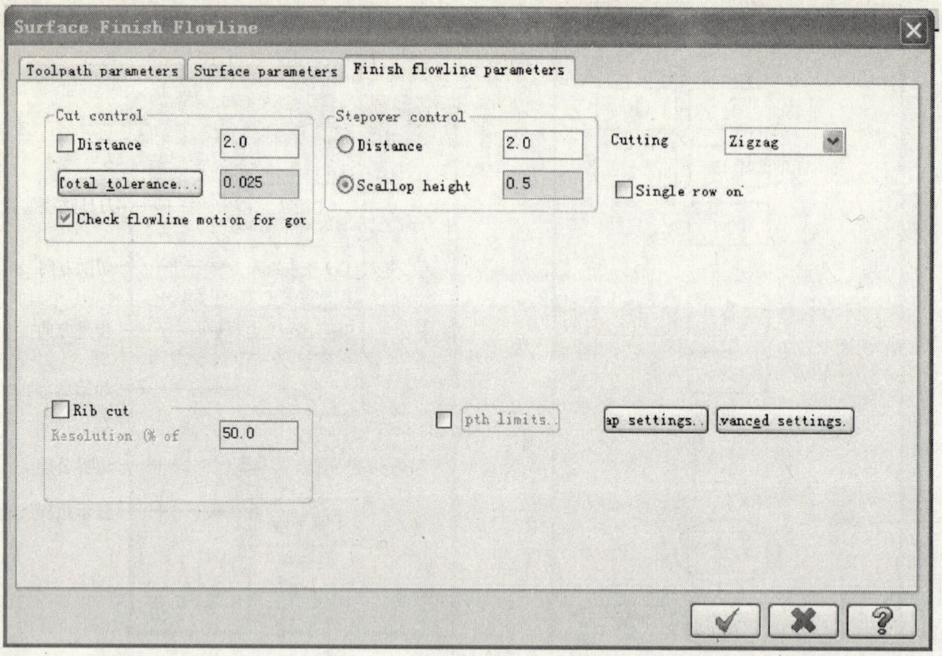

图 7-41 流线精加工参数设置

图 7-42 选中所有操作

图 7-43 验证选项

活动 16：保存文件

➢ 单击保存文件。

活动 17：生成 NC 文件

➢ 选中所有操作；

➢ 选择 Post selected operations（后处理已选择的操作），如图 7-45 所示；

➢ 如图 7-46 所示，单击  继续操作；

➢ 单击右上角的，退出程序编辑对话框。

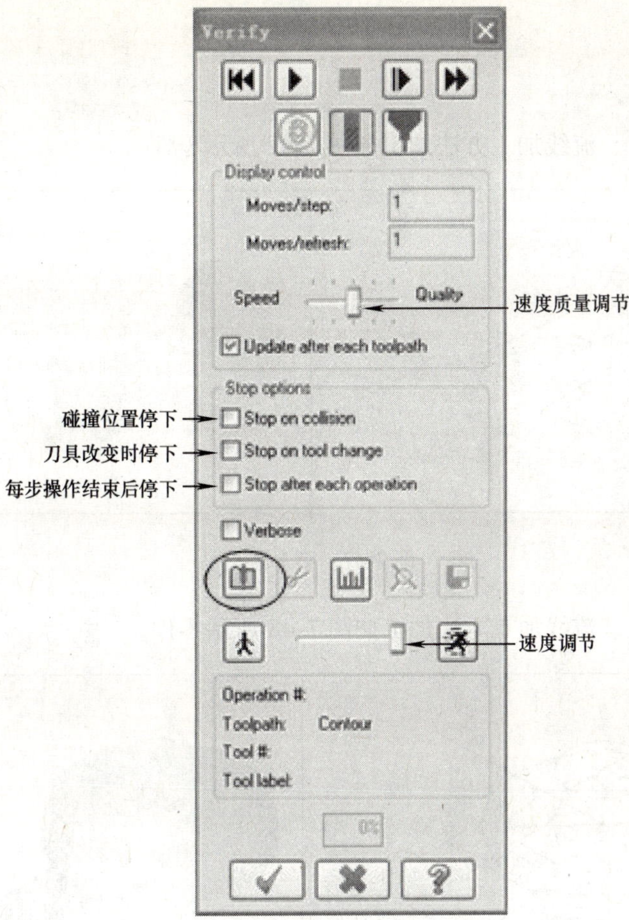

图 7-44　实体模拟对话框

图 7-45　后处理操作

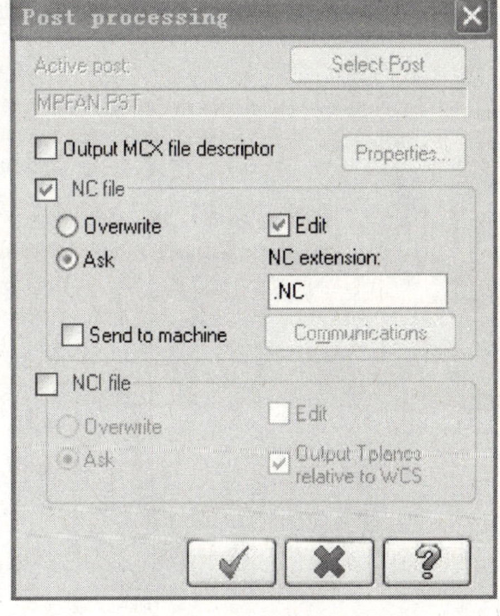

图 7-46　后处理设置

【项目自测】

1. 利用放射加工、流线加工方法加工如图 7-47 所示零件。

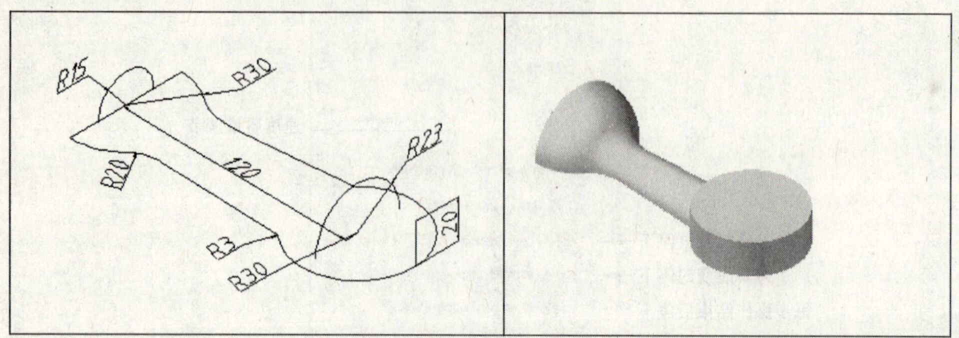

图 7-47　第 1 题

2. 利用放射加工、流线加工方法加工如图 7-48 所示零件。

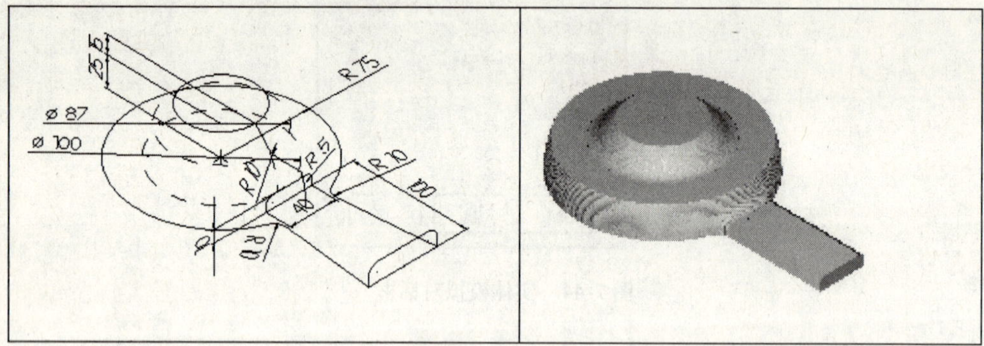

图 7-48　第 2 题

项目八　平行粗加工和投影粗加工

【知识目标】

1. 掌握文字的创建。
2. 掌握举升曲面的画法。
3. 熟悉曲面偏移等编辑指令。
4. 掌握平行粗加工、平行精加工、投影粗加工等加工方法。

【任务分析】

绘制如图 8-1 所示的三维线架，并使用平行粗加工、平行精加工、2D 挖槽加工、投影粗加工完成其数控加工。

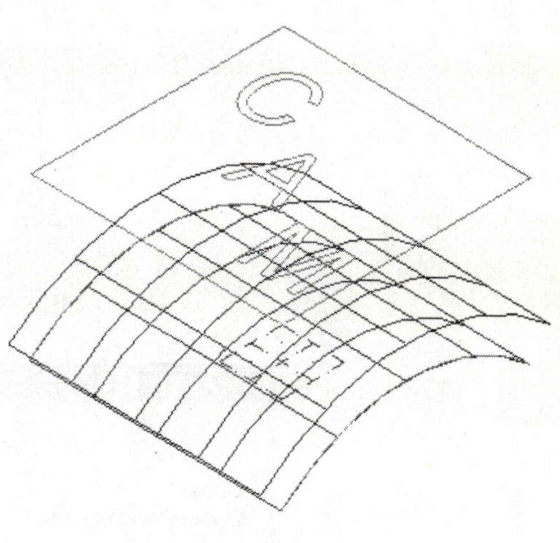

图 8-1　任务图

【活动思路】

构建 80×80 矩形→创建字母→构建不同构图深度 80×80 矩形→修改构图面→构建圆弧→删除直线→构建直纹曲面→偏移曲面。

确定刀具路径：设定工件毛坯→平行铣销粗加工→平行精加工→二维挖槽加工→投影粗加工。

【活动过程】

活动 1：构建 80×80 矩形

Create（创建）→Rectangular Shapes（矩形形状设置）

➢ 修改构图深度 Z: 50.0，如图 8-2 所示；

图 8-2　修改 Z 值

➢ 矩形参数设置如图 8-3 所示；

➢ [Select position for the base point]（选取基点位置）：如图 8-3 所示；

➢ 单击 ✔。

活动 2：创建字母

Create（创建）→Letters（文字）

➢ 如图 8-4 所示，选择“True Type”进入如图 8-5 所示界面；

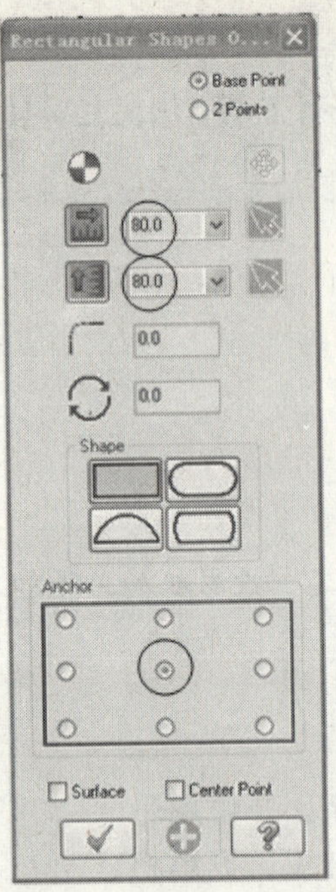

图 8-3　矩形参数设置

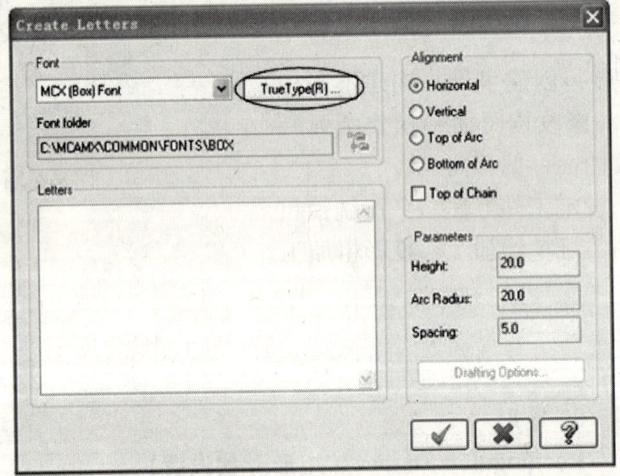

图 8-4　创建文字对话框

- 如图 8-5 所示，设置字体，单击确定；
- 如图 8-6 所示，创建文字“C”；
- ［Enter starting location of letters］（输入字母的起始位置）：输入坐标（－30，10）；
- 单击“ESC”；
- 同理，依次输入字母“A”、“M”。坐标分别为（－10，－10）和（15，－30），结果如图 8-7 所示。

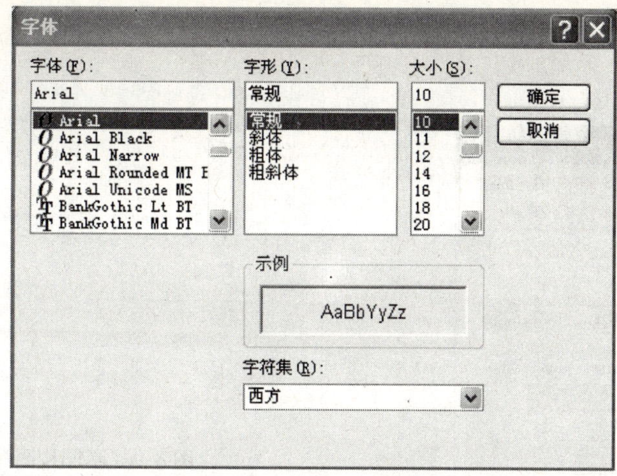

图 8-5　字体选择对话框

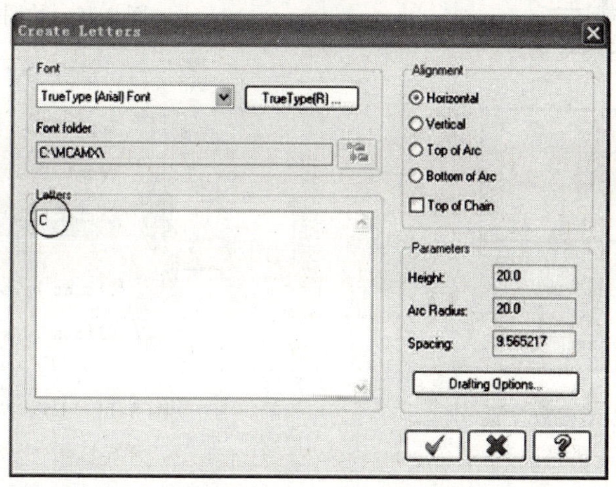

图 8-6　文字对话框中输入字母

活动 3：构建不同构图深度 80×80 矩形

Create（构图）→ Rectangular Shapes（矩形形状设置）

➢ 将工作深度 Z 由 50 调成 0，Z 0.0；

➢ 设置矩形参数如图 8-8 所示；

➢ [Select position for the base point]（选取基点位置）：如图 8-8 所示；

➢ 单击 ✔，效果如图 8-9 所示。

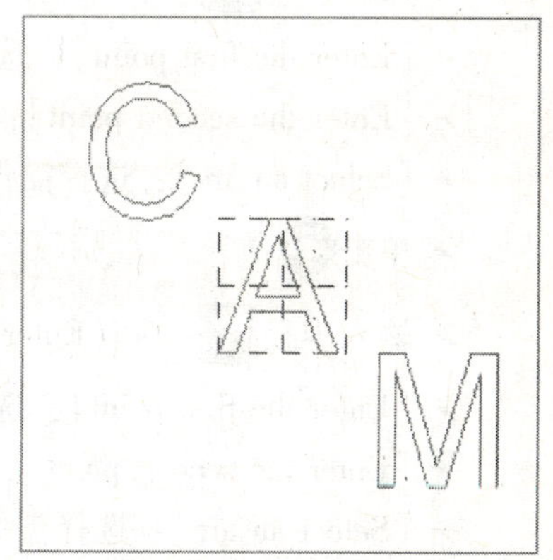

图 8-7　文字效果

活动 4：修改构图面

➢ 修改构图深度 Z 值为 0，如图 8-10 所示；

➢ 如图 8-11 所示，将构图面转换为右视图；

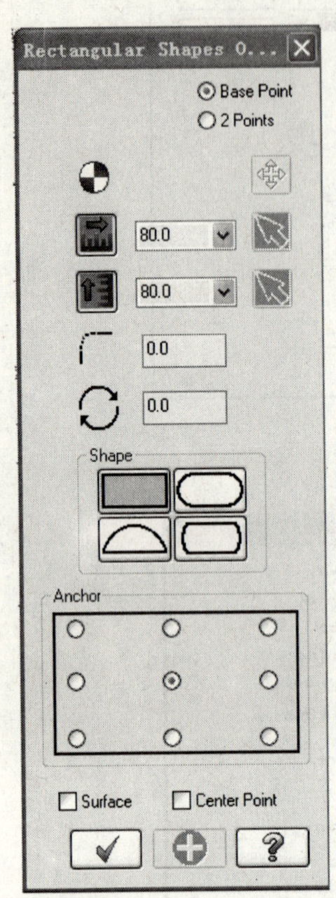

图 8-8 矩形参数设置

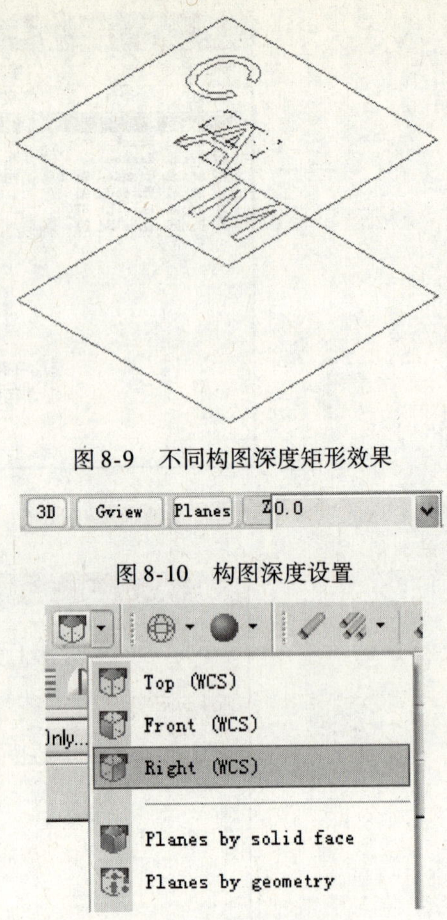

图 8-9 不同构图深度矩形效果

图 8-10 构图深度设置

图 8-11 选择右视图构图面

活动 5：构建圆弧

Create（构图）→Arc（圆弧）→ Arc Endpoints（已知圆周上的两个端点和圆弧半径画弧）

- 输入半径：60（Enter）；
- [Enter the first point]：选中如图 8-12 所示端点 A；
- [Enter the second point]：选中如图 8-12 所示端点 B；
- [Select an arc]：选择需保留的圆弧，如图 8-13 所示；
- 单击；
- 输入半径：60（Enter）；
- [Enter the first point]：选中端点 C，如图 8-14 所示；
- [Enter the second point]：如图 8-14 所示，选中端点 D；
- [Select an arc]：选择需保留的圆弧；
- 单击，效果如图 8-15 所示。

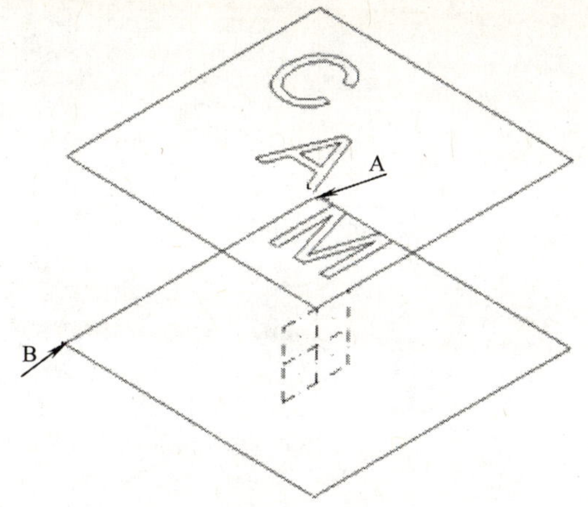

图 8-12　选择端点

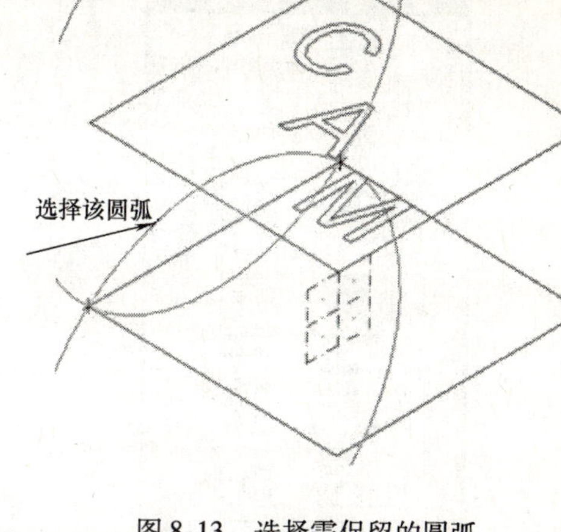

图 8-13　选择需保留的圆弧

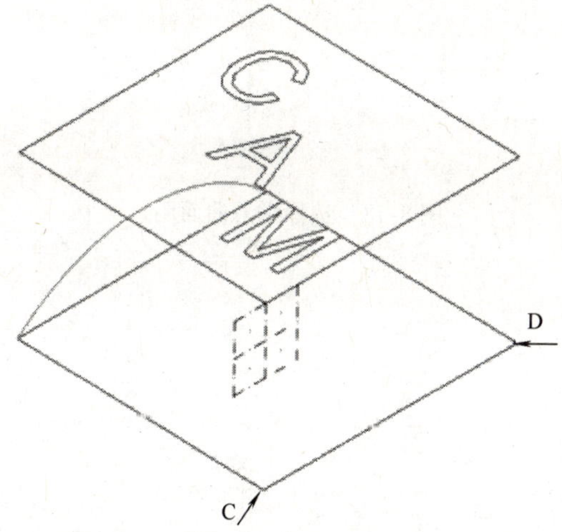

图 8-14　选择端点

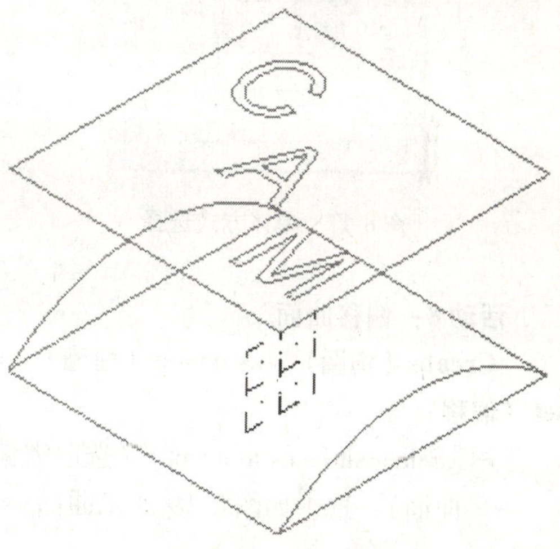
图 8-15　创建圆弧效果

活动 6：删除直线

➢ 选中如图 8-16 所示两条直线；

➢ 单击 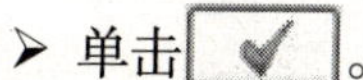 删除。

活动 7：构建直纹曲面

Create（构图）→Surface（曲面）→ Ruled/Lofted Surfaces（直纹/举升曲面）

➢ 如图 8-17 所示，选择“单体”方式；

➢［Define contour 1］（选择外形 1）：如图 8-18 所示，选中图素 A；

➢［Define contour 2］（选择外形 2）：如图 8-18 所示，选中图素 B；

➢ 单击 ✔。

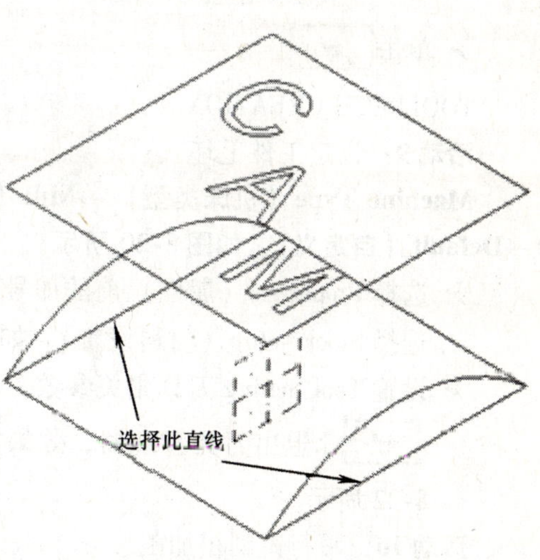

图 8-16　删除直线

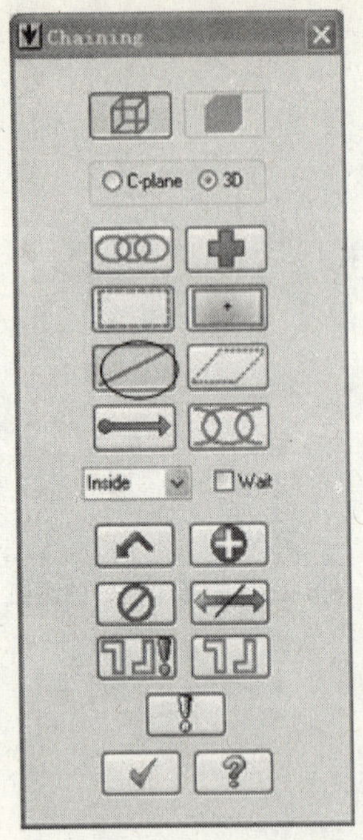

图 8-17　单体方式选择

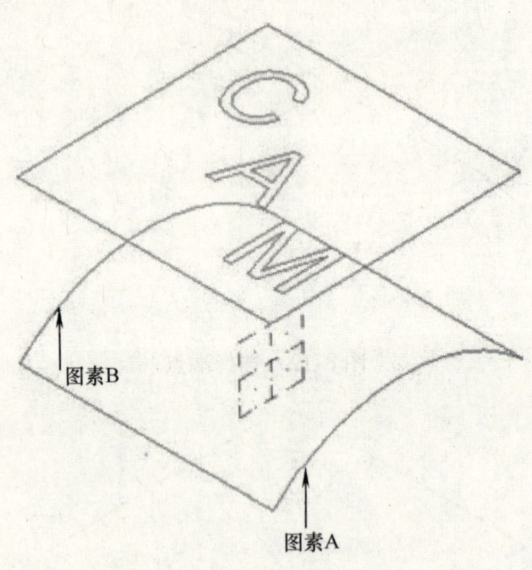

图 8-18　选择举升曲面图素

活动 8：偏移曲面

Create（构图）→Surface（曲面）→ Offset（偏移）

- ［Select surfaces to offset］（选取需偏移的曲面）：选中如图 8-19 所示曲面；
- 单击　结束选择；
- 输入偏移距离　：10；
- 单击　。

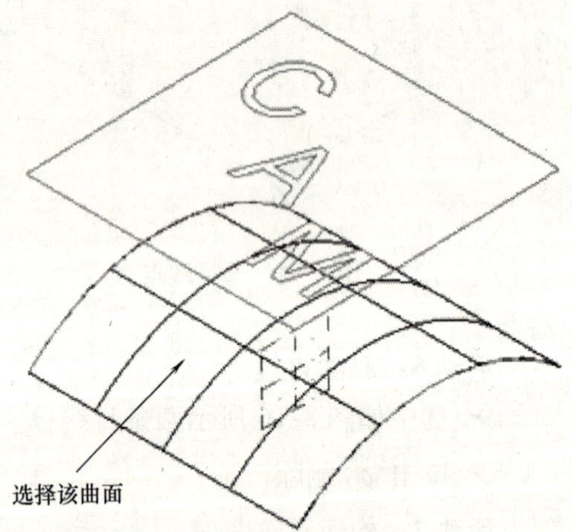

图 8-19　选取偏移曲面

TOOLPATH CREATION

活动 9：设定工件毛坯

Machine Type（机床类型）→Mill（铣床）→Default（自定义），如图 8-20 所示；

- 选择 Properties（属性）前的加号，以展开刀具路径；
- 选择 Stock setup（材料设置），如图 8-21 所示设置毛坯参数；
- 设置 Tool Setting 刀具相关参数，单击　，退出刀具管理器，效果如图 8-22 所示。

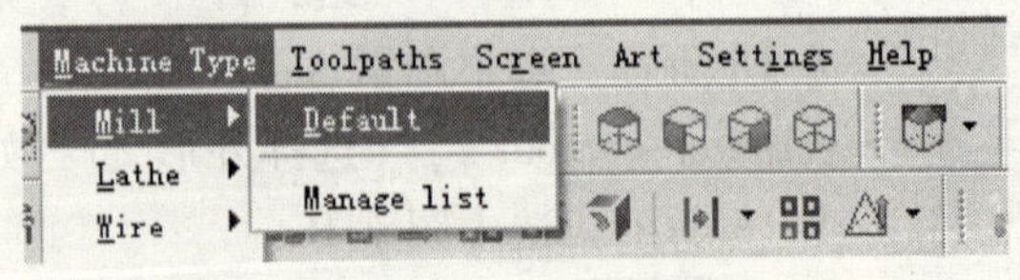

图 8-20　定义机床类型

活动 10：平行铣削粗加工

Toolpaths（刀具路径）→Surface Rough

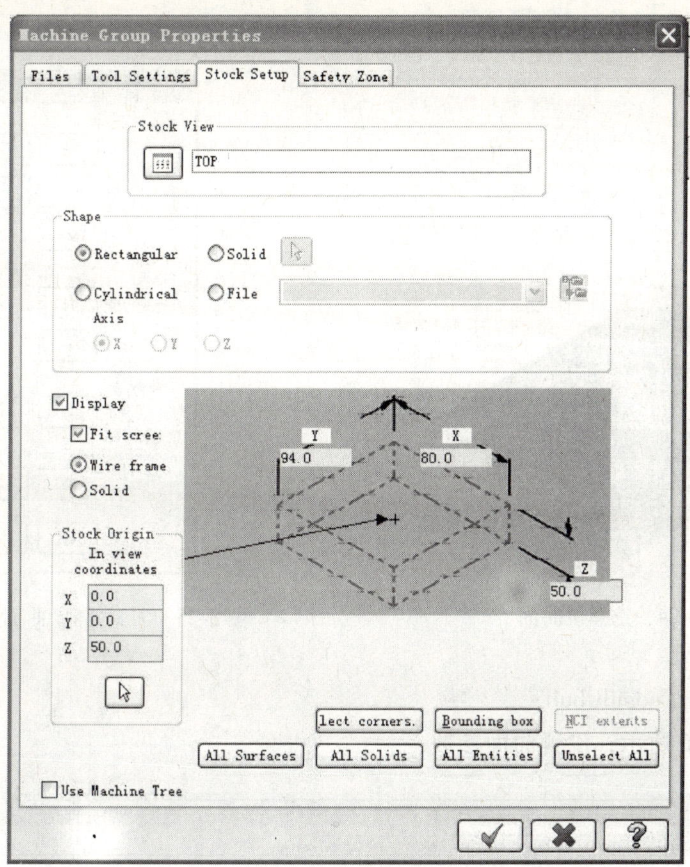

图 8-21 设置毛坯参数

（曲面粗加工）→**Parallel**（平行粗加工）

➢ 如图 8-23 所示，选择“Undefined”（未定义模型）；

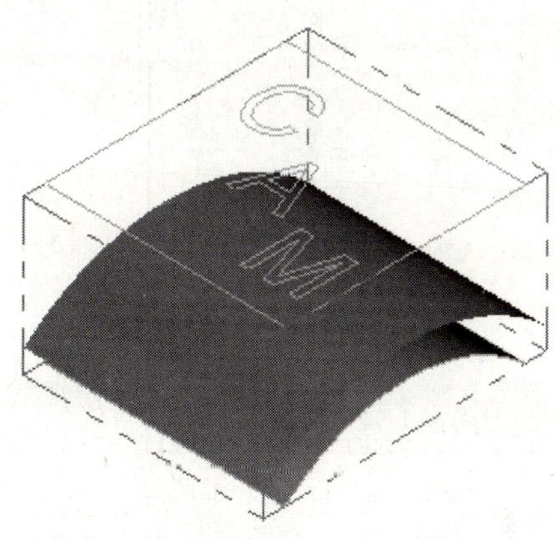

图 8-22 设定工件毛坯效果

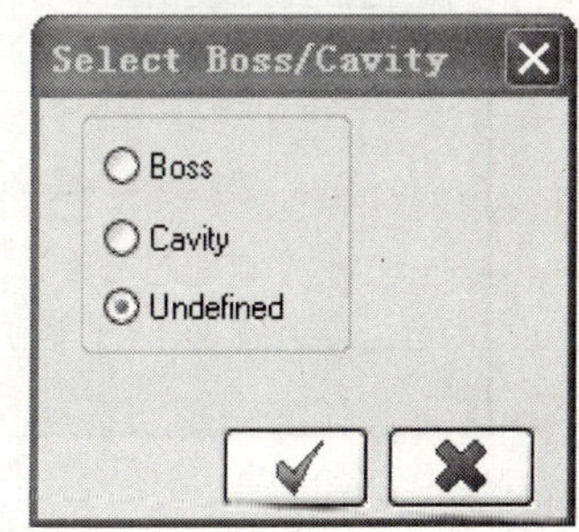

图 8-23 图形类型选择对话框

➢ ［Select Drive Surfaces］（选取加工曲面）：选中如图 8-24 所示的偏移曲面；

➢ 单击 结束选择；

➢ 如图 8-25 所示，单击 ✔；

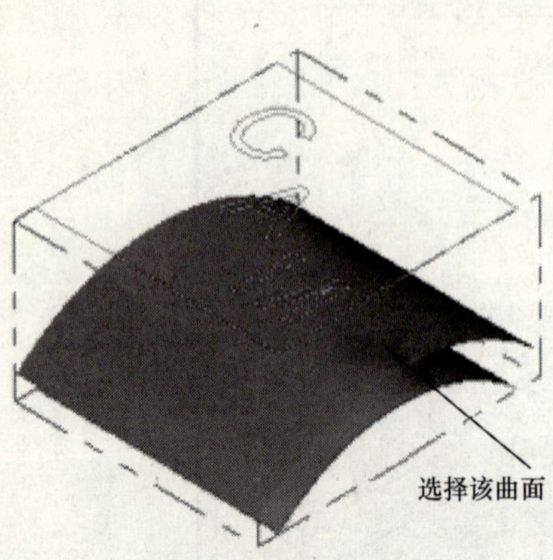

图 8-24　选择该曲面

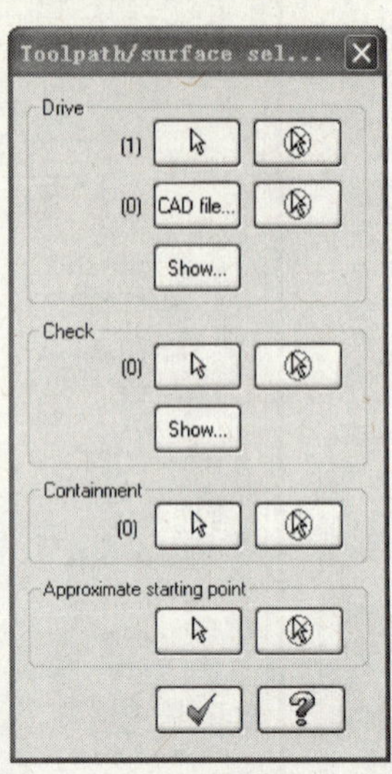

图 8-25　刀具路径/曲面选择对话框

➢ 选择 ϕ12 Endmill bull；

➢ 如图 8-26 所示，设置曲面参数；

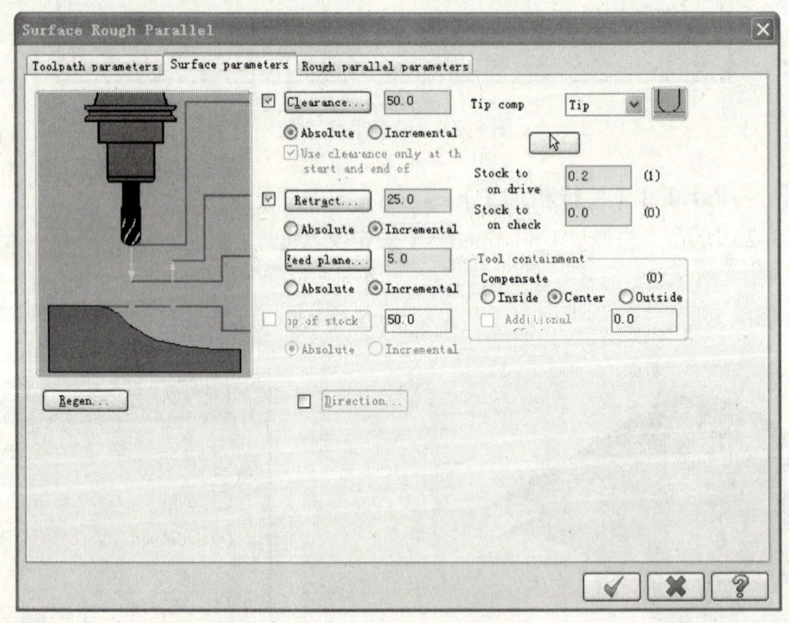

图 8-26　设置曲面参数

➢ 如图 8-27 所示，设置平行粗加工参数；

➢ 设置间隙参数，如图 8-28 所示；

➢ 单击 ✔。

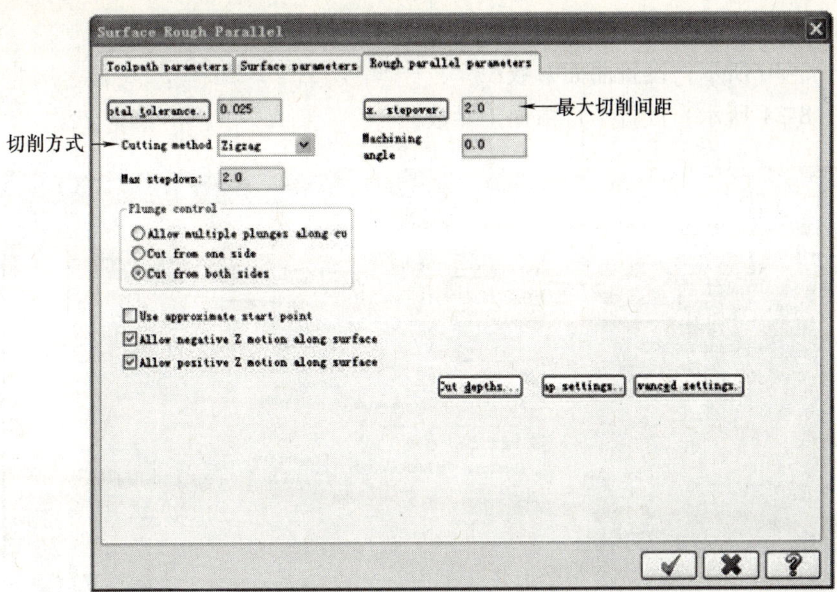

图 8-27　设置平行粗加工参数

活动 11： 平行精加工

Toolpaths（刀具路径）→Surface Finish（精加工）→Parallel（平行精加工）

➢［Select Drive surfaces］（选取加工面）：选中上述偏移曲面；

➢ 单击结束选择；

➢ 如图 8-29 所示，单击；

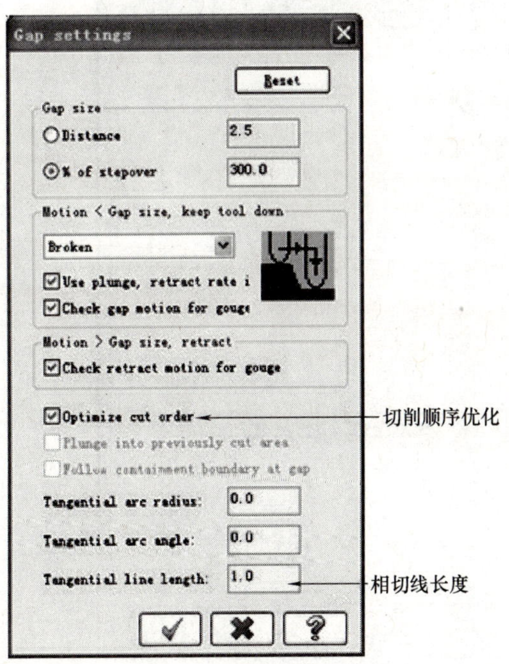

图 8-28　间隙设置对话框

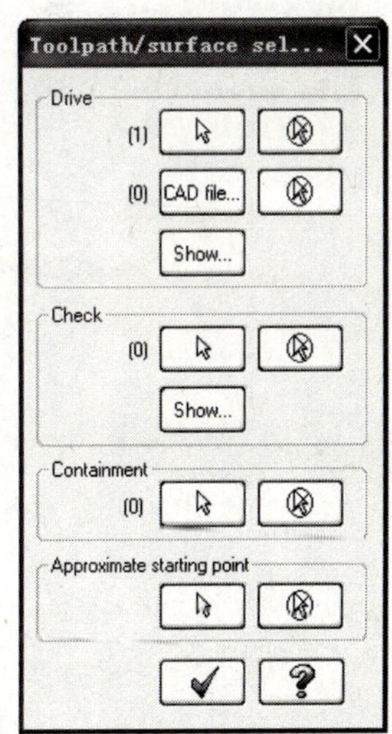

图 8-29　刀具路径/曲面选择对话框

➢ 选择 ϕ12 Endmill Sphere；

➢ 如图 8-30 所示，设置曲面参数；

➢ 如图 8-31 所示，设置平行精加工参数；

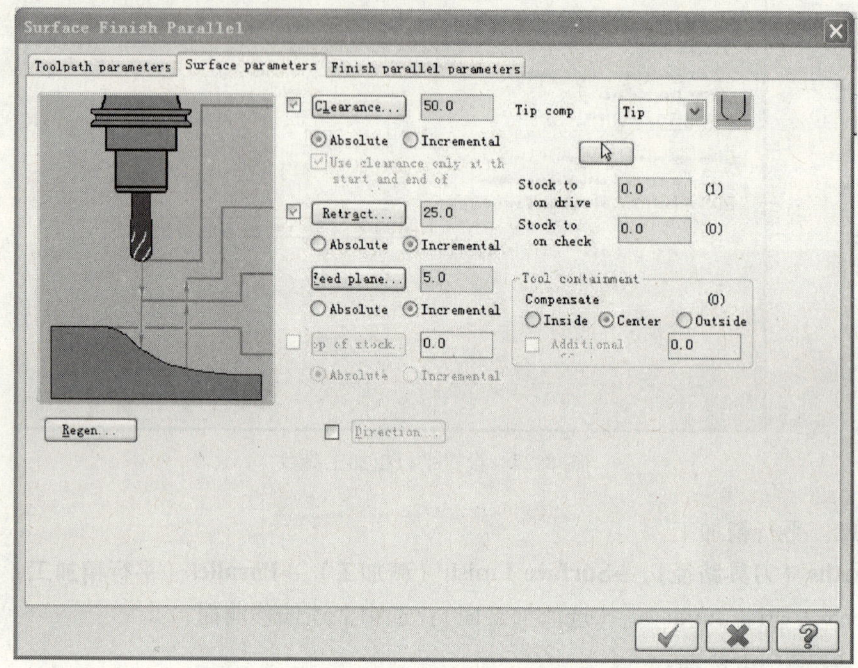

图 8-30　设置曲面参数

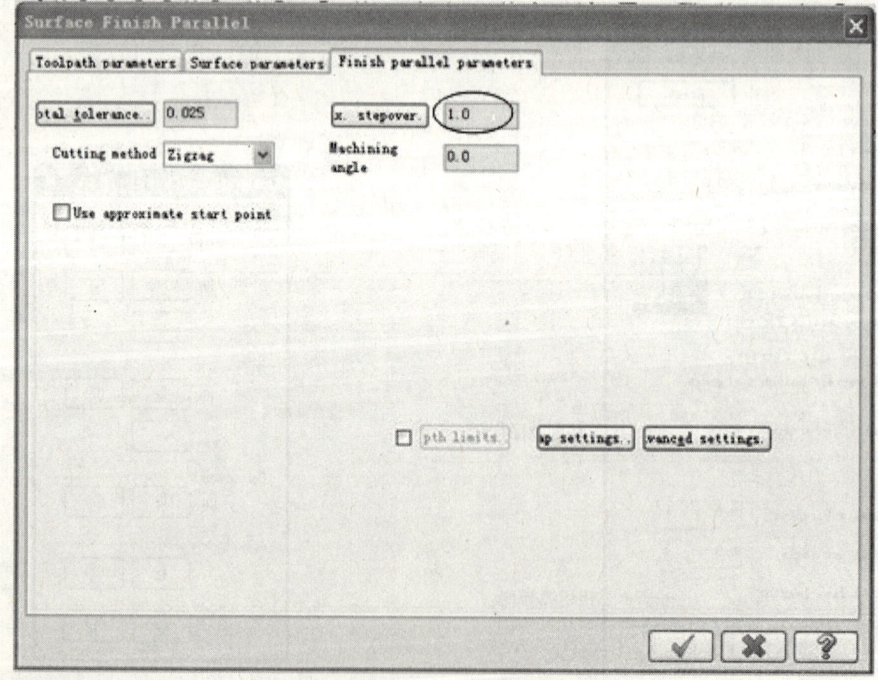

图 8-31　设置平行精加工参数

➢ 单击 。

活动 12：二维挖槽加工

Toolpaths（刀具路径）→Pocket Toolpath（挖槽加工）

➢［Select pocket 1］（选取挖槽路径 1）：如图 8-32 所示，先选择串联方式，选中如图 8-33 所示矩形；

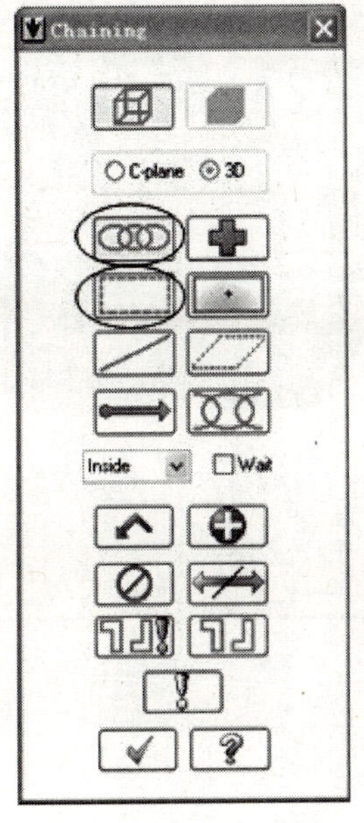

图 8-32　串联方式选择

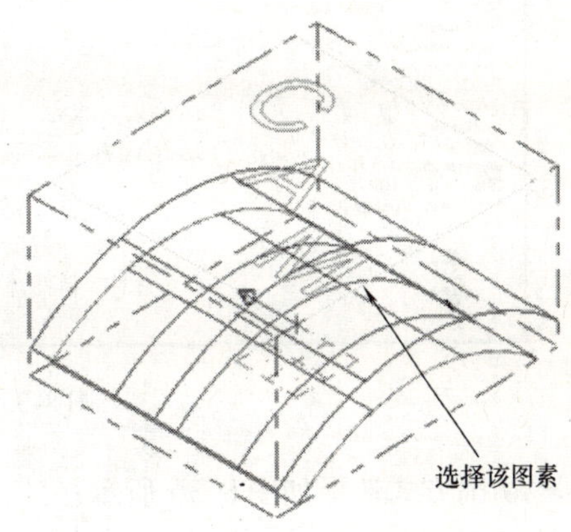

图 8-33　选择串联图素

➢ 如图 8-32 所示，窗选方式再选中文字，使之形成一个窗口；

➢［Sketch approximate start point］（捕捉起始点）：选中字母端点，如图 8-34 所示；

➢ 单击 ；

➢ 选择 ϕ4 Endmill Sphere；

➢ 切削参数设置如图 8-35 所示；

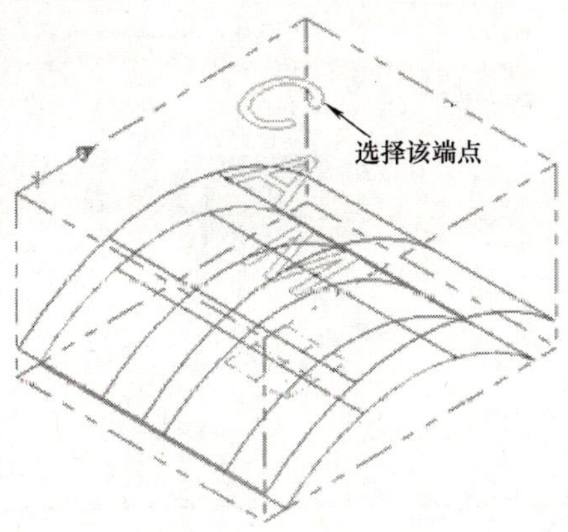

图 8-34　选择起始点

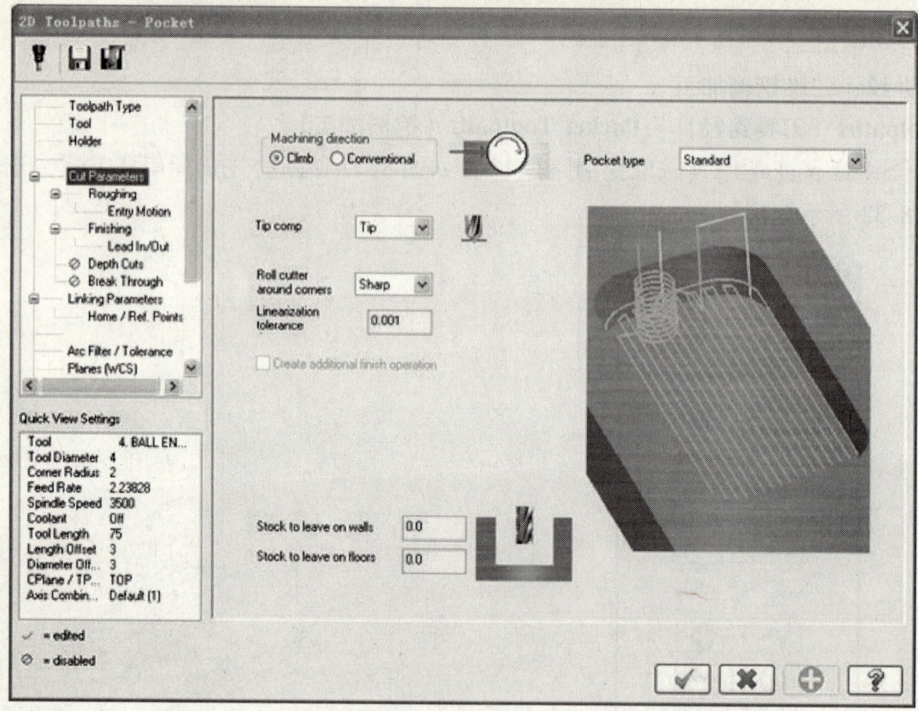

图 8-35　切削参数设置

➢ 切削方式选择如图 8-36 所示；

➢ Linking Parameters 参数设置如图 8-37 所示；

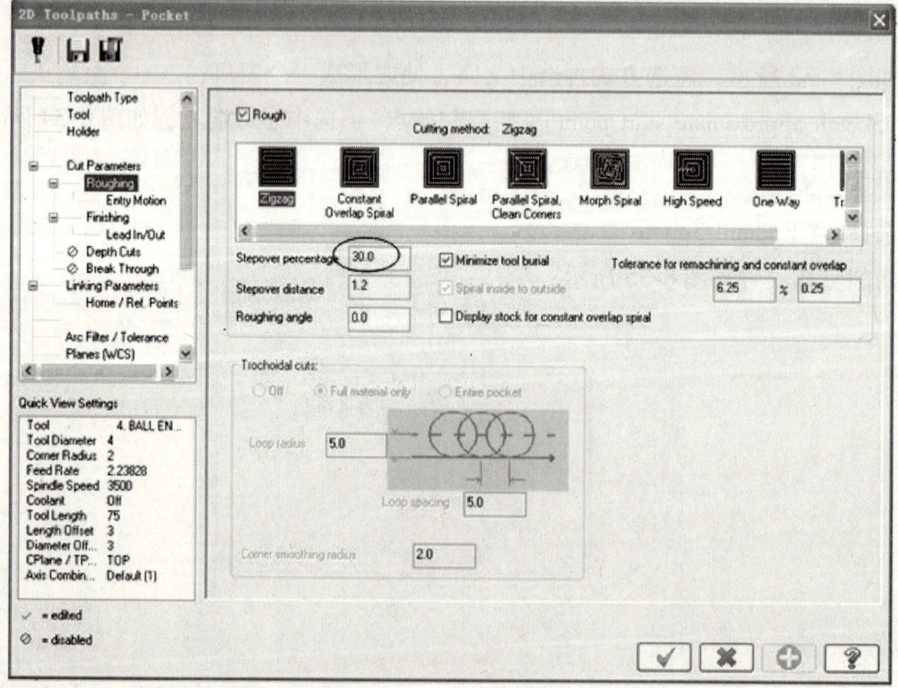

图 8-36　切削方式选择

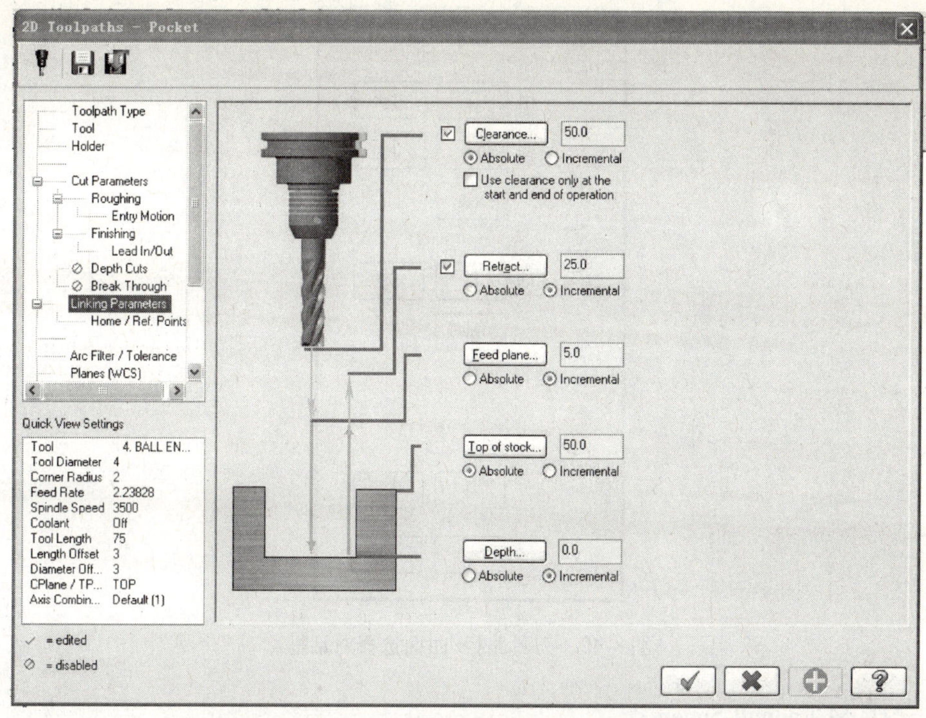

图 8-37　Linking Parameters 参数设置

➢ 单击 [✔]。

活动 13：投影粗加工

Toolpaths（刀具路径）→Surface Rough（曲面粗加工）→Project（投影加工）

➢ 如图 8-38 所示，选择“Undefined”；

➢［Select Drive surface］（选取加工平面）：选中如图 8-39 所示曲面；

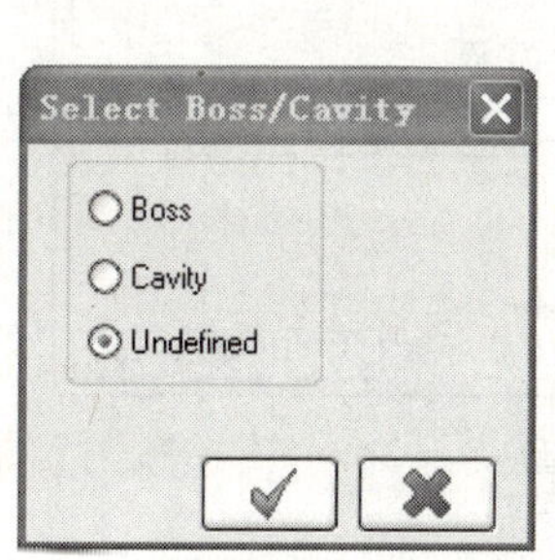

图 8-38　图形类型选择对话框

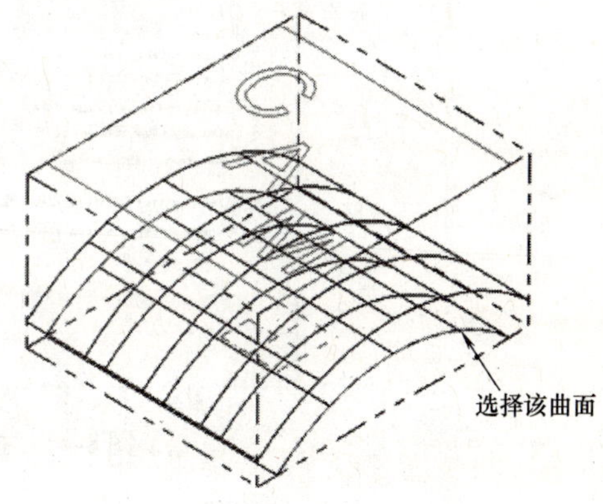

图 8-39　选取加工曲面

➢ 单击 [●] 结束选择；

➢ 如图 8-40 所示，单击 [✔]；

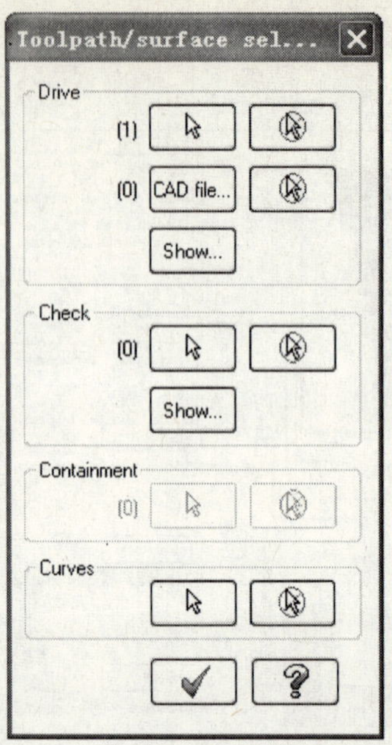

图 8-40 刀具路径/曲面选择对话框

- 选择 ϕ4 Endmill Sphere；
- Surface Parameters 参数设置同前述；
- 投影粗加工参数设置如图 8-41 所示；

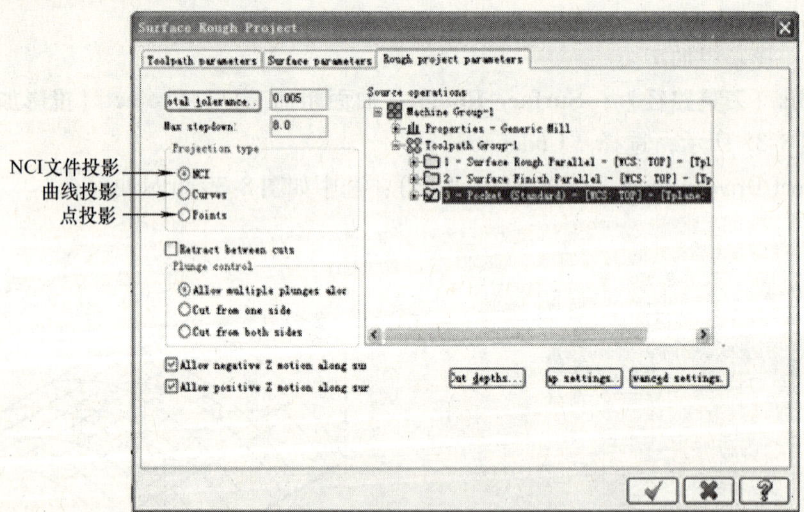

图 8-41 投影粗加工对话框

- 如图 8-42 所示单击“确定”。

活动 14：刀具路径验证

- 在 Toolpaths Manager（刀具管理器）中 Select all operations（选择所有的操作），如图 8-43 所示；

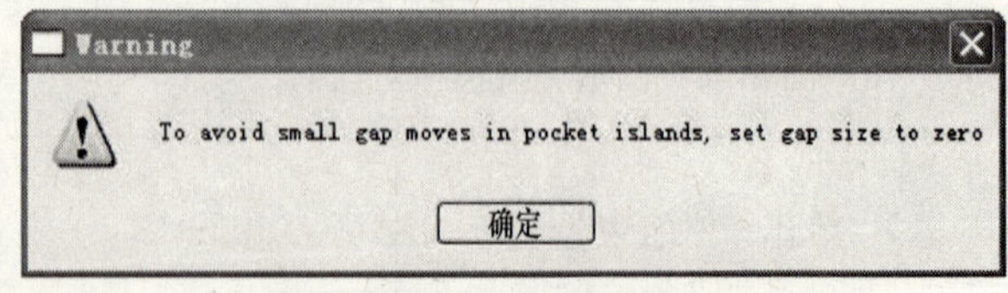

图 8-42 单击确定

➢ 选择 Verify selected operations（验证已选择的操作），如图 8-44 所示；

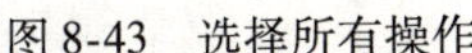
图 8-43　选择所有操作

图 8-44　验证所选的操作

➢ 单击▶，如图 8-45 所示；

➢ 单击✔，工件加工效果如图 8-46 所示。

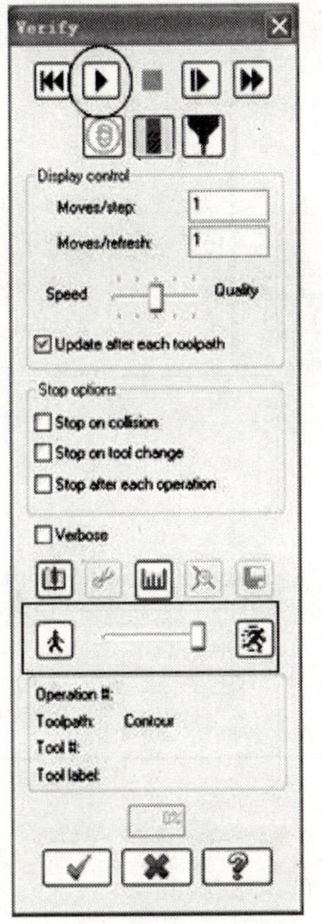

图 8-45　验证零件的数控加工

图 8-46　工件加工效果

活动 15：生成 NC 文件

➢ 选中所有操作；

➢ 选择 Post selected operations（后处理已选择的操作），如图 8-47 所示；

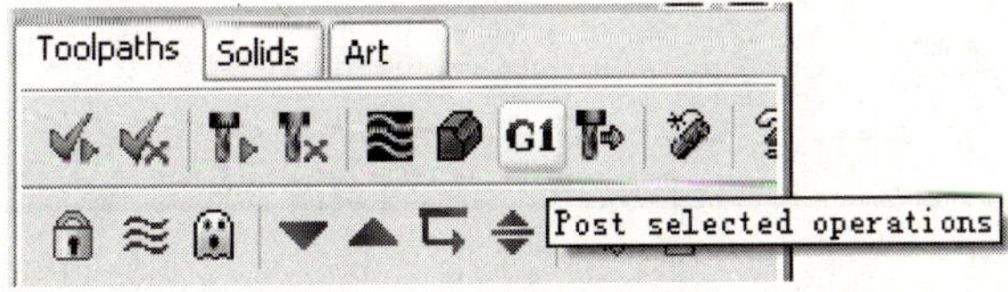

图 8-47　生成后处理文件

➢ 如图 8-48 所示单击 ✔，生成 NC 文件，如图 8-49 所示。

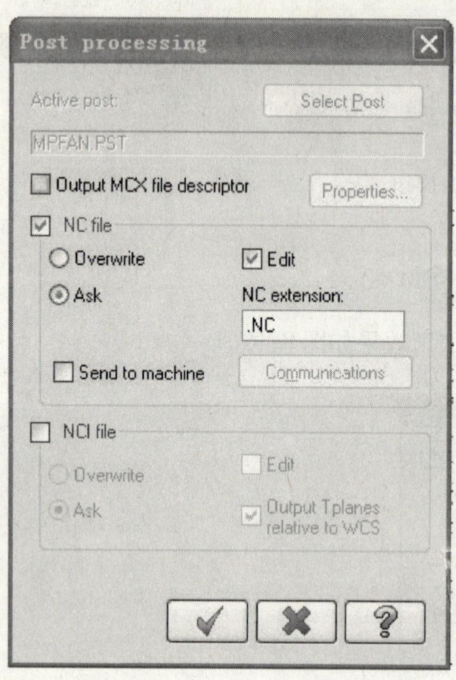

图 8-48　后处理对话框

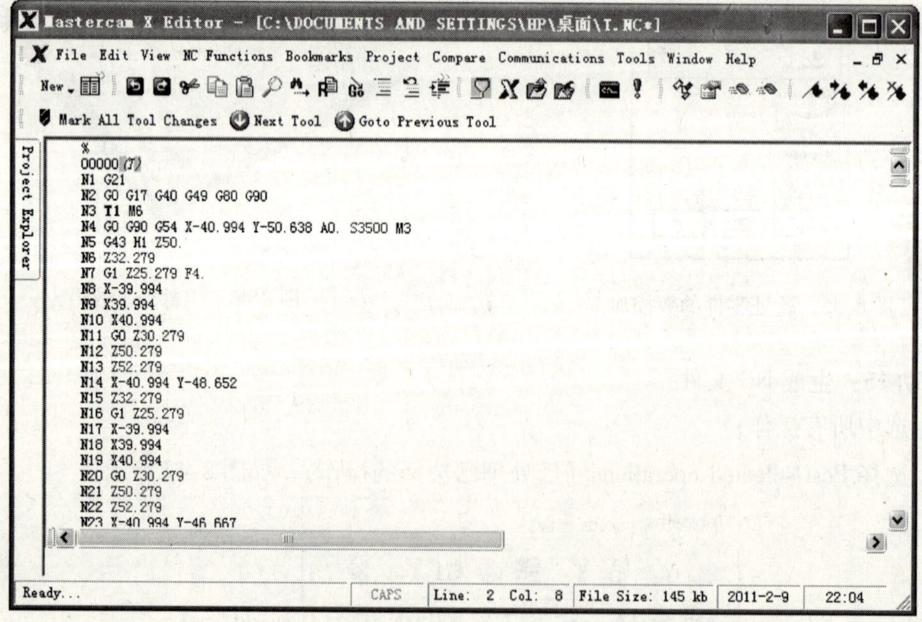

图 8-49　生成的 NC 文件

【项目自测】

1．利用平行粗加工、平行精加工、投影粗加工等加工方法加工如图 8-50 所示零件。

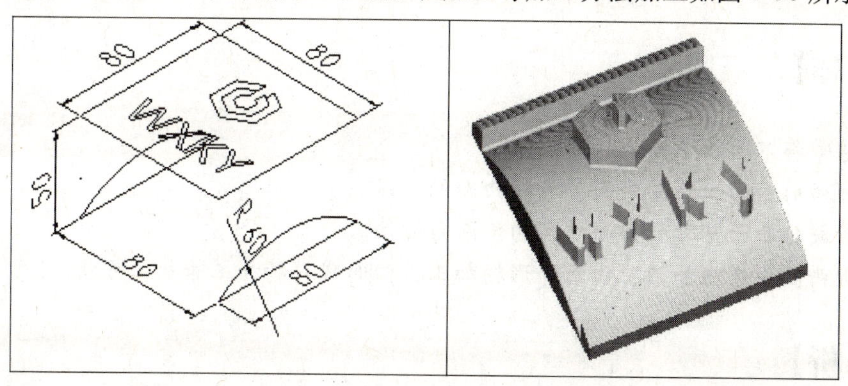

图 8-50　第 1 题

2．利用平行粗加工、平行精加工、投影粗加工等加工方法加工如图 8-51 所示零件。

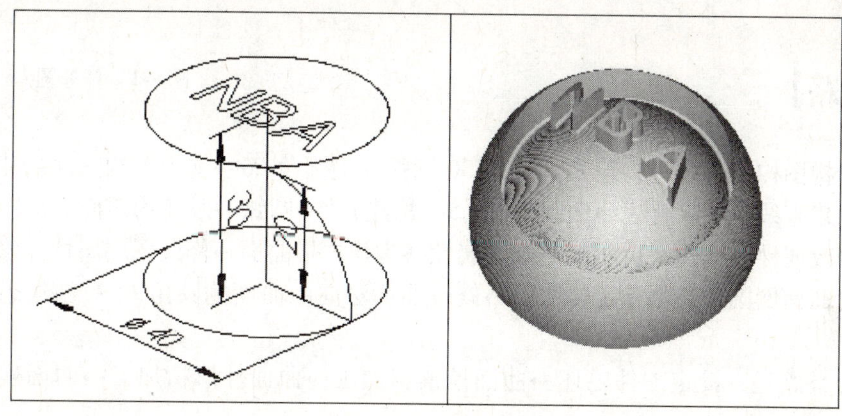

图 8-51　第 2 题

项目九　零件的外形粗加工与残料精加工

【知识目标】

1. 熟练掌握不同构图面的转换。
2. 掌握牵引曲面、扫描曲面、旋转曲面的构建。
3. 掌握旋转曲面与牵引曲面之间的倒圆角方法。
4. 掌握曲面挖槽粗加工、曲面外形精加工、曲面残料精加工等加工方法。

【任务分析】

绘制如图9-1所示的三维线架，并使用曲面挖槽粗加工、曲面外形精加工、曲面残料精加工完成数控加工。

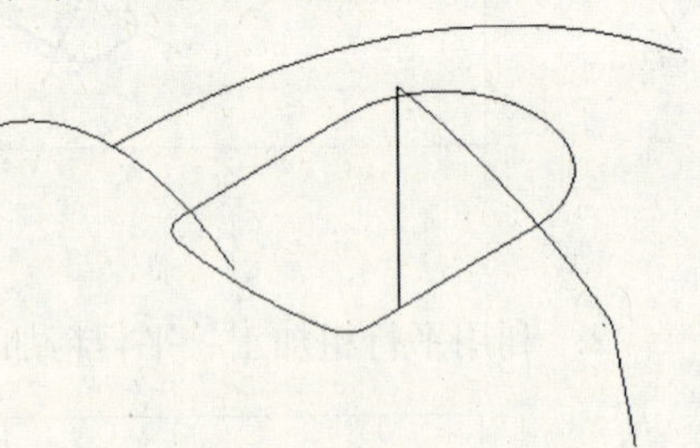

图9-1　任务图

【活动思路】

俯视图构图构建直线→构建 *R*25 和 *R*130 圆弧→倒圆角 *R*6→前视图构图面构建直线→构建圆弧→构建直线→删除直线→倒圆角 *R*2.5→构建 *R*254 圆弧→改变构图面和构图深度→构建圆弧→修改属性→构建牵引曲面→修改属性→构建白描曲面→修改图层属性→修改曲面法向→曲面与曲面倒圆角→创建旋转曲面→修改曲面法向→曲面倒圆角 *R*5→创建边界盒→转换图素。

确定刀具路径：设定工件毛坯→曲面挖槽粗加工→曲面外形精加工→曲面残料清角精加工。

【活动过程】

活动1：俯视图构图构建直线

➢ 如图9-2所示，单击 Top 视图（俯视构图面）；

Create（构图）→Line（直线）→Endpoint（端点）

➢ [Specify the first endpoint]（选取第一点）：选择 **Fast Point**（快速选点）按钮；

➢ 输入坐标数据（－25，－38）(Enter)，如图9-3所示；

➢ 输入直线长度 50mm（Tab）；

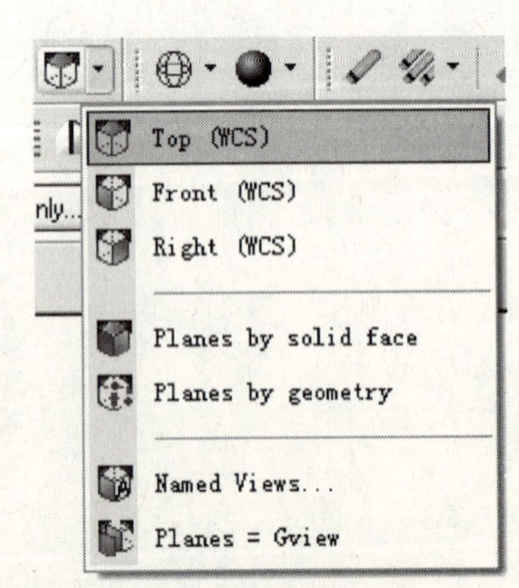

图9-2　选择俯视图构图面

- 输入角度 90（Enter）；
- 单击，直线 AC 如图 9-4 所示；

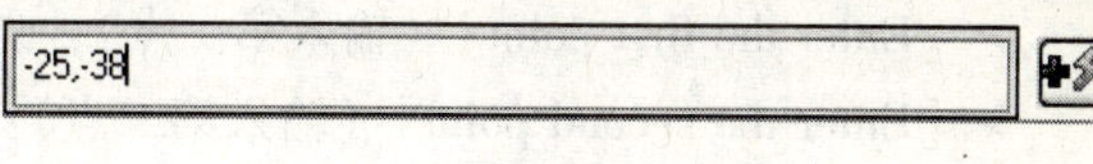

图 9-3　快速捕捉坐标点

- ［Specify the first endpoint］（选取第一点）：选择 **Fast Point**（快速选点）按钮；
- 输入坐标数据（25，－38）（Enter）；
- 输入直线长度 50mm（Tab）；
- 输入角度 90（Enter）；
- 单击 退出，直线 BD 如图 9-5 所示。

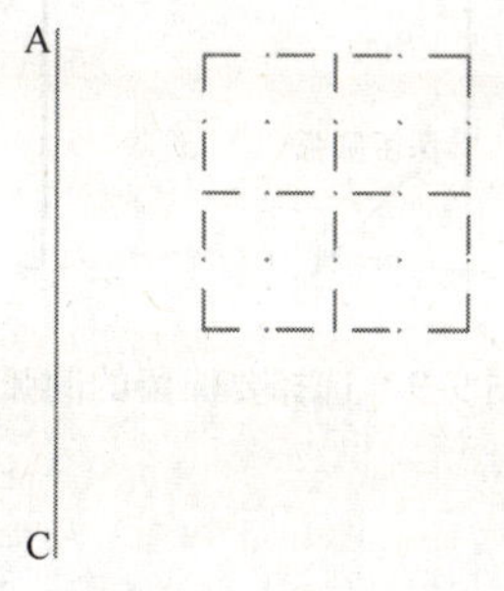

图 9-4　直线 AC

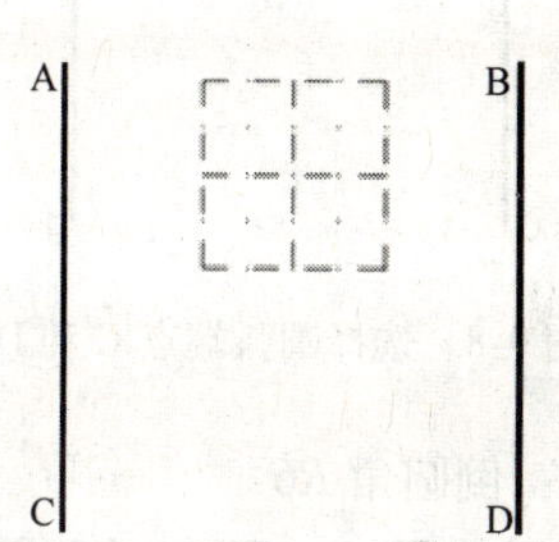

图 9-5　直线 BD

活动 2：构建 *R*25 和 *R*130 圆弧

Create（构图）→Arc（圆弧）→Arc Endpoints（圆弧端点）

- 输入半径值 25mm（Enter）；
- ［Enter the first point］（输入第一点）：选中点 A；
- ［Enter the second point］（输入第二点）：选中点 B，如图 9-6 所示；
- ［Select the Arc］（选取圆弧）：选中要保留的圆弧段；
- 单击，作图效果如图 9-7 所示。

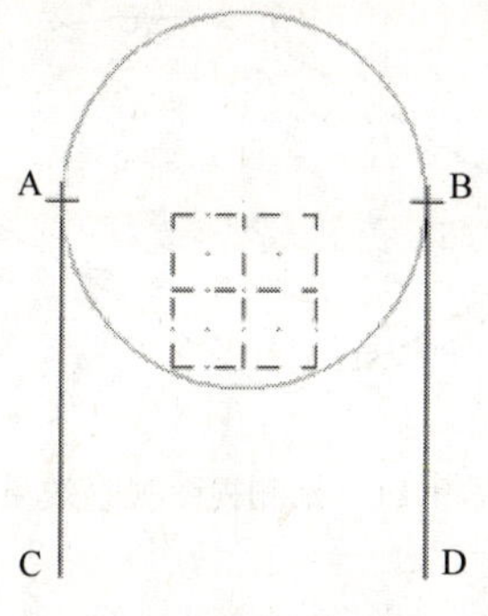

图 9-6　端点画弧 *R*25

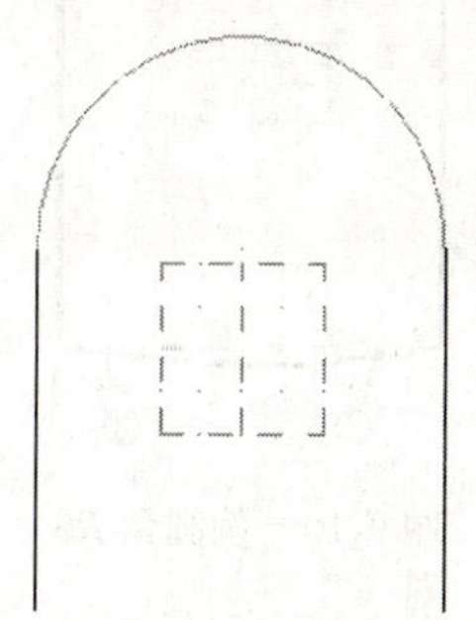

图 9-7　保留圆弧效果

➢ 输入半径值 130mm（Enter）；
➢［Enter the first point］（输入第一点）：选中点 C；
➢［Enter the second point］（输入第二点）：选中点 D，如图 9-8 所示；
➢［Select the Arc］（选取圆弧）：如图 9-9 所示选中要保留的圆弧段；
➢ 单击 。

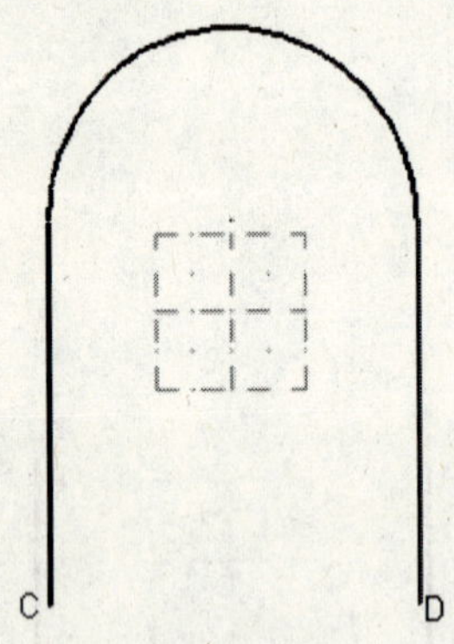

图 9-8 选择圆弧端点 C 和 D

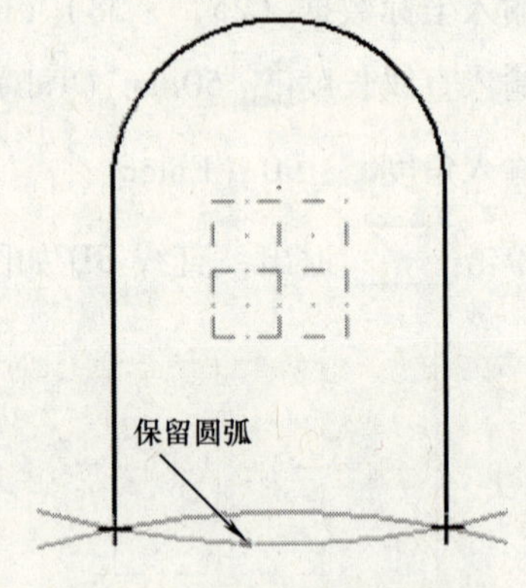

图 9-9 选择要保留的圆弧

活动 3：倒圆角 *R*6

Create（构图）→Fillet（倒圆角）→Entities（图素）

➢ 输入半径值 ：6mm（Enter）；
➢［Select an entity］（选取一图素）：选中如图 9-10 所示直线①；
➢［Select another entity］（选取另一图素）：选中如图 9-10 所示直线②；
➢ 同理倒右侧 *R*6 圆角；
➢ 单击 ；
➢ 轴测视图观察 ，观察效果如图 9-11 所示。

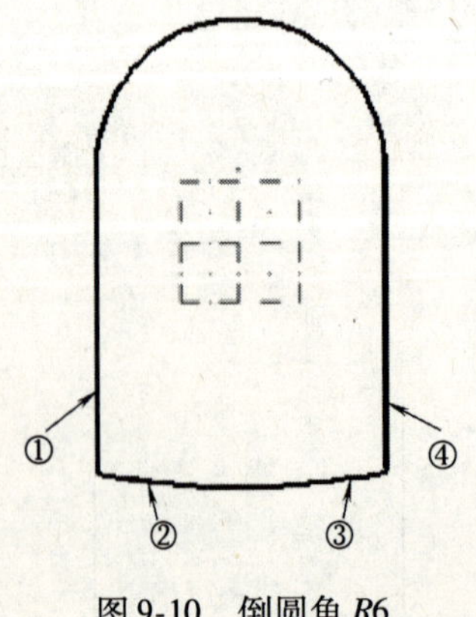

图 9-10 倒圆角 *R*6

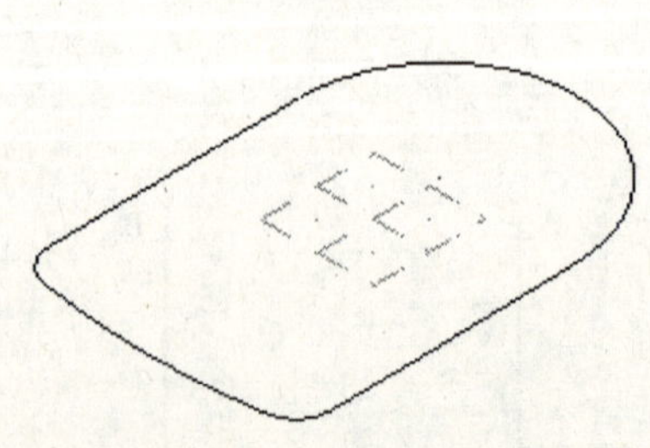

图 9-11 轴测视图观察效果

活动 4：前视图构图面构建直线

➢ 如图 9-12 所示，单击 Front（前视构图面），前视图观察图形如图 9-13 所示；

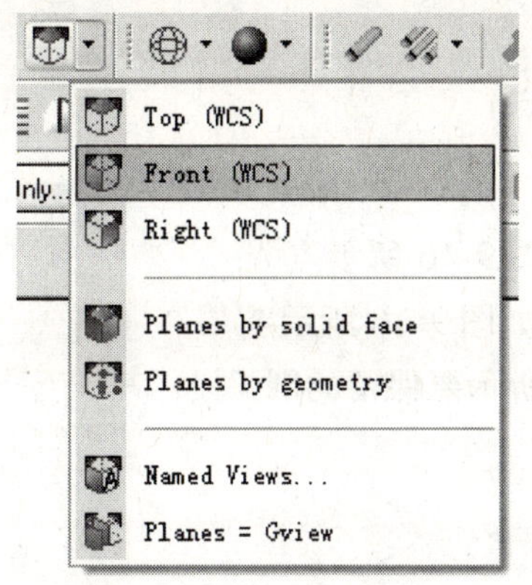

图 9-12　选择前视图构图面

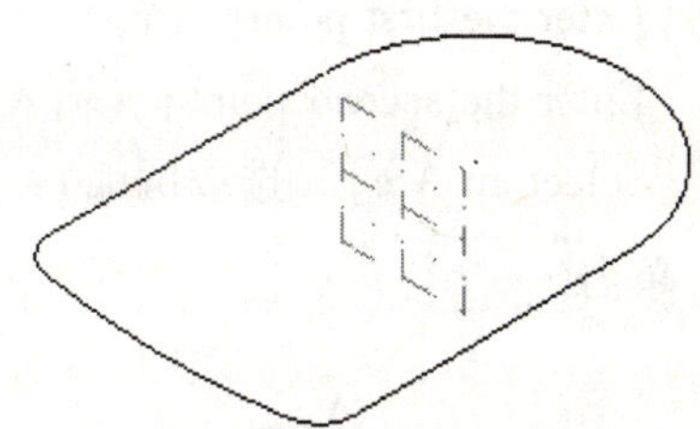

图 9-13　前视图构图面

Create（构图）→Line（直线）→Endpoint（端点）

➢［Specify the first endpoint］（选取第一点）：选择 **Fast Point**（快速选点）按钮；

➢ 输入坐标数据（0，25）（Enter）；

➢［Specify the second endpoint］（选取第二点）：输入直线长度 50mm（Tab）；

➢ 输入角度为 90（Enter）；

➢ 单击，构建直线如图 9-14 所示；

➢［Specify the first endpoint］（输入第一点）：选择 **Fast Point**（快速选点）按钮；

➢ 输入坐标数据（0，0）(Enter)；

➢ 输入直线长度 57mm（Tab）；

➢ 输入角度 0（Enter），如图 9-15 所示；

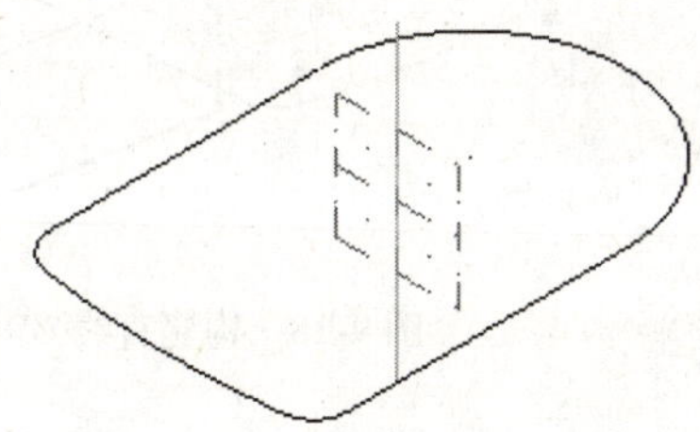

图 9-14　前视图构建直线

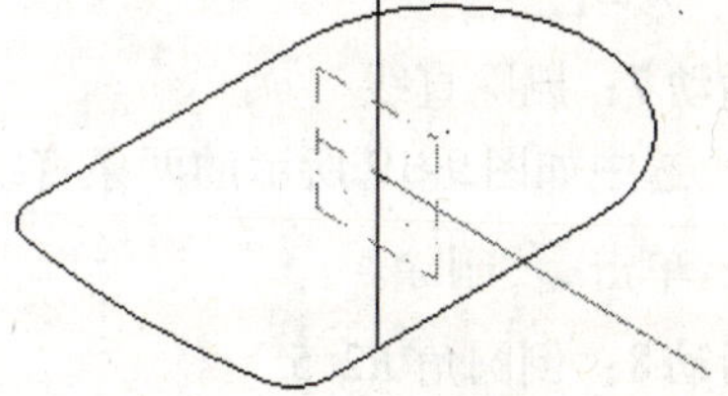

图 9-15　构建直线

➢ 单击；

➢［Specify the first endpoint］（输入第一点）：选择 **Fast Point**（快速选点）按钮；

➢ 输入坐标数据 0，-25（Enter）；

➢ 输入直线长度 63mm（Tab）；

➢ 输入角度 0（Enter）；

➢ 单击 。

活动 5：构建圆弧

Create（构图）→Arc（圆弧）→Endpoints（端点）

➢ 输入半径值：127mm（Enter）；

➢［Enter the first point］（输入第一点）：选中如图 9-16 所示点 A；

➢［Enter the second point］（输入第二点）：选中如图 9-16 所示点 B；

➢［Select an Arc］（选取圆弧）：选中如图 9-17 所示要保留的圆弧段；

➢ 单击 。

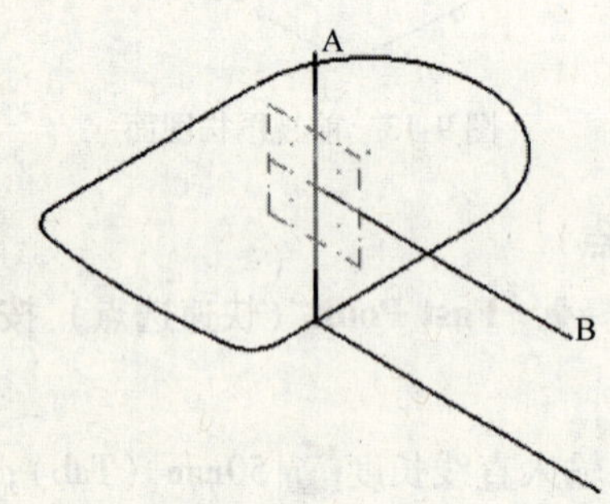

图 9-16　两点画弧

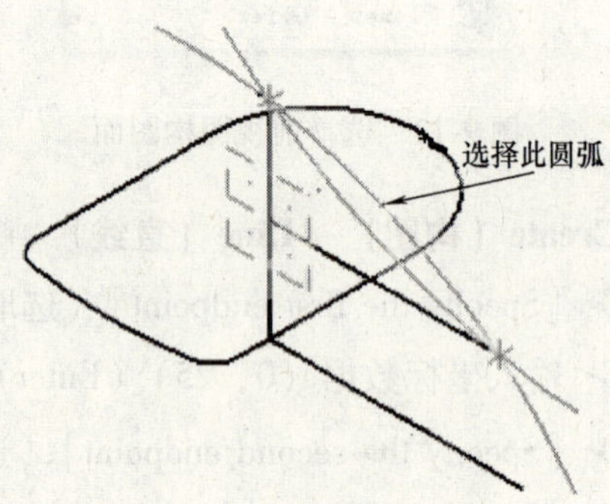

图 9-17　选择要保留的圆弧

活动 6：构建直线

Create（构图）→Line（直线）→Endpoint（端点）

➢［Specify the first endpoint］（选取第一点）：选中如图 9-18 所示点 C；

➢［Specify the second endpoint］（选取第二点）：选中如图 9-18 所示点 D；

➢ 单击 。

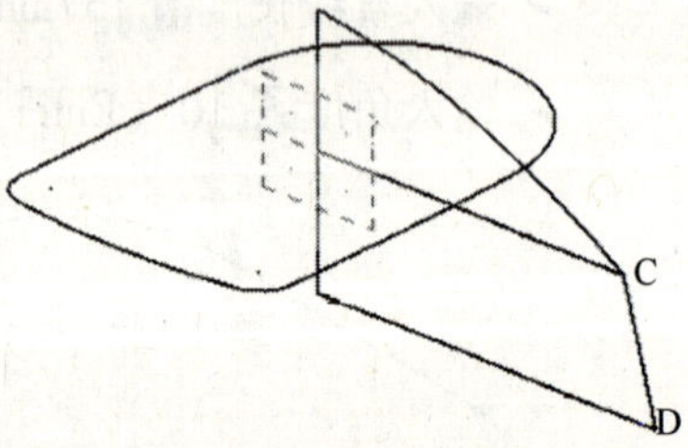

图 9-18　构建直线 CD

活动 7：删除直线

➢ 选中如图 9-19 所示的两条直线；

➢ 单击 删除。

活动 8：倒圆角 *R*2.5

Create（构图）→Fillet（圆角）→Entities（图素）

➢ 输入半径值：2.5mm（Enter）；

➢［Select an entity］（选取一图素）：选中如图 9-20 所示直线 A；

➢［Select another entity］（选取另一图素）：选中如图 9-20所示直线 B；

➢ 单击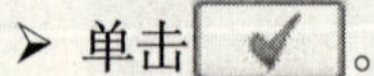。

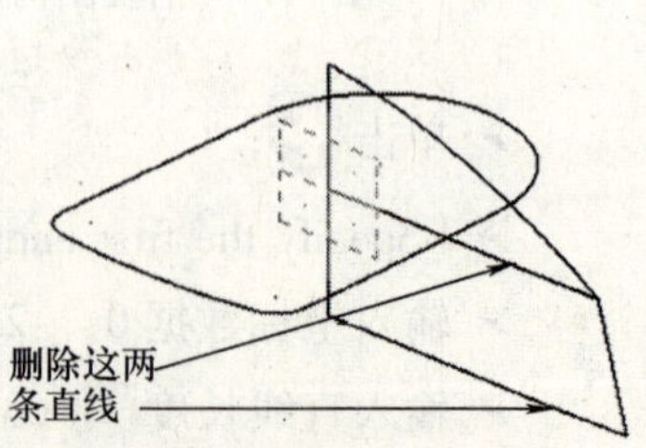

图 9-19　删除直线

活动9：构建 *R*254 圆弧

➢ 将构图面转至右视图中，如图9-21 所示；

Create（构图）→**Arc**（圆弧）→**Endpoints**（端点画弧）

➢［Enter the first endpoint］（输入第一点）：选择 **Fast Point**（快速选点）按钮，输入第一点数据（76，-6）（Enter）；

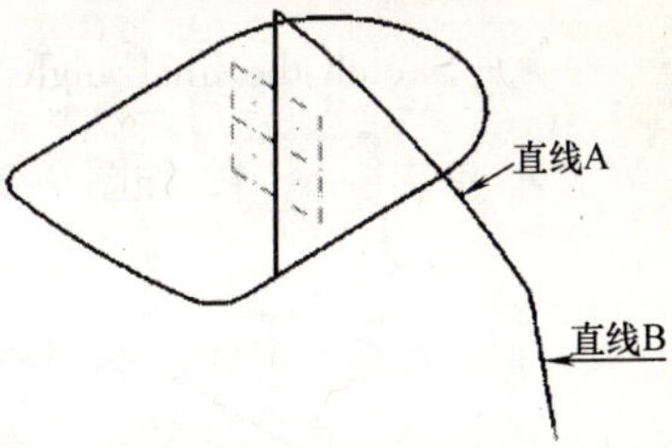

图9-20　倒圆角 *R*2.5

➢［Enter the second endpoint］（输入第二点）：选择 **Fast Point**（快速选点）按钮，输入第二点数据（-76，50）（Enter）；

➢ 输入半径值：254mm（Enter）；

➢［Select an Arc］（选取圆弧）：选中如图9-22 所示要保留的弧线；

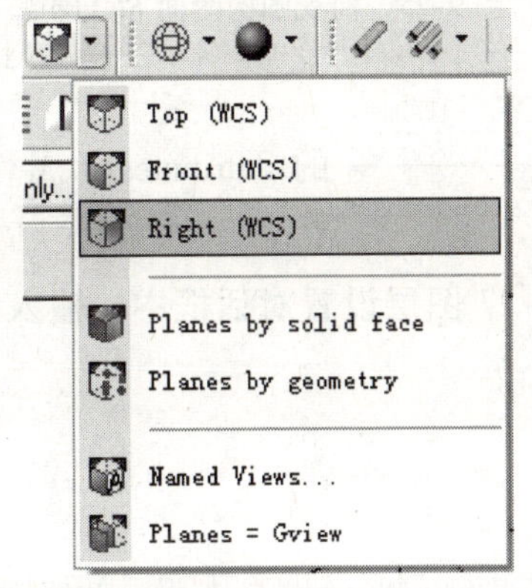

图9-21　选择右视图构图面

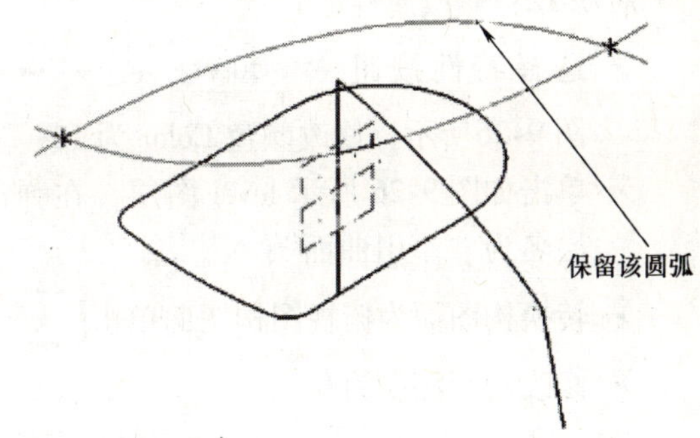

图9-22　选择要保留的圆弧

➢ 单击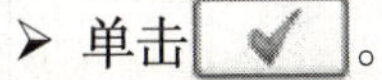。

活动10：改变构图面和构图深度

➢ 选择前视图构图面，如图9-23 所示；

➢ 单击；

➢［Select point for new construction depth］（选取点作为新的构图深度）：选中如图9-24 所示点；

活动11：构建圆弧

Create（构图）→**Arc**（圆弧）→**Arc Polar**（绘制极坐标圆弧）

➢［Enter the center endpoint］（输入中心点）：选择 **Fast Point**（快速选点）按钮，输入坐标数据（0，0）（Enter）；

➢ 输入半径值：50mm（Tab）；

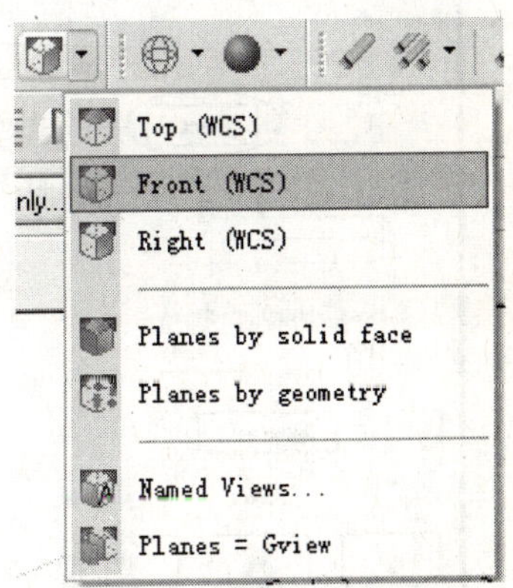

图9-23　选择前视图构图面

➢［Sketch the initial angle］（输入起始角度）：输入 50；
➢［Sketch the final angle］（输入终止角度）：输入 130；
➢ 单击，如图 9-25 所示。

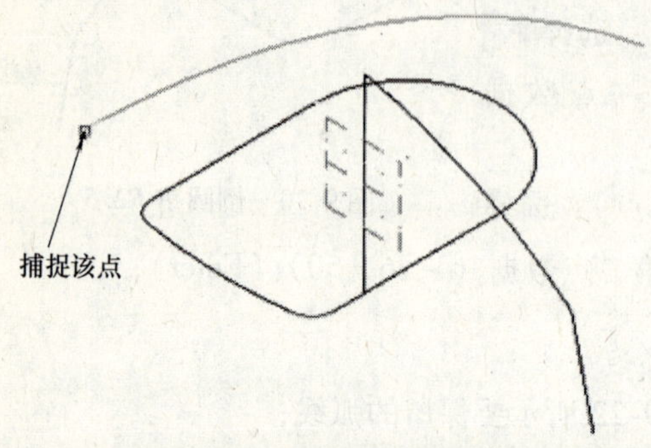

图 9-24　指定新的构图深度

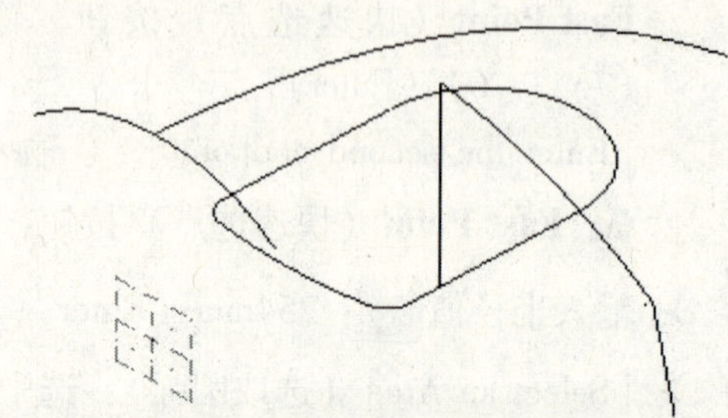

图 9-25　前视图构图面 *R*50 圆弧

活动 12：修改属性

➢ 选择特性按钮 Attributes 的 Attributes（属性），如图 9-26所示，修改颜色 Color 为 12；
➢ 单击如图 9-26 所示 level 图层，在弹出的图 9-27 图层设置对话框中，输入图层 2，层名为"牵引曲面"；
➢ 转换构图面为俯视图构图面单击；
➢ 修改构图深度为 0。

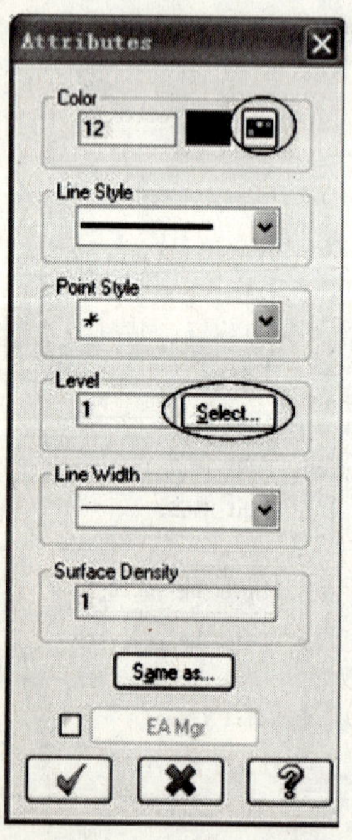

图 9-26　属性设置

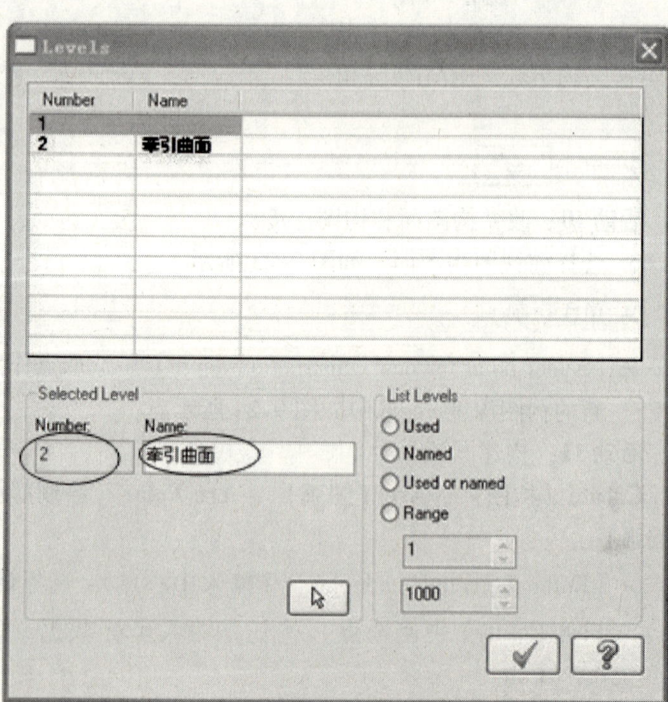

图 9-27　层别设置

活动 13：构建牵引曲面

Create（构图）→Surface（曲面）→Create Draft Surface（牵引曲面）

- ［Select line , arc］（选择线或圆弧）：串联方式选择如图 9-28 所示封闭图素；
- 如图 9-29 所示单击［✔］；
- 如图 9-30 所示，设置拉伸［图标］（长度）：50，［图标］（角度）：5；
- 单击［✔］，效果如图 9-31 所示。

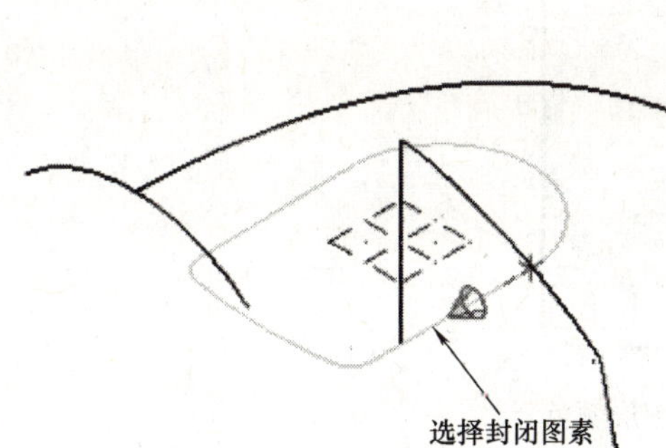

图 9-28　选择封闭图素

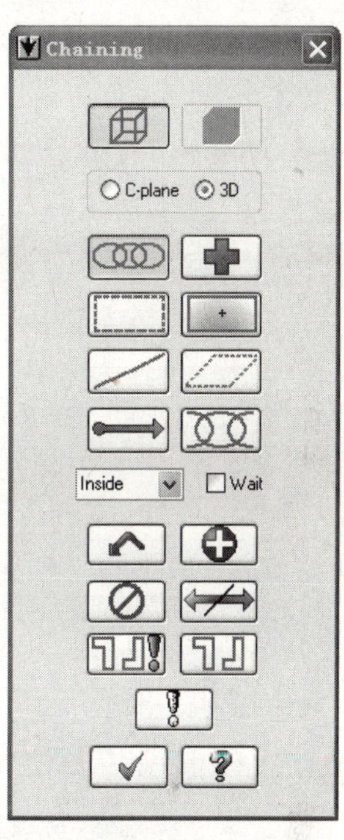

图 9-29　串联方式选择

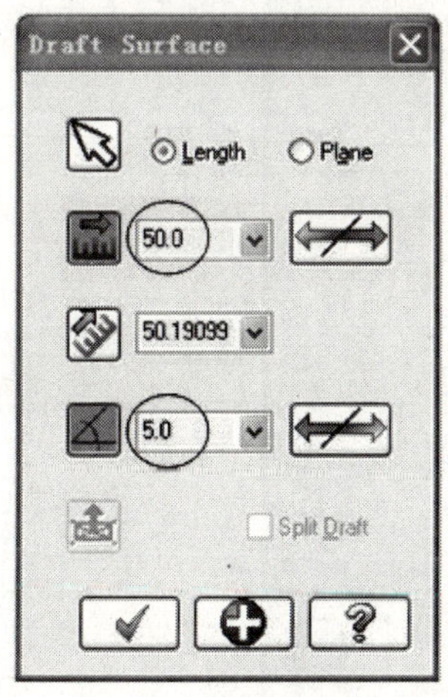

图 9-30　牵引曲面参数设置

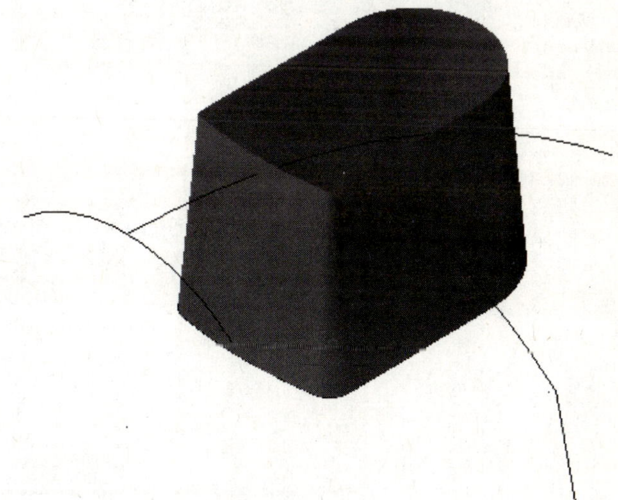

图 9-31　牵引曲面

活动 14：修改属性

➢ 选择特性按钮 Attributes ＊ ▾ ▬▬ ▾ —— ▾ 的 Attributes（属性），如图 9-32所示，修改颜色 Color 为 9；
➢ 单击图 9-32 中 level 图层，在弹出的图 9-33 图层设置对话框中，输入图层 3，层名为“扫描曲面”；
➢ 单击 ✔。

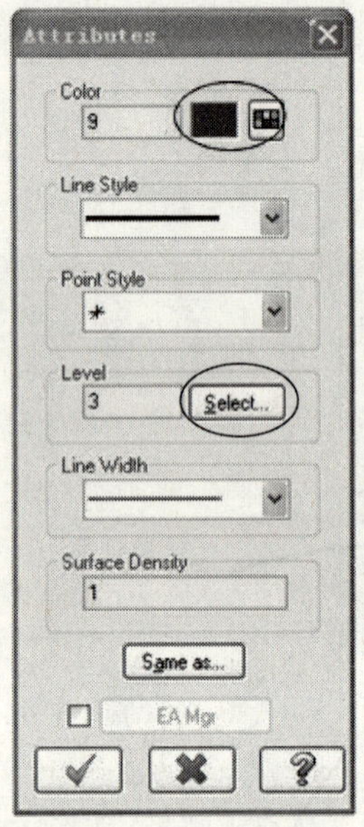

图 9-32　修改图层颜色

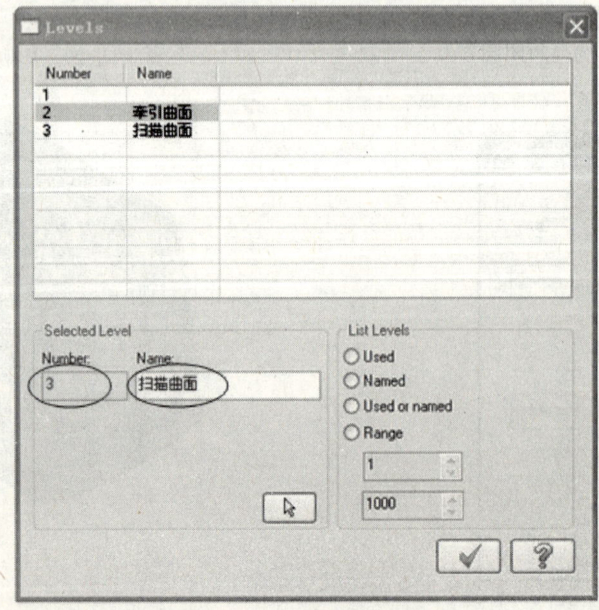

图 9-33　新建扫描曲面层

活动 15：构建扫描曲面

Create（构图）→Surface（曲面）→Swept（扫描曲面）

➢［Define the across contours］（定义截面外形）：选中 *R*50 圆弧，如图 9-34 所示；

➢［Define across contour 2］（定义截面外形 2）：单击 ✔；

➢［Define the along contour］（定义扫描路径）：选中 *R*254 圆弧，如图 9-35 所示；

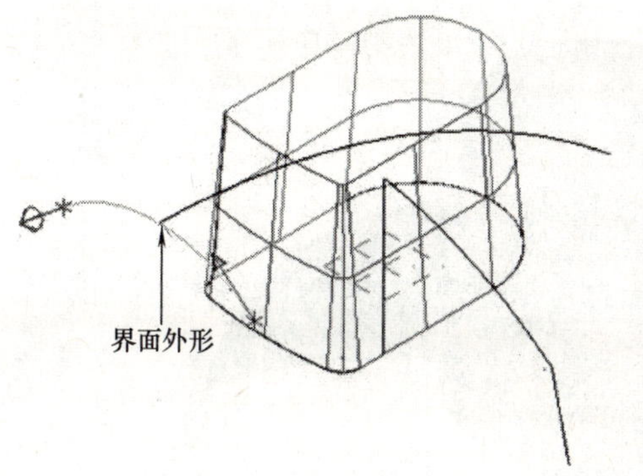

图 9-34　选择界面外形

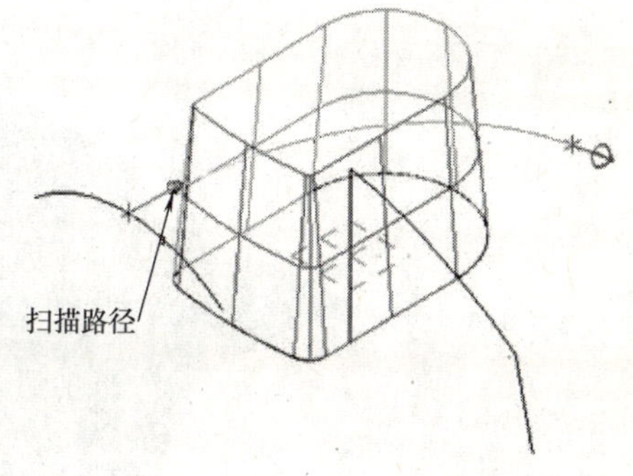

图 9-35　选择扫描路径

➢［Define along contour 2］（定义扫描路径 2）：单击 ✔；

➢ 单击 ✔，生成的扫描曲面如图 9-36 所示。

图 9-36　生成扫描曲面

活动 16：修改图层属性

➢ 选择特性按钮 Attributes 的 Attributes（属性），修改颜色 Color 为 10 号绿色；

➢ 同时输入图层 4，层名为“倒圆角”；

➢ 单击 ✔。

活动 17：修改曲面法向

Edit（编辑）→Set normal（设定法线）

➢［Select Surfaces］（选取曲面）：选中所有红色曲面；

➢ 单击 结束选择，此时法向指向外，如图 9-37 所示；

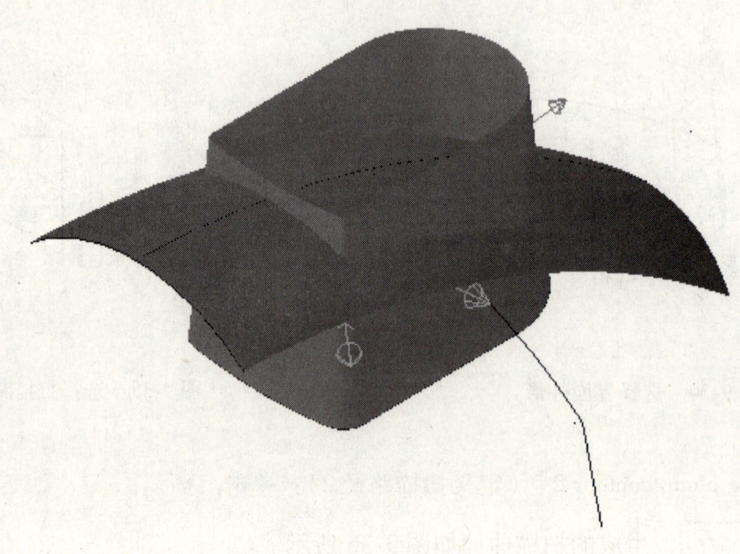

图 9-37 法向指向外

➢ 单击 ，法向反向；

➢ 单击 ；

➢ 同理选择所有蓝色曲面，使其法向指向里。

活动 18：曲面与曲面倒圆角

Create（构图）→Surface（曲面）→Fillet（曲面倒圆角）→Surface to Surface（曲面与曲面倒圆角）

➢［Select first set of surfaces］（选取第一曲面）：选中所有红色曲面；

➢ 单击 结束选择；

➢［Selectsecond set of surfaces］（选取第二曲面）：选中所有蓝色曲面；

➢ 单击 结束选择；

➢ 如图 9-38 所示对话框中，输入圆角半径 3；

➢ 单击 ，倒圆角效果如图 9-39 所示。

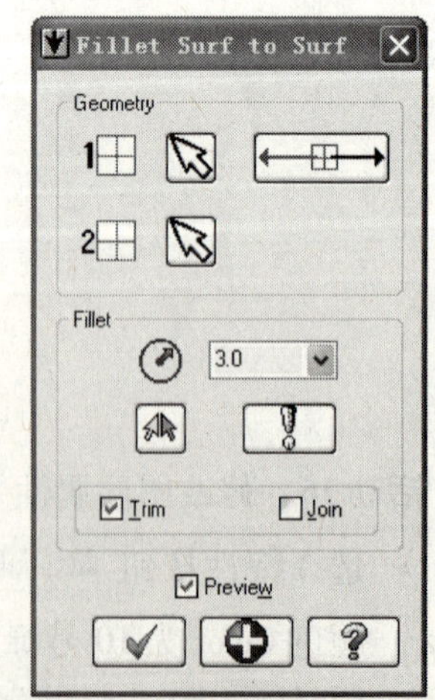

图 9-38 曲面倒圆角参数设置

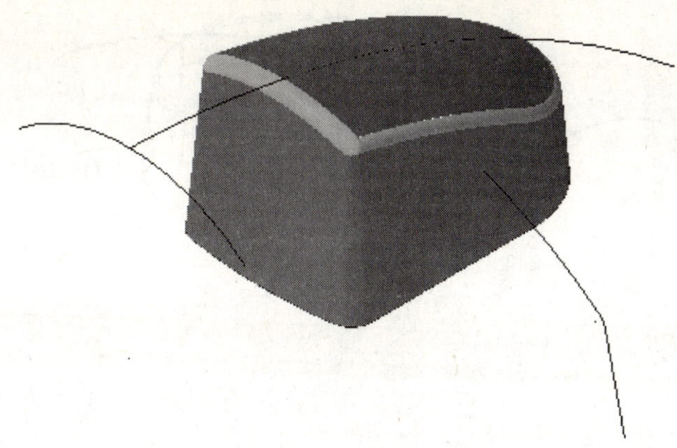

图 9-39　曲面倒圆角效果

活动 19：创建旋转曲面

Create（构图）→Surface（曲面）→Create Revolved Surfaces（旋转曲面）

➢ 按前述方法修改图层颜色为 4 号棕色，同时新建图层 5 为“旋转曲面层”；

➢ [Select the first entity]（选取第一个图素）：设置部分串联方式选择，如图 9-40 所示，选中如图 9-41 所示图素；

➢ [Select last entity]（选取最后一个图素）：选中如图 9-42 所示图素；

➢ 单击 ✔；

➢ [Select the axis of rotation]（选取旋转轴线）：选中如图 9-43 所示直线；

➢ 单击 ✔，效果如图 9-44 所示。

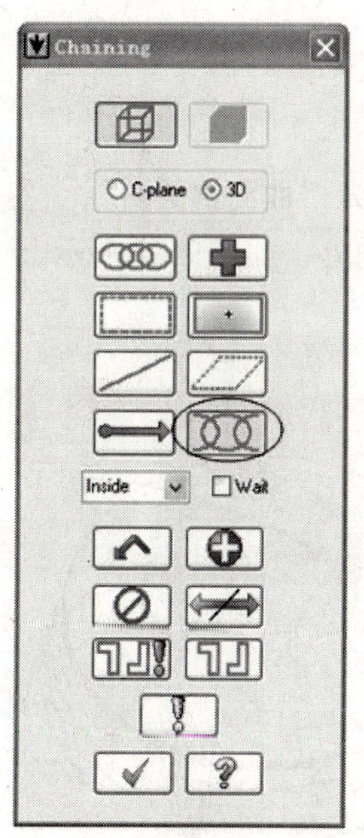

图 9-40　选择部分串联方式

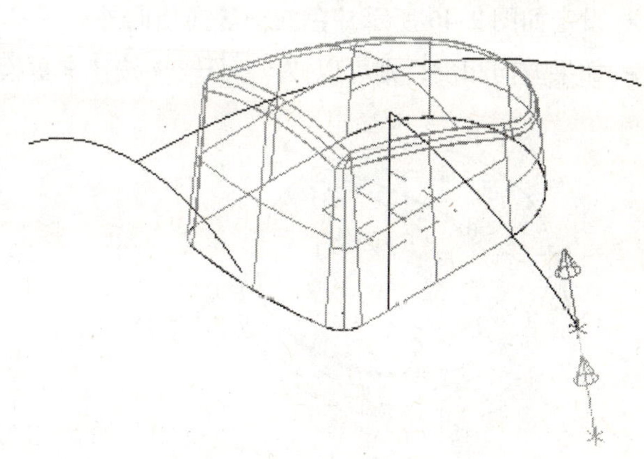

图 9-41　选择第一个图素

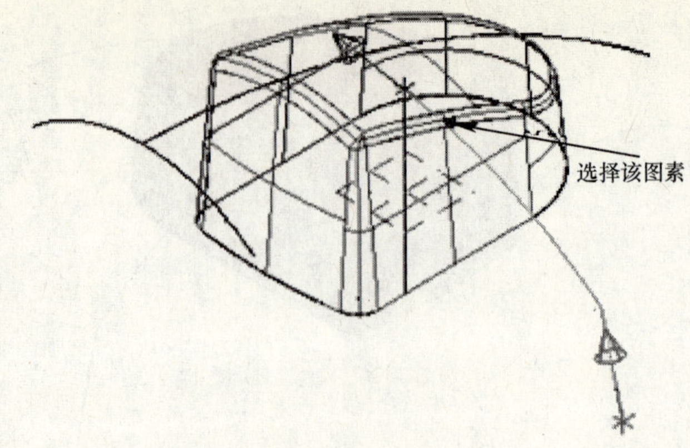

图 9-42　选择最后一个图素

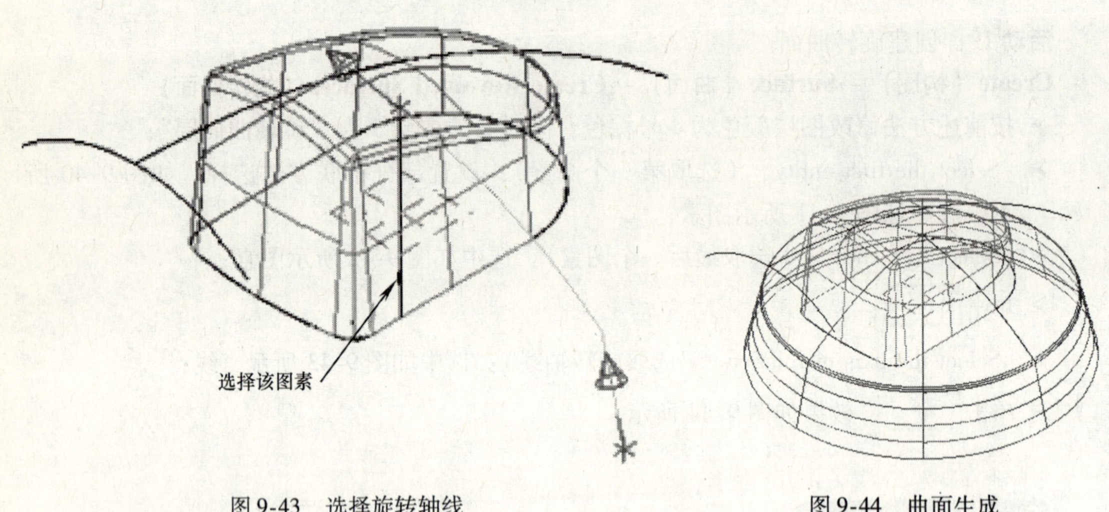

图 9-43　选择旋转轴线

图 9-44　曲面生成

活动 20：修改曲面法向

- 按前述方法修改图层颜色为 14 号黄色，同时新建图层 6 为“曲面倒圆角”；
- 按前述修改曲面法向方法，设定所有红色曲面法向都指向外，如图 9-45 所示；
- 设定如图 9-46 所示棕色曲面法向指向外；
- 如果方向相反，则可以按按钮来更换法向。

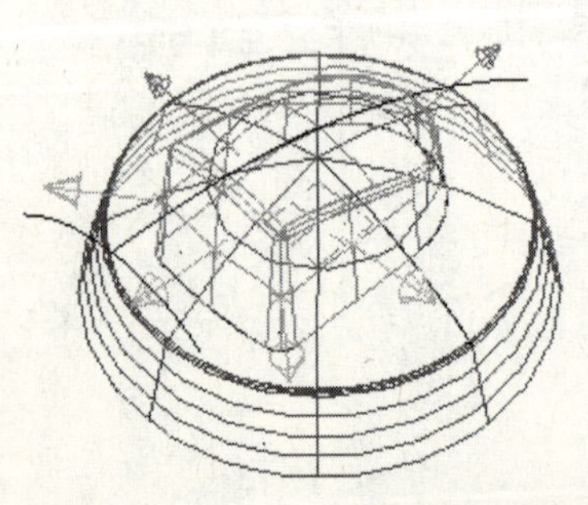

图 9-45　红色曲面法向

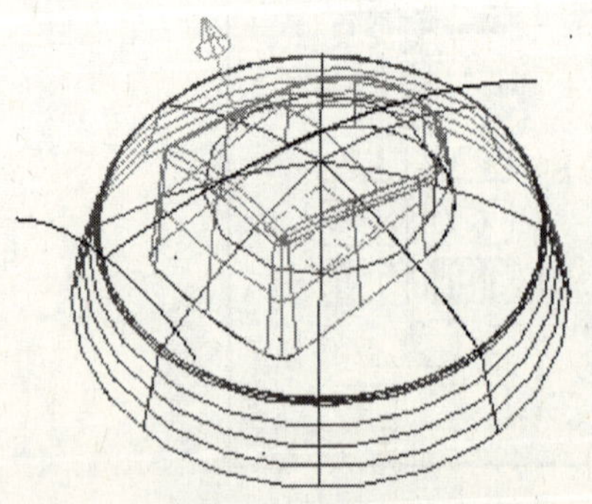

图 9-46　棕色曲面法向

活动 21：曲面倒圆角 *R*5

Create（构图）→Surface（曲面）→Fillet（曲面倒圆角）→Fillet Surface to Surface（曲面与曲面倒圆角）

➢ [Select first set of surfaces]（选取第一曲面）：选中所有红色曲面；

➢ 单击；

➢ [Select second set of surfaces]（选取第二曲面）：选中棕色曲面的上面；

➢ 单击结束选择；

➢ 如图 9-47 所示对话框中，输入圆角半径 5；

➢ 单击，倒圆角效果如图 9-48 所示。

活动 22：创建边界盒

Create（构图）→Bounding Box（边界盒）

➢ 如图 9-49 所示修改边界盒参数；

➢ 单击。

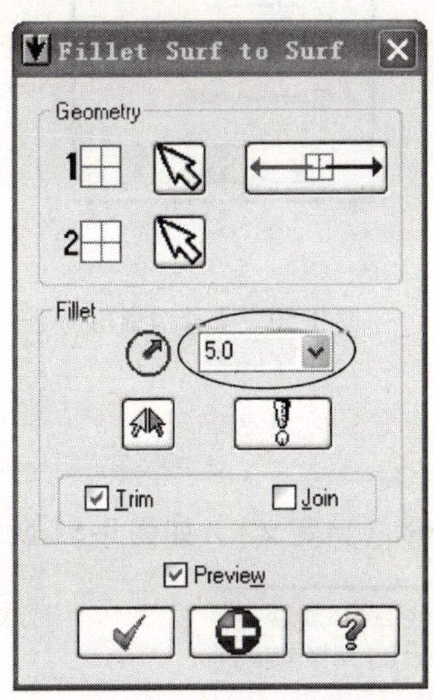

图 9-47 倒圆角 *R*5

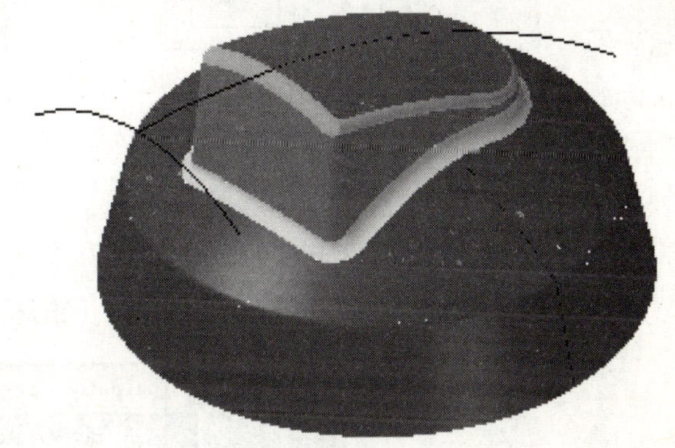

图 9-48 曲面倒圆角 *R*5

活动 23：转换图素

Xform（转换）→Translate（平移）

➢ [Select entities to translate]：单击 All... Only...；

➢ 单击结束选择；

➢ 如图 9-50 所示，修改相应参数；

➢ 单击。

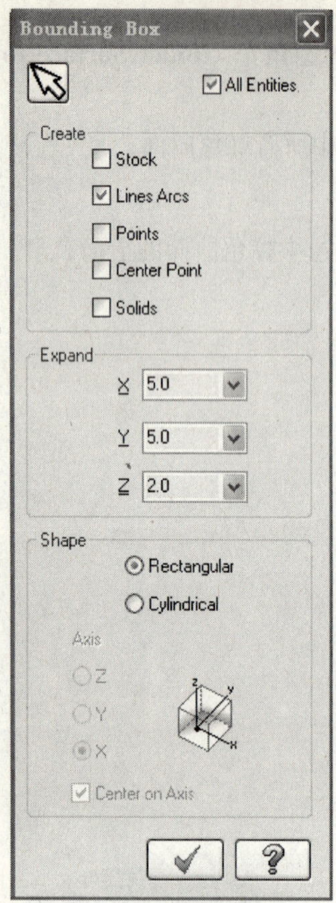

图 9-49　边界盒参数

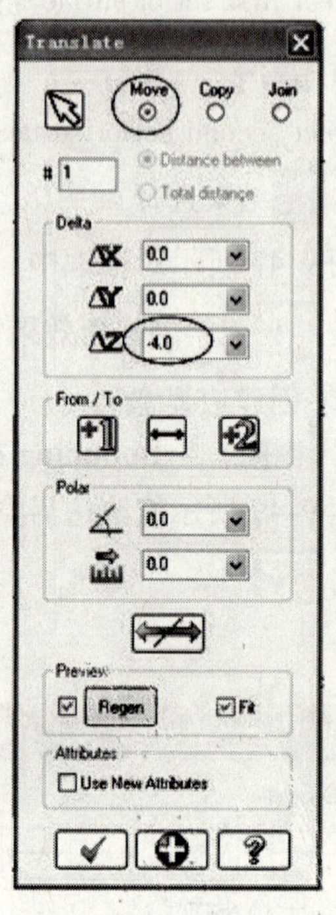

图 9-50　平移对话框

TOOLPATH CREATION

活动 24：设定工件毛坯

Machine Type（机床类型）**→Mill**（铣床）**→Default**（自定义），如图 **9-51** 所示；

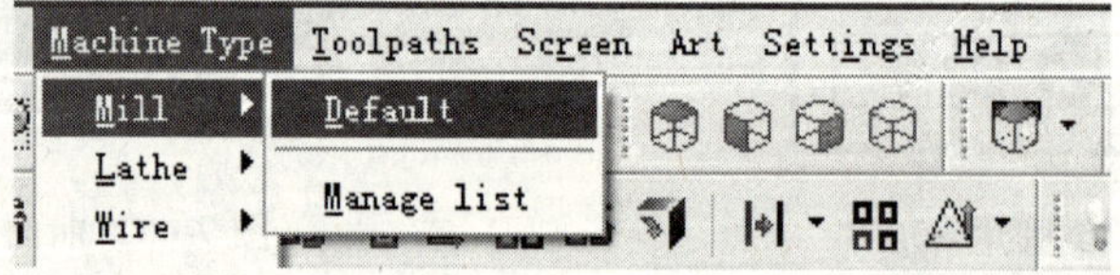

图 9-51　定义机床类型

- ➢ 选择 Properties（属性）前的加号，以展开刀具路径；
- ➢ 选择 Stock setup（材料设置），如图 9-52 所示设置毛坯参数；
- ➢ 单击机器群组属性中的 Bounding box（边界盒）；
- ➢ 设置 Tool Setting 刀具相关参数；
- ➢ 单击 [✔]，退出刀具管理器。

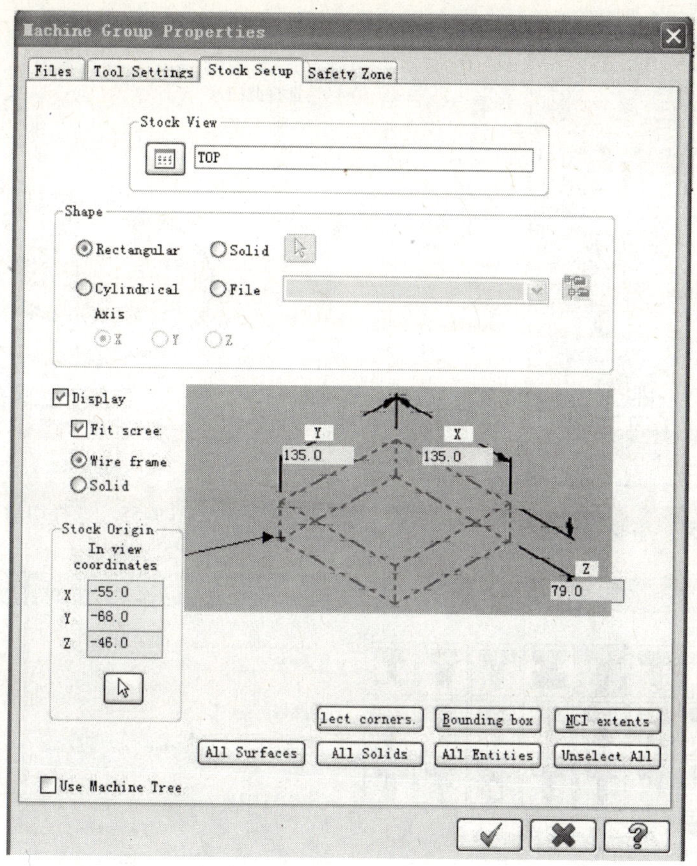

图 9-52　毛坯参数

活动 25：曲面挖槽粗加工

Toolpath（刀具路径）→**Surface Rough**（曲面粗加工）→**Pocket**（挖槽加工）

- ［Select Drive Surfaces］（选取加工曲面）：选中所有曲面；
- 单击 结束选择；
- 如图 9-53 所示单击 Containment（切削边界）；
- 如图 9-54 所示选择串联方式；
- 选择边界盒上四条边线，如图 9-55 所示；
- 连续两次单击 ；
- 如图 9-56 所示，选择 ϕ10Endmill Bull；
- 设置曲面粗加工参数，如图 9-57 所示；
- 单击进入 Rough parameters 页面，参数设置如图 9-58 所示；
- Pocket parameters 参数设置如图 9-59 所示；

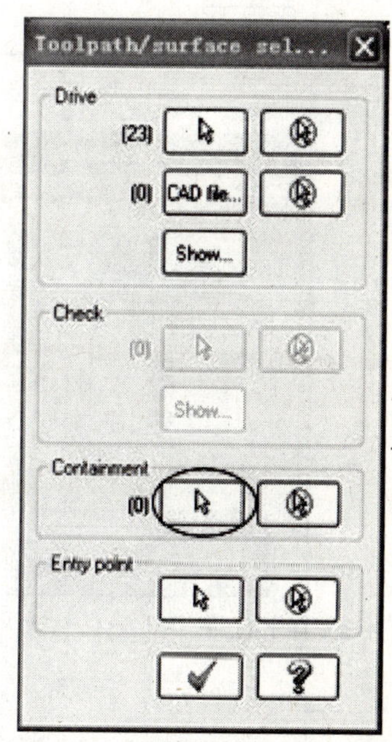

图 9-53　刀具路径/曲面选择对话框

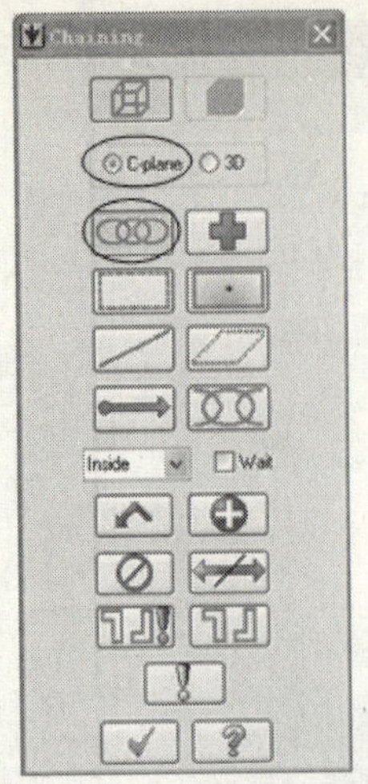

图 9-54　串联方式选择

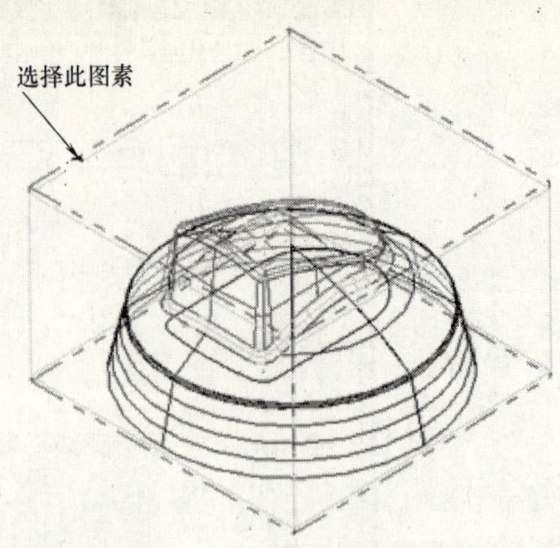

图 9-55　选择切削边界

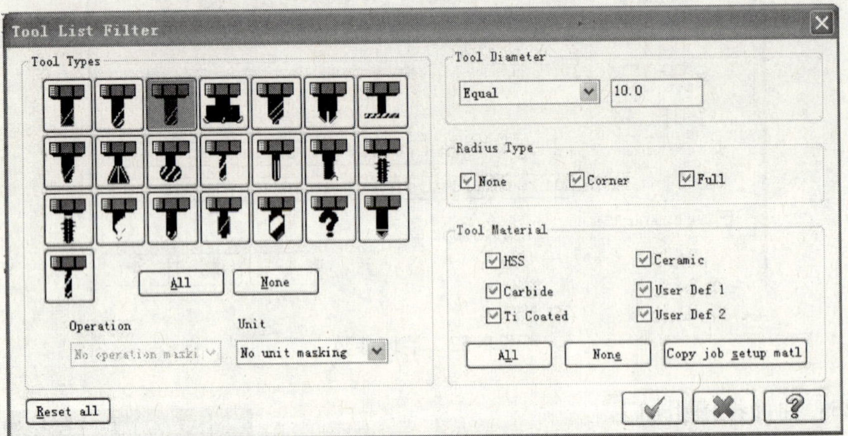

图 9-56　选择刀具

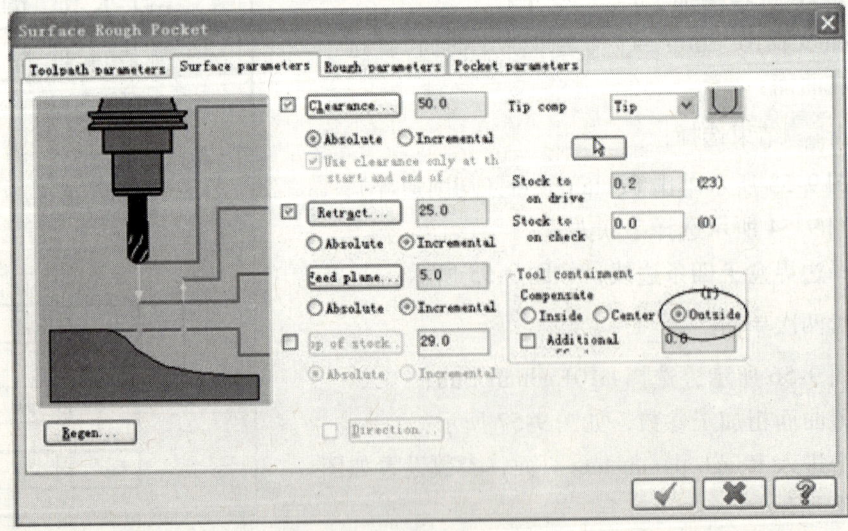

图 9-57　曲面参数设置

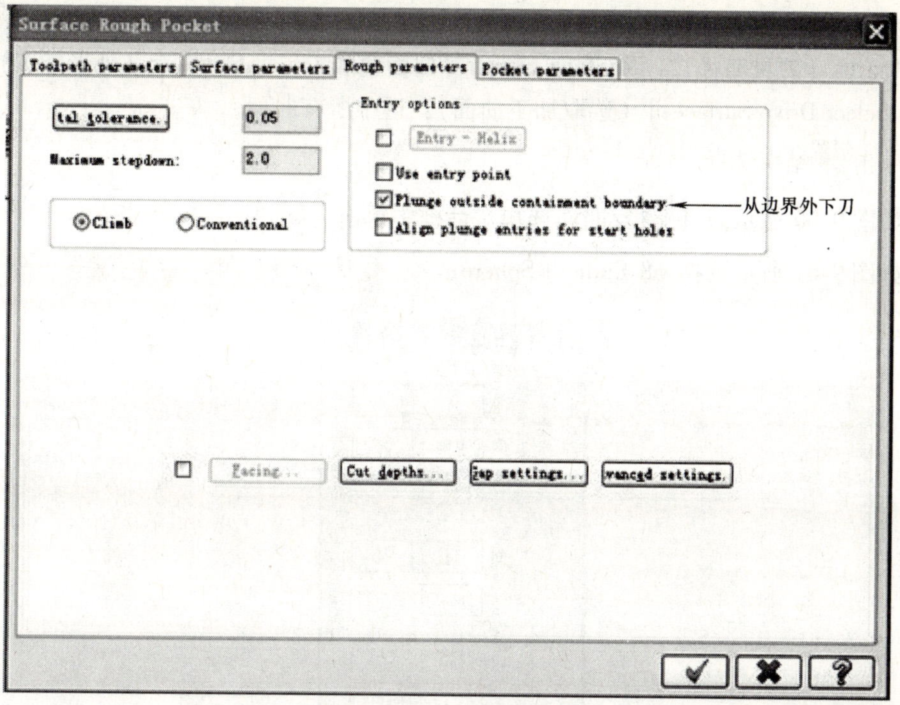

Surface Rough Pocket

Toolpath parameters | Surface parameters | Rough parameters | Pocket parameters

tal tolerance... 0.05

Maximum stepdown: 2.0

Climb　Conventional

Entry options

Entry - Helix

Use entry point

Plunge outside containment boundary ←从边界外下刀

Align plunge entries for start holes

Facing...　Cut depths...　Gap settings...　vanced settings...

图 9-58　粗加工参数

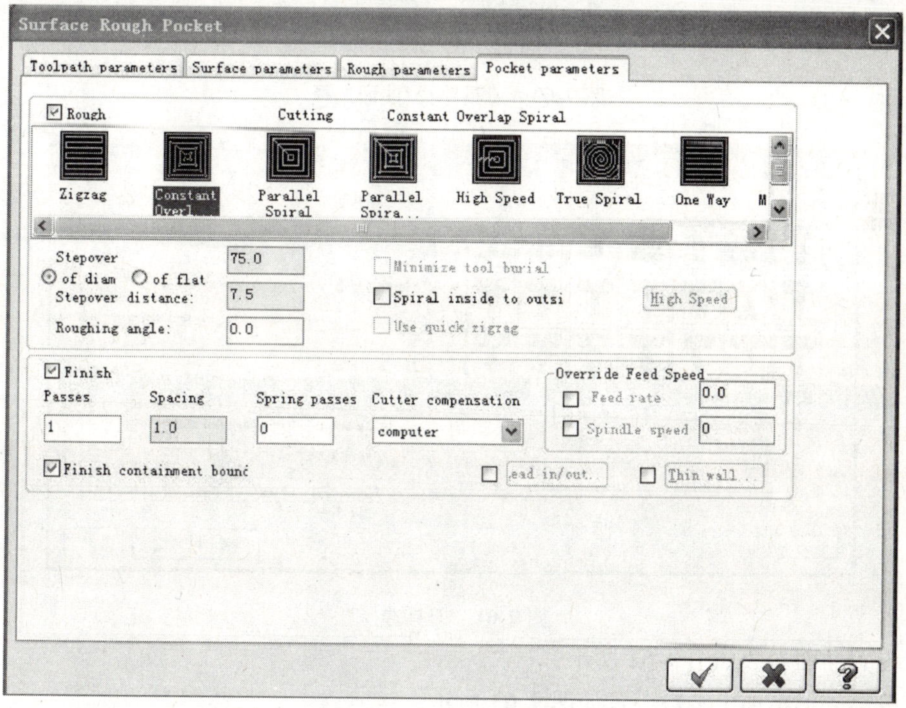

Surface Rough Pocket

Toolpath parameters | Surface parameters | Rough parameters | Pocket parameters

Rough　Cutting　Constant Overlap Spiral

Zigzag　Constant Overl...　Parallel Spiral　Parallel Spira...　High Speed　True Spiral　One Way

Stepover 75.0

of diam　of flat

Stepover distance: 7.5

Roughing angle: 0.0

Minimize tool burial

Spiral inside to outsi

Use quick zigzag

High Speed

Finish

Passes 1　Spacing 1.0　Spring passes 0　Cutter compensation computer

Override Feed Speed

Feed rate 0.0

Spindle speed 0

Finish containment bounc

Lead in/out...　Thin wall...

图 9-59　设置挖槽加工参数

➢ 单击 ✔ 退出界面。

活动 26：曲面外形精加工

Toolpaths（刀具路径）→Surface Finish（曲面精加工）→Contour（外形加工）

➢［Select Drive Surfaces］（选取加工曲面）：选中所有曲面；

➢ 单击●结束选择；

➢ 如图 9-60 所示刀具路径/曲面选择对话框中单击✔；

➢ 如图 9-61 所示选择 $\phi 8$ Endmill Sphere；

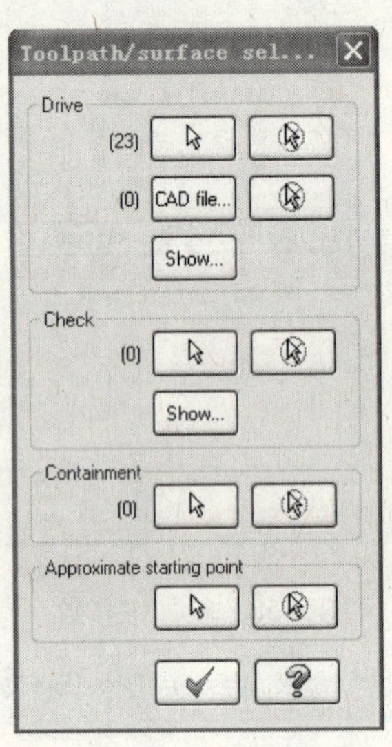

图 9-60　刀具路径/曲面选择

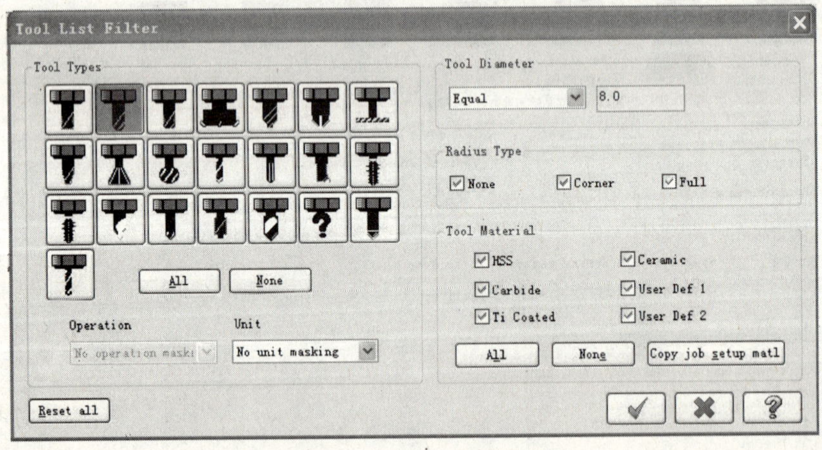

图 9-61　刀具选择

➢ 设置曲面参数如图 9-62 所示；

➢ 等高外形精加工参数设置如图 9-63 所示；

➢ 浅平面加工参数设置如图 9-64 所示；

➢［Select an approximate starting point］（选取加工起点）：选中边界盒底面中点，如图 9-65所示。

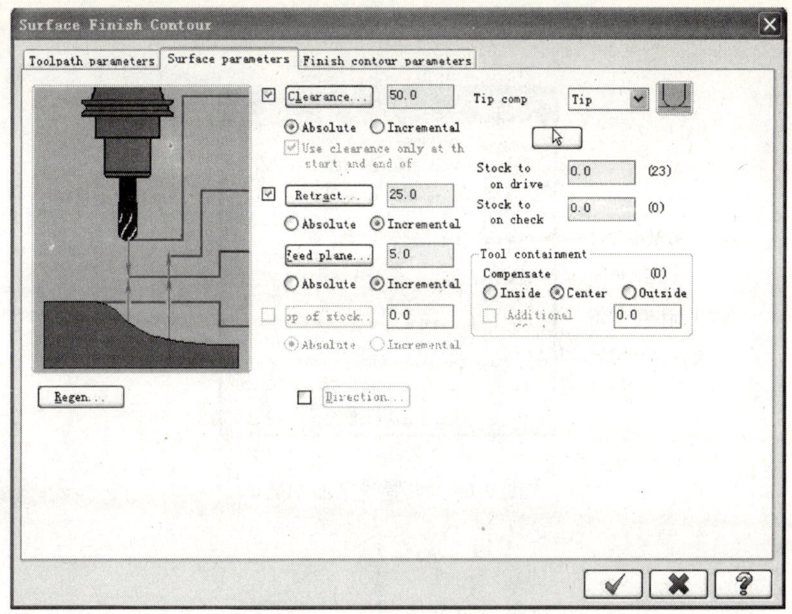

图 9-62　曲面参数设置

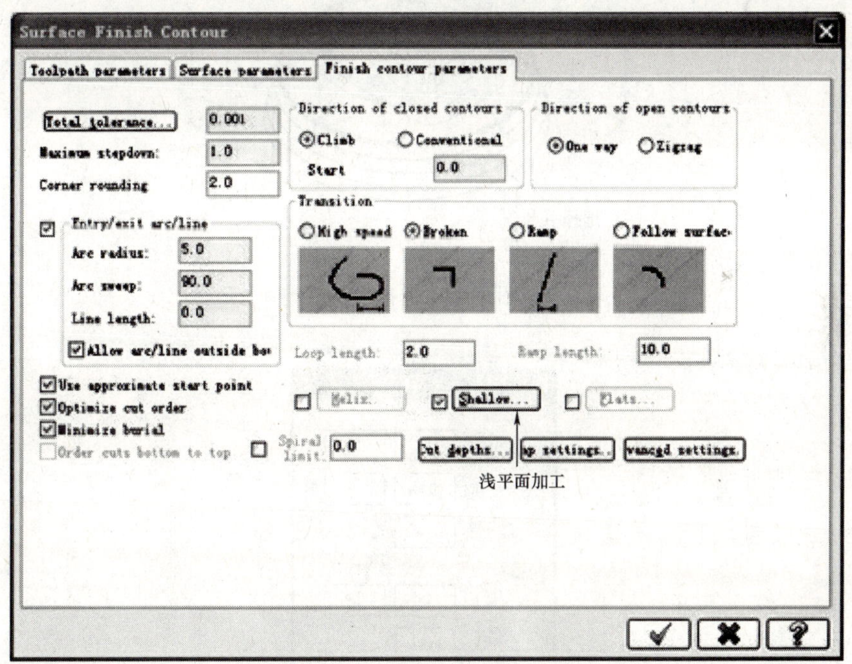

图 9-63　等高外形精加工参数设置

活动 27：曲面残料清角精加工

Toolpaths（刀具路径）→Surface Finish（曲面精加工）→Leftover（残料清角）

➢［Select Drive Surfaces］（选取加工曲面）：选中所有曲面；

➢ 单击结束选择；

➢ 如图 9-66 所示刀具路径/曲面选择对话框中单击 ✔ ；

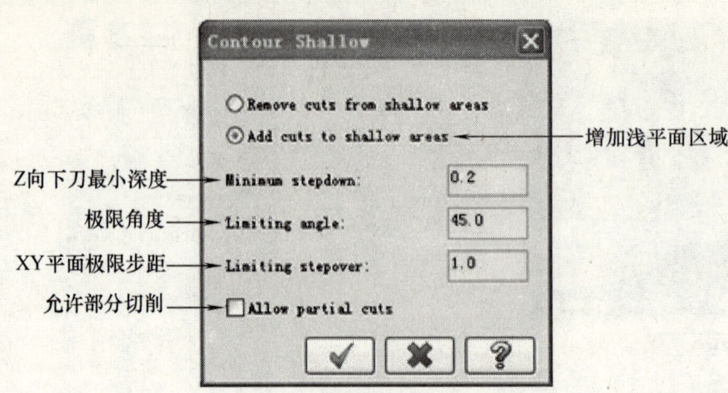

图 9-64 设置浅平面参数

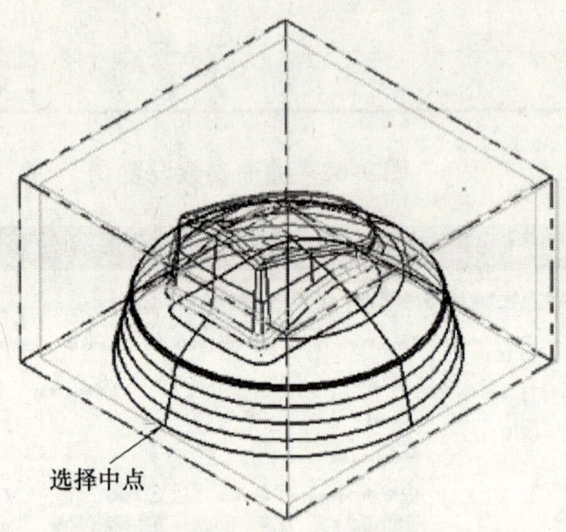

图 9-65 选择中点

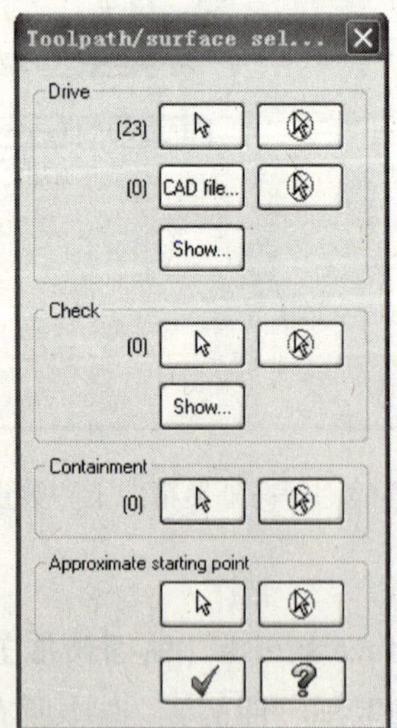

图 9-66 刀具路径/曲面选择

- 选择 ϕ3 Endmill Sphere；
- 设置曲面参数如图 9-67 所示；
- 残料清角精加工参数设置如图 9-68 所示；
- 残料参数设置如图 9-69 所示；
- 单击 ✓。

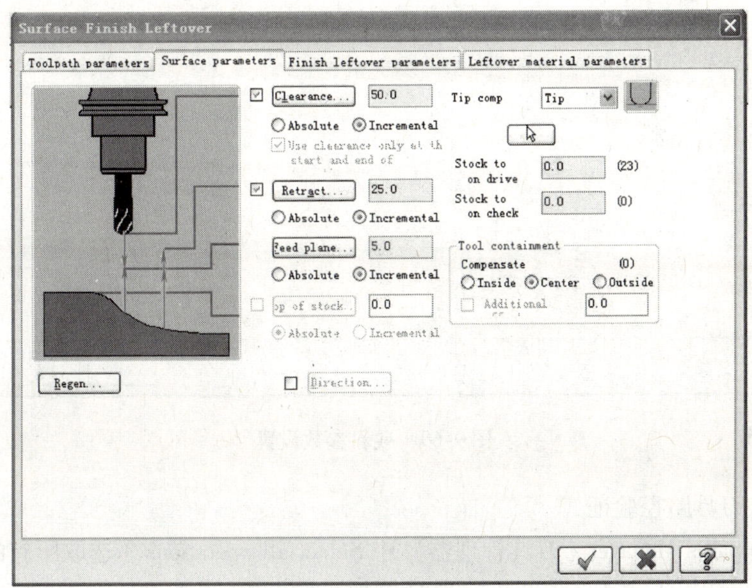

图 9-67　设置曲面参数

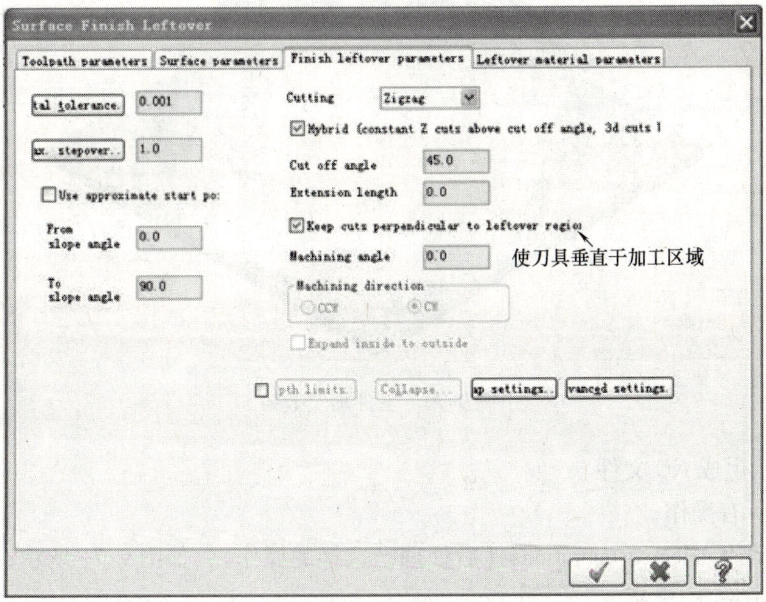

使刀具垂直于加工区域

图 9-68　残料清角精加工对话框

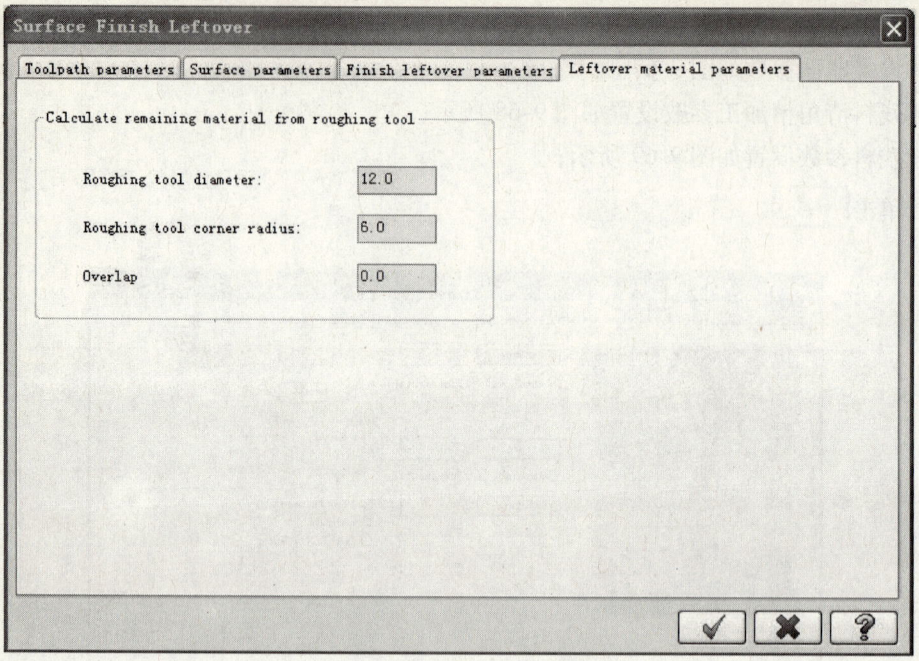

Surface Finish Leftover

Toolpath parameters | Surface parameters | Finish leftover parameters | Leftover material parameters

Calculate remaining material from roughing tool

Roughing tool diameter: 12.0

Roughing tool corner radius: 6.0

Overlap 0.0

图 9-69 残料参数设置

活动 28：刀具路径验证

➢ 在 Toolpaths Manager（刀具管理器）中 Select all operations（选取所有的操作）；

➢ 选择 Verify selected operations（验证已选择的操作），效果如图 9-70 所示；

图 9-70 工件加工效果

活动 29：生成 NC 文件

➢ 选中所有操作；

➢ 选择 Post selected operations（后处理已选择的操作），如图 9-71 所示；

➢ 如图 9-72 所示单击；

➢ 生成的 NC 文件如图 9-73 所示。

图 9-71　生成后处理文件

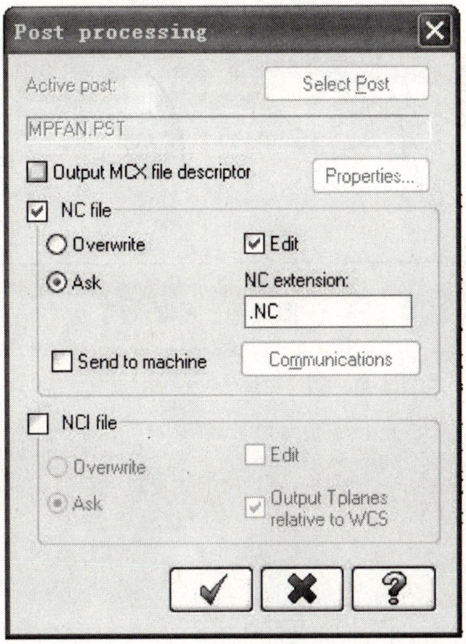

图 9-72　后处理对话框

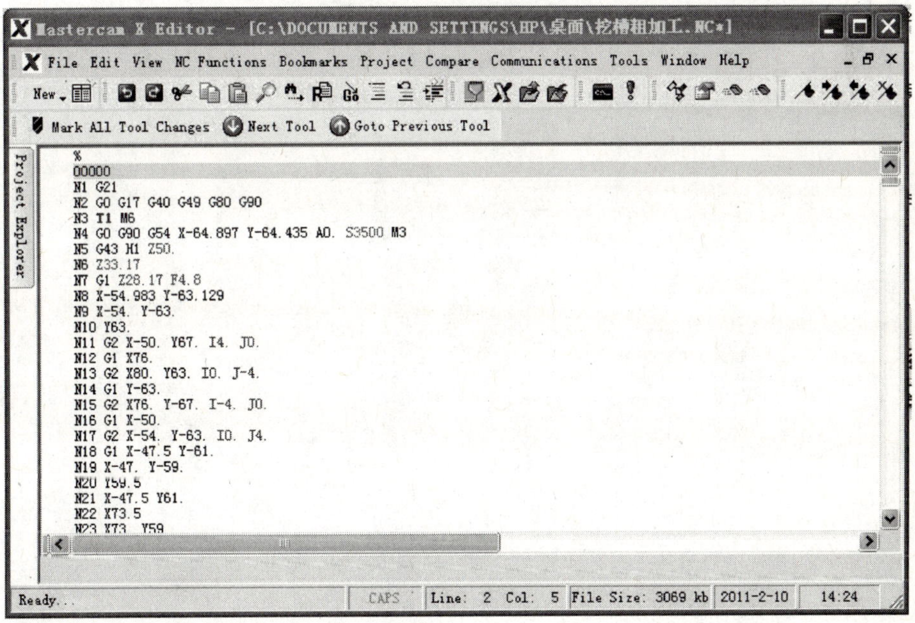

```
%
O0000
N1 G21
N2 G0 G17 G40 G49 G80 G90
N3 T1 M6
N4 G0 G90 G54 X-64.897 Y-64.435 A0. S3500 M3
N5 G43 H1 Z50.
N6 Z33.17
N7 G1 Z28.17 F4.8
N8 X-54.983 Y-63.129
N9 X-54. Y-63.
N10 Y63.
N11 G2 X-50. Y67. I4. J0.
N12 G1 X76.
N13 G2 X80. Y63. I0. J-4.
N14 G1 Y-63.
N15 G2 X76. Y-67. I-4. J0.
N16 G1 X-50.
N17 G2 X-54. Y-63. I0. J4.
N18 G1 X-47.5 Y-61.
N19 X-47. Y-59.
N20 Y59.5
N21 X-47.5 Y61.
N22 X73.5
N23 X73. Y59
```

图 9-73　生成的 NC 文件

【项目自测】

利用外形粗加工、残料精加工等方法加工如图 9-74 所示零件。

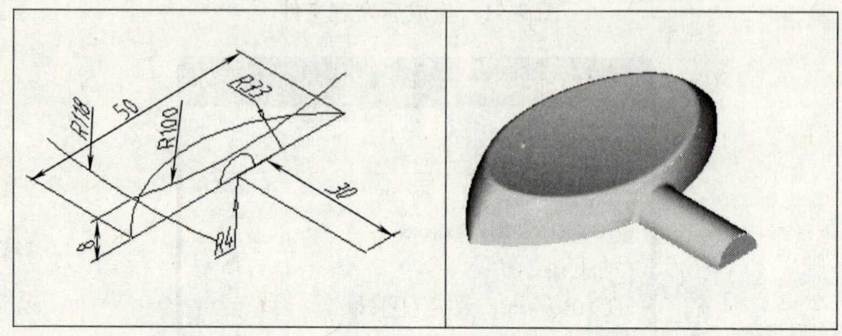

图 9-74　习题

项目十　燃油滤清座的设计与加工

【知识目标】

1. 了解数控自动编程方法在企业生产中的应用。
2. 了解 ProE 造型基本过程。
3. 熟悉 ProE 与 Mastercam 的转换方法。

【任务分析】

利用 ProE 软件完成绘制如图 10-1 所示的燃油滤清座，并将其导入 Mastercam 软件，使用 CAM 里相应的粗精加工方法完成其数控加工。

【活动思路】

根据零件图进行零件结构分析，将该零件分解成若干个简单集合体如图 10-2 所示。

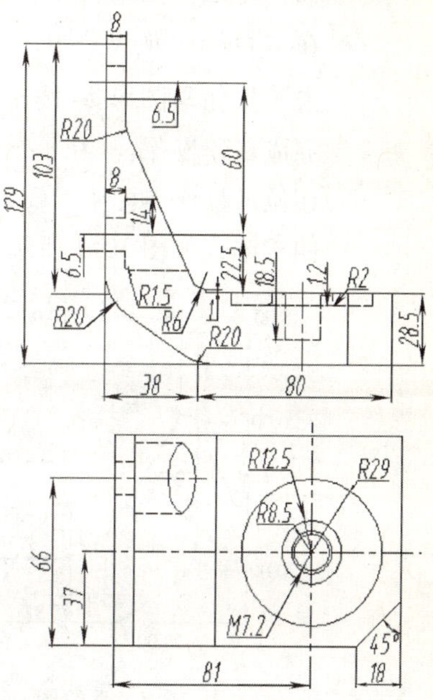

图 10-1　任务图

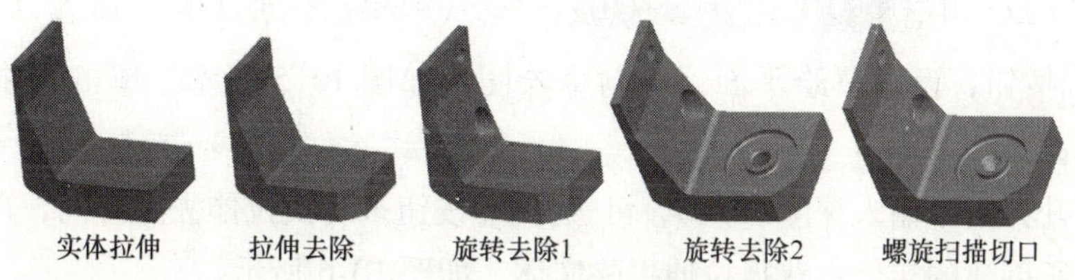

图 10-2　零件分解图

【活动过程】

活动 1：新建零件模型

➢ 设置工作日录选择下拉菜单 文件(F) → 新建(N)... 命令；

➢ 在“新建”对话框中，在“类型”区域中选中 零件 单选按钮，在“子类型”区域中选中 实体 单选按钮；取消 使用缺省模板，单击对话框的 确定 按钮；

➢ 在弹出的“新文件选项”对话框中，选取 mmns_part_solid 模板，单击 确定 按钮。

活动 2：拉伸实体

➢ 选择下拉菜单 插入(I) → 拉伸(E)... →命令（或单击拉伸工具按钮）；

➢ 在拉伸界面中，选择“放置” → 定义... 命令；

➢ 在“草绘”对话框中，选择草绘平面。单击 草绘 按钮；

➢ 在“草绘”工具条中，单击中心线按钮，在草绘平面中绘制两条中心线；分别单击按钮与圆形按钮，在草绘平面绘制草绘图；如图 10-3 所示，单击按钮，完成草绘操作；

➢ 在拉伸操作界面中，输入拉伸深度 83mm，单击应用并保存创建的实体，获得拉伸实体，如图 10-4 所示。

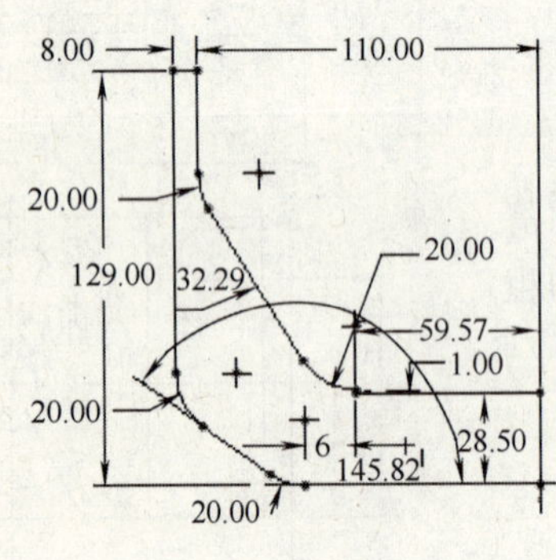

图 10-3　草绘图

图 10-4　拉伸实体

活动 3：拉伸去除

➢ 选择下拉菜单 插入(I) → 拉伸(E)... 命令（或单击拉伸工具按钮），选取去除材料按钮，设置草绘平面，绘制草绘图；如图 10-5 所示，单击按钮完成草绘操作；

➢ 在拉升界面中输入深度 32mm，可选择按钮来切换拉伸去除方向，单击应用并保存所创建的实体，获得拉伸去除实体，如图 10-6 所示。

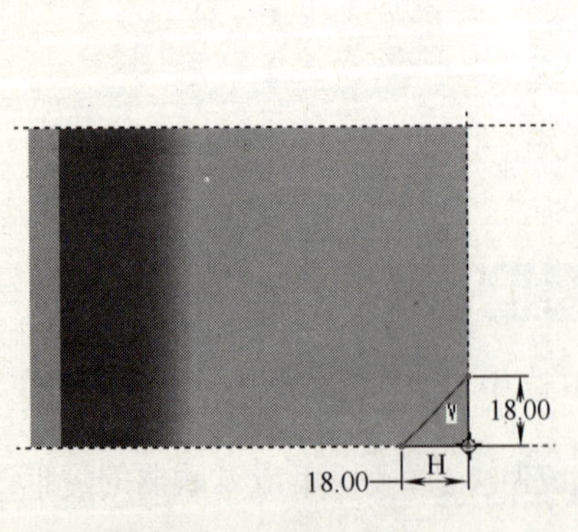

图 10-5　草图绘制

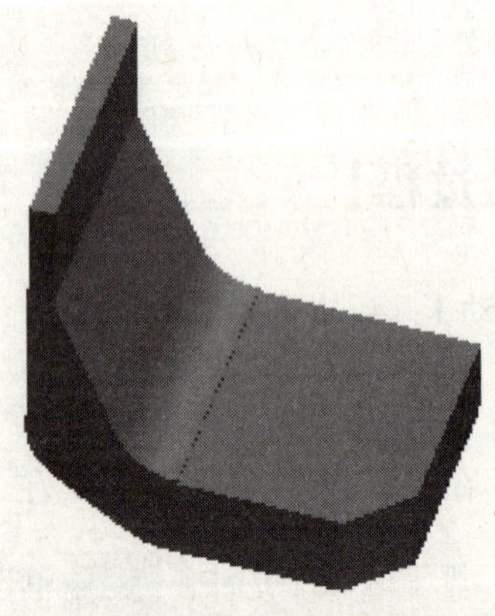

图 10-6　拉伸去除实体

活动4：拉伸去除材料

➢ 单击基准平面工具，在弹出的对话框中选取参照平面，输入平移距离66mm，可选择图形上箭头改变基准平面位置，单击 确定 完成基准平面的创建；

➢ 单击旋转工具，选择去除材料按钮，选择"放置"→ 定义... 命令；

➢ 在草绘对话框中，选择草绘平面 DTM2 进入草绘界面，绘制中心线与旋转去除图形，如图10-7、图10-8所示，单击✔按钮完成操作，重复操作完成另一通孔绘制，获得旋转去除材料实体，如图10-9所示；

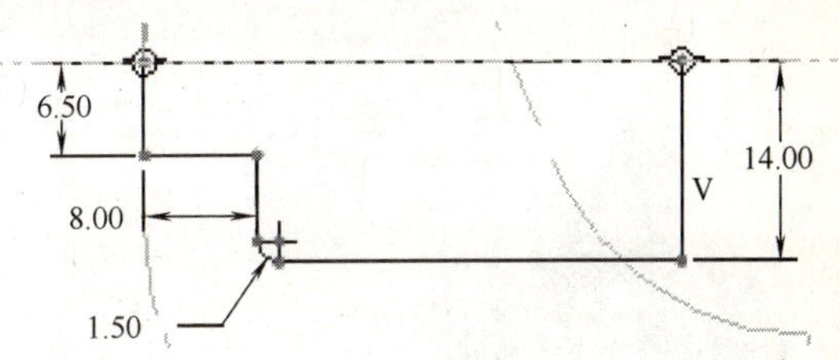

图10-7　草绘图

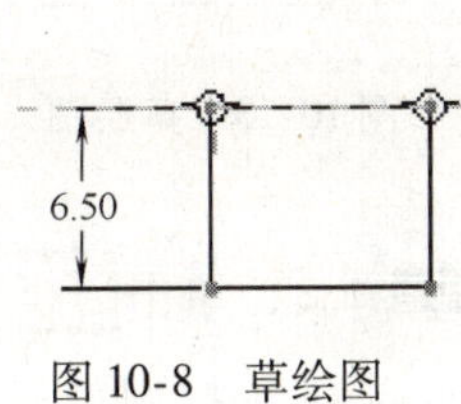

图10-8　草绘图

图10-9　旋转去除材料实体

活动5：旋转去除

➢ 单击基准平面工具，在弹出的对话框中选取参照平面，输入平移距离37mm，可选择图形上箭头改变基准平面位置，单击 确定 完成基准平面的创建；

➢ 同活动4，在创建的基准平面中画出旋转图形（旋转图形必须要有中心线而且要求是封闭图形）如图10-10、图10-11所示；

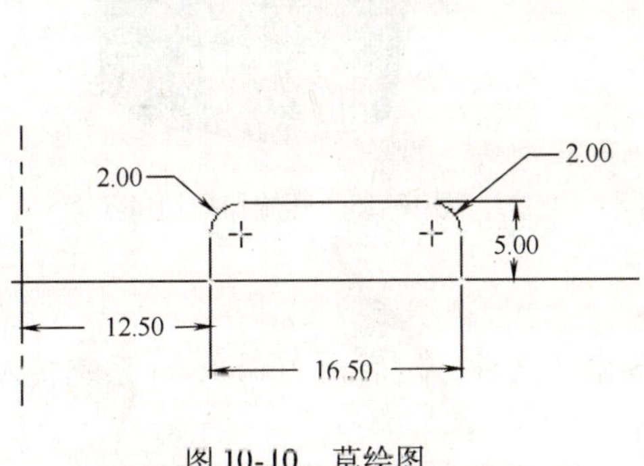

图10-10　草绘图

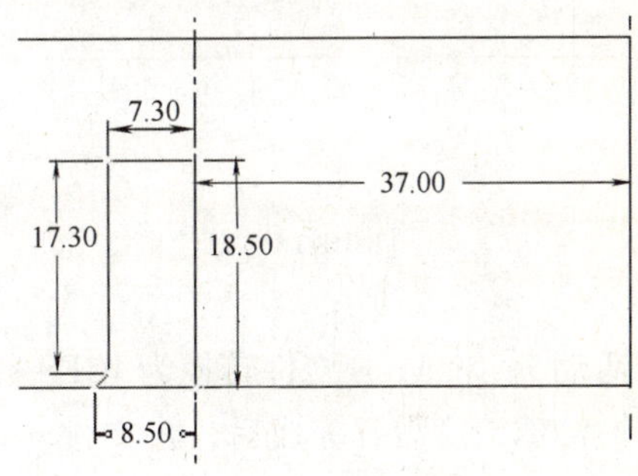

图10-11　草绘图

单击✔按钮完成操作，重复完成另一孔绘制，获得旋转去除材料实体如图10-12所示。

活动6：螺旋扫描切口

➢ 选择下拉菜单 插入(I) → 螺旋扫描(H) → 切口(C)... 命令；

➢ 在弹出对话框中，单击完成按钮，接着弹出对话框选择放置的平面 DTM2，选择 正向 → 缺省 按钮，绘制扫引轨迹如图 10-13 所示（画扫引轨迹必须要有中心线）；

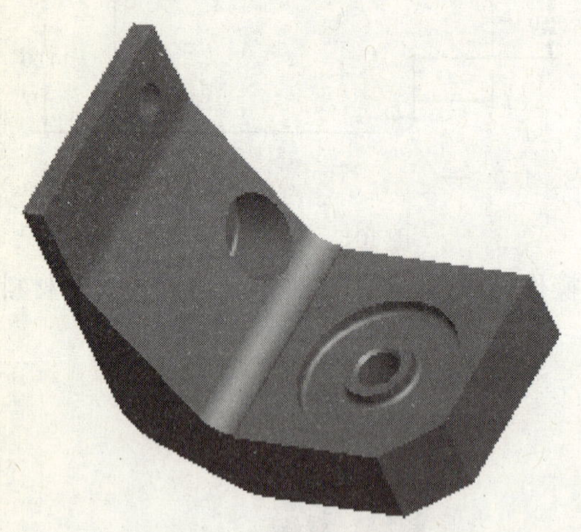

图 10-12　旋转去除材料实体

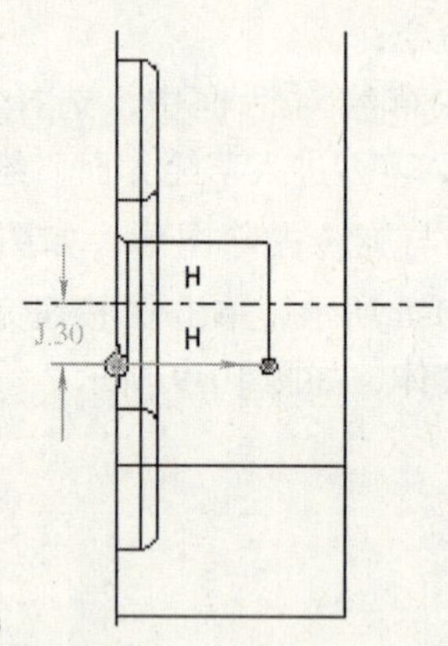

图 10-13　草绘图

➢ 单击✔按钮，在弹出的对话框中输入节距 ⇨ 输入节距值 1.3，单击 ✔ 按钮；

➢ 在显示的草绘平面中画出草绘横截面（草绘界面应画在扫引轨迹的一端）如图 10-14所示，单击✔按钮完成此操作，正向 → 确定 完成螺旋扫描切口操作。获得实体如图 10-15 所示。

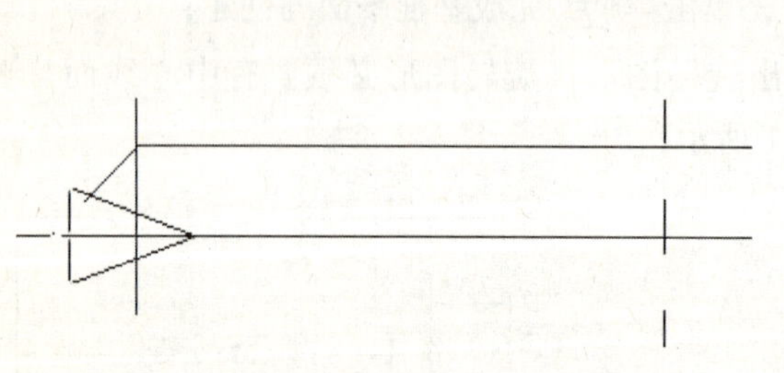

图 10-14　草绘图

图 10-15　螺旋扫描切口实体

活动 7：将 ProE 文件转换为 IGES 数据文件

燃油滤清座设计完成后，将文件转换为 IGES 格式文件，然后由 Mastercam 系统转入进行加工。

➢ 首先打开需转换文件，在 ProE 中选择下拉菜单 文件(F) → 保存副本(A)... 命令，在弹出的对话框类型栏中选择 IGES (*.igs) 格式，输入文件名（只能是英文），单击 确定 按钮；

➢ 在弹出的对话框中选择☑ 曲面，单击 确定 按钮，即可将零件输出为IGES曲面格式文件。

活动8：将IGES数据文件转入Mastercam系统

➢ 进入Mastercam系统，选择下拉菜单 文件(F) → 打开文件(O) 在弹出的“文件类型”对话框中选择 IGES文件(*.IGS;*.IGES)，选择要导入的文件，即可转入IGES数据文件。

活动9：燃油滤清座加工工艺分析

序号	工步	刀具	切削参数	
			进给量FEED RATE mm/min	主轴参数SPINDLE'S SPEED r/min
1	ϕ27U钻预钻台阶孔	ϕ27U钻	240	2400
2	钻2-ϕ13孔	ϕ13钻头	500	3000
3	镗ϕ28孔	ϕ28镗刀	进：280　出：500	2800
4	钻ϕ12孔	ϕ12钻头	900	5800
5	铣圈槽并倒角	ϕ16.5立铣刀	铣槽：300　倒角：2000	10500
6	钻M16螺纹底孔并倒角	ϕ14.6复合钻	800	5000
7	铣M16螺纹	$\phi10\times1.5$螺纹铣刀	500	4000
8	铣大平面	ϕ100盘铣刀	3000	8000
9	钻侧面M12螺纹底孔并倒角	ϕ10.6复合钻	1000	6600
10	钻斜面M12螺纹底孔并倒角	ϕ10.6复合钻	1000	6600
11	铣2-M12螺纹	$\phi10\times1.5$螺纹铣刀	500	4000
12	铣斜面	ϕ100盘铣刀	3000	8000

参 考 文 献

[1] 康亚鹏 . Mastercam X 数控加工自动编程 [M]. 北京：机械工业出版社，2006.

[2] 李凯，阎红娟，等 . 数控编程技术——自动编程 [M]. 北京：化学工业出版社，2008.

[3] 吴明友 . Mastercam X2 数控铣削 [M]. 沈阳：辽宁科学技术出版社，2010.

[4] 葛秀光等 . Mastercam X3 数控加工项目教程 [M]. 武汉：华中科技大学出版社，2009.

[5] 于文强，陈振辉，等 . MastercamX 中文版基础教程与上机指导 [M]. 北京：清华大学出版社，2007.

[6] 谭雪松，等 . Mastercam 中文版习题集 [M]. 北京：人民邮电出版社，2010.

[7] 李彪，等 . Mastercam 应用案例教程 [M]. 哈尔滨：哈尔滨工程大学出版社，2008.

[8] 战祥乐，等 . Mastercamcam 计算机辅助设计实例教程 [M]. 北京：化学工业出版社，2010.

[9] 邱坤 . Mastercam X 数控自动编程 [M]. 北京：清华大学出版社，2009.

[10] 杨小军，韩加好，陈颖 . MasterCAM X3 项目教程 [M]. 北京：清华大学出版社，北京交通大学出版社，2009.

[11] 曹岩 . Mastercam X 基础篇 [M]. 北京：化学工业出版社，2007.

[12] 李波，管殿柱 . Mastercam X 实用教程 [M]. 北京：机械工业出版社，2008.

[13] 龙飞 . Mastercam X 实用基础教程 [M]. 上海：上海科学普及出版社，2008.

[14] 张灶法，陆斐，尚洪光 . Mastercam X 实用教程 [M]. 北京：清华大学出版社，2006.

[15] 孙江宏，陈秀栋 . Mastercam CAD/CAM 实用教程 [M]. 北京：科学出版社，2002.

[16] 王睿 . Mastercam 9 实用教程 [M]. 北京：人民邮电出版社，2003.

[17] 严烈，陈秀华 . Mastercam 9 实例教程 [M]. 北京：冶金工业出版社，2003.

[18] 蒋建强 . 中文 Mastercam X 基础与进阶 [M]. 北京：机械工业出版社，2007.

[19] 陈德航，钟廷志，温丽 . Mastercam X2 中文版基础教程 [M]. 北京：人民邮电出版社，2008.

[20] 何满才 . 数控编程与加工—Mastercam 9 实例教程 [M]. 北京：冶金工业出版社，2003.

[21] 邱坤 . Mastercam 数控自动编程 [M]. 北京：中国林业出版社 . 2006.

[22] 罗崇贵 . Mastercam X2 数控加工基础教程 [M]. 北京：清华大学出版社，2006:

[23] 郝继红，甄雪松 . 数控车削加工技术 [M]. 北京：北京航空航天大学出版社，2008.

[24] 魏峥，牟林，康亚鹏 . Mastercam V9. 0 加工应用技术 [M]. 北京：清华大学出版社，2004.

[25] 苟琪，等 . MasterCAM 实用教程 [M]. 北京：机械工业出版社，2001.